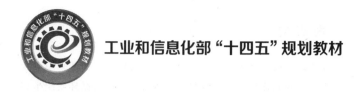
工业和信息化部"十四五"规划教材

血液循环系统医学与工程

李德玉　主　编

刘　肖　张　弛　副主编

北京航空航天大学出版社

内 容 简 介

本教材聚焦体现血液循环系统的生理、病理及诊疗技术与工程学交叉融合并具有代表性的基础知识和基础理论,强调定量分析和工程设计与基础医学研究和临床医学应用的贯通。内容包括血液循环系统生理的定量描述及工程分析,代表性疾病的机理和诊断治疗技术原理,典型医疗器械的设计、评测及应用等。本教材每章均配有习题,有利于读者掌握重点与难点,同时列出了主要参考文献,可供读者扩展和深入学习参考。

本教材可供生物医学工程类专业的本科生、研究生使用,也可供基础医学、临床医学、医疗器械与装备等相关专业和领域学生和专业技术人员参考。

图书在版编目(CIP)数据

血液循环系统医学与工程 / 李德玉主编. -- 北京 :
北京航空航天大学出版社,2025.1. -- ISBN 978 - 7
- 5124 - 4520 - 8

Ⅰ. R331

中国国家版本馆 CIP 数据核字第 20249W2C03 号

血液循环系统医学与工程

李德玉 主 编

刘 肖 张 弛 副主编

策划编辑 董 瑞 责任编辑 董 瑞

*

北京航空航天大学出版社出版发行

北京市海淀区学院路 37 号(邮编 100191) http://www.buaapress.com.cn
发行部电话:(010)82317024 传真:(010)82328026
读者信箱:goodtextbook@126.com 邮购电话:(010)82316936
大厂回族自治县彩虹印刷有限公司印装 各地书店经销

*

开本:787×1 092 1/16 印张:20.75 字数:531 千字
2025 年 1 月第 1 版 2025 年 1 月第 1 次印刷 印数:1 000 册
ISBN 978 - 7 - 5124 - 4520 - 8 定价:99.00 元

前　　言

本教材是在新工科、新医科建设的大背景下,按照"基础理论联系医学实际,定量分析深化医学概念,工程设计面向临床应用"的医工深度融合理念编写的,目的是为生物医学工程类及相关专业创新人才培养和新工科教学改革提供支撑,服务于培养学生综合运用生物学、医学与工程学知识,定量分析、深入理解血液循环系统生理与疾病机理的能力,分析解决血液循环系统临床预防、诊断、治疗、康复中的医工交叉融合等复杂问题的能力,设计优化血液循环系统典型医疗器械的能力,以及多视角审视、批判性思维与创新思维能力。

本教材内容遵循"基础与前沿、深度与广度、理论与应用"合理兼顾,形成"一基两核三窗"的体系。所谓"一基",即血液循环系统的建模与定量分析,以强化基础,支撑自主学习和终身学习;所谓"两核",即以更多体现"力"作用的动脉粥样硬化疾病和主要体现"电"作用的心律失常两种疾病为核心,深入讨论疾病的发生机理、发展历程以及诊断和治疗方法的工程学原理和典型医疗器械的临床应用,促进举一反三、触类旁通;所谓"三窗",就是在有限学时情况下,为一些关于血液循环系统医学与工程的重要内容的扩展学习打开"窗口",如心脏瓣膜疾病与诊疗技术、心衰与人工心脏、左心室辅助技术以及航空航天(循环系统)医学工程等。

本教材共10章,第1章简要介绍血液循环系统的结构和功能、定量分析的发展历史和疾病的诊疗技术。第2章介绍循环系统的解剖、生理和病理基础知识,为后续定量分析血液循环系统奠定基础。第3章介绍血管的力学分析、血流的定常流和脉动流模型。第4章介绍动脉粥样硬化的病理机制,血流与血管参数的检测与诊断技术,重点强调冠脉功能的评价技术,以及血管支架的设计与评测。第5章在介绍心肌的跨尺度结构与力学性质基础上,重点介绍左心室泵功能的工程分析,以及心输出量的检测技术。第6章介绍心脏电生理基础,以及心律失常的病理机制和相关定量模型。第7章介绍基于心电图的心律失常诊断技术,以及基于人工心脏起搏器的心律失常治疗技术。第8章介绍微循环的传质功能,微循环的压力、流动和物质输运特征和定量规律,以氧气为例,重点介绍氧气的传输分析和医学检测技术。第9章介绍血管系统的集中参数模型、分布参数模型,以及多尺度耦合与多生理系统耦合建模。第10章介绍与血液循环系统密切相关的工程专题,包括心力衰竭和心肺功能衰竭及相关医疗器械、心脏瓣膜疾病及人工心脏瓣膜、航空航天中的血液循环系统。

本教材由北京航空航大学生物与医学工程学院教师编写,李德玉任主编,刘肖和张弛任副主编。参与编写的有李德玉(第1章、第3章、第4章、第5章、第8章),刘肖(第3章、第4章、第5章、第8章),张弛(第6章、第7章、第9章),桑晨(第2章),孙安强和康红艳(第4章),陈增胜、冯文韬和王亚伟(第10章)。

由于编者水平有限,书中存在的错误和不妥之处,欢迎广大读者批评指正。

编　者

2024 年 7 月

目　　录

第1章　绪　论

血液循环系统分为心血管系统和淋巴系统两部分。从血液循环系统的角度看,淋巴系统是静脉系统的辅助部分;从本教材强调的医工交叉融合的角度看,心血管系统最能体现这种特征。因此本教材中血液循环系统主要是指心血管系统。

血液循环系统是一个封闭的输运系统,由心脏、血管及血液组成。心脏是血液循环的动力源,它不停地跳动,推动血液在其中循环流动,为机体的各种细胞提供赖以生存的营养物质和氧气,带走细胞代谢的产物,如二氧化碳;同时许多激素及其他信息物质也有赖于血液循环的输运得以到达其他器官,以此协调整个机体的功能。因此,从工程学的角度,可将血液循环系统视为物质输运与物质交换的泵-管系统。

早期人们对血液循环系统的认识多源于观察和经验总结。两千多年前,我国的医学名著《黄帝内经》中有"诸血皆归于心""经脉流行不止,环周不休"等表述,体现了我国古代人民对血液循环的认识。现存最早的脉学著作《脉经》集汉代以前脉学之大成,将脉象分为浮、芤、洪、滑、数、促、弦、紧、沉、伏、革、实、微、涩、细、软、弱、虚、散、缓、迟、结、代、动 24 种,并描述了各种脉象的不同指下感觉,例如,有"浮脉:举之有余,按之不足""沉脉:举之不足,按之有余"的描述。其他古代文明,如印度、希腊等,也有利用动脉脉搏诊断疾病经验的记载。1628 年,英国生理学家、医生威廉·哈维(William Harvey)出版《心血运动论》,提出血液是循环流动的,心脏有节律地持续搏动是血液在全身循环流动的动力源泉。后来随着显微镜的出现和微循环的发现,哈维的动静脉之间必有小的管道相连的言论得到证实,因此,现代对于血液循环系统的认识可认为起始于哈维的研究工作。

现代医学的发展得益于工业革命以来物理学、化学、生物学等自然科学的重大发现以及工程技术的强力支撑。工程学对现代医学发展的推动作用至少在两个主要方面得到显著体现:生理功能的定量分析和疾病的诊疗技术。

1.1　基于工程学方法的人体生理功能定量分析

随着物理学、力学等学科在 18 世纪的快速发展,人们开始定量研究血液循环系统,工程学与生理学和医学的交叉事实上已经出现。例如,1755 年,莱昂哈德·欧拉(Leonhard Euler)基于质量和动量守恒原理建立了弹性管中不可压缩黏性流体流动的一维方程,该方程用于描述动脉中的血液流动;19 世纪初,托马斯·杨(Thomas Young)提出了弹性模量概念以及关于动脉弹性和脉搏波的研究;1877—1878 年,Moens 和 Korteweg 通过实验和理论研究,在不考虑血液黏性或认为黏性很小、不可压缩的情况下,得到薄壁圆管中波速的计算公式,该公式现在称为 Moens - Korteweg 方程。

在血管血流的研究方面,法国生理学家让·泊肃叶(Jean - Louis - Marie Poiseuille)、德国水利工程师哈根(Gotthilf Hagen)、哈根巴赫(Eduard Hagenbach)等人,在 1838—1963 年通过实验和理论研究,最终建立了哈根-泊肃叶定律(又称泊肃叶定律),该定律一直沿用至今,成为圆形阻力血管血液层流运动定量化表征的重要公式。John R. Womersley 于 1955—1957 年发表的论文,在前人工作基础上建立一维弹性圆管脉动流理论,得到基于 Fourier 级数谐波的解析解,推广了针对圆管层流的哈根-泊肃叶定律。后续,Robert H. Cox 等人于 1968 年发表的论文,进一步考虑了血管黏弹性,使血管血流动力学理论渐趋成熟。

在毛细血管物质交换定量分析方面,因发现毛细血管的调控机制而获得 1920 年诺贝尔生理学或医学奖的丹麦动物生理学家奥古斯特·克罗(August Krogh),在其同事数学家 K. Erlang 的帮助下建立的称为"Krogh - Cylinder Model"、反映单支毛细血管周围氧扩散和浓度分布的数学表达式,成为当今研究毛细血管物质交换的重要理论基础。

随着计算机技术的发展及计算能力的快速增强,数值模拟及计算机仿真成为人体生理功能定量分析、疾病机理研究以及诊疗手段设计与优化的重要方法。Arthur C. Guyton 及其同事于 1972 年建立了一个由 18 个子系统和 352 个模块构成的循环系统调控模型。更多研究者则根据具体研究目标,将血液循环系统进行合理简化,建立了集中参数模型(包括弹性腔模型)、分布参数模型、三维模型等各种模型,利用计算机进行数值计算得到模型的数值解。这种方法在涉及因伦理限制不能开展的极端环境下的研究、医疗器械优化设计与成本控制、实验设计等方面体现出独特优势。

1.2　基于工程学原理的疾病诊疗技术

除了定量分析生理功能之外,工程学与医学交叉的另外一个重要方面就是人工器官概念的提出,即通过工程分析、设计、制造技术,制造出能替代人体器官全部或部分功能的机器或装置。早在 1812 年,法国医学家朱利安·让·塞萨尔·莱加略斯(Julien Jean Cesar LeGallois)就提出,包括人类在内的动物可以通过机器在体外完成氧交换,再把排除了二氧化碳、输入了氧气的血液注入动物身体,从而维持动物的生命。但限于当时工程学发展的程度,这样的想法很难成为现实。此后,经过多年医学和工程学研究者的共同努力,基于这一基本原理的透析机、人工心肺机、人工心脏等一系列血液循环相关医疗设备才终于走向临床应用,成为治疗疾病的重要途径,引领了医学技术的进步。同样,心脏起搏器等典型成果,也是工程学技术和方法引领医学技术进步的典型例子。

心血管植介入治疗目前在心血管疾病治疗中已成为除药物和开放式手术治疗之外常用的治疗方法。这种治疗方法依赖通过工程分析、设计、制造技术发展而来的植介入医疗器械,其中血管支架是治疗血管严重狭窄的一类植介入医疗器械,血管支架作为球囊血管成形术的辅助工具发展而来(球囊血管成形术由 Andreas Grüntzig 医生在 1977 年所开创)。在球囊扩张成形的基础上,在狭窄闭塞段血管置入内支架以达到支撑严重狭窄段血管,减少血管弹性回缩及再塑形,从而保持管腔血流通畅。第一例冠状动脉支架植入术则归功于 1986 年法国的 Jacques Puel 和 Ulrich Sigwart,随着科学技术的发展,现在的冠脉支架种类有很多,主要分为普通金属裸支架、药物涂层支架和生物可吸收支架。

循环系统疾病诊断新技术,很多也是根据工程学原理建立的。荷兰生理学家埃因托芬(W. Einthoven)于 1895 年首次从体表记录到代表心脏完整的除、复极过程的心电波形,并以 P、Q、R、S、T 来标志不同的、可区分的棘波,并命名了心电图(electrocardiogram,ECG)。心电图的发明,使医师能通过无创的方式诊断不同类型的心脏病,特别是心律失常,使心脏病的诊断从听诊器的时代进入到用仪器获得客观信息的时代,并促进了人们对心脏生理功能认识的不断深化。埃因托芬因此获得 1924 年诺贝尔生理学或医学奖。同样是在 1895 年,伦琴发现了 X 射线,之后 X 射线很快应用于医学领域,开创了医学影像技术先河。CT 医学成像和磁共振医学成像,以及超声成像(包括多普勒血流成像、血管内超声成像、超声弹性成像等)、磁共振成像(magnetic resonamle imaging,MRI)、正电子发射断层成像(positron emission tomography,PET)等医学影像技术,都具有利用循环系统的组织和器官进行疾病诊断的功能。1993 年,由 Nico H. J. Pijls 等人提出的冠脉血流储备分数(fractional flow reserve,FFR)奠定了从功能的角度评估冠脉狭窄、诊断冠心病、评价介入治疗效果的基础。近年来出现的基于 CT 造影影像的血液储备分数(coronary CT angiogram FFR,FFRCT)、定量血流分数(quantitative flow ratio,QFR)、瞬时无波比率(instantaneous wave-free ratio,iFR)、微血管阻力储备(microvascular resistance reserve,MRR)等方法和技术,均是在 FFR 的基础上,克服 FFR 有创性、需要使用扩张血管药物或临床使用复杂等缺点不断发展而来的。

1.3　本教材的内容设置

正是由于工程学越来越多地与生物医学交叉、融合,在 20 世纪 50 年代产生了生物医学工程学科。目前相对被大家认可的生物医学工程的定义如下:综合运用现代工程技术的原理和方法,从工程学的角度,在多种层次上研究生物体,特别是人体的结构、功能和其他生命现象,揭示和论证生命运动的规律,深化对生命系统的认识,提供防病、治病、卫生保健、康复、安全防护的新理论和新方法,设计和研制用于防病、治病等的新材料、人工器官、装置与系统的新兴交叉学科。

本教材力图体现生物医学工程学科的特点,以血液循环系统生理功能的定量分析和疾病诊疗技术为重点。但鉴于涉及的内容仍然很多,为了支撑有限学时的教学需要,本教材在内容选择方面,按照"生理功能的定量分析、疾病诊疗技术的工程原理、典型医疗器械的设计优化与评测、新原理新技术推动医学的发展"的原则,以及"强化一基、突出两核、打开三窗"的总体思路,从庞大知识体系中选择内容、安排章节、设置习题。所谓"一基",即血液循环系统的建模与定量分析,以强化基础,支撑自主学习和终身学习;所谓"两核",即选择更多体现"力"作用的动脉粥样硬化疾病和主要体现"电"作用的心律失常两种疾病作为核心,深入讨论疾病的发生机理、发展历程以及诊断和治疗方法的工程学原理和典型医疗器械的临床应用,促进举一反三、触类旁通;所谓"三窗",就是在有限学时情况下,为一些关于血液循环系统医学与工程很重要内容的扩展学习打开"窗口",如心脏瓣膜疾病与诊疗技术,心衰与人工心脏、左心室辅助技术以及航空航天(循环系统)医学工程等。

此外,本教材全书力图贯穿医工深度融合理念,并通过"基础理论联系医学实际,定量分析深化医学概念,工程设计面向临床应用"的思想,促进医工深度融合理念的落实;同时,力图将学科前沿知识和作者最新研究成果合理引入教材,并做到经典基础知识与学科前沿研究成果有机衔接,为培养终身学习能力提供支持。

第 2 章　循环系统结构功能与常见疾病

循环系统主要由心脏和血管构成,为全身组织细胞输送氧气、营养物质、激素等活性物质,同时从细胞处带走二氧化碳以及代谢废物。淋巴管道作为静脉回流的辅助结构,协助组织间液以及消化道吸收的营养物质回流。循环系统功能障碍将导致器官供血不足,缺乏氧气和营养物质,代谢废物堆积,影响供血器官的功能和结构,严重时将危及生命。

2.1　循环系统结构和功能

2.1.1　循环系统基本结构

心脏位于中纵膈,被心包包裹,壁层心包和脏层心包之间的空腔为心包腔,内有少量滑液。心脏分为四心腔:左右心房和左右心室,房间隔和室间隔分别分隔左右心房以及左右心室。正常状态下,两侧心房以及两侧心室之间无交通,同侧的心房和心室之间借房室口交通,血液由同侧心房流入心室。心房壁和心室壁均为三层,自内向外依次为心内膜、心肌层和心外膜,心外膜即脏层心包,左心室壁最厚,一般为9～12 mm。左侧房室口附着的瓣膜称为左房室瓣,又称二尖瓣,右侧房室口附着的瓣膜称为右房室瓣,又称三尖瓣。同侧心房肌和心室肌分别附着于房室口的纤维环上,使心房和心室能够作为独立单位分别收缩和舒张。主动脉起自左心室,肺动脉干起自右心室,起始处的瓣膜分别称为主动脉瓣和肺动脉瓣,又称半月瓣。右心房有上下腔静脉和冠状窦开口,收集全身和心脏回流的静脉血,左心房有左肺上下静脉和右肺上下静脉开口,收集来自左右肺的动脉血。心脏以及与之相连的大血管如图2-1所示。

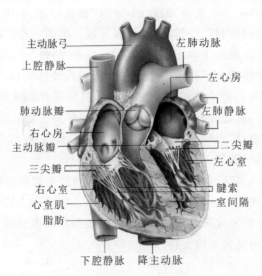

图 2 - 1　心脏以及与之相连的大血管

心纤维支架又称心纤维骨骼,指房室口、主动脉和肺动脉口周围的致密结缔组织,包括房室瓣和动脉瓣的纤维环、左纤维三角、右纤维三角、室间隔膜部、瓣膜间隔和圆锥韧带。心纤维支架为心肌和瓣膜提供附着点,起支持和稳定作用。右纤维三角又称中心纤维体,位于二尖瓣环、三尖瓣环和主动脉瓣环之间,下方与室间隔肌部相连,前方移行为室间隔膜部,与房室结和房室束关系密切。左纤维三角位于二尖瓣环和主动脉瓣环之间,外侧靠近左冠状动脉旋支,可作为二尖瓣手术的标志。圆锥韧带又称漏斗腱,连于肺动脉瓣环和主动脉瓣环之间。瓣膜间隔位于主动脉左、后瓣环之间的致密结缔组织,下方连于二尖瓣前瓣,左右两侧分别与左右纤维三角相连,如图2-2所示。

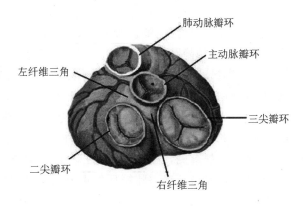

图2-2 心纤维支架

心传导系统由特化的心肌细胞组成,能够产生并传导冲动,无收缩功能。心传导系统包括窦房结、结间束、房室交界区、房室束、左右束支和浦肯野纤维网。窦房结位于右心房界沟上部心外膜下,其中的起搏细胞称为P细胞,供血动脉为窦房结动脉,在整个心传导系统中窦房结自律性最高,是心脏的起搏点,窦房结节律决定心脏节律。结间束可将窦房结的冲动快速传导至房室结处。房室交界区位于房室隔内,包括房室结、房室结的心房扩展部和房室束近侧部。房室结位于房间隔下部冠状窦口上方的心内膜下,房室交界区是重要的次级起搏点,与心律失常的发生关系密切。房室束又称希氏束(His bundle),由房室结前端发出,经右纤维三角、室间隔膜部后缘向前至室间隔肌性部的上缘,分为左右束支,右束支在右心室侧沿室间隔向前下走行,连于心内膜下的浦肯野纤维网,左束支走行于左心室侧,分为左前上支、左后下支和室间隔支,逐级分支后连于左室内膜下浦肯野纤维网。

血管包括动脉、静脉和毛细血管。动脉可分为大动脉、中动脉、小动脉和微动脉。动脉管壁由管腔侧向外依次为内膜、中膜和外膜。内膜面向管腔是一层紧密连接的血管内皮,内皮外侧为内皮下层和内弹性膜;中膜由弹性膜、平滑肌和结缔组织构成;外膜为疏松结缔组织,较大的动脉在中膜和外膜交界处有外弹性膜。大动脉中膜弹性膜和弹性纤维发达,又称弹性动脉;中动脉中膜的平滑肌层发达,调节平滑肌收缩和舒张能够有效改变器官供血,又称肌性动脉或分配动脉;小动脉和微动脉平滑肌层逐渐变薄,微动脉无弹性膜,小动脉和微动脉对交感神经敏感,外周总面积大,能够有效影响外周阻力,又称外周阻力血管,小动脉管腔直径通常为300 μm～1 mm,微动脉管腔直径在300 μm以下。

静脉管壁同样分为内膜、中膜和外膜三层,内外弹性膜不明显,中膜平滑肌层少于同级别动脉,无血液充盈时管腔形态不规则。静脉瓣起防止血液逆流的作用,主要分布在易受重力影响的四肢静脉。体循环静脉可分为浅静脉和深静脉,浅静脉位于皮下浅筋膜内,又称皮下静脉,静脉注射、输液、采血和导管插入等常选用浅静脉,浅静脉内的血液最终注入深静脉。深静脉位于深筋膜深部,常与动脉伴行。浅静脉之间、深静脉之间以及浅深静脉之间有丰富的交通支。安静状态时静脉血管容纳循环血量60%～70%的血液,因此静脉也称容量血管。

毛细血管由单层血管内皮构成,各器官的血管内皮结构与器官功能相适应,在某些重要器官血管内皮与器官固有的组织结构共同形成屏障,以保证局部组织的内稳态,如血脑屏障等。

2.1.2 血液循环

体循环又称大循环,动脉血自左心室进入主动脉,经全身大动脉、中动脉进入各器官,继续分支为小动脉、微动脉,形成毛细血管网,在毛细血管网处进行物质交换后,再汇集成各级静脉,然后经上腔静脉、下腔静脉将全身的静脉血引流至右心房。上腔静脉在汇入右心房前接收来自胸导管和右淋巴导管引流的淋巴液。体循环的重要作用在于将富含氧气和营养物质的动脉血输送至各个组织细胞,并自组织细胞处带走二氧化碳和细胞代谢废物。

肺循环又称小循环,静脉血自右心室进入肺动脉干,分支为左右肺动脉分别进入左右肺,逐级分支形成肺泡毛细血管网,在此处进行气体交换,静脉血中二氧化碳进入肺泡经呼吸作用呼出体外,肺泡中氧气进入毛细血管静脉侧,静脉血转化为动脉血,静脉血管逐级汇集为左右肺上下静脉进入左心房,动脉血回流至左心房。肺循环的重要意义在于经过肺部的气体交换使全身回流的静脉血成为动脉血。

微循环是组织细胞与血液进行气体和物质交换的场所,包括微动脉、后微动脉、毛细血管前括约肌、真毛细血管、通血毛细血管、动-静脉吻合支和微静脉。真毛细血管为物质交换的主要场所,起始处环绕1～2个平滑肌细胞,这些细胞一起形成毛细血管前括约肌,毛细血管前括约肌的收缩和舒张能够有效控制进入真毛细血管的血液量,其舒缩主要受局部代谢产物的调控,交感神经和副交感神经对其作用不明显。全身以及某一器官的真毛细血管通常交替开放,以适应需求。

血液由微动脉到达微静脉主要有以下三条路径。

(1) 迂回通路:微动脉、后微动脉、毛细血管前括约肌、真毛细血管和微静脉之间的血液通路,又称营养通路,物质交换主要在真毛细血管处进行。

(2) 直捷通路:微动脉、后微动脉、通血毛细血管和微静脉之间的血液通路,主要功能是使部分血液迅速经静脉回流,保证有效循环血量,物质交换作用不显著。

(3) 动-静脉短路:微动脉、动静脉吻合支和微静脉之间的血液通路,主要存在于皮肤和皮下组织,尤以手、足等处多见,主要功能是参与体温调节,基本不进行物质交换。

2.1.3 心脏和血管的基本生理特性

心肌细胞根据其电生理特性可分为两类:工作细胞和自律细胞。心房肌和心室肌纤维属于工作细胞;自律细胞为特化的心肌细胞,失去收缩功能,在到达最大复极电位时能够自动去极化。两类细胞均为可兴奋细胞。

工作细胞即心房肌和心室肌细胞,具有兴奋性、传导性和收缩性,无自律性。心肌细胞的动作电位存在有效不应期、相对不应期和超常期。有效不应期指心肌细胞自去极化至复极化达－60 mV之间,这时无论给予多强的刺激,心肌细胞均无法产生一个新的动作电位,发生机制主要是电压依赖的 Na^+ 通道处于失活状态,其中复极化达 $-55\ mV$ 这段时间又称绝对不应期,此时 Na^+ 通道完全失活。心肌细胞存在一个时程长达约 $200\ ms$ 的平台期,这对于维持心肌细胞节律性收缩有重要意义。相对不应期指膜电位复极化达 $-60\sim-80\ mV$ 期间,此时部分 Na^+ 通道恢复活性,但需要阈上刺激才能引发新的动作电位。超常期指复极化达 $-80\ mV$ 至静息电位之间的阶段,此时 Na^+ 通道基本恢复活性,膜电位较静息状态时更接近阈电位,因此较阈刺激稍弱的刺激可能引发动作电位。

自律细胞指心脏传导系统特化的心肌细胞,能够自动去极化,自发形成动作电位,无收缩能力。自律细胞的自动去极化节律不完全一致,由高向低依次为窦房结 P 细胞、房室结细胞和浦肯野纤维,因窦房结的 P 细胞自律性最高,通常情况下发挥起搏作用。自律细胞的去极化期主要因外向电流减弱(K^+ 外流减少)和内向电流增加(Ca^{2+} 内流为主)形成。与工作细胞不同,自律细胞复极化过程中没有稳定的静息电位,细胞复极达最大复极电位($-70\ mV$)时即开始自动去极化。

单侧心房和心室完成一次收缩和舒张,称为一个心动周期,在此过程中心房和心室分别独立完成收缩和舒张。左右两侧心房和心室的心动周期过程类似,下面以左侧心房、左侧心室为例叙述心动周期过程。以心率(heart rate,HR)75 次/min 计算,一个心动周期经历的时间约 $0.8\ s$,左心房收缩期约 $0.1\ s$,舒张期 $0.7\ s$,左心室收缩期 $0.3\ s$,舒张期 $0.5\ s$,全心舒张期约 $0.4\ s$。

在左心房收缩期,心房肌收缩,二尖瓣(左房室瓣)开放,血液由心房进入心室,这一时期由心房流入心室的血液约占全部心房流入心室血液的 25%,此后心房进入舒张期,在肺部经过气体交换的动脉血经左右肺上下静脉在心房舒张期回流至左心房。

左心室收缩期分为等容收缩期和射血期。心室肌收缩首先进入等容收缩期,二尖瓣和主动脉瓣均处于关闭状态,心室内容积不变,压力增大,室内压大于心房压但小于主动脉压,时长约 $0.05\ s$。然后进入射血期,射血期可分为快速射血期和减慢射血期,左心室内压力因心肌收缩不断增大,心室内压力超过主动脉压时主动脉瓣开放,进入快速射血期,心室内血液快速进入主动脉,左心室射血量的 70% 在快速射血期进入主动脉,时长约 $0.1\ s$;减慢射血期,随心室内血液快速流入主动脉,心室内压力逐渐减小,主动脉压力增大,此时血液相对缓慢流入主动脉,时长约 $0.15\ s$。射血期过后,心室进入舒张期。

左心室舒张期分为等容舒张期和充盈期。心室肌舒张首先进入等容舒张期,主动脉瓣和二尖瓣关闭,心室容积不变,压力逐渐降低,时长 $0.06\sim0.08\ s$。然后进入充盈期,充盈期可再分为快速充盈期和减慢充盈期,随着心室肌舒张,心室内压力降低至小于房内压时,二尖瓣开放,进入快速充盈期,血液由左心房快速进入左心室,时长 $0.11\ s$;减慢充盈期,左心室内充盈血液逐渐增多,心房与心室压力差减小,血液进入心室逐渐变得缓慢,时长约 $0.22\ s$。充盈期过后进入收缩期,如此反复。心房中血液进入心室主要发生在心室充盈期,约 75% 的血液在此期进入心室。

等容收缩期开始时,房室瓣关闭等原因形成第一心音,使用听诊器可在心前区相应部位听到,第一心音标志心室收缩的开始。等容舒张期开始时,因主动脉瓣和肺动脉瓣关闭等原因用听诊器可听到第二心音,标志心室舒张的开始。如果存在瓣膜狭窄或关闭不全等异常,可在第一、第二心音时听到杂音,对心脏器质性疾患的诊断具有一定意义。

影响心输出量(cardiac output,CO)的因素主要包括搏出量和心率。搏出量主要受到前负荷、心肌收缩力和后负荷的影响。前负荷指心室收缩前已存在的负荷,可用心室舒张末期容积表示,前负荷大小与回心血量和心室收缩末期容积密切相关。左室舒张末期容积适当增加,能够增加心肌细胞的最适初长度,增加心肌收缩力。心肌收缩力大小受神经、细胞自身结构等因素影响。交感神经兴奋增加心肌收缩力、射血能力,副交感神经降低心肌收缩力、射血能力。心肌细胞内肌球蛋白和肌动蛋白是心肌收缩的细胞内结构基础。后负荷指心肌收缩面临的阻力,主要指大动脉血压,动脉血压升高,心脏射血的后负荷增加。

心率的影响:成年人正常心率为60~100次/min,当心率不超过180次/min时,增加心率会增加心输出量,但是超过这个范围,心率增加造成心动周期缩短,回心血量减少,反而会使心输出量减少。

心功能的储备是心脏为应对人体需要增加自身射血功能的特性,又称心力储备,包括搏出量储备和心率储备。通常情况下,心力储备是提高心输出量的重要途径,例如,剧烈运动时心率可达180~200次/min。搏出量储备包括收缩期储备和舒张期储备,收缩期储备大于舒张期储备,收缩期储备可达30~50 mL,即单次心室收缩可增加射血量30~50 mL,舒张期储备约15 mL。

心脏有非常强大的代偿能力,在早期能准确有效地评价心脏泵血功能对临床工作有重要意义,通常以心脏射血量和心作功量来评价心脏泵血功能。

心脏射血量的评价通常包括每搏输出量(strore volume,SV)、心输出量、射血分数和心指数。每搏输出量指每侧心室一次收缩射出的血液量,又称搏出量,左、右心室的每搏输出量基本一致。每搏输出量受心脏收缩能力、回心血量、外周阻力等多种因素影响,正常成人的每搏输出量一般为60~80 mL。射血分数指心脏一次收缩的射血量占心室总充盈量(心室舒张末期容积)的百分比,正常成人安静状态下的射血分数为55%~65%,通常认为射血分数较每搏输出量能够更好地评价心脏泵血功能。心输出量指每侧心室每分钟射出的血液量,即每搏输出量与心率的乘积。健康成年男性的心输出量一般为5~6 L/min,女性低于同体重男性约10%。心指数指单位体表面积的心输出量,正常成人心指数一般为3~3.5 L/(min·m²)。

心做功量的评价,指在心室射血量相同的情况下评价心脏做功量和耗能量,比心射血量能够更全面反映心脏的泵血功能。常用指标包括每搏功、每分功和心脏效率。每搏功指心室收缩一次所做的功,每搏功=每搏输出量×(射血期左室内压-左心室舒张末期压)。每分功指每分钟心室收缩泵血所做的功。每分功即每搏功与心率的乘积。心脏效率指心脏所做外功消耗的能量占心脏所有活动所消耗的总能量的百分比,通常心脏效率的最大值为20%~25%。心脏的外功指压力-容积功,即产生和维持室内压以将血液送入大动脉;内功主要在心肌细胞等的离子跨膜主动转运、细胞收缩、产生和维持室壁张力、克服黏滞阻力等过程发挥作用,内功消耗的能量远大于外功消耗的能量。心脏效率=心脏完成的外功/心脏耗氧量。

血压通常指动脉血压,即动脉血管内血液对管壁的侧压力,血压的国际单位是kPa,临床常以毫米汞柱(mmHg)①为单位。收缩压指心脏收缩时动脉血压的最大值,正常成人收缩压正常范围在90~139 mmHg。舒张压指心脏舒张时动脉血压的最低值,成人正常值范围是60~89 mmHg。平均动脉压指心动周期内动脉血压的平均值,因其测量方法为有创检测,因此临床常以"舒张压+(收缩压-舒张压)/3"的计算结果作为平均动脉压,这一计算值非常接

---

① 1毫米汞柱(mmHg)=133.322 4 Pa(0 ℃时)。

近实际测得的平均动脉压,健康成人约 100 mmHg。收缩压与舒张压之差为脉压差,通常为 30~40 mmHg,脉压差随年龄增长而逐渐增大。正常和稳定的血压对于维持人体各器官的供血以及血管的结构和功能有重要意义。平均充盈压指心脏停止射血、血液停止在血管内流动时,血管内测得的压力,约为 7 mmHg,反映循环系统内血液充盈程度,受循环血量与血管系统容量影响。

血压主要受到心脏射血功能、有效循环血量、大动脉的弹性储器功能及血管外周阻力等因素影响,内外环境变化时,机体通过神经、体液调节以维持血压的稳定,某些重要器官的供血血管存在自身调节的能力以保证器官的供血。

(1)每搏输出量:主要影响收缩压。每搏输出量增加则收缩压升高,每搏输出量减少则收缩压降低,对舒张压影响不明显。

(2)心率:心率加快时舒张压升高,收缩压稍有升高,升高幅度小于舒张压,导致脉压差减小,心率减慢时舒张压降低。

(3)外周阻力:主要影响舒张压,外周阻力增加时舒张压增加明显,收缩压增加幅度小于舒张压,脉压差减小,外周阻力降低时,舒张压降低更为显著。

(4)大动脉的弹性储器功能:主要影响脉压差,随着年龄的增加,大动脉弹性储器功能降低,脉压差逐渐增高。

(5)循环血量和血管容量比:循环血量少量减少时可以通过饮水、神经和体液来调节。若循环血量和血管容量比变化不明显时,血压基本可以维持,当血量减少过多超过代偿范围时,则出现血压降低,显著降低时会影响心、脑等重要器官供血,严重时可危及生命。

(6)血液黏滞度:其他条件不变的情况下,血液黏滞度增加,血流阻力增加,血压增加,血液黏滞度主要受血液本身特性影响,血液中有形成分增加,如高脂血症等,会使黏滞度增加。

2.1.4 心血管活动的调节

心脏同时受交感神经和副交感神经(心迷走神经)支配,心交感神经支配心肌纤维以及心传导系统,交感神经兴奋表现为心率加快、心肌收缩力增强和射血增多,即正性"变时、变力、变传导"。心迷走神经支配心房肌,心传导系,部分节后纤维支配心室肌,心迷走神经兴奋效应为心率减慢、心肌收缩力减弱和射血减少,即负性"变时、变力、变传导"。安静状态时迷走神经作用占优势,运动时交感神经兴奋占主导。

植物神经支配血管壁平滑肌,调节血管的收缩和舒张,真毛细血管无平滑肌,不受神经调节,毛细血管前括约肌主要接受局部代谢产物调控。参与血管活动调节的植物神经有交感缩血管神经、交感舒血管神经和副交感舒血管神经。

交感缩血管神经节后纤维神经递质为去甲肾上腺素,作用于血管平滑肌 α 受体,产生缩血管效应,不同部位血管的神经密度不同,其中皮肤血管交感神经密度最大,骨骼肌和内脏血管次之,冠状血管和脑血管交感缩血管神经密度低,此外动脉交感神经密度通常大于静脉。交感缩血管紧张指安静状态下,交感缩血管神经以一定频率持续发放神经冲动,使血管平滑肌维持一定的收缩状态。人体大多数血管主要由交感神经支配,神经兴奋性增加使血管收缩,兴奋性降低则表现为血管舒张。

交感舒血管神经节后纤维神经递质为乙酰胆碱,可引起骨骼肌内血管平滑肌舒张。安静状态下交感舒血管神经无紧张性活动,情绪激动或者运动等情况下活性增加,使骨骼肌中的血管舒张从而增加骨骼肌供血。

副交感舒血管神经分布范围有限,主要分布于脑膜、唾液腺、胃肠道外分泌腺和外生殖器等处,通常无紧张性活动,只参与局部组织的血流调节,无明显的全身调节效应。

大脑、脑干和脊髓都存在支配心血管活动的植物神经元,延髓的心血管中枢在调节心血管活动中的作用最为重要。延髓心血管中枢主要包括四个功能区:①缩血管区,位于延髓头端腹外侧,发放神经冲动维持心交感紧张和交感缩血管紧张;②心抑制区,位于延髓迷走神经背核和疑核,产生冲动维持心迷走紧张;③舒血管区,位于延髓尾端腹外侧部,该区发放的神经冲动抑制缩血管区神经元,产生舒张血管的效应;④孤束核,接受来自外周压力、化学感受器的传入冲动,以及端脑、小脑等不同脑区的纤维投射,传出纤维到达相应心血管中枢。

心血管反射主要包括压力反射和化学反射两大类,通过神经反射人体可以迅速改变心脏和血管功能状态,以适应组织器官的供血要求。

减压反射属于高压力反射,外周压力感受器主要为颈动脉窦和主动脉弓压力感受器,动脉血压升高时对压力感受器牵张性刺激增强,传入冲动增多,心交感神经兴奋性降低,心迷走神经兴奋性增高,使血压恢复到正常水平,这一反射称为减压反射。血压低于正常值时,压力感受器所受牵张性刺激减少,传入冲动减少,心交感兴奋性升高,心迷走兴奋性降低,心率增加,心肌收缩力和射血能力增加,血管收缩,血压恢复。减压反射能够在血压变动时迅速通过调节心脏和血管功能状态以调节血压,使血压维持相对稳定的状态,维持组织器官的正常供血。窦内压在平均动脉压水平变动时,减压反射最为敏感,越偏离正常平均动脉压,调节作用越差。动脉血压升高一段时间后,压力感受器会发生重调定,即压力感受器在高压力水平发挥调节作用。

化学感受性反射:外周化学感受器包括颈动脉体和主动脉体,颈动脉体位于颈总动脉分叉处,主动体位于主动脉弓处,外周化学感受器适宜的刺激为动脉血 PCO_2 升高、H^+ 浓度升高和 PO_2 降低。外周化学感受器主要作用为参与呼吸运动的调节,在低氧、二氧化碳分压升高等较为明显时参与心血管功能调节,主要效应是增强心交感活性,降低心迷走活性。

心肺感受器引起的心血管反射:心肺感受器位于心房、心室、肺循环的大血管壁等处,能够感受压力和化学刺激,心肺感受器刺激引起交感神经兴奋性降低,迷走神经兴奋性增高,表现为心率降低、心脏射血能力下降、外周阻力降低、血压降低。

心血管活动的体液调节包括全身调节和局部调节。

肾上腺素和去甲肾上腺素属于儿茶酚胺类,血液中的肾上腺素和去甲肾上腺素主要来自肾上腺髓质,二者都能与心肌纤维的 β 受体和血管平滑肌细胞的 α 受体结合发挥作用。心肌细胞主要表达 β1 受体,冠状动脉、脑血管、骨骼肌血管和肝脏血管平滑肌细胞主要表达 β2 受体,皮肤、肾脏和胃肠道等内脏器官血管平滑肌主要表达 α 受体。α 受体兴奋表现为血管平滑肌收缩,β1 受体兴奋主要表现为心肌收缩力增强,而 β2 受体兴奋则表现为血管平滑肌舒张。肾上腺素主要作用是增加心输出量,增加动脉血压,同时促进血液重新分配,保证心、脑以及运动状态下的骨骼肌能够获得足够的血液,临床上常用作强心药;去甲肾上腺素主要收缩外周血管,增加外周阻力从而增加血压,临床上常用作升压药。

肾素-血管紧张素-醛固酮系统:肾素由肾脏近球细胞分泌,可将血管紧张素原水解为血管紧张素Ⅰ(Ang Ⅰ),在血管紧张素转化酶作用下生成血管紧张素Ⅱ(Ang Ⅱ),Ang Ⅱ 在血管紧张素酶 A 作用下水解为血管紧张素Ⅲ(Ang Ⅲ)。Ang Ⅰ 生理作用不明显,Ang Ⅱ 和 Ang Ⅲ 具有强缩血管作用,Ang Ⅱ能够促进肾上腺皮质合成和分泌醛固酮,醛固酮促进肾脏对水和 Na^+ 的重新吸收,进而影响循环血量。肾素-血管紧张素-醛固酮系统主要影响血容量和血管收缩,在动脉血压的长期调节中发挥重要作用。

血管升压素(vasopressin,VP)又称抗利尿激素(antidiuretic hormone,ADH),由下丘脑视上核和室旁核合成,经下丘脑垂体束运送至神经垂体,由神经垂体储存和释放。血管升压素可引起脑血管以外的全身血管广泛收缩,增加血管外周阻力。生理条件下血管升压素主要效应是增加肾小管对水的重吸收进而减少尿量,只有 VP 升高较为显著时才发挥升高血压作用。

心房钠尿肽(atrial natriurebic peptide,ANP)由心房肌细胞合成和释放,当血容量增加使心房肌细胞受到牵张刺激时,ANP 分泌增多,ANP 抑制肾脏对水的重吸收,减少循环血量,与 VP 共同调节水盐平衡。

血管内皮细胞生成的血管活性物质:血管内皮生成的常见缩血管物质有内皮素(endothelin,ET)、Ang Ⅱ、血栓素 A2(thromboxane A2,TXA2)等,内皮素是目前所知最强的缩血管物质。舒血管物质主要有前列环素(prostacyclin,PGI2)和 NO。

2.1.5　器官循环

冠脉循环指心脏自身的循环体系。心脏的供血动脉为左右冠状动脉,静脉血主要经冠状窦直接回流至右心房。冠状动脉发自主动脉起始处的主动脉窦,左冠状动脉分为前室间支和旋支,前室间支主要为左心室前壁、心尖、室间隔前 2/3 及部分心传导系等结构供血,旋支主要为左心房、左心室部分前壁、左室侧壁、左室后壁大部分供血。右冠状动脉分为后室间支和右旋支,主要为右心房、右心室前壁大部、右室侧壁和后壁以及部分左室后壁供血,窦房结和房室结的供血动脉多起自右冠状动脉。心脏毛细血管丰富,有利于气体和物质交换,冠状动脉各级分支间虽有丰富的侧支循环,但侧支血管细小,如果大的冠脉血管突然闭塞,难以在短时间内建立有效的侧支循环,进而会导致心肌梗死。此外,冠状动脉的细小分支多以垂直于心脏表面方向穿入心肌组织,心肌收缩时可能造成小血管的压迫。每 100 g 心肌组织的血流量为 60~80 mL/min,远高于其他组织。心肌细胞富含肌红蛋白,摄氧能力强,动脉血流经心肌后 70% 氧气被心肌细胞摄入(其他组织平均为 25%~30%),因此当心肌耗氧量增加时,心肌纤维通过提高摄氧量以从血液中获得更多氧气的能力有限,主要靠扩张冠脉血管增加心脏供血来满足需要。

冠脉血管收缩和舒张主要受心肌代谢水平调控,而神经调控作用弱。代谢产生的腺苷、H^+、CO_2、乳酸等具有舒张冠脉血管的作用,代谢产物增加,冠脉舒张,冠脉血量增加,其中腺苷的作用最为显著。交感神经兴奋,收缩冠状动脉,但同时兴奋心肌细胞使代谢水平升高,增加的舒血管代谢产物导致冠脉舒张。副交感神经引起冠脉舒张,但同时使心肌细胞收缩减弱,代谢降低,代谢产物减少导致冠脉收缩。神经调节对冠脉的整体供血情况影响不大。

脑循环指脑的供血动脉包括颈内动脉和椎动脉,左右两侧椎动脉入颅后汇合成基底动脉。脑血流量大,成人脑重量约占体重的 2%,血流量为 750 mL/min,约占心输出量的 15%。脑组织对缺血耐受性差,每 100 g 脑组织血流量小于 40 mL/min 时可出现明显临床症状。脑血流量的增加主要靠增加脑血流速度实现。在颅底,颈内动脉系的大脑前动脉、大脑中动脉和前后交通动脉,与椎-基底动脉系的大脑后动脉共同组成颅底动脉环,又称 Willis 环。颅底动脉环具有沟通颈内动脉系和椎-基底动脉系的作用,前交通动脉还能沟通左右大脑前动脉,在一定程度上代偿因血管堵塞造成的脑组织缺血。代偿作用主要表现在代偿亚急性或者慢性缺血,对突然发生的缺血代偿能力较差。血-脑屏障和血-脑脊液屏障可以有效阻挡血液中的有害物质进入脑实质,维持脑组织内环境稳定。当出现脑缺氧、损伤或肿瘤等疾病时,血管内皮受损,屏障功能降低,某些物质可能进入脑组织微环境和脑脊液中。

2.2 循环系统常见疾病

循环系统疾病是临床常见疾病,随着我国老龄人口的逐年增多以及寿命的延长,心血管病的高患病率和致死率严重影响公众健康,有效防治心血管病对于提高公众健康状况和改善患者生活质量有重要意义。

2.2.1 心力衰竭

心力衰竭简称心衰,指心脏结构和(或)功能异常,心室充盈和(或)射血功能受损,出现肺循环和(或)体循环淤血,以及器官、组织灌注不足的临床综合征。病因包括原发或遗传因素所致的心肌损伤、心脏前(后)负荷过重等。常见诱发因素包括感染、心律失常、血容量增加、体力消耗过大或者过度情绪激动、医源性、心脏病变加重或者并发其他疾病等。患者主要表现为呼吸困难、体力活动不同程度受限、水肿等症状。慢性心力衰竭是心血管疾病发展至终末期的共同表现,冠心病和高血压为慢性心衰的最主要病因,在高龄人群中有较高的患病率。

心衰按发生速度可分为急性心衰和慢性心衰,急性心衰主要由严重心肌损伤、心律失常或者心脏负荷突然加重所致,其中进行性左心衰比较常见,主要表现为进行肺水肿和心源性休克。慢性心衰通常是逐步形成的,通常有代偿性心脏扩大、心肌肥厚等代偿机制参与。

心衰按受累部位可分为左心衰、右心衰和全心衰竭。左心衰主要表现为肺循环淤血和体循环供血不足;右心衰多源于肺源性心脏病及部分先天性心脏病,主要表现为体循环淤血,如下肢水肿、肝脏肿大甚至腹水等;全心衰指左心及右心均出现功能衰竭,表现为全身器官供血不足以及体循环和肺循环淤血。无论心衰最先发生在哪一侧,如果不能及时改善受累侧心脏功能,在病情恶化的情况下均会导致全心功能衰竭。

心衰按射血分数的改变可分为射血分数降低性心衰和射血分数保留性心衰。射血分数降低性心衰(heart failure with reduced ejection,HFrEF):左室射血分数(left ventricular ejection,LVEF)小于40%。射血分数保留性心衰(heart failure with preserved ejection fraction,HFpEF):LVEF大于50%,又称舒张性心衰,表现为左心室肥厚或左心房增大,充盈压增大,舒张功能受损。LVEF位于40%~49%之间者称为中间范围射血分数心衰(heart failure with mid-range ejection fraction,HFmrEF)。

心衰的辅助检查如下。

(1)实验室检查:包括血、尿常规等各种常规实验室检查。脑钠肽(brain natriuretic peptide,BNP)和氨基末端脑钠肽前体(amino-termimal pro-brain natriuretic peptide,NT-proBNP)有助于判定是否存在心衰以及疾病预后。心肌肌钙蛋白(cardiac troponin,cTn)有助于判断是否存在急性冠状动脉综合征。肌钙蛋白和脑钠肽同时升高有助于预测心衰预后。

(2)心电图:无特异表现,有助于判断是否存在心肌缺血、既往心肌梗死,以及是否存在心律失常等。

（3）影像学检查：X 线检查，可用于判断是否存在由左心衰所致肺水肿，以及对肺部疾病进行鉴别诊断。心影的大小和形态有助于判断心脏的病因，如扩张性心肌病等。超声心动图是心衰诊断中常用方法，可用于评价心腔大小变化、心室收缩和舒张功能，瓣膜结构和功能能够快速评估心功能以及判断病因。心脏磁共振（cardiacl magnetic resonance，CMR）目前是评价心室容积、室壁运动的金标准。冠状动脉造影（coronary anging raphy，CAG）有助于判明冠状动脉是否存在狭窄以及狭窄程度和位置。放射性核素检查 ^{99m}Tc - RBC 核素心血池显像能够评价心脏大小和射血分数，以及左心室最大充盈速度。

（4）血流动力学检查：床边右心漂浮导管（Swan - Ganz 导管）检查，可测定不同部位的血管内压力和血液含氧量，计算心脏指数和肺毛细血管楔压，能够直接反映左心功能，可用于急性重症心衰患者的监测。

（5）心-肺运动试验：用于慢性稳定性心衰患者的心功能评定，以及判断是否可进行心脏移植手术。正常人每增加 100 mL/(min·m^2) 耗氧量时，心脏需要相应增加 600 mL/(min·m^2) 的射血量。患者心脏功能受损，射血能力下降时，肌肉组织则增加从血液中摄取氧气的能力，造成动-静脉血氧差增大。

（6）最大耗氧量（VO$_{2,max}$）检查：运动量虽然继续增加，但耗氧量不再增加时的峰值耗氧量，以 mL/(min·kg) 为单位，表明心脏射血量达最大，不能继续按机体需要增加。

（7）无氧阈值检查：呼出气中 CO_2 的增长超过了氧耗量的增长，标志出现无氧代谢，以开始出现两者增加不成比例时的氧耗量为无氧阈值代表，阈值越低则表示心功能受损越严重。

心力衰竭的诊断包括病因学诊断、心功能评价和预后评估，在完整考虑病史、症状和体征以及辅助检查的基础上做出诊断，同时需要与心包积液、肝硬化所致腹水与下肢水肿、哮喘等疾病进行鉴别。

心力衰竭的治疗目标为防止和延缓疾病的发生与发展，缓解临床症状，改善长期预后，提高生活质量，降低患者住院率和病死率。治疗原则以综合治疗为主，并对可能损害心功能的高血压、糖尿病等基础疾病进行早期有效管理。急性发作心衰患者的治疗以减轻心脏负荷、增加心肌收缩力、吸氧等支持治疗为主。减轻心脏负荷包括使用利尿剂减少血液容量，严格控制进入体内的液体量。增加心肌收缩力时需要考虑心肌收缩力增加会增加心肌耗氧量，避免因缺氧造成心肌损伤，同时进行能量支持。需要积极治疗各种导致心衰的原发疾病。

2.2.2　心律失常

心律失常是心脏电活动的产生和（或）传导异常所导致的心脏节律异常综合征，是临床常见的心脏疾病，病因多样，部分心律失常也可见于正常人。

心律失常发生机制可分为冲动形成异常和冲动传导异常。冲动形成异常包括窦性心律异常和异位心律，冲动传导异常包括各种传导阻滞和折返性心律。按发作时的心率快慢可分为快速性心律失常和缓慢性心律失常。按发生部位可分为室上性心律失常和室性心律失常，前者包括窦性心律失常、房性心律失常和房室交界性心律失常。

心律失常的诊断：在综合病史、体格检查、常规心电图、动态心电图、运动试验及心腔内电生理等检查结果基础上做出诊断。心电图对诊断心律失常有重要意义，发作时记录到的心电图具有诊断作用，24 小时动态心电图对于一天多次晕厥发作的患者具有诊断意义，运动或情绪激动时发生心悸的患者,运动试验有助于对其做出诊断。

(1) 窦性心律失常,包括窦性心动过速、窦性心动过缓、窦性心律不齐、窦性停搏或窦性静止、窦房传导阻滞和病态窦房结综合征。正常成人心率在 60～100 次/min 范围内。窦性心律不齐为最常见的心律失常。

窦性心动过速,心率>100 次/min,通常在 100～180 次/min 范围内。生理性窦性心动过速较为常见,运动、紧张、焦虑、饮酒或者咖啡等均能引发窦性心动过速;病理因素包括心功能不全、心肌炎等心脏疾病,甲状腺功能亢进、贫血、发热、休克等也能引发窦性心动过速。生理性窦性心动过速不需要特殊处置,病理性窦性心动过速以处理原发病为主。

窦性心动过缓,窦房结发放冲动的频率<60 次/min。迷走神经兴奋性增高和(或)交感神经兴奋性降低以及某些药物可引发窦性心动过缓,有症状的窦性心动过缓多由药物引发。生理性心动过缓不需要特殊治疗,病理性心动过缓首先考虑治疗原发病。心率缓慢并伴有严重症状者,可使用起搏器治疗。

窦性停搏或窦性静止,窦房结无冲动产生,心房无除极,心室停搏。心电图上在窦性节律中可见一段长间歇,但长间歇的 P-P 间期与基础 P-P 间期无倍数关系。迷走神经兴奋性过高或者使用洋地黄、β 受体阻滞剂等药物可能引发窦性停搏或窦性静止,心肌炎、心肌病等心脏疾病也可能出现此症状。

窦房传导阻滞,窦房结产生的冲动,传导异常导致心房不能正常除极或除极时间延长。迷走神经兴奋性过高、使用洋地黄等药物以及急性心肌炎等心脏疾病可能引发窦房传导阻滞。窦房传导阻滞通常为暂时发生,不需要特殊治疗。病理性需要积极治疗原发病,去除病因后有症状者可使用起搏器。

(2) 房性心律失常,包括房性期前收缩、房性心动过速、心房扑动和心房颤动,是最常见的快速心律失常。

房性期前收缩又称房性早搏,简称房早,表现为窦性心律之前出现的房性异位搏动。病因多见于心脏结构和功能异常,如冠心病、瓣膜病、高血压性心脏病等。甲状腺功能亢进者也可能出现房早。此外,部分正常人在紧张、焦虑或饮酒后也可能出现房早。心电图可作为诊断依据。治疗主要包括病因治疗和去除诱因,偶发房早或者症状不明显者不需要抗心律失常药物治疗。

房性心动过速,指连续发生的 3 个及以上的快速心房激动。症状包括心悸、胸闷、可伴有头晕,活动时加重。病因多为器质性心脏疾患,如冠心病、心肌病等。心电图上 P 波的特征性变化可作为诊断依据。针对发作期患者可采用药物治疗。积极治疗原发病和去除诱因有利于预防复发,频繁发作者可使用抗心律失常药。对于频繁发作或持续发作的患者,可采用射频消融术根治。

心房扑动简称房扑,是一种快速型心律失常,心房激动频率通常在 250～350 次/min,可呈阵发性或者持续性发作,病因多为心脏器质性疾病,通常不发生于健康人群,阵发性房扑可见于饮酒后的健康常人。心电图表现为 P 波消失,出现振幅、间隔相同,反复出现的有规则锯齿形扑动波(F 波),易在 Ⅱ、Ⅲ、aVF 或 V1 导联中检出。阵发性房扑或房扑对心室率影响不显著时,患者症状轻微,可出现胸闷、心悸等症状,严重时影响重要器官供血。药物疗效不显著或不能耐受药物治疗的患者,可选择射频消融术治疗。

心房颤动简称房颤,心房激动频率在 350～600 次/min 之间。病因多为心脏器质性疾患,有些房颤病因不明,称为特发性房颤。典型心电图可见 P 波消失,出现振幅不等、形态不一的不规则的基线波(f 波),频率为 350～600 次/min,心室率不规则。临床表现与房颤发作类型、心室率快慢、是否形成附壁血栓等密切相关。轻者无症状或只表现为心悸、胸闷等,严重者可出现器官供血不足症状,附壁血栓脱落可造成脑栓塞、肺栓塞等。药物治疗无效或不能耐受药物治疗的患者可选择射频消融术治疗。

(3)房室交界性心律失常,包括房室交界性期前收缩、房室交界性逸搏、房室交界性心律、非阵发性房室交界性心动过速、房室结折返性心动过速。

房室交界性期前收缩又称交界性期前收缩,简称交界性早搏,额外冲动产生于房室交界区,心电图可见提前出现的 QRS 波群和逆行的 P 波。冠心病、心肌病等器质性心脏疾病,心力衰竭、洋地黄中毒和低钾血症等可出现交界性早搏,部分交界性早搏患者可能无器质性心脏疾病。主要针对原发病以及疾病诱因开展治疗。

房室交界性逸搏和房室交界性心律,窦房结发放冲动的频率低于房室交界区潜在起搏点,或者窦房结冲动无法到达潜在起搏点时,潜在起搏点发放冲动产生逸搏。房室交界区逸搏频率通常为 40～60 次/min。心电图表现为正常 P-P 间期后出现长间歇,长间歇之后出现 QRS 波群,P 波消失或者 QRS 波群之前或之后出现逆行 P 波等。治疗以针对病因为主。房室交界性逸搏连续发生称为房室交界性心律,心电图可见正常 QRS 波群,频率为 40～60 次/min,P 波逆行或出现房室分离。

非阵发性房室交界性心动过速,房室交界区发放的冲动频率增加成为主要起搏点,因其发作和终止存在渐进过程,而不是突然发生和终止,因此称为非阵发性房室交界性心动过速。大多数出现此症状的患者有基础心脏疾病,如下壁心梗、心肌炎等;洋地黄中毒是出现此症状的最常见原因;部分正常人也可发生。

房室结折返性心动过速,指发生在房室结以及房室交界区等周围区域的折返性心动过速,是最常见的阵发性室上性心动过速。患者通常无器质性心脏疾患,精神紧张、情绪激动、焦虑、体力活动等均可诱发此症状。心电图上心律为 150～250 次/min,节律规则;如果没有束支传导阻滞则 QRS 波形态和时限正常;P 波可埋没于 QRS 波群,也可出现在 QRS 波之前或其终末部;心动过速突然发作,常在房性期前收缩伴 P-R 间期延长后发生。临床表现为突发突止的心动过速,症状轻重不等,具体情况取决于心动过速的频率和持续时间,以及是否有器质性心脏疾病。发作期治疗以终止心动过速、缓解症状为主。可采用药物治疗或者射频消融术预防疾病复发。

(4)室性心律失常,包括室性期前收缩、室性心动过速、心室扑动和心室颤动等。

室性期前收缩又称室性早搏,简称室早,表现为基础节律之前出现室性冲动,是最常见的室性心律失常。心肌梗死、心肌炎、心肌病等多种器质性心脏疾病均可出现室性早搏。某些抗心律失常药物、三环类抗抑郁药、对心肌有损害的抗肿瘤药等,以及低钾血症、低镁血症等电解质紊乱,也能够引发室性早搏。心电图表现为提前出现的异常 QRS 波等。

室性心动过速简称室速,多见于器质性心脏疾患,少数由遗传或者洋地黄中毒、抗心律失常药物所致。心脏结构和功能无异常而发生室速者称为特发性室速。心电图典型表现为三个或者三个以上连续出现的宽大畸形的室性期前收缩,QRS 波时间>120 ms,ST-T 向量与 QRS 波主波方向相反等。临床症状取决于室性心动过速发生的频率、持续时间等。

心室扑动和颤动,心室扑动简称室扑,心室颤动简称室颤,二者均指心室快速无规则激动,失去正常收缩舒张功能,可危及生命,是导致心脏性猝死的常见原因。室扑的心电图可见规则的正弦波,频率为150～300次/min。室颤的心电图表现为 QRS 波群、ST 段和 T 波消失,只有形态振幅不规则的波动。室扑和室颤可造成患者晕厥、失去意识、呼吸停止,救治不及时可导致死亡。

心脏传导阻滞可发生在心脏传导系统的任何部位,窦房结与心房间的传导阻滞称为窦房传导阻滞,心房和心室之间传导阻滞称为房室传导阻滞,心房内传导阻滞称为房内传导阻滞,心室内传导阻滞则称为室内传导阻滞。按严重程度可将传导阻滞可分为三度:一度阻滞,窦房结冲动能够传导,但传导时间延长;二度阻滞Ⅰ型,传导时间逐渐延长,最后出现一次不能传导的冲动;二度Ⅱ型,间歇性出现的传导阻滞;三度阻滞,冲动完全不能传导,又称完全性阻滞。

房室传导阻滞,心房冲动传导延迟或不能向心室传导,房室结、房室束和左右束支等处均可发生。一度房室传导阻滞一般无明显症状,二度房室传导阻滞可出现心悸,部分无症状。三度房室传导阻滞可出现乏力、头晕、晕厥、心绞痛等症状,房室传导阻滞时,如果心室率过低则会导致脑供血不足,患者出现意识丧失等,严重者可危及生命。二度Ⅱ型和三度房室传导阻滞患者心室率缓慢,有明显临床症状者考虑起搏治疗。

室内传导阻滞,冲动传导阻滞发生在房室束分支以下位置,以右束支阻滞常见。单支、双支阻滞临床可能无明显症状,三支传导阻滞症状与完全性房室传导阻滞相似。无临床症状者不需要特殊治疗,有严重临床症状者采用心脏起搏器治疗。

心律失常的治疗包括药物治疗和非药物治疗。药物包括抗快速心律失常药物和抗缓慢心律失常药物,抗快速心律失常药物主要为离子通道阻滞剂和受体拮抗剂;常用抗缓慢性心律失常药物包括 β 受体激动剂和副交感神经 M 受体阻滞剂,应用这些药物治疗缓慢性心律失常时可能诱发快速型心律不齐,严重时可危及生命。

心律失常的非药物治疗包括:① 心脏电复律和电除颤,其中心脏电复律对于治疗恶性心律失常和心室骤停患者有重要意义。植入型心律转复除颤器(implantable cardioveter defibrillater,ICD)能够快速识别并且及时终止室颤等恶性心律失常,降低心源性猝死的风险。② 人工心脏起搏器,主要用于缓慢型心律失常,近年逐渐扩展至心肌病、心力衰竭等。③ 经导管射频消融 RFCA,可用于治疗阵发性室上性心动过速、早搏、房扑、房颤、室速、室颤等多种心律失常。

2.2.3 高血压

高血压是以动脉血压升高为特征的心血管综合征,未使用降压药物情况下收缩压大于等于 140 mmHg 和(或)舒张压大于等于 90 mmHg 可诊断为高血压。高血压包括原发性高血压和继发性高血压,通常所说的高血压指原发性高血压。高血压是心、脑血管疾病的危险因素,有效控制血压有助于降低心、脑血管疾病的患病率。原发性高血压的主要治疗措施为药物控制,同时改善不良生活方式。继发性高血压需要查找原发病,去除病因以控制血压。

高血压主要影响心脏和血管,长期高血压可引起左心室壁肥厚和心腔扩大,全身小动脉管腔内径缩小,影响心、脑、肾以及视网膜等重要组织器官供血。因缓慢起病,无明显症状和体征,有些患者可有头晕、头疼、心悸等不典型症状。高血压病的并发症可有心脑血管病、心力衰竭和冠心病、慢性肾衰以及主动脉夹层等,严重威胁生命健康。

高血压的降压治疗根本目的在于通过有效控制血压降低心脑血管的发病率和死亡率,以及降低其他危险并发症的发生率。目前高血压的治疗主要包括生活方式干预和药物治疗,尚无根治方法。治疗性生活方式干预包括降低体重、减少 Na^+ 和脂肪摄入、增加运动、戒烟限酒等。改善生活方式疗法适用于所有高血压患者。针对单纯改善生活方式无法有效控制血压者、中度高血压(收缩压 160～179 mmHg 和/或舒张压 100～109 mmHg)和重度高血压(收缩压≥180 mmHg 和/或舒张压≥110 mmHg)患者、合并糖尿病或者已经有器官损害者,需要应用降压药控制血压。

2.2.4　动脉粥样硬化和动脉粥样硬化性心脏病

动脉粥样硬化好发于大、中动脉,随年龄增长发病率逐渐增高。受遗传因素和生活方式等影响,高血压、高脂血症等均为危险因素,发病机制尚未完全阐明,存在炎症说、内皮损伤说、氧化应激说等多种假说。病理表现为动脉内膜炎细胞浸润、中膜平滑肌细胞向内膜转移并转化为具有分泌胶原蛋白功能的类似成纤维细胞的细胞,在细胞外基质堆积,硬化斑块中央因为缺乏供血出现坏死灶。粥样硬化斑块逐渐发展可造成血管壁弹性降低,动脉管腔狭窄甚至闭塞,斑块凸向管腔易于形成血栓,血管内皮损伤斑块内物质可能经损伤内皮处进入血管,造成血管栓塞,影响重要器官功能。

冠状动脉粥样硬化性心脏病简称冠心病,是最常见的冠状动脉性心脏病。除冠心病外,冠状动脉性心脏病还包括冠状动脉痉挛和冠状动脉微血管病。以下主要介绍冠状动脉粥样硬化性心脏病。

根据 1979 年世界卫生组织“缺血性心脏病”的诊断标准,冠心病可分为隐匿性或无症状性冠心病、心绞痛、心肌梗死、缺血性心脏病、猝死 5 种类型。在临床工作中,也可按欧美冠心病诊疗指南,分为 2 种综合征:一种是慢性心肌缺血综合征,包括隐匿型冠心病、稳定型心绞痛和缺血性心肌病等;另一种是急性冠状动脉综合征(ACS),包括不稳定型心绞痛和心肌梗死。

心绞痛是冠心病最常见的临床表现,由心肌短暂缺血引发,典型表现为发作性的压榨性或窒息样疼痛,多位于心前区和胸骨后,并可向左上肢尺侧、右臂、两臂外侧面以及颈部与下颌部放射,休息或含服硝酸甘油数分钟后可缓解。世界卫生组织将心绞痛分为:劳力性心绞痛,在运动或心肌需氧量增加时诱发;自发性心绞痛,由心肌供氧不足引发,疼痛持续时间长于劳力性心绞痛,含服硝酸甘油不易缓解;混合型心绞痛,上述两种类型心绞痛并存。临床所指的稳定型心绞痛即稳定型劳力型心绞痛,病因以动脉粥样硬化、主动脉瓣狭窄或关闭不全等多见。

心绞痛无特异体征,实验室各项常规检查和生化检查也无特异性改变。血清心肌损伤标志物肌钙蛋白 I、T,肌酸激酶(creatine kimase,CK)及同工酶 CK - MB 有助于鉴别心绞痛与心肌梗死。心电图和冠状动脉造影对于判断是否存在心肌缺血、冠状动脉结构和功能异常有重要意义。超声心动图、X 线检查、CT、MRI、核素心室造影以及核素心肌灌注显像检查也可用于心绞痛的辅助检查。

(1)心电图:用于诊断冠心病的重要手段之一,常用的心电图检查包括常规心电图、心电图负荷试验、动态心电图。对于临床可疑冠心病、冠心病高危人群的筛查等可进行心电图负荷试验,其中运动负荷试验是目前评价心肌缺血的最常用检查。此外还可采用动态心电图记录 24 h 或更长时间的心电活动,对于静息 ECG 无阳性所见但怀疑冠心病者有重要意义。

(2)超声心动图:常规超声心动图无特异性,负荷超声心动图利用运动或药物诱发心肌缺血,记录心室壁运动,评估心肌缺血所致的室壁节段性运动异常。

（3）核素心室造影及核素心肌灌注显像检查:可用于检查是否存在冠状动脉狭窄。

（4）冠状动脉造影术:能够明晰左右冠状动脉以及主要分支是否存在狭窄以及狭窄的程度。通常认为动脉管腔直径减小70%及以上影响心肌供血。

结合患者疾病发作时的症状、患者的年龄以及是否存在危险因素、心电图,排除其他疾病引发心绞痛以及肋间神经痛和肋软骨炎等疾病后,可以对疾病做出诊断。对未检测到发作时心电图的可疑冠心病患者可采用运动负荷试验。

隐匿型冠心病(latent coronary disease),无心绞痛症状,但检查可见心肌缺血,这种类型的冠心病称为隐匿型冠心病或无症状性冠心病,常在动态ECG检查时发现。

急性冠状动脉综合征(acute coronary syndrome,ACS)指包括不稳定型心绞痛(unstable angina,UA)、非ST段抬高型心肌梗死(Non - ST - segment elevation myocardial infarction, NSTEMI)和ST段抬高型心肌梗死(ST - segment elevation myocardial infarction,STEMI)在内的一组心肌急性缺血引发的综合征。

不稳定型心绞痛和非ST段抬高型心肌梗死(UA/NSTEMI):不稳定动脉粥样硬化斑块破裂或糜烂,伴血小板激活和聚集继而形成血栓,冠脉痉挛和微血管血栓造成心肌供氧和供血不足,NSTEMI可因持续性心肌缺血导致心肌坏死。

不稳定型心绞痛患者症状和稳定型心绞痛类似,但程度和持续时间大于后者,休息时可能会发生。特异性心电图表现具有诊断意义,冠状动脉造影可显示冠脉狭窄程度,不仅具有诊断意义,在决定治疗策略上也有重要作用,冠脉内超声和光学相干断层成像可明确斑块性质、大小、是否破溃以及是否形成血栓等信息。血清心肌钙蛋白cTn、CK等阳性提示心肌损伤,考虑NSTEMI。UA/NSTEMI的主要治疗目的是立刻缓解缺血,预防心梗甚至死亡等严重不良后果。具体治疗包括支持治疗、药物治疗以及冠状动脉血运重建,药物治疗包括抗心肌缺血药和抗凝治疗。

急性ST段抬高型心肌梗死(ST - segment elevation myocardial infarction,STEMI):冠状动脉供血突然中断,供血区心肌因持续性缺血而坏死,心电图可见ST段抬高,发生原因多为冠状动脉粥样硬化斑块破裂、糜烂和血栓形成。STEMI的病理基础为不稳定斑块,炎症反应、氧化应激、血流动力学等因素对斑块的影响与不稳定斑块密切相关。斑块破裂导致血管内膜下胶原暴露,进而激活血小板,形成血栓,导致冠状动脉闭塞。缺血、缺氧、氧化应激、炎性因子生成等引发心肌细胞凋亡或者坏死。心梗24 h后启动组织修复,此时巨噬细胞清除坏死细胞,成纤维细胞和内皮细胞开始形成肉芽组织和新生血管。

急性心梗患者多表现为胸痛,性质类似于心绞痛,但持续时间长且不能缓解,通常伴有出汗、呼吸困难、恐惧甚至晕厥等。急性心梗常见的并发症状可包括心律失常、心力衰竭、低血压和休克等。心梗的辅助检查如下。

（1）心电图:可疑患者迅速进行心电图检查,不能即刻确诊时,5～10 min后重复检测。

（2）心肌标志物检查:肌钙蛋白cTn T或cTn I是心肌梗死最特异和敏感的血清标志物,STEMI发生2 h后即会升高,10～24 h内达到高峰,cTn升高结合心肌缺血证据对STEMI具有诊断意义。

（3）冠状动脉造影术:确诊冠心病的金标准。STEMI患者可见病变血管完全闭塞,不稳定斑块破裂和血栓形成。少数冠状动脉痉挛患者冠脉造影可无明显异常。

（4）超声心动图：主要用于评价心脏室壁阶段运动和室壁厚度、心室收缩和舒张功能等，同时有助于排除心包炎和心包积液等疾病。

心梗的治疗原则为尽早诊断，尽快开通堵塞血管以恢复冠脉供血。一般治疗包括各项生命体征的监护和支持治疗等。开通闭塞血管，恢复心肌的供血称为再灌注治疗，再灌注治疗能够挽救濒死的心肌纤维，减小心肌梗死范围、减轻梗死后心肌重塑。常用方法包括溶栓治疗、介入治疗和冠状动脉搭桥手术治疗。抗血小板和抗凝治疗有助于维持冠脉血管通畅，预防深静脉血栓、肺栓塞和心内血栓形成等。此外还包括抗缺血和稳定斑块治疗，对心律失常、心衰等并发症的支持治疗，以及后续的康复治疗等。

2.2.5　心脏瓣膜病

心脏瓣膜病是心脏瓣膜狭窄和（或）瓣膜关闭不全所致的心脏疾病。风湿性心脏病是我国心脏瓣膜病常见的病因，近年随着卫生和医疗条件的改善，老年退行性瓣膜病的比例逐渐增加。瓣膜病主要包括二尖瓣狭窄、二尖瓣关闭不全、主动脉瓣狭窄和主动脉关闭不全，两个及以上的瓣膜同时受累称为联合瓣膜病。

二尖瓣狭窄，最主要的病因是风湿热，女性患者多于男性。少数二尖瓣狭窄也可由先天发育异常、老年退行性改变以及系统性红斑狼疮等结缔组织病所致。风心病所致的二尖瓣狭窄主要累及瓣膜和腱索，病理表现为瓣膜和腱索的纤维化、挛缩以及瓣膜交界面的黏连，从而导致二尖瓣开放受限，血流受阻。根据瓣膜口面积实际缩小情况，可将二尖瓣狭窄分为轻度、中度和重度狭窄，瓣膜口开放面积在 $1.5\sim2.0$ cm^2 之间（不包含 1.5 cm^2）为轻度狭窄，在 $1.0\sim1.5$ cm^2 之间为中度狭窄，小于 1.0 cm^2 为重度狭窄。轻度二尖瓣狭窄一般生活中可能无明显症状，中度和重度狭窄会出现临床症状。早期多表现为呼吸困难，可由剧烈运动、情绪激动、妊娠等诱发。病情严重时可能出现静息状态下的呼吸困难、夜间阵发性呼吸困难以及端坐呼吸。咳嗽为多见症状，常在劳动后或者夜间睡眠中发生。咳血即可作为疾病首发症状出现，也可见于急性肺水肿期或者心力衰竭期。血栓栓塞是二尖瓣狭窄的严重并发症，尤其有房颤的患者更易发生。

二尖瓣狭窄的辅助检查如下。

（1）X 线检查：胸片可见肺门增大，肺纹理增多，肺静脉压大于 30 mmHg 时可出现肺水肿表现。心影可见左心房增大，右心室增大，主动脉弓缩小，肺动脉主干突出等表现。

（2）心电图：“二尖瓣型 P 波”提示左心房扩大。

（3）超声心动图：对疾病有诊断意义。二维超声能够检测瓣膜厚度、活动度、是否有钙化等，指导如何对疾病进行干预。经食道 B 超可检测左心耳及左心房是否存在血栓。多普勒能够测定二尖瓣口面积，帮助判断二尖瓣狭窄的严重程度。

治疗包括一般治疗、介入治疗和手术治疗。二尖瓣轻度狭窄无临床症状者不需要特殊治疗。因肺淤血出现呼吸困难时，咳血、急性肺水肿和房颤等需要积极进行对症治疗。二尖瓣狭窄合并房颤时易发生栓塞，发生房颤时要积极进行抗凝治疗，防止血栓形成和栓塞发生。中、重度二尖瓣狭窄患者，呼吸困难进行性加重或发生肺动脉高压，应考虑手术治疗。目前临床经常采用的介入治疗为经皮球囊二尖瓣成形术（PBMV）；外科手术治疗包括经皮球囊狭窄瓣膜扩张术、二尖瓣分离术和人工瓣膜置换术等。

二尖瓣关闭不全，主要病因是风湿热，女性患者多于男性，风湿性二尖瓣关闭不全的患者约半数合并二尖瓣狭窄。二尖瓣原发性黏液性变所致的二尖瓣脱垂、感染性心内膜炎、先天性心脏病等也可累及二尖瓣瓣膜。瓣环扩大主要见于各种原因所致的左心室增大,其中瓣环退行性变和钙化多见于老年女性。自发性腱索断裂、感染性心内膜炎或者风湿热等引发的腱索断裂是引发二尖瓣关闭不全的重要原因。二尖瓣关闭不全者在心室收缩射血时部分血液反流至左心房,从而使左心房和左心室舒张期容量负荷增加,同时由心室进入主动脉的血液减少。二尖瓣关闭不全急性发生时,可诱发急性肺水肿和肺淤血,同时左室射血量显著减少可造成重要器官供血不足。慢性二尖瓣关闭不全的症状受二尖瓣反流程度,疾病进展速度,左房内压、肺静脉压和肺动脉压增高程度,以及是否合并其他瓣膜疾病等多种因素影响。

结合症状、体征、X线检查、心电图和超声心动图结果,可对二尖瓣关闭不全做出诊断,其中彩色多普勒对二尖瓣关闭不全的检出灵敏度高,还能够对反流程度进行评估。

针对二尖瓣关闭不全的急性发作患者主要治疗目的是减少返流量、改善肺水肿和增加心输出量。慢性二尖瓣关闭不全患者,如果无症状并且左心功能无明显受累时可不进行特殊治疗,但需要预防风湿热等疾病。手术治疗是本病的根治疗法,应在左心功能出现不可逆损害前进行手术治疗。二尖瓣修补术和二尖瓣置换术是临床常用的手术治疗方法。

主动脉瓣狭窄,常见病因包括先天性病变、退行性病变和炎症性病变等,随年龄增长而出现退行性主动脉瓣狭窄是目前成人最常见的病因。主动脉瓣口面积显著缩小($\leqslant 1.0~cm^2$)时,因左心室和主动脉之间压力差增大,导致左心室壁肥厚、左心室舒张末压升高,继而引发左心房压、肺静脉压、肺毛细血管楔压和肺动脉压升高,如长期持续可出现左心衰。

主动脉瓣狭窄患者可较长时期无明显临床症状,二尖瓣口面积显著缩小时出现症状,典型的临床表现包括呼吸困难、心绞痛和晕厥。结合症状、体征、X线检查和超声心动图可对疾病做出诊断。无症状者定期随访,不需要特殊治疗。出现症状者考虑手术治疗。手术方法包括人工瓣膜置换术、直视下主动脉分离术、经皮球囊主动脉瓣成形术(PBAV)和经皮主动脉瓣置换术(TAVI)。

主动脉瓣关闭不全,瓣膜本身病变和主动脉根部病变都可能引发主动脉瓣关闭不全。急性主动脉瓣关闭不全轻症者可无明显症状,严重者可有突然性呼吸困难、咳嗽、咳白色或粉红色泡沫痰等左心衰表现,更严重者可出现神志不清甚至昏迷。慢性主动脉瓣关闭不全可长期无症状,随着病情进展主动脉瓣处流量增大,患者可出现心悸、心前区不适、头颈部强烈动脉搏动感等症状,严重时可出现左心衰症状。结合症状、体征、X线检查、心电图和超声心动图可做出诊断。慢性主动脉瓣关闭不全患者无症状且左心功能正常时,可进行随访,不需要手术治疗。左心功能受损者,左心功能虽然正常但症状明显者应采取手术治疗。手术方法包括主动脉置换术、主动脉瓣成形术、主动脉瓣膜修补术。

2.2.6 心肌病

心肌病指各种病因引发的心肌病变,可导致心脏结构和功能异常。临床常见的心肌病有扩张型心肌病、肥厚型心肌病和限制性心肌病。

扩张型心肌病(dilated cardiomyopathy,DCM),主要表现为左心室或者左右心室扩大和心肌收缩功能异常,其病因多样,约半数患者病因不明。常见临床表现为心脏扩大、心衰、心律失常、血栓形成,可能会发生猝死,预后不良。肥厚型心肌病(hypertrophic cardiomyopathy,HCM),是遗传性心肌病,特点为左心室非对称性肥厚,是青少年运动性猝死的最主要原因之一。多数患者症状轻微,对寿命无明显影响。临床症状以劳力性呼吸困难和乏力常见,有些患者可出现劳力性胸痛。部分患者运动时可出现晕厥。限制型心肌病(restrictive cardiomyopathy,RCM)表现为心室壁僵硬度增加、舒张能力下降、充盈能力受限以及右心衰症状。半数患者病因不明。本病主要病理表现是心肌纤维化、炎细胞浸润和心内膜面瘢痕的形成。无特异性治疗方法,患者应避免劳累并对症治疗,预后不良。

心肌病的辅助检查有如下几项。

(1)实验室检查:DCM 时 BNP 或 NT-proBNP 升高,可帮助鉴别呼吸困难的原因。

(2)X 线检查:DCM 通常有心影扩大、心胸比大于 50%、肺淤血、肺水肿和肺动脉压力增高的表现。HCM 可见左室增大或正常心影,RCM 心影正常,有时可见心包钙化。

(3)心电图:表现多样,缺乏特异性。

(4)超声心动图:在三种常见心肌病的诊断中均发挥重要作用。DCM 表现为左室不同程度扩大,疾病后期左室扩大明显,室壁运动减弱,左室射血分数降低。HCM 表现为心室不对称性肥厚,心腔不增大。RCM 可见双侧心房扩大和心室肥厚。

(5)冠状动脉计算机断层扫描血管成像(CTA)检查:显示冠状动脉灌注情况,帮助排除缺血性心肌病。

(6)心脏磁共振(cardiac magnetic resonance,CMR)检查:有助于诊断、鉴别诊断以及预后评估等。

此外,还可行冠状动脉造影和心导管检查、心内膜心肌活检和心肌核素显像等检查。

2.2.7　心肌炎

心肌炎指心肌的炎症性疾病,包括感染性和非感染性心肌炎。感染性心肌炎由病毒、细菌、真菌、螺旋体等病原微生物感染所致,非感染性心肌炎由药物、放射、结缔组织病等引起,临床上多见病毒性心肌炎。多种病毒可引发心肌炎,病毒既可直接侵犯心肌,也可能通过病毒入侵造成的炎症反应损害心肌组织和血管。临床表现与病变累积的范围和部位相关,轻者可能没有明显症状,严重者可能引发心源性休克或者猝死。通常有发热、乏力、肌肉酸痛等非特异性感染症状,随后出现心悸、胸痛、呼吸困难、水肿甚至晕厥和猝死等心脏受累的表现。无特异性治疗方法主要为针对心功能不全的支持治疗。

心肌炎的辅助检查如下。

(1)实验室检查:心肌损伤标志物可升高,红细胞沉降率和 C 反应蛋白等非特异炎性指标升高,病毒血清学检查有助于查明病原微生物但不能作为确诊标准。

(2)心电图:ST-T 改变常见,无特异性。

(3)超声心动图:可见左心室增大,室壁运动减低等,也可能无异常改变。

(4)心脏磁共振:T1 和 T2 提示组织水肿,增强显影提示心肌充血等,对诊断有重要提示作用。

(5)心内膜心肌活检:具有确诊意义,因为是有创检查,临床上主要用于病情危重、治疗效果差以及病因不明的患者。

根据患者临床症状、发病前的感染病史、体征、心电图、心肌损伤标志物、超声心动图和心脏磁共振结果可作出临床诊断。确诊有赖于心内膜心肌活检。

2.2.8 主动脉疾病和周围血管病

这类疾病包括先天性和获得性两大类。主动脉夹层、主动脉瘤等为获得性主动脉疾病。周围血管病主要有周围动脉闭塞病、静脉血栓等。

主动脉夹层是主动脉内膜破裂,血液进入动脉壁形成夹层血肿,血肿沿血管长轴扩展的主动脉疾病,又称主动脉夹层动脉瘤。通常急性起病,突发前胸或胸、背部持续的撕裂样或刀割样疼痛,难以忍受,可向肩背部或沿肩胛骨向前胸、腹部、下肢等处放射。疼痛是主动脉夹层常见和重要的表现,此外可出现主动脉瓣关闭不全、心衰等心血管病变症状,脑、内脏及肢体缺血等,夹层动脉瘤破裂可出现咯血、呕血和休克等症状。

主动脉数字减影血管造影(digital subtraction angiography,DSA)是诊断主动脉夹层的金标准,现在主动脉(CTA)和磁共振血管造影(magnetic resonance angiography,MRA)的敏感性和特异性已经接近 DSA,目前 CTA 和 MRA 已成为术前诊断的主要方法。

本病死亡率高,必须即刻处理,包括监控生命体征,绝对卧床休息并给予强效镇静和止痛药物。应用药物降低血压和心肌收缩力以及心室张力,防止动脉夹层扩展。根据主动脉夹层位置、病变程度、是否累及主动脉瓣等决定采取介入或者外科手术治疗。

2.3 循环系统疾病诊断方法和技术

循环系统疾病的诊断有赖于患者病史、临床症状和体征,以及实验室检查和辅助检查,依此对疾病性质、程度等做出综合判断。

2.3.1 症状、体征和实验室检查

循环系统疾病常见症状包括心悸、气短、呼吸困难、胸闷和胸痛、水肿、晕厥等,也可出现头痛、头晕、上腹胀痛、恶心呕吐等症状。症状缺乏特异性,需要与病史、体征、实验室检查和辅助检查相结合作出判断,并注意鉴别诊断。

常见体征可包括发绀、颈静脉怒张、水肿等。听诊可发现心音改变、杂音、心包磨擦音、周围动脉杂音、心脏节律异常等。触诊和叩诊有助于帮助判断心界大小、静脉充盈和异常搏动、脉搏搏动、下肢水肿等。

实验室检查包括血、尿常规,血生化检测。血肌钙蛋白、肌红蛋白和心肌酶称为心肌损伤标志物,对于判断是否存在心肌损伤如心梗、心肌炎等有重要意义。脑钠肽为心衰标志物。微生物检查和免疫学检查,例如,风湿性心脏病时检测链球菌抗体和炎症反应标志物等,有助于心肌炎、心瓣膜病的诊断。

2.3.2 辅助检查

循环系统疾病的辅助检查包括无创和有创检查。常用的无创检查包括血压测定、心电图检查、心脏超声检查、X 线胸片、心脏 CT、心脏磁共振以及核医学检查;有创检查包括心导管检查、心脏电生理检查、心脏及血管内成像技术、血管狭窄功能性判断、心内膜和心肌活检、心包穿刺等。

无创检查有以下几点。

（1）血压测定：血压测定可使用水银式血压计或者电子式血压计，24 h 动态血压监测，有助于早期发现高血压。

（2）心电图：包括常规心电图、24 h 动态心电图、心电图运动负荷试验、遥测心电图、心室晚电位和心律变异分析等，对多种循环系统疾病的诊断和心脏功能判断具有重要意义。

（3）超声心动图：能够实时观察心脏和大血管的形态结构，心脏的收缩和舒张功能以及瓣膜的活动状态等，还能够显示心血管内的血流状态。其包括 M 型、二维和多普勒超声心动图，经食管超声，心脏声学超声和实时三维心脏超声。

多普勒超声心动图，包括彩色多普勒血流显像（color Doppler flow imaging，CDFI）和频谱多普勒，能够分析血流时间、方向、流速以及血流的性质，与二维超声联用能够较好地观察瓣膜的功能。此外，近年快速发展的组织多普勒超声心动图（TDI）已成为评价心脏收缩、舒张功能以及左心充盈血流动力学的主要定量检查方法。多普勒超声能够较好地显示心室灌注和射血情况以及房室瓣的开闭，在瓣膜病、部分先天性心脏病、心肌病、心功能衰竭的诊断中发挥重要作用。对于上述病变较轻，心脏功能尚处于代偿期的患者可能无法有效检出，需要并用其他检测手段。经食管超声，在心脏结构，尤其是房间隔、左侧心瓣膜以及左侧心房和心室病变的诊断中发挥重要作用。

（4）X 线：显示心脏和大血管的位置、形态等整体情况，评价肺血流增多或减少，是否存在肺淤血等。

（5）计算机体层成像（computerized tomography，CT）：CT 平扫可用于心包积液、心包钙化、心肌钙化、心脏瓣膜钙化等的检查。增强扫描可以显示心腔和血管腔，可用于了解心腔是否增大，是否有附壁血栓，以及肥厚型心肌病、主动脉夹层等疾病的辅助检查。CT 血管成像可显示冠状动脉、主动脉和肺动脉等。心肌灌注成像可以评价是否存在心肌供血不足或者心肌梗死。

（6）磁共振成像（magnetic resonance imaging，MRI）：可用于心脏结构、心肌、血管壁等的检查。不仅能够显示心脏和大血管的结构，还能够评价心脏和瓣膜的功能。MRI 心肌灌注成像能够很好地评价是否存在心肌供血不足或者心肌梗死，应用范围较 CT 灌注成像更广泛。

（7）放射性核素显像：心血管放射性核素显像（radianuclide imaging，RNI）主要包括心肌灌注显像（myocardial perfusion imaging，MPI）、心血管池显像和心肌代谢显像。心肌灌注显像可用于评价狭窄冠脉远端心肌的灌注；心血池显像主要用于评价心功能；心肌代谢显像可用于评价梗塞或者严重狭窄冠脉远端心肌的代谢功能以反映心肌活力，PET - CT 的心肌代谢显像是评价心肌活性的金标准。

有创检查有以下几点。

（1）右心导管检查：可进行上下腔静脉以及右心房和右心室的血流动力学、血氧和心排血量的检测，注射对比剂后可进行腔静脉、右心房、右心室和肺动脉造影，在诊断先天性心脏病，判断手术适应证以及评估心功能方面有重要意义。

（2）左心导管检查：评价左心室功能、室壁运动和心腔，以及主动脉瓣和二尖瓣功能。

（3）冠状动脉造影：用于动态观察冠状动脉结构变化和血流情况，了解冠状动脉病变的位置、范围、性质和程度，是目前冠心病诊断的金标准。

（4）心腔内电生理检查：将电极导管经股静脉和（或）股动脉送入心脏不同部位，应用多导生理记录仪记录右心房和右心室、心传导系、冠状窦等位置的电活动，通过程序性电刺激，有助于明确心律失常的类型和机制。该检查可用于诊断心律失常,治疗心动过速以及判断植入装置能否识别以及终止电诱发的心动过速。应用导管射频消融术治疗心律失常时,这一检查必不可少。

(5)心脏及血管内成像技术:将成像探头或者成像导丝送入心脏或者血管内,对心脏、瓣膜和血管的结构,病变的范围和程度等进行检测。包括心腔内超声(intracardiac echocardiography,ICE)、血管内超声(intravascular ultrasound,IVUS)、光学相干断层扫描。

心腔内超声主要用于显示右心侧结构,有助于瓣膜介入治疗和房间隔穿刺。血管内超声可显示冠状动脉管腔结构,评价冠状动脉病变的性质,定量测量最小管径面积、斑块大小、血管狭窄程度等,在冠状动脉病变程度的评估和指导介入治疗方面有重要意义。光学相干断层扫描(optical coherence tomography,OCT)将利用红外线的成像导丝送入血管内,可清晰显示冠状动脉的横截面图像,分辨率高于血管内超声。血管狭窄功能性判断主要用于冠状动脉病变的检测,以血流储备分数(FFR)评价病变的程度,检测时置入压力导丝测定病变血管两端的压力。多用于临界病变的评估。血流储备分数指在冠状动脉狭窄时,血管供血区心肌实际获得的最大血量流与该区域心肌理论上的最大血流量之比。

(6)心内膜和心肌活检:多经静脉向右心送入活检钳获取心肌组织,进行病理检查。对于心肌炎、心肌病、心脏淀粉样变性、心肌纤维化等疾病具有诊断意义。

(7)心包穿刺:将穿刺针直接刺入心包抽取心包腔内积液进行检查,用以判断心包疾病的性质以及判断致病性微生物种类。利用这种技术同时可以进行心包疾病的治疗:引流心包积液降低心包腔内压,向心包腔内注入抗生素进行药物治疗等。

2.4 循环系统疾病的介入治疗技术

循环系统疾病的治疗包括药物治疗、介入治疗以及手术治疗。外科手术治疗主要适用于瓣膜病、先天性心脏病等。药物治疗是多种循环系统疾病治疗的基础,介入治疗逐渐成为心血管疾病的重要治疗方法,随着技术的进步和适应证的扩大,患者的预后和生活质量均有较大的改善。近年来心脏移植手术在扩张型心肌病的治疗方面也取得了较大的进展。

经皮冠状动脉介入术是目前最常用、技术最成熟的冠心病的介入治疗方法。利用特制的导管、导丝、球囊、支架等,在血管造影仪引导下,对狭窄或者阻塞的冠状动脉管腔进行扩张,恢复或者改善心肌供血。此外,还有经皮腔内冠状动脉球囊成形术、冠状动脉内支架植入术、冠状动脉内粥样斑块切除术、冠脉内血栓抽吸术和远端保护装置等。

心脏瓣膜病的介入治疗,目前临床应用的介入治疗主要包括针对二尖瓣狭窄患者的经皮球囊二尖瓣成形术(percutaneous balloon mitral valvuloplasty,PBMV),针对肺动脉瓣狭窄患者的经皮球囊肺动脉瓣成形术(percutaneous balloon pulmonary valvuloplasty,PBPV),针对主动脉瓣狭窄患者的经皮主动脉瓣置换术(transcatheter aortic valve implantation,TAVI)和经皮主动脉瓣球囊成形术(percutaneous balloon aortic valvuloplasty,PBAV)等。

心律失常的介入治疗包括射频消融术、冷冻消融、心脏起搏器和心律转复除颤器等。射频消融术(catheter radiofrequency ablation)治疗快速性心律失常是房颤等的重要治疗方法。将电极导管经静脉或者动脉置于心腔特定位置,通过释放射频电流造成病变处心内膜及内膜下心肌坏死,以阻断导致快速型心律失常的异常传导束或者异位起搏点,从而消除心律失常。冷冻消融(percutaneous cryoablation)目前主要用于房颤的治疗。利用液态制冷剂,通过低温破坏异常电生理的心肌细胞,达到消除心律失常的目的。心脏起搏器植入术是治疗缓慢型心律失常的埋藏式心脏起搏器植入术,主要适用于窦房结综合征和高度房室传导阻滞患者。起搏器分为单腔和双腔起搏器两种类型。单腔起搏器仅在右心房或者右心室放置一根导线,双腔起搏器分别在右心房和右心室内放置电极导线,使心房和心室按正常顺序依次起搏,又称生理性起搏器。心脏再同步化治疗(cardiac resynchronizatin therapy,CRT)将三腔起搏器的三根电极分别植入右心房、右心室和左心室,通过双心室起搏,纠正左右心室间或者心室内的不同步,改善心脏射血功能。植入型心律转复除颤器(implantable cardioverter defibrillator,ICD)是目前防治心脏性猝死(SCD)的最有效方法,可以与 CRT 联合使用。

先天性心脏病经皮封堵术用于治疗室间隔缺损、房间隔缺损和动脉导管未闭,手术创伤小,恢复快,治疗效果良好。此外还有动脉导管未闭封堵术、房间隔缺损封堵术和室间隔缺损封堵术等手术方法。

2.5　本章总结与学习要点

循环系统由心脏和血管组成,血管包括动脉、静脉和毛细血管。循环系统的功能是为全身组织细胞输送氧气、营养物质和激素等活性物质,并自细胞处带走二氧化碳以及代谢废物。循环系统功能障碍会导致器官供血不足,缺乏氧气和营养物质,代谢废物堆积,从而影响其功能和结构。心脏包括左右心房和左右心室,左右心房和左右心室分别借助房间隔和室间隔分隔,血液经房室瓣由心房流入同侧心室。主动脉起自左心室,肺动脉干起自右心室,右心房有上下腔静脉和冠状窦开口,收集全身和心脏回流的静脉血,左心房有左肺上下静脉和右肺上下静脉开口,收集来自左右肺的动脉血。心传导系统由特化的心肌细胞组成,能够产生并传导冲动,包括窦房结、结间束、房室交界区、房室束、左右束支和浦肯野纤维网,心脏的起搏点位于窦房结,窦房结节律决定心脏节律。

心脏收缩射血功能受神经、体液和自身调节的影响。影响心输出量的主要因素有搏出量和心率,每搏输出量主要受前负荷、心肌收缩力和后负荷的影响。血压主要受心脏射血功能、有效循环血量、大动脉的弹性储器功能和血管外周阻力等的影响。心脏同时受交感神经和副交感神经(心迷走神经)支配,调节血管活动的植物神经有交感缩血管神经、交感舒血管神经和副交感舒血管神经,其中交感缩血管神经发挥主要作用,真毛细血管无平滑肌不受神经调节,毛细血管前括约肌主要接受局部代谢产物调控。儿茶酚胺类激素、肾素-血管紧张素-醛固酮系统、血管升压素等体液因素均发挥重要的心脏和血管调控作用。

心律失常、高血压、动脉粥样硬化和动脉粥样硬化性心脏病、心脏瓣膜病以及心力衰竭等是循环系统的常见疾病。疾病的治疗包括药物治疗、介入治疗以及手术治疗,介入治疗近年来逐渐成为心血管疾病的重要治疗方法。心血管病的高患病率和致死率严重影响公众健康,有效防治心血管病对于提高公众健康和改善患者生活质量有重要意义。

习　题

1. 简述心脏、动脉和静脉的结构特点。

2. 简述体循环和肺循环的组成和功能。

3. 简述微循环的组成和功能。

4. 房室瓣的功能是什么？瓣膜狭窄和关闭不全对心脏功能有什么影响？诊断瓣膜异常的常用检查方法有哪些？

5. 简述心脏传导系统的构成以及窦房结起搏细胞与普通心肌细胞动作电位的特点。

6. 简述心脏的供血系统。何为冠心病？冠心病有哪些症状？辅助检查有什么表现？

7. 人体如何维持血压稳定？血压异常对人体有何影响？

8. 何为窦性心律和心律失常？心律失常的主要原因有哪些？

9. 评价心脏射血功能的常用指标有哪些？

10. 评价心脏结构的常用辅助检查有哪些？

参考文献

[1] 丁文龙,刘学政. 系统解剖学[M]. 北京:人民卫生出版社,2018.

[2] 王庭槐. 生理学[M]. 北京:人民卫生出版社,2018.

[3] 马爱群,王建安. 心血管系统疾病[M]. 北京:人民卫生出版社,2015.

[4] 万学红,卢雪峰. 诊断学[M]. 9 版. 北京:人民卫生出版社,2018.

第3章 血管功能与血液流动的工程分析

第2章系统地介绍了循环系统的结构,在此基础上本章着重介绍血管的功能和血流的动力学分析。血管系统的基本功能是运输血液,该功能与血管壁的力学结构和血液的流变性质相关,为此本章将简要介绍这部分内容。血管壁受力和血液流动是分析研究心血管功能的基础,也是后续章节中血管功能检测、植入医疗器械设计等医学应用的基础。本章将血管的受力简化为二维平面应变问题;将血液简化成牛顿流体,建立压力和流量在定常流下的关系泊肃叶(Poiseuille)方程;并使用沃默斯利(Womersley)理论描述血液的脉动流规律。

3.1 血管功能的工程分析

3.1.1 血管壁的结构

根据解剖结构,血管壁为三层结构,分别为内膜、中膜和外膜,如图3-1(a)所示。血管内膜由内皮层,基底膜(结缔组织),外层(即内膜弹性层)组成,一般无平滑肌细胞,只有在内膜发生增生时,内膜中方出现平滑肌细胞,这是一种非正常状态。中膜是血管壁最厚的一层结构,从力学上来讲,也是承受应力最大的一层结构。不同部位的血管,构造性能差异很大。中膜具有多层环状结构,环层间有结缔组织层相隔,环层内含有弹性纤维、胶原蛋白纤维和平滑肌细

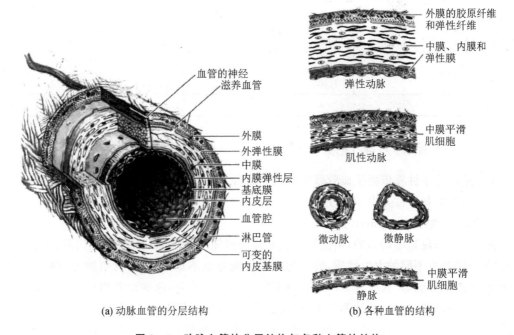

(a) 动脉血管的分层结构   (b) 各种血管的结构

图3-1 动脉血管的分层结构与各种血管的结构

胞。外膜是一层松散结缔组织。在大于 1 mm 的血管壁外膜内有淋巴管、神经纤维和滋养毛细血管。血管壁中膜的外缘的营养主要是靠这些滋养毛细血管提供。静脉中的淋巴管能伸进中层,但动脉的中层没有淋巴管。

根据血管的结构,血管可以分成弹性动脉、肌性动脉、微动脉、毛细血管和静脉,如图 3－1(b)所示。主动脉及由它始发的大动脉均为弹性动脉。弹性动脉的平滑肌成分较少,主要含弹性纤维,故弹性较好。除了弹性动脉外,大多数动脉属于肌性动脉。弹性纤维少,多为平滑肌,故弹性较小。直径小于 300 μm 的动脉为小动脉。小动脉的弹性纤维极少,血管中层也很薄,一般只含一、两层平滑肌细胞。毛细血管仅有一层内皮细胞,毛细血管管径小于 10 μm。大静脉也有内膜、中膜和外膜。但每层都很薄,故弹性比较低。但顺应性比较强,在很小的跨壁负压下便会发生塌陷。中等管径以上的静脉有静脉瓣。表 3－1 列出了循环系统中动脉和静脉的几何特征和一些基本的功能参数。

表 3－1　各类血管的几何特征和基本功能参数

血管	直径/ mm	长度/ mm	壁厚/ μm	血压/ mmHg	数量	总长度/ mm	总表面积/ mm^2	总血流体积/ mm^3
主动脉	25.0	400	1 500	100	1	4.0×10^2	3.14×10^4	2.0×10^5
大动脉	6.5	200	1 000	100	40	8.0×10^3	1.63×10^5	2.6×10^5
主要动脉分支	2.4	100	800	95	500	5.0×10^4	3.77×10^5	2.2×10^5
末梢动脉分支	1.2	10	125	90	1.1×10^4	1.1×10^5	4.15×10^5	1.2×10^5
小动脉	0.1	2	20	60	4.5×10^6	9.0×10^6	2.8×10^6	7.0×10^4
毛细血管	0.008	1	1	30	1.9×10^{10}	1.9×10^{10}	2.98×10^8	3.75×10^5
小静脉	0.15	2	2	20	1.0×10^7	2.0×10^7	9.4×10^6	3.55×10^5
末梢小静脉	1.5	10	40	15	1.1×10^4	1.1×10^5	5.18×10^5	1.9×10^5
主要静脉分支	5.0	100	500	15	500	5.0×10^5	7.85×10^5	1.59×10^6
大静脉	14.0	200	800	10	40	8.0×10^3	3.52×10^5	1.29×10^6
腔静脉	30.0	400	1200	5	1	4.0×10^2	3.77×10^4	2.8×10^5
心脏腔室				120				4.5×10^5

3.1.2　血管壁的力学性质

血管壁的力学性质依赖于血管壁的结构和成分,具有非均匀性、不可压缩性、各向异性、非线性、残余应力、黏弹性等力学特性。

1. 非均匀性(heterogeneity)

血管一般来说是不均匀的,由血管结构和成分可知,血管是多层结构,由内膜、中膜和外膜组成,每一层具有不同的力学性质,而且每一层的成分也不是均一的,含有胶原、弹性纤维、内皮细胞、平滑肌细胞等,这些成分的排列也不完全均一。此外,这些血管组成会随着血管生理的变化而发生改变,比如,动脉粥样硬化、动脉瘤、高血压等情况下,血管各个结构的力学性质也会有相应的改变。但是,对于某些问题,为了简化,在血管的非均匀性影响不大时,血管常常假设成均匀性的物质,比如,如果研究问题所涉及的几何尺度比血管壁的尺度大得多,例如,研究血管壁的力学性质对大血管血液流动的影响时;再则如果对于所研究的问题,仅仅是总体特性有意义,而物质内部各处的局部性质影响甚微,一般仍可采用均匀性假设,例如,研究一段血管内波的传播或压力直径关系,对于血管径向性质来说,有意义的仅仅是管壁的总体平均性质,而与其中各层局部特性的非均匀性关系不大,因而可把血管看成均匀介质。

2. 不可压缩性(incompressibility)

不可压缩性是材料在受到静水压力时保持体积不变的性质。实验结果表明,狗的胸主动脉,即使轴向和周向应变分别为 40% 和 70% 时,其体积变化率仅仅为 0.06%。不可压缩性意味着血管的应变不是随意的,为了保持体积守恒,一个方向的拉伸伴随着另外一个方向的压缩。因此,在没有剪切应变,即只有主应变的情况下,血管的轴向 λ_z、径向 λ_r 和周向 λ_θ 拉伸系数满足 $\lambda_z, \lambda_r, \lambda_\theta = 1$。

3. 各向异性(anisotropy)

材料的力学性质若与方向无关,即与坐标系选择无关,称为"各向同性",也可说材料是"完全对称"的;反之,只要方向变化即坐标系变化,在新方向上材料的力学性质与原来不同,则称为"各向异性"。对于血管来说,存在一定对称性,在轴向、径向和周向力学性质相同,但是三个方向之间的性质不同,因此表现出"正交各向异性"的性质。

4. 非线性(nonlinearity)

图 3-2 所示为牛冠状动脉的拉伸应力应变曲线,明显可以看出,呈非线性的特征,因此描述线性弹性材料本构关系的胡克定律并不能应用于血管组织,只在某些情况下可以近似适用,正常动脉的弹性模量近似值为 0.4~1.6 MPa。此外,还可以看出,加载和卸载曲线不重合,呈现明显的滞后环,即表现出黏弹性特征。但经过多次加载、卸载过程后,滞后环的面积逐渐减小,而且就其加载或卸载的单一过程而论,应力应变关系对应变率的变化很不敏感。这就表明,在通常的应变率变化范围内,血管等生物组织的应力应变响应可以忽略应变率的影响,材料的力学响应体现出非线性弹性性质(详见 6. 黏弹性)。事实上,为了描述血管这一有限弹性体的非线性应力应变关系,已经有许多超弹性材料(hyperelastic material)的本构模型被提出。

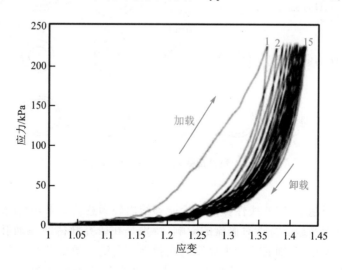

注:图为牛冠状动脉的单轴循环拉伸试验结果,15 个循环后,滞后环可以一直减小到稳定。

图 3-2   牛冠状动脉的拉伸应力应变曲线

对于超弹性来说,应力只依赖于应变的状态,和路径无关,超弹性材料的本构方程可以使用应变能密度函数描述。将本构关系写成应变能密度函数的好处是可以使用一个标量方程表示,而不用写成张量函数的形式,此外,对于各向同性、横观各向同性、正交各向异性的材料来说都可以使用应变能密度函数。对于血管已提出 Neo‐Hookean 本构模型、指数型本构模型、对数型本构模型等,这些本构方程的提出,对预测血管在不同的生理状态下的应力状态、分析诸如血管支架放置等对血管的应力影响等具体的病理问题具有重要的意义。

5. 残余应力

在进行血管的力学分析时,对于血管壁的初始状态,假设血管在无载荷状态(即动脉血管壁的内外压力相等)下,血管壁内应力为零,即假设血管为零应力状态。依此假设,在生理压力作用下,血管壁内的周向应力分布很不均匀(见图 3‐3),血管内壁应力高,外壁应力低,且血管内壁比外壁可以高出数倍,这种应力分布状态对于血管的正常生理是不利的,违反了生物学的一条基本规律——功能适应原理。冯元桢指出,问题出在血管无载荷下的零应力状态的假设上。在血管无载荷的条件下,沿着血管轴向剪开,发现血管会自动张开,直到达到一定角 α 度才不再变化。如果血管处于零应力状态,剪开后血管不会张开,说明血管在血管无载荷时存在残余应力。可以用零应力状态张开角作为参数间接描述残余应变,血管的张开角越大,说明血管的残余应变越大。当考虑血管的残余应力时,在生理压力作用下,血管壁内的周向应力分布变得均匀。这说明,在正常生理范围内,动脉血管确实处于最佳应力状态,符合生物学的功能适应原理。

随着生物力学和力学生物学研究的深入,建立了这样一个基本概念:在其周围应力状态发生变化时,细胞和组织也会相应改变其结构。但是动脉血管长期处在交变血压的影响下,细胞和组织结构的异常却并不常见,这也是"血管均匀应变假设"或者动脉血管无载荷时仍存在应力重要性的说明。

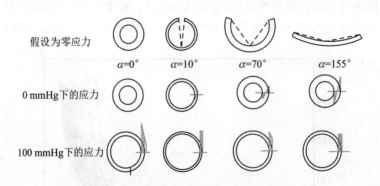

图 3‐3 残余应变对血管应力分布的影响

6. 黏弹性

虽然在大多数问题中,用非线性弹性理论能够给出较满意的结果,但在精细分析血管壁的力学响应和分析血管壁运动特性对血流的影响,特别是在研究脉搏波在动脉中的衰减这类对黏弹性比较敏感的问题时,则必须考虑血管的黏弹性。所谓黏弹性是指既有液态黏性的性质,也有固体弹性的性质。由于固体弹性材料中没有时间效应,因此固体弹性材料在应力作用下,马上就会有唯一的应变作为响应。与此不同,流体材料不能抵抗剪应力,在剪应力作用下,随着时间的推移会无限变形。黏弹性材料的力学性质介于两者之间,材料的应力响应不仅取决于当时当地的应变状态,还与随时间发展的变形历史过程有关,应力不是应变的单值函数;反过来,应变对应力的响应也具有上述特点。实验研究发现,血管呈现一系列典型的黏弹特征,即应力松弛(在持续不变的应变下应力会逐渐减弱)、应变蠕变(在持续不变的加载下变形会逐渐增加)和迟滞(材料的应变响应滞后于应力,致使一个加卸载过程中的应力应变曲线形成迟滞回线,迟滞回线下的面积代表加卸载过程的能量损失)等。

图 3-4 显示的是狗的不同动脉的应力松弛结果,可以看出对血管进行轴向和周向拉伸,均有应力松弛现象。对于主动脉来说,轴向和周向的应力松弛曲线没有明显的差异,但是对于其他血管,周向的应力松弛会比轴向明显,离心脏越远的血管,趋势越明显,股动脉周向和轴向的应力松弛差异最为明显。

图 3-5 显示的是狗颈动脉的典型蠕变曲线,可以看出狗颈动脉的蠕变非常小,在离体实验中,蠕变过程是不可逆的,蠕变一段时间之后,卸载后血管试件不能恢复到其初始长度。

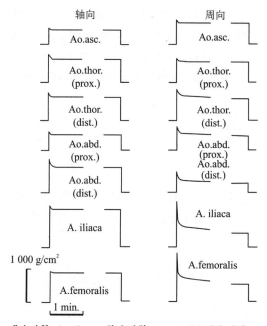

Ao. asc.—升主动脉;Ao. thor.—胸主动脉;Ao. abd.—腹主动脉;prox.—近端

图 3-4　不同血管不同方向的应力松弛曲线

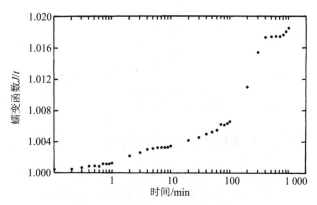

图 3-5　狗颈动脉的典型蠕变曲线

血管的迟滞现象之前已经提到,如图3-2所示,同一应力会对应于两个应变,从而造成加载和卸载两个过程的曲线不重合,该曲线表明,血管壁材料具有比较复杂的非线性黏弹性。黏弹材料的另一特征是变形过程中会因"黏性"而引起能量损耗,并一般以热的形式被消耗掉。在周期性应力应变情况下,一个加载卸载循环内应力对单位体积材料所作的净功将全部转化为单位体积的耗散能。

3.1.3　血管壁的应力与应变

在进行理论分析时,需要对问题做大量的简化,在这里仅仅考虑最简单的情况,即将血管简化成线性弹性圆管,且承受恒定压力,尽管这些情况与真实血管的受力有一定差异,但是通过这些分析能够定性给出血管的受力状态,而且有助于直观理解血管的受力状态。由于血管为柱状,常常在柱状坐标系下分析血管的受力,为此将首先介绍一定厚度直圆管中的受力。血管内径 R_1,外径 R_2,血管内压力 p_1,血管外压力 p_2。如图3-6所示,建立柱坐标系,忽略轴向位移,轴向 x、径向 r、周向 θ 血管的受力状态简化为二维平面应变问题,且考虑静平衡问题,即血管没有加速度,在 r 和 θ 方向的平衡方程为

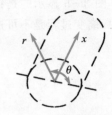

图3-6　柱坐标系

$$\begin{cases} \dfrac{\partial \sigma_r}{\partial r} + \dfrac{1}{r} \cdot \dfrac{\partial \tau_{r\theta}}{\partial \theta} + \dfrac{\sigma_r - \sigma_\theta}{r} + f_r = 0 \\[3mm] \dfrac{\partial \tau_{r\theta}}{\partial r} + \dfrac{1}{r} \cdot \dfrac{\partial \sigma_\theta}{\partial \theta} + \dfrac{2\tau_{r\theta}}{r} + f_\theta = 0 \end{cases} \tag{3-1}$$

式中,σ_r,σ_θ 和 $\tau_{r\theta}$ 分别是应力分量,f_r 和 f_θ 分别是 r 和 θ 方向的体力分量。

几何方程描述物体的几何变形,应变分量 ε_r,ε_θ 和 $\gamma_{r\theta}$ 与位移分量 u 和 v 的关系如下:

$$\begin{cases} \varepsilon_r = \dfrac{\partial u}{\partial r} \\[3mm] \varepsilon_\theta = \dfrac{\partial v}{r\partial \theta} + \dfrac{u}{r} \\[3mm] \gamma_{r\theta} = \dfrac{\partial u}{r\partial \theta} + \dfrac{\partial v}{\partial r} - \dfrac{v}{r} \end{cases} \tag{3-2}$$

假设血管为线性弹性材料,其物理方程如下:

$$\begin{cases} \varepsilon_r = \dfrac{1}{E_1}(\sigma_r - \nu_1 \sigma_\theta) \\[3mm] \varepsilon_\theta = \dfrac{1}{E_1}(\sigma_\theta - \nu_1 \sigma_r) \\[3mm] \gamma_{r\theta} = \dfrac{2(1 + \nu_1)}{E_1} \tau_{r\theta} \end{cases} \tag{3-3}$$

式中,$E_1 = \dfrac{E}{1 - \nu^2}$,$\nu_1 = \dfrac{\nu}{1 - \nu}$,$E$ 为弹性模量,ν 为泊松比。

式(3-1)~式(3-3)构成一组完备的方程组,在一定的边界条件下可以进行求解。

对于平衡方程(3-1),忽略血管本身的重力,体积分量 f_r 和 f_θ 均为零,则方程(3-1)为

$$\begin{cases} \dfrac{\partial \sigma_r}{\partial r} + \dfrac{1}{r} \cdot \dfrac{\partial \tau_{r\theta}}{\partial \theta} + \dfrac{\sigma_r - \sigma_\theta}{r} = 0 \\[3mm] \dfrac{\partial \tau_{r\theta}}{\partial r} + \dfrac{1}{r} \cdot \dfrac{\partial \sigma_\theta}{\partial \theta} + \dfrac{2\tau_{r\theta}}{r} = 0 \end{cases} \quad (3-4)$$

方程同时乘以 r，式(3-4)变形为

$$\begin{cases} r\dfrac{\partial \sigma_r}{\partial r} + \sigma_r + \dfrac{\partial \tau_{r\theta}}{\partial \theta} - \sigma_\theta = 0 \\[3mm] r\dfrac{\partial \tau_{r\theta}}{\partial r} + \tau_{r\theta} + \dfrac{\partial \sigma_\theta}{\partial \theta} + \tau_{r\theta} = 0 \end{cases} \quad (3-5)$$

利用微分计算方法，式(3-5)进一步变形为

$$\begin{cases} \dfrac{\partial r\sigma_r}{\partial r} + \dfrac{\partial}{\partial \theta}\left(\tau_{r\theta} - \int \sigma_\theta \, d\theta\right) = 0 & (3-6a) \\[3mm] \dfrac{\partial r\tau_{r\theta}}{\partial r} + \dfrac{\partial}{\partial \theta}\left(\sigma_\theta - \int \tau_{r\theta} \, d\theta\right) = 0 & (3-6b) \end{cases}$$

由式(3-6a)可得

$$\dfrac{\partial r\sigma_r}{\partial r} = \dfrac{\partial}{\partial \theta}\left(-\left(\tau_{r\theta} - \int \sigma_\theta \, d\theta\right)\right) \quad (3-7)$$

$r\sigma_r \, d\theta + \left(-\left(\tau_{r\theta} - \int \sigma_\theta \, d\theta\right)\right) dr$ 成为某一函数 A 的全微分的充要条件为

$$dA = \dfrac{\partial A}{\partial r}dr + \dfrac{\partial A}{\partial \theta}d\theta \Leftrightarrow \dfrac{\partial}{\partial \theta}\left(\dfrac{\partial A}{\partial r}\right) = \dfrac{\partial}{\partial r}\left(\dfrac{\partial A}{\partial \theta}\right) \quad (3-8)$$

由式(3-8)可得

$$\begin{cases} \dfrac{\partial A}{\partial \theta} = r\sigma_r \\[3mm] \dfrac{\partial A}{\partial r} = -\left(\tau_{r\theta} - \int \sigma_\theta \, d\theta\right) \end{cases} \quad (3-9)$$

式(3-9)进一步变形可得 $-\tau_{r\theta}$ 的表达式为

$$-\tau_{r\theta} = \dfrac{\partial A}{\partial r} - \int \sigma_\theta \, d\theta = \dfrac{\partial}{\partial r}\left(A - \iint \sigma_\theta \, d\theta \, dr\right) \quad (3-10)$$

同理，式(3-6b)为 B 的全微分，可得

$$\begin{cases} \dfrac{\partial B}{\partial r} = \sigma_\theta + \int \tau_{r\theta} \, d\theta \\[3mm] \dfrac{\partial B}{\partial \theta} = -r\tau_{r\theta} \end{cases} \quad (3-11)$$

将式(3-11)进一步变形可得 $-\tau_{r\theta}$ 的表达式为

$$-\tau_{r\theta} = \dfrac{1}{r} \cdot \dfrac{\partial B}{\partial \theta} = \dfrac{\partial}{\partial \theta}\left(\dfrac{B}{r}\right) \quad (3-12)$$

由式(3-10)和式(3-12)可得

$$\dfrac{\partial}{\partial r}\left(A - \iint \sigma_\theta \, d\theta \, dr\right) = \dfrac{\partial}{\partial \theta}\left(\dfrac{B}{r}\right) = -\tau_{r\theta} \quad (3-13)$$

因此，一定存在函数 $\varphi(r,\theta)$，使得

$$\begin{cases} A - \iint \sigma_\theta \, \mathrm{d}\theta \mathrm{d}r = \dfrac{\partial \varphi(r,\theta)}{\partial \theta} \\ \dfrac{B}{r} = \dfrac{\partial \varphi(r,\theta)}{\partial r} \end{cases} \tag{3-14}$$

从而函数 A 和 B 的表达式为

$$\begin{cases} A = \dfrac{\partial \varphi(r,\theta)}{\partial \theta} + \iint \sigma_\theta \, \mathrm{d}\theta \mathrm{d}r \\ B = r \dfrac{\partial \varphi(r,\theta)}{\partial r} \end{cases} \tag{3-15}$$

假设 $\phi(r,\theta) = r\varphi(r,\theta)$，$\phi(r,\theta)$ 称为艾瑞应力函数，可得

$$\begin{cases} \sigma_r = \dfrac{1}{r} \cdot \dfrac{\partial \phi}{\partial r} + \dfrac{1}{r^2} \cdot \dfrac{\partial^2 \phi}{\partial \theta^2} \\[2mm] \sigma_\theta = \dfrac{\partial^2 \phi}{\partial r^2} \\[2mm] \tau_{r\theta} = -\dfrac{\partial}{\partial r} \left(\dfrac{1}{r} \cdot \dfrac{\partial \phi}{\partial \theta} \right) \end{cases} \tag{3-16}$$

从而将应力求解问题转化为艾瑞应力函数的求解问题。

平面应变问题的应力协调方程为

$$\nabla^2(\sigma_r + \sigma_\theta) = \Delta(\sigma_r + \sigma_\theta) = \left(\dfrac{\partial^2}{\partial r^2} + \dfrac{1}{r} \cdot \dfrac{\partial}{\partial r} + \dfrac{1}{r^2} \cdot \dfrac{\partial^2}{\partial \theta^2} \right)(\sigma_r + \sigma_\theta) = 0 \tag{3-17}$$

将式(3-16)代入式(3-17)可得

$$\nabla^2 \nabla^2 \phi = \left(\dfrac{\partial^2}{\partial r^2} + \dfrac{1}{r} \cdot \dfrac{\partial}{\partial r} + \dfrac{1}{r^2} \cdot \dfrac{\partial^2}{\partial \theta^2} \right) \left(\dfrac{\partial^2 \phi}{\partial r^2} + \dfrac{1}{r} \cdot \dfrac{\partial \phi}{\partial r} + \dfrac{1}{r^2} \cdot \dfrac{\partial^2 \phi}{\partial \theta^2} \right) = 0 \tag{3-18}$$

在式(3-18)中，只有一个未知量 $\phi(r,\theta)$，只需要求解一个四阶偏微分方程，从而得到平面问题的应力函数解法的基本方程。

在应力周对称的假设下，应力与角度 θ 无关时，应力和应力协调方程分别为

$$\begin{cases} \sigma_r = \dfrac{1}{r} \cdot \dfrac{\partial \phi}{\partial r} \\[2mm] \sigma_\theta = \dfrac{\partial^2 \phi}{\partial r^2} \\[2mm] \tau_{r\theta} = 0 \end{cases} \tag{3-19}$$

$$\left(\dfrac{\mathrm{d}^2}{\mathrm{d}r^2} + \dfrac{1}{r} \cdot \dfrac{\mathrm{d}}{\mathrm{d}r} \right) \left(\dfrac{\mathrm{d}^2}{\mathrm{d}r^2} + \dfrac{1}{r} \cdot \dfrac{\mathrm{d}}{\mathrm{d}r} \right) \phi(r) = 0 \tag{3-20}$$

应力协调方程式(3-20)变形为

$$\dfrac{1}{r} \cdot \dfrac{\mathrm{d}}{\mathrm{d}r} \left(r \dfrac{\mathrm{d}}{\mathrm{d}r} \left(\dfrac{1}{r} \cdot \dfrac{\mathrm{d}}{\mathrm{d}r} \left(r \dfrac{\mathrm{d}\phi(r)}{\mathrm{d}r} \right) \right) \right) = 0 \tag{3-21}$$

积分可以求得应力函数 $\phi(r,\theta)$ 的通解为

$$\phi(r) = A \ln r + B r^2 \ln r + C r^2 + D \tag{3-22}$$

从而应力为

$$\begin{cases} \sigma_r = \dfrac{1}{r} \cdot \dfrac{\partial \phi}{\partial r} = \dfrac{A}{r^2} + B(1 + 2\ln r) + 2C \\[3mm] \sigma_\theta = \dfrac{\partial^2 \phi}{\partial r^2} = -\dfrac{A}{r^2} + B(1 + 2\ln r) + 2C \end{cases} \tag{3-23}$$

根据物理方程可计算应变,由几何方程可计算位移。

对于轴对称问题,不仅应力与角度无关,而且与物体的几何形状和受力也无关,则环向位移为零,应力为

$$\begin{cases} \sigma_r = \dfrac{A}{r^2} + 2C \\[3mm] \sigma_\theta = -\dfrac{A}{r^2} + 2C \end{cases} \tag{3-24}$$

位移为

$$\begin{cases} u = \dfrac{1}{E_1}\left(-(1+\nu_1)\dfrac{A}{r} + 2(1-\nu_1)Cr\right) \\[3mm] v = 0 \end{cases} \tag{3-25}$$

将 $E_1 = \dfrac{E}{1-\nu^2}$,$\nu_1 = \dfrac{\nu}{1-\nu}$ 代入式(3-25)可以得到

$$\begin{cases} u = \dfrac{1+\nu}{E}\left(-\dfrac{A}{r} + 2(1-2\nu)Cr\right) \\[3mm] v = 0 \end{cases} \tag{3-26}$$

参数 A 和 C 需要根据具体的边界条件得到,对于图 3-7 所示的边界条件,血管内外压力为 p_1 和 p_2 时,有

$$\begin{cases} \sigma_{r=R_1} = p_1 \\ \sigma_{r=R_2} = p_2 \end{cases} \tag{3-27}$$

从而可推导出径向应力和周向应力,即

$$\begin{cases} \sigma_r = p_1\left(\dfrac{R_1^2}{R_2^2-R_1^2}\right)\left(1-\dfrac{R_2^2}{r^2}\right) - p_2\left(\dfrac{R_2^2}{R_2^2-R_1^2}\right)\left(1-\dfrac{R_1^2}{r^2}\right) \\[3mm] \sigma_\theta = p_1\left(\dfrac{R_1^2}{R_2^2-R_1^2}\right)\left(1+\dfrac{R_2^2}{r^2}\right) - p_2\left(\dfrac{R_2^2}{R_2^2-R_1^2}\right)\left(1+\dfrac{R_1^2}{r^2}\right) \end{cases} \tag{3-28}$$

应力公式(式(3-28))又称拉梅公式。由图 3-7 可以看出,在内压(p_1)的作用下,周向和径向应力沿着管壁,由内向外逐渐降低。在外压(p_2)的作用下,周向应力沿着管壁,同样由内向外逐渐降低,但方向相反,而径向应力沿着管壁,由内向外逐渐升高。

在对血管进行应力分析时,其外部的压力 p_2 通常假设为零。在假设为厚壁圆管的动脉中,径向位移的表达式如下:

$$u = \left(\dfrac{p_1 R_1^2(1+\nu)(1-2\nu)}{R_1^2-R_2^2}\cdot\dfrac{r}{E}\right) + \left(\dfrac{p_1 R_1^2 R_2^2(1+\nu)}{(R_1^2-R_2^2)r^2}\cdot\dfrac{r}{E}\right) \tag{3-29}$$

尽管在知道血管内压和材料属性的情况下,可以利用式(3-29)计算厚壁圆管的变形,然而在实际应用当中,往往是通过实验测得相应的变形,然后利用式(3-29)求该血管的力学属性。为了得到弹性模量的表达式,重新整理式(3-29),得到

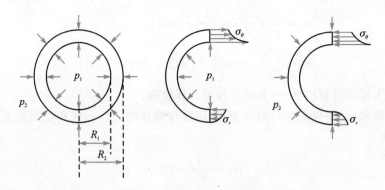

图 3 - 7　圆管壁中的应力分布

$$E = \left(\frac{p_1 R_1^2 (1+\nu)(1-2\nu)}{R_1^2 - R_2^2} \cdot \frac{r}{u} \right) + \left(\frac{p_1 R_1^2 R_2^2 (1+\nu)}{(R_1^2 - R_2^2) r^2} \cdot \frac{r}{u} \right) \tag{3-30}$$

此外,在文献中还会看到增量弹性模量的表达式,增量弹性模量是与内压增量 Δp 所引起的外径增量 ΔR_2 相对应的。在式(3-30)中,用 Δp、R_2、ΔR_2 分别代替 p_1、r、u,可得到增量弹性模量,如下所示:

$$E_{\text{inc}} = \frac{2(1-\nu^2) R_1^2 R_2 \Delta p}{(R_2^2 - R_1^2) \Delta R_2} \tag{3-31}$$

由于血管壁假设为不可压缩且受到约束,因此,式(3-31)中的$(R_2^2 - R_1^2)$应为常数。这个表达式需要原位测量血管的内压、半径和壁厚。增量弹性模量的大小取决于计算区域内的平均压力。

在一些情况下(包括体内血管),可以测量血管的内压和外径。同时,可得到压力-应变弹性模量 E_p,即

$$E_p = \Delta p \, \frac{R_2}{\Delta R_2} \tag{3-32}$$

式(3-32)忽略了管壁厚度,因此,E_p 代表的是结构弹性模量,而不是管壁材料的弹性性质。

3.1.4　血管壁的张力

大血管的几何形状可以简单地近似为横截面为圆形的薄壁弹性管。在拉梅公式中 $R_1 = R$,$R_2 = R + h$,h 为管壁厚度,且 $h/R \ll 1$,则 $\sigma_r = 0$,且

$$\sigma_\theta = p_1 \underbrace{\left(\frac{R_1^2}{R_2^2 - R_1^2} \right)}_{\approx R/(2h)} \underbrace{\left(1 + \frac{R_2^2}{r^2} \right)}_{\approx 2} - p_2 \underbrace{\left(\frac{R_2^2}{R_2^2 - R_1^2} \right)}_{\approx R/(2h)} \underbrace{\left(1 + \frac{R_1^2}{r^2} \right)}_{\approx 2} \tag{3-33}$$

$$\sigma_\theta = \frac{(p_1 - p_2) R}{h} \tag{3-34}$$

此外,还可以使用力学平衡直接得到式(3-34),如图 3-8 所示。

式(3-34)表明,血管半径越大,或者血管的跨壁压力越大,血管壁的周向应力越大。同样的压力和半径,当血管壁变薄时,血管所承受的周向应力增大,在定性分析血管的几何形状对血管的受力影响时,该公式可以给出一个近似的结果。

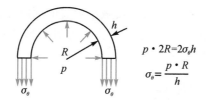

图 3 - 8　薄壁管中的应力分布

3.1.5　血管壁的半径-压力、容积-压力关系

如果 Δp 是一段血管的时间平均压差(比如,在体循环中,主动脉根部的平均动脉压(mean arterial pressure,MAP)和右心房的肺静脉平均压力之间的差值),Q 是时间平均的流量(如 CO),根据基本的流体力学,可得

$$R_s = \frac{\Delta p}{Q} \tag{3-35}$$

式中,R_s 是该段血管中血液的流动阻力。在这种情况下,流动的阻力主要来源于黏性剪切力。式中,压力的单位是 mmHg,流量的单位是 mL/s,则流阻的单位为外周阻力单位(peripheral resistance unit,PRU)。比如,在正常的体循环中,如果系统动脉和静脉之间的平均压差是 100 mmHg,体循环的流量是 100 mL/s,则阻力为 1 PRU。在肺循环中,肺动脉和左心房之间的时间平均压差,正常约为 10 mmHg。由于在一段时间里,肺循环会和体循环保持一样的流量,因此肺循环的流阻约为 0.1 PRU。临床上,该阻力使用的单位是"Woods Units",其中压力的单位是 mmHg,流量的单位是 L/min。

体积变化和压力变化之比可以用来描述血管的膨胀性。在实际应用中,体积增量与初始体积之比定义为血管的容积应变,血管的顺应性(vascular compliance)C 则定义为

$$C = \frac{\Delta V/V}{\Delta p} = \frac{\Delta V}{V \Delta p} \tag{3-36}$$

式中,ΔV 是体积的增量,V 是初始体积。

压力-体积曲线可以用来描述血管的压力和体积之间的关系。图 3-9 显示的是人动脉和

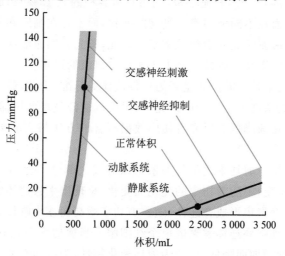

图 3 - 9　动脉和静脉系统中的压力-体积曲线

静脉系统的压力-体积关系。交感神经的兴奋减小血管的顺应性,但是交感神经的抑制具有相反的作用。与动脉系统相比,在静脉系统中,较大的血容积增量只引起相对较小的压力改变。换言之,静脉系统具有较大的顺应性。因此,静脉是循环系统中主要的血液库。

3.1.6 血管应力与血管重塑

为了保持血管中的正常血流和血压稳定状态,血管在生理条件下会动态改变其结构和组成从而进行血管重塑,调整细胞的增殖、迁移、凋亡等,改变血管壁中细胞外基质的降解和重构。但是,在病理条件下,例如高血压、血管再狭窄和动脉粥样硬化等,这些适应性变化反而会触发病理性血管改变。这个过程中流动剪切应力、周期性应变等会通过影响内皮细胞和平滑细胞的力学生物学效应,从而影响血管的重塑。

在心收缩期,血管中的血管平滑肌受到纵向和周向的牵张力。在生理条件下,心收缩期大动脉一般产生 5%～10% 的周向应变,但在高血压条件下,应变增加到 10%～20%,在此条件下,动脉发生重建。在器官水平上,主要表现为动脉管壁增厚,管腔缩小,壁腔比增大,血管稀少,以及随之而产生的血管功能改变。在组织水平上,表现为血管壁的组织、细胞成分在数量和体积以及空间排布上发生的改变。在细胞水平上,动脉中膜血管平滑肌细胞的增殖、肥大、凋亡、迁移或重排以及细胞外基质的增加是血管壁增厚的主要原因,也是高血压动脉重建的主要表现和方式。动脉重建不仅是高血压的基本病理变化而且是维持血管高阻力状态、使高血压进一步发展和恶化的形态学基础。不可逆转的动脉重建是影响高血压患者生存质量的重要因素,改善高血压动脉重建是抗高血压治疗的目标之一。

3.2 血管血流的定常流模型及工程分析

3.2.1 血液流变特性

血液流变特性是分析血液流动的基础,血液溶液由血浆、红细胞(约占总血容积的 45%)、白细胞(约占总血容积的 0.3%)和血小板(约占总血容积的 0.15%)组成。在这里主要考虑全血的流变特征,讨论全血在不同剪切率下黏度的变化,而不是在细胞和分子水平讨论血液的流变特征,相关内容请参阅血液流变学相关文献。为此,首先介绍血液在何种情况下呈现出牛顿流体和非牛顿流体特性,以及这种特性对大中血管中血流的影响。

黏性与剪切率的关系是判断流体是否为牛顿流体的标准,为此,研究者对血液的剪切率和表观黏度之间的定量关系进行了大量的研究,结果发现血液呈现剪切稀化的现象,即随着剪切率的增加,血液的黏度逐渐降低。研究者使用数据拟合的方法将实验数据使用不同的公式进行拟合(见表 3-2)。

大体来说,表观黏度与剪切率之间的关系可以分成 3 部分。剪切率大于 $100 \ s^{-1}$,血液的表观黏度基本上保持不变,不随剪切率的变化而变化,呈现出牛顿流体的特性。这是因为在静止时,血液中的红细胞会聚集形成叠连体,随着剪切率增高而逐步解体,剪切力足够大时,解聚力大大超过聚集力,红细胞叠连体解聚成单个红细胞。当剪切率在 $0.01～100 \ s^{-1}$ 时,血液的表观黏度随着剪切率的增加而降低,呈现为剪切稀化特性,为拟塑性非牛顿流体。聚集与解聚两个相反的过程,将处于某种动态平衡状态。即红细胞在不断发生聚集的同时,又不断发生解聚,但聚集过程占优势。血液中总有叠连体存在,而且表征聚集程度的叠连数量和平均长度稳定于某个水平,这就是动态平衡。平衡时的聚集程度依赖于切变率,当切变率增大时,原有的平衡就会被打破,聚集过程相对变弱而解聚过程相对增强,叠连数量和长度减小,直至达到新的平衡。此外红细胞在剪切力应力作用下,发生运动和变形,使红细胞的长轴与流动方向一致,这个效应在高剪切率下会更加明显。当切变率很低时(小于 $0.01\ \mathrm{s}^{-1}$ 时),聚集过程占绝对优势,几乎不允许有任何解聚现象发生。红细胞处于稳定的完全聚集状态,叠连结成网络,能够承受一定切应力而不变形,呈现固体性状,只有当切应力超过屈服应力时,网络才被破坏,血液才能流动。在此范围内,表观黏度的计算值对于固体样的血液来说,没有什么生理意义。

表 3 - 2　几个典型的非牛顿流体模型

血液模型	表观黏度/(Pa·s)
Power Law (Modified)	$\mu=\begin{cases} m(\dot{\gamma})^{n_p-1},\dot{\gamma}<427 \\ 0.003\,45,\dot{\gamma}\geqslant 427 \end{cases},m=0.035,n_p=0.6$
Walburn-Schneck (Modified)	$\mu=\begin{cases} C_1\exp(C_2 H)\exp\left(\dfrac{\mathrm{TPMA}}{H^2}\right)\dot{\gamma}^{-C_3 H},\dot{\gamma}<414,C_1=0.007\,97,C_2=0.060\,8,C_3=0.004\,99, \\ \hspace{6cm} C_4=14.585,H=40,\mathrm{TPMA}=25.9 \\ 0.003\,45,\dot{\gamma}\geqslant 414 \end{cases}$
Carreau	$\mu=0.1\left\{\left[\sqrt{\eta}+\sqrt{\tau_y\left(\dfrac{1-e^{-m\dot{\gamma}}}{\dot{\gamma}}\right)}\right]^2\right\},\tau_y=(0.625H)^3,\eta=\eta_0(1-H)^{-2.5},$ $\eta_0=0.012,H=40\%(女性),45\%(男性)$
Casson	$\mu=\mu_{\infty_c}+(\mu_0-\mu_{\infty_c})[1+(\lambda\dot{\gamma})^2]^{(n_c-1)/2},$ $\lambda=3.313,n_c=0.356\,8,\mu_0=0.056,\mu_{\infty_c}=0.003\,45$
Gernalised power Law	$\mu=\lambda\mid\dot{\gamma}\mid^{n-1},\lambda=\mu_{\infty G}+\Delta\mu\exp\left[-\left(1+\dfrac{\mid\dot{\gamma}\mid}{a}\right)\exp\left(-\dfrac{b}{\mid\dot{\gamma}\mid}\right)\right]$ $n=n_\infty-\Delta n\exp\left[-\left(1+\dfrac{\mid\dot{\gamma}\mid}{c}\right)\exp\left(-\dfrac{d}{\mid\dot{\gamma}\mid}\right)\right]$ $\mu_{\infty G}=0.003\,5,n_\infty=1.0,\Delta\mu=0.025$ $a=50,b=3,c=50,d=4$

尽管可以使用参数拟合的方法得到应力和应变率的关系,从而建立不同的血液本构关系,但是大量实验结果表明,在同一剪切率下,血液的黏度差别很大。这是因为黏度不仅受剪切率的影响,还受其他很多因素的影响,如血球压积,表 3 - 2 中提到的 Walburn-Schneck 和 Casson 血液模型即考虑了红细胞压积(红细胞占全血的体积分数)的影响,正常情况下红细胞约占血液体积的 45%,此外血液中还有白细胞、血小板和血浆。血浆中 90% 是水,还有 7% 的血浆蛋白。血液的这些成分无疑会影响血液的黏性,因此在某些情况下,建立血液的本构方程需要考虑这些因素。

3.2.2 血压和血流在循环系统的特性

由于左心室收缩产生的血压和血流是波动的,所以动脉系统的压力都会波动。图 3-10 所示为平卧姿势人体循环周期中,循环系统不同位置的血压。在体循环主要动脉中的血压波动反映了血液从主动脉流出时的波动压力,其压力一般为 80 mmHg(舒张压,在舒张期)~120 mmHg(收缩压,在收缩期)。因为收缩期持续约 1/3 周期,舒张期持续约 2/3 周期,所以平均血压是一个加权和,即 $\frac{1}{3}×120$ mmHg $+\frac{2}{3}×80$ mmHg,约为 94 mmHg,不同血管位置平均血压的近似值可以参考表 3-1。收缩期和舒张期之间的压力差称为动脉脉搏压,为 40 mmHg。动脉系统中的大部分压降发生在小动脉(动脉小分支)和毛细血管中,通过后面描述的 Poiseuille 方程,可以很容易地分析出原因。静脉中的压力非常低,即使静脉的直径很大,对流动的阻力很低,仍然无法将血液送回心脏。大静脉周围的肌肉有一种蠕动泵机制,可以协助将静脉血液送回心脏,并设有单向瓣膜以防止回流。毛细血管中的血流通常不是连续的,而是每隔几秒或几分钟打开和关闭一次。这是由于毛细血管上游的小动脉在括约肌的收缩下发生痉挛,从而影响毛细血管的血流。肺循环系统与体循环相似,只是压力都较低。

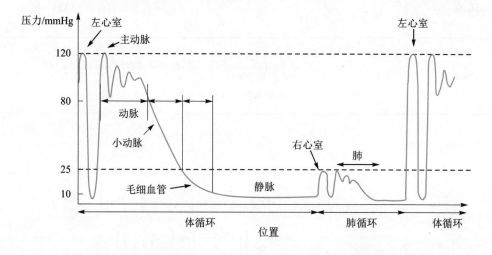

图 3-10 平卧姿势人体循环周期中,循环系统不同位置的血压

接下来仔细分析压力沿着动脉树的波形,图 3-11 显示了狗的左心室和紧邻主动脉瓣的升主动脉中的压力。通过一对精确匹配的压力传感器同时测量的这些压力,可以反映压力在心脏周期中的瞬时波形。从图 3-11 中可以看出,在舒张期开始时心室内的压力迅速上升,并很快超过主动脉的压力,以至于主动脉瓣打开,血液喷射出去,主动脉压力上升。在射血早期阶段,心室压力超过主动脉压力。大约在射血过程的中途,两个压力迹线交叉,现在主动脉瓣之间存在逆压梯度,这在两个压力开始下降时保持不变。此时,主动脉压力记录上有一个凹点(二尖瓣凹点),标志着主动脉瓣的关闭,此后,随着心肌松弛,心室压力急剧下降。主动脉内的压力下降得慢一些。由于主动脉是有弹性的,下降的压力作为能量储存起来,储存一部分喷射出去的血液,然后在舒张期将其传输到下游。

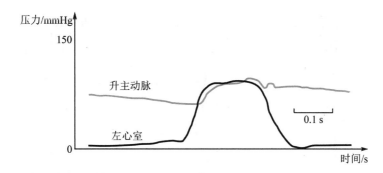

图 3 - 11　同时测量的狗的左心室和升主动脉的血压

图 3 - 12 和图 3 - 13 显示了狗和人的主动脉下游不同位置同时记录的压力值,可以看到不同位置的压力记录在形状上几乎相同,但下游点的稍有延迟。换言之,由心室收缩产生的压力脉冲正在以波的形式沿着主动脉传播。如果知道测量点之间的距离,可以根据延迟大致计算出波传播的速度。此外,可以看到,尽管动脉的平均压力随着距离心脏的距离增加而逐渐减小,但是压力波的波形会加剧,振幅会增加,失去了尖锐的舒张压缩点。因此,收缩压实际上会随着距离心脏的距离增加而增加。因为沿着主动脉的长度,平均水平下降只有约 4 mmHg,而在收缩和舒张之间的压力振荡振幅几乎翻了一倍。这种压力波形的放大过程在主动脉的分支中持续进行,直至大约第三代分支的水平。此后,振荡和平均压力都迅速下降,直到微循环。

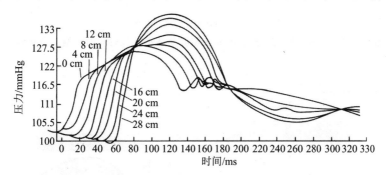

注:0 cm 位于降主动脉的起始处。

图 3 - 12　沿着狗的主动脉一系列位置同时记录的血压值

如同平均压力随着循环系统从主动脉逐渐下降到毛细血管,平均血流速度也会按此规律变化(见图 3 - 14),血流速度从毛细血管到静脉会逐渐上升。根据质量守恒定理,这些血管的总面积会呈现出相反的变化趋势(见表 3 - 1)。在整循环系统中,血液体积约有 60% 存储在静脉区域,详细的近似体积可以参考表 3 - 1。

由于压力随时间变化,可以预见血流也会随之变化。图 3 - 15 显示了狗的紧邻主动脉瓣的升主动脉中的压力和流量波形。当主动脉瓣打开并从心室中射出血液时,主动脉中的血液迅速上升到峰值,血流的最大速度可以超过 1 m/s,然后缓慢下降;在主动脉瓣关闭时会有一个向主动脉瓣的短暂逆流期,然后在心动周期的其余部分,血液几乎静止不动。比对压力和流量之间的时间关系,在收缩早期,流量率随着压力上升;在收缩晚期,由于压力波的反射组分的到达,压力和流量之间的同步关系被破坏了。如果逐渐检查远离心脏处的速度波形,会看到速度波形的幅度逐渐减小,这与之前压力波的尖峰和陡峭形成鲜明对比。

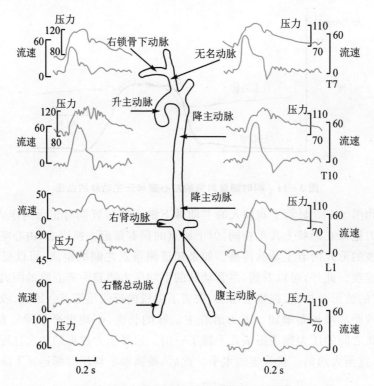

注：压力单位为 mmHg，流速单位为 cm/s。

图 3-13　人体动脉树不同点的血压和流速在水平位时同时测量的分布情况

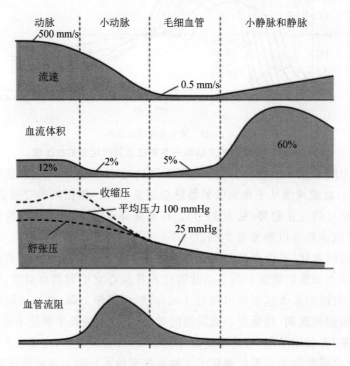

图 3-14　体循环中血流、血流体积、血压和流阻的大体分布趋势

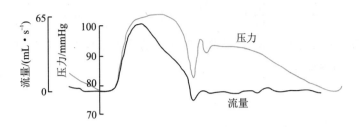

图 3 - 15 狗的升主动脉中的压力和流量波形

3.2.3 动脉血管中的定常流模型

血管为圆柱,使用柱坐标系(见图 3-6),轴向 x,径向 r,周向 θ,三个方向的速度分量分别是 u,v,w。血液假设为不可压缩牛顿流体,其流动控制方程如下。

连续方程为

$$\frac{\partial u}{\partial x}+\frac{\partial v}{\partial r}+\frac{v}{r}+\frac{1}{r}\cdot\frac{\partial w}{\partial \theta}=0 \tag{3-37}$$

平衡方程为

$$\rho\underbrace{\left(\frac{\partial u}{\partial t}+u\frac{\partial u}{\partial x}+v\frac{\partial u}{\partial r}+\frac{w}{r}\cdot\frac{\partial u}{\partial \theta}\right)}_{\text{惯性项}}=\overbrace{-\frac{\partial p}{\partial x}}^{\text{压力}}+\underbrace{\mu\overbrace{\left(\frac{\partial^2 u}{\partial x^2}+\frac{\partial^2 u}{\partial r^2}+\frac{1}{r}\cdot\frac{\partial u}{\partial r}+\frac{1}{r^2}\cdot\frac{\partial^2 u}{\partial \theta^2}\right)}^{\text{黏性阻力}}}_{\text{受力}} \tag{3-38}$$

$$\rho\underbrace{\left(\frac{\partial v}{\partial t}+u\frac{\partial v}{\partial x}+v\frac{\partial v}{\partial r}+\frac{w}{r}\cdot\frac{\partial v}{\partial \theta}-\frac{w^2}{r}\right)}_{\text{惯性项}}=$$

$$\underbrace{\overbrace{-\frac{\partial p}{\partial r}}^{\text{压力}}+\mu\overbrace{\left(\frac{\partial^2 v}{\partial x^2}+\frac{\partial^2 v}{\partial r^2}+\frac{1}{r}\cdot\frac{\partial v}{\partial r}-\frac{v}{r^2}+\frac{1}{r^2}\cdot\frac{\partial^2 v}{\partial \theta^2}-\frac{2}{r^2}\cdot\frac{\partial w}{\partial \theta}\right)}^{\text{黏性阻力}}}_{\text{受力}} \tag{3-39}$$

$$\rho\underbrace{\left(\frac{\partial w}{\partial t}+u\frac{\partial w}{\partial x}+v\frac{\partial w}{\partial r}+\frac{w}{r}\cdot\frac{\partial w}{\partial \theta}+\frac{vw}{r}\right)}_{\text{惯性项}}=$$

$$\underbrace{\overbrace{-\frac{1}{r}\cdot\frac{\partial p}{\partial \theta}}^{\text{压力}}+\mu\overbrace{\left(\frac{\partial^2 w}{\partial x^2}+\frac{\partial^2 w}{\partial r^2}+\frac{1}{r}\cdot\frac{\partial w}{\partial r}-\frac{w}{r^2}+\frac{1}{r^2}\cdot\frac{\partial^2 w}{\partial \theta^2}+\frac{2}{r^2}\cdot\frac{\partial v}{\partial \theta}\right)}^{\text{黏性阻力}}}_{\text{受力}} \tag{3-40}$$

对于圆直管,在无其他可以引起旋转流动的情况下,流场是轴向对称的,因此可以将三维 (x,r,θ) 问题简化成二维 (x,r) 问题,即 $w=0,u=u(x,r,t),v=v(x,r,t)$。周向 θ 满足平衡,只用考虑轴向 x,径向 r,方程可以简化为

$$\frac{\partial u}{\partial x}+\frac{\partial v}{\partial r}+\frac{v}{r}=0 \tag{3-41}$$

$$\rho\left(\frac{\partial u}{\partial t}+u\frac{\partial u}{\partial x}+v\frac{\partial u}{\partial r}\right)=-\frac{\partial p}{\partial x}+\mu\left(\frac{\partial^2 u}{\partial x^2}+\frac{\partial^2 u}{\partial r^2}+\frac{1}{r}\cdot\frac{\partial u}{\partial r}\right) \tag{3-42}$$

$$\rho\left(\frac{\partial v}{\partial t} + u\,\frac{\partial v}{\partial x} + v\,\frac{\partial v}{\partial r}\right) = -\frac{\partial p}{\partial r} + \mu\left(\frac{\partial^2 v}{\partial x^2} + \frac{\partial^2 v}{\partial r^2} + \frac{1}{r}\cdot\frac{\partial v}{\partial r} - \frac{v}{r^2}\right) \tag{3-43}$$

进一步,只研究充分发展的流动,要求速度在 x 方向上不再发生变化,即要求 $u = u(r,t)$ 是径向 r 和时间 t 的函数,即

$$\frac{\partial u}{\partial x} = \frac{\partial v}{\partial x} = 0 \tag{3-44}$$

将式(3-44)代入连续方程(3-41)可得

$$\frac{\partial v}{\partial r} + \frac{v}{r} = \frac{1}{r}\cdot\frac{\partial(rv)}{\partial r} = 0 \tag{3-45}$$

即可得 rv 为常数,由于在壁面 v 的速度为零,因此在整个区域:

$$v = 0 \tag{3-46}$$

因此,径向 r 的平衡方程可以简化为

$$\frac{\partial p}{\partial r} = 0 \tag{3-47}$$

即 p 在径向为常值,只是 x 和 t 的函数,即 $p = p(x,t)$。

将 $v=0$,$\dfrac{\partial u}{\partial x}=0$ 代入轴向 x 的平衡方程(3-42)可得

$$\rho\,\frac{\partial u}{\partial t} = -\frac{\partial p}{\partial x} + \mu\left(\frac{\partial^2 u}{\partial r^2} + \frac{1}{r}\cdot\frac{\partial u}{\partial r}\right) \tag{3-48}$$

进一步,考虑定常流态,即 p 和 u 不随时间变化

$$u = u(r), \quad p = p(x) \tag{3-49}$$

轴向 x 的平衡方程(3-48)进一步简化为

$$\frac{\mathrm{d}p}{\mathrm{d}x} = \mu\left(\frac{\mathrm{d}^2 u}{\mathrm{d}r^2} + \frac{1}{r}\cdot\frac{\mathrm{d}u}{\mathrm{d}r}\right) \tag{3-50}$$

式中,等号左边为 x 的函数,等号右边为 r 的函数,当且仅当它们的值为常数(设为 k)时,两式才相等,即

$$\frac{\mathrm{d}p}{\mathrm{d}x} = \mu\left(\frac{\mathrm{d}^2 u}{\mathrm{d}r^2} + \frac{1}{r}\cdot\frac{\mathrm{d}u}{\mathrm{d}r}\right) = k \tag{3-51}$$

对该式积分可得

$$p = kx + p_0 \tag{3-52}$$

$$u = \frac{1}{\mu}\cdot\frac{r^2}{4}k + A\ln r + B \tag{3-53}$$

式(3-52)和式(3-53)中,p_0 为 $x=0$ 点的压力值,积分常数 A、B 可由下面两个边界条件获得:① 无滑移:$r=a$ 时(血管半径为 a),$u=0$;② 流动对称性:$r=0$ 时,$\dfrac{\mathrm{d}u}{\mathrm{d}r}=0$。最后可得方程的解,即

$$u = -\frac{1}{4\mu}(a^2 - r^2)k \tag{3-54}$$

从式(3-54)可知,流动的速度剖面为抛物线。由

$$Q = 2\pi\int_0^a ur\,\mathrm{d}r = -\frac{\pi a^4}{8\mu}k \tag{3-55}$$

可得通过该血管的流量

将 k 使用 P 替换,式(3-55)可写为

$$Q = -\frac{\pi a^4}{8\mu}\frac{\Delta P}{L} \qquad (3-56)$$

式(3-56)称为 Poiseuille 方程。其中 L 为一段血管的长度,ΔP 为沿血管的压降。由此可得平均流速

$$U = \frac{Q}{A} = -\frac{a^2}{8\mu}\cdot\frac{\Delta P}{L} \qquad (3-57)$$

由于最大流速处 $r = 0$,$U_{\max} = -\dfrac{a^2}{4\mu}\cdot\dfrac{\Delta P}{L}$。于是血管层流中的平均流速为

$$U = \frac{1}{2}U_{\max} \qquad (3-58)$$

而壁面剪切应力为

$$\tau_w = -\mu\frac{\partial u}{\partial r}\bigg|_{r=a} = -\frac{a}{2}\cdot\frac{\Delta P}{L} = \frac{4\mu}{\pi a^3}Q = 4\mu\frac{U}{a} \qquad (3-59)$$

此结果说明在圆管流动中:① 速度最大值在圆管中心处,圆管横截面速度符合抛物线分布;② 圆管壁面剪切应力最大,中心线处剪切力为零;③ 圆管流量与两端压力差成正比,与流体黏度和管长成反比。Poiseuille 方程在血流动力学中是一个很重要的方程,可以说这个方程是奠定现代血流动力学的一个基础。Poiseuille 方程确切适用的条件隐含在其理论推导方法中。鉴于它在循环流体力学中的重要性,这些条件应该更详细地加以考虑。它们包括以下几点。

液体是均匀的,并且其黏度在所有剪切速率下都相同。血液为非均匀的颗粒悬浮液,但是在内径与红细胞的大小相比较大的管道中,它表现为牛顿流体。在内径小于 0.5 mm 的管道中,会发生明显黏度的变化。这在研究小血管中的液体流动中很重要,在 8.2.1 节将更详细地讨论。然而,在较大的动脉和静脉中,血液可以视为与剪切率无关的均匀黏度的液体。

液体在壁上不滑动,也即壁面无滑移。这是当 $r = R$ 时速度为零的假设,这个假设用于评估 Poiseuille 方程中的积分常数。如果这个假设不成立,Poiseuille 方程就不成立。值得一提的是,壁面无滑移被认为是液体的普遍真理,即使气体流过固体表面,通常情况下也没有明显的滑动,只有在稀薄气体中可能需要考虑滑动效应。

流动是层流。在液体的雷诺数($Re = \rho LV/\mu$,ρ 为液体密度,L 是特征长度,可以选择管道直径,V 为特征速度,μ 为液体的黏度)高于临界值时,流动会变得湍流,湍流可能发生在大血管、狭窄血管、瓣膜等区域,血管的绝大部分区域为层流流动。

流速是定常流。如果速度发生改变,则方程不适用,3.3 节将专门讨论脉动流的作用。由于所有大动脉和静脉中的流动均呈明显的脉动状态,显然 Poiseuille 方程不能应用于这些血管,所以只能作为初级平均近似进行分析。

管道的长度与正在研究的区域相比较长。靠近管道入口处,流动尚未充分发展形成层流流动的抛物线形速度分布。建立稳定流动所需的距离称为"入口长度",这里 Poiseuille 方程不适用。在入口长度内,推导中管道轴线上没有加速度的假设是不成立的。

管道的形状是圆柱形。这个假设中包含管道的横截面是圆形的,管道的壁是平行的。大多数系统循环的动脉横截面是圆形的,但许多静脉和肺动脉是椭圆形而不是圆形的血管,它们

相对较薄、具有弹性的壁使它们的横截面受到重力和周围组织的外部压力的影响。例如,外颈静脉在很多人平卧时在颈部可视为一个圆形结构,但当人体直立时,其横截面则会变得更扁平。壁平行的要求可能在血管中从来没有完全满足,因为单个动脉会朝向外周逐渐变细(即变窄);在静脉中,这个过程则是相反的。由于这种变细,流速会随着沿血管轴线的距离的增加而不断变化。在典型的动脉中,随着动脉变窄,稳定的血流平均流速增加,血液动能相应增加。这倾向于减少远端的压力,因为压力能转化为动能。因此,动脉会出现由于变窄而产生的额外压力梯度,以及由于血液黏度损失引起的梯度。严格来说,圆柱形血管的假设也意味着没有分支,而这个要求在大多数血管中只有很短的距离才能满足。动脉侧支之间的距离变化很大,但很少有一个动脉段的长度超过 3.0~4.0 cm 而没有明显可见的分支,微小的支路间隔更短。当动脉变窄程度和侧支长度在一个特定比例时,可以产生沿着动脉的恒定流速,这样的系统可以在血液动力学上等效于圆柱形。

管道是刚性的。管径不随内部压力的变化而变化。血管是黏弹性结构,其直径是横向压力的函数。在这些条件下,流量将不仅由压力梯度决定。在小动脉中,因为管壁主要由平滑肌细胞组成,平滑肌通常会在横向压力增加时收缩,随着横向压力的增加,管径的变化较小,因此这样的小血管中,流动比较稳定,可以应用 Poiseuille 方程。该方程假设管道的半径沿着其长度是恒定的。如果不是这种情况,比如当管壁可变形时,那么管道内的血液流动将不是完全发展的,该方程将不严格适用。

1. Poiseuille 方程的应用之一:血管中的流量与管半径、压差的关系

由 Poiseuille 方程 $Q = -\dfrac{\pi a^4}{8\mu} \cdot \dfrac{\Delta P}{L}$ 可知,血管半径 a 是决定血流流动的一个决定性因素。为方便分析,对该式作以下几个微分:

(1) 设 $\Delta P, \mu, L$ 为常数,两端取对数

$$\ln Q = \ln\left(-\frac{\pi a^4}{8\mu} \cdot \frac{\Delta P}{L}\right) = \ln a^4 + \ln\left(\frac{\pi \Delta P}{8\mu L}\right) \tag{3-60}$$

再求微分可得 $\dfrac{\delta Q}{Q} = 4 \cdot \dfrac{\delta a}{a}$,因此 1%$a$ 的变化将引起 4%Q 的变化。

(2) 设 Q, μ, L 为常数,对 Poiseuille 方程取对数微分并整理可得

$$\frac{\delta(\Delta P)}{\Delta P} = -4 \cdot \frac{\delta a}{a} \tag{3-61}$$

即在同样流量下,1%a 的增加将引起 4%ΔP 的下降。

因此调节某器官供血量最有效的方法是控制血管的管径。在实际人体血液循环中,供血量的生理调节确实也是这样达到的。在临床医学上,正是采用这一办法来控制血流量和高血压的。血管变狭窄可以引起血压增高,原因是狭窄后,阻力增大,但对器官的供血量不能减少,即 Q 必须是常数,因此血压会升高。如果我们减小血管壁内平滑肌的张力,可以使血管舒张,管径增大,从而达到降低血压的目的。

2. Poiseuille 方程的应用之二:血管分叉的优化设计

在主动脉到达毛细血管时,血管将进入多层次的分支、分叉。那么血管分支、分叉的规律是什么呢?现在来看一看由三根血管组成的血管分叉(见图 3 - 16),流经血管 AB, BC, BD 的血流量分别是 Q_0, Q_1 和 Q_2,设 A, C, D 点在空间固定(器官是固定的),而点 B 和血管的直

径可变。问题是:在什么样的条件下,血管分叉能达到最佳设计的原则,即点 B 和直径在什么样的参数条件下,其目标函数为最小。在此问题中,可以选用压力对血液所做的功和血管新陈代谢所耗的能量之和作为目标函数。

显然压力所做的功是流量与压降之积 $Q\Delta P$,而血管新陈代谢所耗的能量应正比于血管的体积 $\pi a^2 L$。于是目标函数为

$$W = Q\Delta P + k\pi a^2 L \qquad (3-62)$$

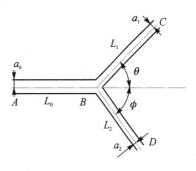

图 3-16　分叉血管的几何尺寸

式中,k 为比例常数,表示单位体积新陈代谢所耗的能量。

由 Poiseuille 方程,式(3-62)可写为

$$W = \frac{8\mu L}{\pi a^4}Q^2 + k\pi a^2 L \qquad (3-63)$$

于是,对给定流量和长度的一根血管而言,为了获得其最小目标函数,可对式(3-63)求 a 的导数并令其值为零,即

$$\frac{\partial}{\partial a}(W) = -\frac{32\mu L}{\pi}Q^2 a^{-5} + 2k\pi La = 0$$

或

$$a = \left(\frac{16\mu}{\pi^2 k}\right)^{\frac{1}{6}} Q^{\frac{1}{3}} \qquad (3-64)$$

由式(3-64)可知,一根血管的最佳直径应与血管流量的 $\frac{1}{3}$ 次方成正比。将式(3-64)代入式(3-62)可得该血管的最小 W 为

$$W_{\min} = \frac{3\pi}{2}kLa^2 \qquad (3-65)$$

有了式(3-65),现在来看一下血管分叉结构应为什么,才能使该分叉为最佳设计,即血管分叉总的 W 最小。设图 3-16 中三根血管的最小 W 之和为 N:

$$N = \frac{3\pi k}{2}(a_0^2 L_0 + a_1^2 L_1 + a_2^2 L_2) \qquad (3-66)$$

现在要回答的问题是,当点 B 的位置在何处时,N 的值最小。为此,让点 B 在某一位置沿任一方向作一微小移动,这可引起 L_0,L_1,L_2 的微小变化,从而引起 N 的微小变化,即

$$\delta N = \frac{3\pi k}{2}(a_0^2 \delta L_0 + a_1^2 \delta L_1 + a_2^2 \delta L_2) \qquad (3-67)$$

从数学角度来讲,血管分叉的最佳设计便变为这样一个问题:当点 B 位于空间什么样的一个位置时,它作的任意一个微小移动所引起的 δN 为零,这时点 B 所处的位置即为三根血管相接的最佳汇合处(这时 N 值最小,因为这时 N 对点 B 任一变化的微分为0)。

现在来考虑点 B 的三个特殊运动。

(1) 让点 B 沿 AB 的延长线移动 δ 到点 B'（见图 3-17），这时有

$$\delta L_0 = \delta, \quad \delta L_1 = -\delta\cos\theta, \quad \delta L_2 = -\delta\cos\phi$$

于是
$$\delta N = \frac{3\pi k}{2}\delta(a_0^2 - a_1^2\cos\theta - a_2^2\cos\phi) \qquad (3-68)$$

令式（3-68）为零得

$$a_0^2 = a_1^2\cos\theta + a_2^2\cos\phi \qquad (3-69)$$

(2) 令点 B 由 CB 方向移动 δ 到点 B'（见图 3-18），则

$$\delta L_0 = -\delta\cos\theta, \quad \delta L_1 = \delta, \quad \delta L_2 = -\delta\cos\alpha = -\delta\cos[\pi - (\theta+\phi)] = \delta\cos(\theta+\phi)$$
$$(3-70)$$

于是
$$\delta N = \frac{3\pi k}{2}\delta[-a_0^2\cos\theta + a_1^2 + a_2^2\cos(\theta+\phi)] \qquad (3-71)$$

令式（3-71）为 0，得

$$-a_0^2\cos\theta + a_1^2 + a_2^2\cos(\theta+\phi) = 0 \qquad (3-72)$$

(3) 最后令点 B 由 DB 方向移动 δ 到点 B'（见图 3-19），有

$$\delta L_0 = -\delta\cos\phi, \quad \delta L_1 = \delta\cos(\theta+\phi), \quad \delta L_2 = \delta \qquad (3-73)$$

于是
$$\delta N = \frac{3\pi k}{2}\delta[-a_0^2\cos\phi + a_1^2\cos(\theta+\phi) + a_2^2] \qquad (3-74)$$

令式（3-74）为 0，即得

$$-a_0^2\cos\phi + a_1^2\cos(\theta+\phi) + a_2^2 = 0 \qquad (3-75)$$

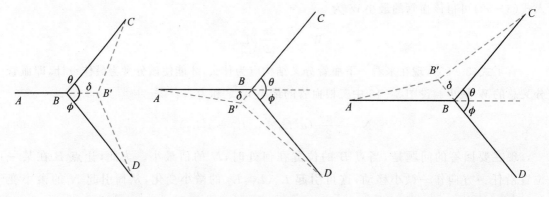

图 3-17　沿 AB 方向延长　　　图 3-18　沿 CB 方向延长　　　图 3-19　沿 BD 方向延长

将式（3-69），式（3-72），式（3-75）进行联合求解，可得

$$\begin{cases} \cos\theta = (a_0^4 + a_1^4 - a_2^4)/(2a_0^2 a_1^2) \\ \cos\phi = (a_0^4 - a_1^4 + a_2^4)/(2a_0^2 a_2^2) \\ \cos(\theta+\phi) = (a_0^4 - a_1^4 - a_2^4)/(2a_1^2 a_2^2) \end{cases} \qquad (3-76)$$

又由连续性方程 $Q_0 = Q_1 + Q_2$，以及管径和流量的最佳关系式 $a = \left(\dfrac{16\mu}{\pi^2 k}\right)^{\frac{1}{6}} Q^{\frac{1}{3}}$，可知

$$a_0^3 = a_1^3 + a_2^3 \tag{3-77}$$

该方程称为 Murray's Law，于是方程(3-76)可重新写为

$$
\begin{cases}
\cos\theta = [a_0^4 + a_1^4 - (a_0^3 - a_1^3)^{4/3}]/(2a_0^2 a_1^2) \\
\cos\phi = [a_0^4 - (a_0^3 - a_2^3)^{\frac{4}{3}} + a_2^4]/(2a_0^2 a_2^2) \\
\cos(\theta+\phi) = [(a_1^3 + a_2^3)^{\frac{4}{3}} - a_1^4 - a_2^4]/(2a_1^2 a_2^2)
\end{cases}
\tag{3-78}
$$

式(3-77)和式(3-78)便是血管分叉的最佳几何参数，大量的实验测试数据也证实了其正确性。由式(3-78)，有

① 若 $a_1 = a_2$，则 $\theta = \phi$。

② 若 $a_1 \ll a_2$，则 $\theta = 90°$，$\phi = 0°$。

③ 若 $a_1 < a_2$，则 $\theta > \phi$。

3. Poiseuille 方程的应用之三：均匀剪切应力假设

血流动力学上的一个重要的假设称为均匀剪切应力假设(the uniform shear hypothesis)。

图 3-16 为动脉血管分叉，由 Poiseuille 流动的剪切应力公式 $\tau_w = \dfrac{4\mu}{\pi a^3}Q$，在血管分叉处，有连续性方程

$$Q_0 = Q_1 + Q_2 \tag{3-79}$$

于是可得

$$(a_0^3/\mu_0)\tau_{w0} = (a_1^3/\mu_1)\tau_{w1} + (a_2^3/\mu_2)\tau_{w2} \tag{3-80}$$

或

$$a_0^3 \dot{\gamma}_0 = a_1^3 \dot{\gamma}_1 + a_2^3 \dot{\gamma}_2 \tag{3-81}$$

式中，的 τ，γ 分别为流动剪切应力和流动剪切率。

因为血液的黏性系数 $\mu_0 = \mu_1 = \mu_2$，若 Murray's Law 在生理上是正确的，这就意味着：

$$\tau_{w0} = \tau_{w1} = \tau_{w2} \quad \text{或} \quad \dot{\gamma}_0 = \dot{\gamma}_1 = \dot{\gamma}_2 \tag{3-82}$$

因此，Murray's Law 意味着心血管系统动脉树中剪切应力和剪切率的常值性。实测及动物实验证实了这一点，动脉血流的 τ_w 确实存在一个基准值，它的范围一般在 1.5～2.0 Pa 之间。

3.3　血管血流的脉动流模型及工程分析

从循环系统生理功能的角度看，动脉系统既具有管路功能，也具有弹性缓冲(即弹性腔)功能。前者将心脏泵出的血液运送到外周组织，而后者将心脏的间歇性射血变为血管中连续不断的血流。

若只考虑动脉系统的管路功能，即动脉中的血管在流动过程中受到内摩擦力(黏性阻力)的作用而产生的血液平均压力的下降，可将动脉血管中的流动简化为圆截面刚性直管中的定常流(Poiseuille 流)，此即为 3.2 节的内容。定常流模型适合于分析微动脉，或讨论血管中平均意义的结果。

在血液循环系统中,心室近似于周期性地收缩和舒张而间歇性泵血和动脉血管随之弹性扩张和回缩,导致相当大一部分血管内(如大、中动脉,甚至大静脉)的流动都是脉动的。如果要定量分析动脉特别是大动脉中血液流动参数,如压力、流量、流速以及血管直径等这些具有既随时间又随空间变化特征的参数,又如分析脉搏波的传播与反射等,就必须考虑动脉血管中流动的脉动性(非定常)和血管壁的弹性。

本节介绍以 Womersley、McDonald 为代表建立的血管脉动流理论,简称 Womersley 理论。虽然 Womersley 理论是 20 世纪 50 年代建立的,但到目前仍然是血流动力学领域生理意义最为明确的、最为经典的血管血液脉动流理论。根据 Womersley 理论可推导出弹性管脉动流和刚性管脉动流理论分析的结果,因而它建立了血管脉动流统一的理论框架,有助于深化对血液流动规律的认识和对血管疾病机理的理解,同时也有助于在更接近于生理情况下开展相关研究或研发相关的医疗器械。

Womersley 理论建立过程中,仍然假设动脉血管为圆截面直管,但血管壁不再是刚性的,而是弹性的,并对血管壁做线性化简化,即血管壁很薄、小变形,同时认为血管半径远小于脉搏波波长,脉搏波传导速度(pulse wave velocity,PWV)远大于血液流动的平均速度,血液仍然简化为不可压缩的牛顿流体。此外,为更接近于动脉血管在体内的情况,还将考虑血管壁与血流之间的相互作用(耦合),以及血管壁周围结缔组织的影响。这些简化和假设,是建立弹性管脉动流理论的基础。

3.3.1 控制方程的建立

1. 血液流动控制方程的建立

采用图 3-6 所示的柱坐标系和图 3-20 所示的流动参数,则血液流动的控制方程为式(3-37)~式(3-40)。

依据线性化假设可知以下内容。

(1)迁移加速度远小于局部加速度:意味着脉搏波传导速度远大于流体轴向流动速度(远离心脏的动脉中更易满足此条件,但有病变的情况下不一定满足此条件)。

(2)动脉管壁的弹性模量与应变无关(不考虑随着动脉管的不断扩张,血管壁会变得越来越硬),因此意味着小变形。

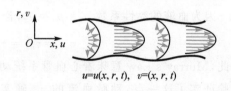

$$u = u(x, r, t), \quad v = v(x, r, t)$$

图 3-20 弹性管中的流动

假设血管半径远小于脉搏波波长,脉搏波传导速度远大于血液流动的平均速度,即 $R/\lambda \ll 1$,$\bar{u}/c_0 \ll 1$,据此可得

$$
\begin{cases}
u\dfrac{\partial u}{\partial x}, \quad v\dfrac{\partial u}{\partial r} \ll \dfrac{\partial u}{\partial t} \\[3mm]
v\dfrac{\partial u}{\partial x}, \quad v\dfrac{\partial v}{\partial r} \ll \dfrac{\partial v}{\partial t} \\[3mm]
\dfrac{\partial^2 u}{\partial x^2} \ll \dfrac{\partial^2 u}{\partial r^2} \\[3mm]
\dfrac{\partial^2 v}{\partial x^2} \ll \dfrac{\partial^2 v}{\partial r^2}
\end{cases}
\tag{3-83}
$$

忽略小量,可得线性化简化之后的血液流动的控制方程为

$$
\begin{cases}
\dfrac{\partial u}{\partial t} = -\dfrac{1}{\rho} \cdot \dfrac{\partial p}{\partial x} + \nu\left(\dfrac{\partial^2 u}{\partial r^2} + \dfrac{1}{r} \cdot \dfrac{\partial u}{\partial r}\right) \\[3mm]
\dfrac{\partial v}{\partial t} = -\dfrac{1}{\rho} \cdot \dfrac{\partial p}{\partial r} + \nu\left(\dfrac{\partial^2 v}{\partial r^2} + \dfrac{1}{r} \cdot \dfrac{\partial v}{\partial r} - \dfrac{v}{r^2}\right) \\[3mm]
\dfrac{\partial u}{\partial x} + \dfrac{\partial v}{\partial r} + \dfrac{v}{r} = 0
\end{cases}
\tag{3-84}
$$

式中,前两个方程分别为动量方程在 x 和 r 方向的分量式,第三个为连续方程。此即为圆截面直管中血流的控制方程。需要指出的是,在建立控制方程的过程中,已经考虑了血管壁变形所导致的流动与刚性壁假设的不同。

考虑到流动的轴对称性,在管中心轴处满足

$$
\begin{cases}
v\mid_{r=0} = 0 \\[3mm]
\left.\dfrac{\partial u}{\partial r}\right|_{r=0} = 0
\end{cases}
\tag{3-85}
$$

2. 血管壁运动控制方程的建立

除了对血管和血液的简化之外,为考虑血管周围组织对血管的作用,按以下方法考虑血管周围结缔组织对血管壁的作用:径向和轴向运动时有附加惯性效应;附加质量不参与血管径向弹性变形;纵向伸长和收缩受到轴向的弹性约束(弹性恢复力)。Womersley 将血管周围结缔组织等效为密度均匀的附加层,并引入血管壁有效厚度 H,则

$$
H = h\left(1 + \frac{\rho_1 r_1 h_1}{\rho_w R h}\right)
\tag{3-86}
$$

式中,分式的分子为附加层参数,ρ_1, r_1, h_1 分别表示附加层的密度、半径和厚度;分母为血管壁的参数,ρ_w, R, h 分别表示血管壁的密度、半径和厚度。

采用微元体法,通过分析微元体的受力,考虑微元体周向、径向和纵向(轴向)的应力和变形,基于弹性力学理论,可建立血管壁运动控制方程:

$$
\begin{cases}
\rho_w \dfrac{\partial^2 \xi}{\partial t^2} = \dfrac{p}{H} - \dfrac{Eh}{H(1-\nu^2)}\left(\dfrac{\nu}{R}\dfrac{\partial \xi}{\partial x} + \dfrac{\xi}{R^2}\right) \\[3mm]
\rho_w \dfrac{\partial^2 \zeta}{\partial t^2} = \dfrac{Eh}{H(1-\nu^2)}\left(\dfrac{\partial^2 \zeta}{\partial x^2} + \dfrac{\nu}{R}\dfrac{\partial \xi}{\partial x}\right) - \dfrac{\mu}{H}\left(\dfrac{\partial u}{\partial r}\right)_{r=R} - \dfrac{K}{H}\zeta
\end{cases}
\tag{3-87}
$$

式中,ξ, ζ 分别表示血管壁径向和轴向位移;E 表示血管壁的杨氏弹性模量;ν 表示血管壁的泊松比;ρ 表示血管内血液的压力;u 表示血管内血液运动速度的轴向分量;$K = \rho_w H \omega_0$,表示弹性恢复力系数,其中 ω_0 为血管微元在周围结缔组织轴向弹性约束下的固有频率。

限于篇幅,此处略去了方程的推导过程,详见 Womersley 于 1955 年和 1957 年发表的论文以及本章文献[11]《血液动力学原理和方法》。

3. 血管壁与血流运动的耦合

由于此处假设的血管壁为弹性壁,它的运动与血管中的血液流动是耦合在一起的。因此在动脉管壁面上血液的流动速度应等于血管壁面的运动速度,即

$$\frac{\partial \zeta}{\partial t}\bigg|_{r=R} = u\,|_{r=R}$$

$$\frac{\partial \xi}{\partial t}\bigg|_{r=R} = v\,|_{r=R}$$

$$(3-88)$$

3.3.2 弹性管脉动流控制方程的求解

根据线性化假设,某一频率的流速脉动及血管壁位移脉动等,只与同一频率的压力脉动有关,基于 Fourier 分析,任何一个周期性的实际脉搏波可以表示为无穷多谐波的线性叠加,因此可针对脉搏波的各个谐波分量进行讨论。Womersley 在求解过程中,设单频情况下各物理量为

$$p = A\exp\left(i\omega\left(t - \frac{x}{c^*}\right)\right) \tag{3-89a}$$

$$u = u_1(r)\exp\left(i\omega\left(t - \frac{x}{c^*}\right)\right) \tag{3-89b}$$

$$v = v_1(r)\exp\left(i\omega\left(t - \frac{x}{c^*}\right)\right) \tag{3-89c}$$

$$\xi = \xi_1\exp\left(i\omega\left(t - \frac{x}{c^*}\right)\right) \tag{3-89d}$$

$$\zeta = \zeta_1\exp\left(i\omega\left(t - \frac{x}{c^*}\right)\right) \tag{3-89e}$$

式中,只考虑了各物理量沿 x 方向正向的传播,指数函数 $\exp\left[i\omega\left(t - \frac{x}{c^*}\right)\right]$ 是正向传播的正弦波的复数表示。式中考虑了由于血液和血管壁的黏性及血管壁周围结缔组织的约束影响,导致脉搏波在传播过程中其振幅沿血管轴向距离作指数衰减,衰减系数为 β。其中 $c^* = \left(\frac{1}{c} - \frac{i\beta}{\omega}\right)^{-1}$ 为复波速(ω 表示谐波圆频率,c 表示对应圆频率 ω 的脉搏波分量的相速度);A 表示压力的脉动幅度;带有下标"1"的变量表示对应物理量的脉动幅度。

代入 3.3.1 节建立的血液流动控制方程(3-84),并令 $y = r/R$,可得

$$\frac{d^2 u_1}{dy^2} + \frac{1}{y}\cdot\frac{du_1}{dy} - i^3\alpha^2 u_1 = -\frac{i\omega R^2 A}{\mu c^*} \tag{3-90a}$$

$$\frac{d^2 v_1}{dy^2} + \frac{1}{y}\cdot\frac{dv_1}{dy} + \left(i^3\alpha^2 - \frac{1}{y^2}\right)v_1 = \frac{R}{\mu}\cdot\frac{dA}{dy} \tag{3-90b}$$

式中,$\alpha = R\sqrt{\frac{\omega\rho}{\mu}} = R\sqrt{\frac{\omega}{\nu}}$ 称为 Womersley 数。

求解式(3-90)Bessel 方程,并应用管轴处($y=0$)满足的条件,可得到血流速度:

$$u = \left(c_1\frac{J_0(\alpha i^{3/2} y)}{J_0(\alpha i^{3/2})} + \frac{A}{\rho c^*}\right)\exp\left(i\omega\left(t - \frac{x}{c^*}\right)\right) \tag{3-91a}$$

$$v = \frac{i\omega R}{2c^*}\left(c_1\frac{J_1(\alpha i^{3/2} y)}{\alpha i^{3/2} J_0(\alpha i^{3/2})} + \frac{Ay}{\rho c^*}\right)\exp\left(i\omega\left(t - \frac{x}{c^*}\right)\right) \tag{3-91b}$$

式中，c_1 为待定系数，$J_0(\ )$ 和 $J_1(\ )$ 分别表示复自变量的零阶和一阶 Bessel 函数。

因血管壁的速度与相邻血液的运动速度一致，令 $y=1$，代入血管壁运动和血液流动的耦合关系，可得血管壁处流体的速度（无反射）：

$$u\mid_{y=1} = \left(c_1 + \frac{A}{\rho c^*}\right)\exp\left(\mathrm{i}\omega\left(t - \frac{x}{c^*}\right)\right) \tag{3-92a}$$

$$v\mid_{y=1} = \frac{\mathrm{i}\omega R}{2c^*}\left(c_1 F_{10} + \frac{A}{\rho c^*}\right)\exp\left(\mathrm{i}\omega\left(t - \frac{x}{c^*}\right)\right) \tag{3-92b}$$

式中，
$$F_{10} = \frac{2J_1(\alpha \mathrm{i}^{3/2})}{\alpha \mathrm{i}^{3/2} J_0(\alpha \mathrm{i}^{3/2})}$$

进一步代入血管壁运动控制方程，关于 4 个未知量 c_1, A, ξ_1, ζ_1 的线性方程组为

$$\begin{cases} c_1 + \dfrac{A}{\rho c^*} - \mathrm{i}\omega\zeta_1 = 0 \\[2mm] c_1\left(\dfrac{\mathrm{i}\omega R}{c^*}F_{10} + A\,\dfrac{\mathrm{i}\omega R}{2\rho c^{*2}}\right) - \mathrm{i}\omega\xi_1 = 0 \\[2mm] A + \left(\rho_w H\omega^2 - \dfrac{BH}{R^2}\right)\xi_1 + \dfrac{\mathrm{i}\omega B\nu h}{Rc^*}\zeta_1 = 0 \\[2mm] c_1\dfrac{\mathrm{i}^3\omega\rho R}{2}F_{10} - \dfrac{Bh\nu}{R}\left(\dfrac{\mathrm{i}\omega}{c^*}\right)\xi_1 + \left(\rho_w H\omega^2 - \dfrac{Bh\omega^2}{c^{*2}} - K\right)\zeta_1 = 0 \end{cases} \tag{3-93}$$

若有确定的非零解，相应行列式为零。

定义

$$N = \frac{c_1}{A/(\rho c^*)} = \frac{2\nu - 1}{F_{10} - 2\nu} + \frac{(1-\nu^2)c^{*2}}{c_0^2(F_{10} - 2\nu)} \tag{3-94}$$

式中，c_0 为脉搏波传导速度。

弹性管中的血液脉动流速度（无反射）可表示为

$$u = \frac{A}{\rho c^*}\left(1 + N\frac{J_0(\alpha \mathrm{i}^{3/2} y)}{J_0(\alpha \mathrm{i}^{3/2})}\right)\exp\left(\mathrm{i}\omega\left(t - \frac{x}{c^*}\right)\right)$$

$$v = \frac{\mathrm{i}\omega AR}{2c^{*2}}\left(y + N\frac{2J_1(\alpha \mathrm{i}^{3/2} y)}{\alpha \mathrm{i}^{3/2} J_0(\alpha \mathrm{i}^{3/2})}\right)\exp\left(\mathrm{i}\omega\left(t - \frac{x}{c^*}\right)\right) \tag{3-95}$$

式中，比例因子 N 取决于血管壁特性；轴向极限强约束或刚性管的 $N = -1$（通过比较单独求解的刚性管结果与弹性管结果可知）。

为了得到纵向有反射情况下的弹性管中血液脉动流轴向速度，令

$$p = p_1 + p_2 = A_1\exp\left(\mathrm{i}\omega\left(t - \frac{x}{c^*}\right)\right) + A_2\exp\left(\mathrm{i}\omega\left(t + \frac{x}{c^*}\right)\right) \tag{3-96a}$$

$$-\frac{\partial p}{\partial x} = \frac{\mathrm{i}\omega}{c^*}\left(A_1\exp\left(\mathrm{i}\omega\left(t - \frac{x}{c^*}\right)\right) - A_2\exp\left(\mathrm{i}\omega\left(t + \frac{x}{c^*}\right)\right)\right) \tag{3-96b}$$

可得

$$u = u_1 + u_2$$

$$= \left(\frac{A_1}{\rho c^*} \exp\left(i\omega\left(t - \frac{x}{c^*} \right) \right) - \frac{A_2}{\rho c^*} \exp\left(i\omega\left(t + \frac{x}{c^*} \right) \right) \right) \left(1 + N \frac{J_0(\alpha i^{3/2} y)}{J_0(\alpha i^{3/2})} \right)$$

$$= \frac{1}{i\omega\rho} \left(1 + N \frac{J_0(\alpha i^{3/2} y)}{J_0(\alpha i^{3/2})} \right) \left(\frac{i\omega}{c^*} \left(A_1 \exp\left(i\omega\left(t - \frac{x}{c^*} \right) \right) - A_2 \exp\left(i\omega\left(t + \frac{x}{c^*} \right) \right) \right) \right) \right\}$$

$$(3 - 97)$$

若将压力梯度表示为

$$-\frac{\partial p}{\partial x} = \frac{i\omega}{c^*} \left(A_1 \exp\left(i\omega\left(t - \frac{x}{c^*} \right) \right) + A_2 \exp\left(i\omega\left(t + \frac{x}{c^*} \right) \right) \right) = A' \exp(i\omega t)$$

$$(3 - 98a)$$

$$A' = \frac{i\omega}{c^*} \left(A_1 \exp\left(-i\omega \frac{x}{c^*} \right) - A_2 \exp\left(i\omega \frac{x}{c^*} \right) \right)$$

$$(3 - 98b)$$

式中，A' 只与空间位置有关，与时间 t 无关。并考虑到 $\alpha = R\sqrt{\dfrac{\omega\rho}{\mu}} = R\sqrt{\dfrac{\omega}{\nu}}$，$\dfrac{1}{i\omega\rho} = \dfrac{R^2}{i\alpha^2\mu}$，则轴向速度可用以下几种不同方式表示为

$$u = \frac{A'}{i\omega\rho} \left(1 + N \frac{J_0(\alpha i^{3/2} y)}{J_0(\alpha i^{3/2})} \right) \exp(i\omega t)$$

$$(3 - 99a)$$

$$u = \frac{A' R^2}{i\alpha^2\mu} \left(1 + N \frac{J_0(\alpha i^{3/2} y)}{J_0(\alpha i^{3/2})} \right) \exp(i\omega t)$$

$$(3 - 99b)$$

$$u = \frac{1}{i\omega\rho} \left(1 + N \frac{J_0(\alpha i^{3/2} y)}{J_0(\alpha i^{3/2})} \right) \left(-\frac{\partial p}{\partial x} \right)$$

$$(3 - 99c)$$

为了得到刚性管脉动流情况下的轴向速度，同样只须令式(3-99)中的 $N = -1$ 即可，则

$$u = \frac{A' R^2}{i\alpha^2\mu} \left(1 - \frac{J_0(\alpha i^{3/2} y)}{J_0(\alpha i^{3/2})} \right) \exp(i\omega t)$$

$$(3 - 100)$$

至此，得到了有反射和无反射情况下，血流速度的表达式。

3.3.3　基于弹性管脉动流分析的主要结果

1. Womersley 数

$$\alpha = R\sqrt{\frac{\omega\rho}{\mu}} = R\sqrt{\frac{\omega}{\nu}}$$

$$(3 - 101)$$

称为 Womersley 数，它是血管脉动流分析中的重要无量纲数，表征流动的脉动程度。当血液参数不变时，α 与血管半径 R、角频率 ω 的平方根成正比；越细的动脉血管，α 越小；当血液黏度系数 $\mu \to 0$ 时，相当于理想流体，$\alpha \to \infty$。其基频情况下的典型值（人体，体重为 75 kg，心率为 70）如下。主动脉：$R = 1.5$ cm，$\alpha = 22.2$。股动脉：$R = 0.27$ cm，$\alpha = 4.0$。

Womersley 数也表征惯性力和黏性力的相对重要程度。当 α 很小时，惯性力可忽略不计，脉动流的表达式接近于 Poiseuille 流（将 Bessel 函数做级数展开，并保留一项），流动速度 u 主要由压力梯度 $-\dfrac{\partial p}{\partial x}$ 决定。流动速度 u 为

$$u = \frac{R^2}{4\mu}\left(1-\left(\frac{r}{R}\right)^2\right)\left(-\frac{\partial p}{\partial x}\right) \tag{3-102}$$

随着 α 增大,惯性力的作用随之增大;当惯性力作用超过黏性力后,速度剖面在管轴附近越来越平坦;α 很大时,除壁面附近变化较大之外(黏性力起主导作用),其他地方趋于均匀(见图 3 – 21)。

2. 刚性管不同 α 对应的轴向速度剖面

若压力梯度为 $-\dfrac{\partial p}{\partial x} = \cos \omega t$,可得刚性管中的不同心动周期时相的速度剖面,如图 3 – 21 所示。

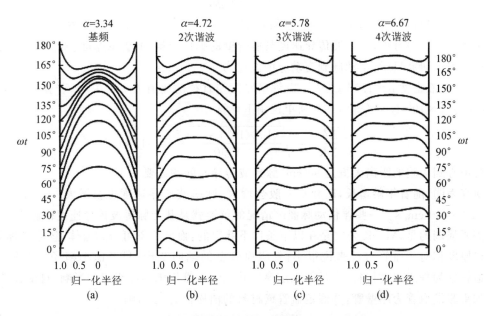

图 3 – 21　刚性管脉动流的不同时相纵向速度剖面

由图 3 – 21 可知,即使对于很小的 α,也很难出现抛物线速度剖面,倒流出现在接近壁面的薄层中。随着 α 增大,中心区域的速度剖面逐渐拉平,中心区域几乎无切变,只有靠近壁面处有较大速度梯度(与壁面剪切应力相关)。随着 α 增大,具有较大速度梯度的黏性薄层变得更薄;$\alpha = 20$ 时,此黏性薄层只有管半径的 5% 左右。

3. 脉动流情况下的流量与压力梯度的关系

通过对轴向速度(式(3 – 100))在横截面上的积分,可得弹性管的流量:

$$Q = \frac{\pi R^2 A'}{\mathrm{i}\omega\rho}(1 + NF_{10}) \exp(\mathrm{i}\omega t) \tag{3-103}$$

考虑到压力梯度 $-\dfrac{\partial p}{\partial x} = A' \mathrm{e}^{\mathrm{i}\omega t}$,可得流量与压力梯度的关系为

$$Q = \frac{\pi R^2}{\mathrm{i}\omega\rho}(1 + NF_{10})\left(-\frac{\partial p}{\partial x}\right) \tag{3-104}$$

由此,可进一步得到平均流速,即

$$u_m = \frac{Q}{A} = \frac{A'}{i\omega\rho}(1 + NF_{10})\exp(i\omega t) = \frac{1}{i\omega\rho}(1 + NF_{10})\left(-\frac{\partial p}{\partial x}\right) \quad (3-105)$$

对于刚性管，$N = -1$，则

$$Q = \frac{\pi R^2}{i\omega\rho}(1 - F_{10})\left(-\frac{\partial p}{\partial x}\right) \quad (3-106)$$

4. 脉搏波传导速度

推导过程中得到的 c_0 为理想流体在薄壁弹性管中的波速，其表达式最早由 Moens-Korteweg 给出，即

$$c_0 = \sqrt{\frac{Eh}{2\rho R}} \quad (3-107)$$

式(3-107)称为 Moens-Korteweg(M-K)公式，常用于一些基于脉搏波检测的仪器设计中。由式(3-107)可见，脉搏波传导速度与血管壁的弹性模量、血管壁厚度、血管的半径、血液的密度有关。研究显示，主动脉到支动脉中波速为 5~10 m/s。

例如，血液密度 $\rho = 1.06$ g/cm^3，血管壁厚度与直径的比值 $h/d = 0.07$，若弹性模量 $E = 1 \times 10^6$ Pa $= 1 \times 10^7$ dyn[①]/cm^2，在高斯单位制下计算

$$c_0 = \sqrt{\frac{Eh}{2\rho R}} = \sqrt{\frac{(10 \times 10^6) \times 0.07}{1.06}} = 812 \text{ cm/s}$$

从心脏中心到手腕的距离大概是 90 cm，脉搏波传导时间约需要 0.11 s。

研究表明，随着年龄增长，E 和 h 一般会增大，脉搏波传导速度也会增大；5~84 岁的波速为 520~860 cm/s。一些评估动脉僵硬情况的仪器就是基于脉搏波传导速度检测的。

需要强调的是，M-K 公式是在以下条件下获得的：血液为不可压缩流体，忽略流体黏性；血管壁厚度相对于血管直径来说很小；忽略血管壁的轴向变形，只考虑小幅径向变形（线性化）；血管壁为理想弹性材料（满足胡克定律），并忽略血管周围结缔组织的影响（自由弹性管）。

如果假设血管为厚壁管，并假定血管壁材料的泊松比为 0.5，则

$$c_0 = \sqrt{\frac{E(r_o^2 - r_i^2)}{3\rho r_o^2}} \quad (3-108)$$

式中，r_o 和 r_i 分别表示血管的外半径和内半径。

5. 血管阻抗

与电学中阻抗的引入类似，为了定量描述脉动流在动脉中流动时所受到的阻碍作用，引入血管阻抗的概念。血管阻抗包括纵向阻抗、横向阻抗、输入阻抗、特征阻抗等不同提法，它们的定义各不相同，单位也不一样。本节主要介绍应用较多的输入阻抗和特征阻抗。

如图 3-22 所示为血管段模型及参数。

对于图 3-22 所示的血管段，如果上下游的压力和流量表示为

$$p_1 = P_1 \exp[i\omega t + \varphi_{p_1}]$$
$$p_2 = P_2 \exp[i\omega t + \varphi_{p_2}] \quad (3-109)$$
$$q = Q \exp[i\omega t + \varphi_q]$$

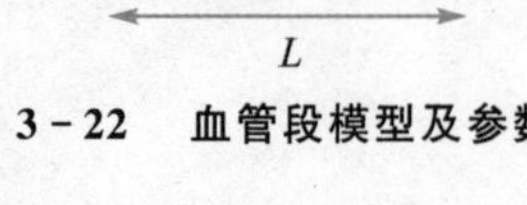

图 3-22 血管段模型及参数

---

① dyn：达因，1 dyn $= 10^{-5}$N。

假设血管中压力随时间同步变化,即不同空间位置的压力波相位相同,$\varphi_{p_1} = \varphi_{p_2} = \varphi_p$,$\Delta p = p_1 - p_2 = \Delta P \exp(\mathrm{i}\omega t + \varphi_p)$,则阻抗

$$Z = \frac{p_1 - p_2}{q} = \frac{\Delta P}{Q} \exp(\mathrm{i}(\varphi_p - \varphi_q)) = |Z| \exp(\mathrm{i}\varphi) \qquad (3-110\mathrm{a})$$

$$|Z| = \frac{\Delta P}{Q} \qquad (3-110\mathrm{b})$$

$$\arg Z = \varphi = \varphi_p - \varphi_q \qquad (3-110\mathrm{c})$$

输入阻抗 Z_i:表征从某一点开始整个下游血管系统(血管床)的特性,如图 3-23 所示。动脉中某一点(如主动脉根部)的压力谐波幅值往往比其下游血管系终端(如腔静脉或右心房)的同频率压力谐波的幅值大得多,故在此情况下近似认为终端压力为零。

$$Z_i = \frac{p}{q} \qquad (3-111)$$

因此,在分析和模拟实验装置制作的过程中,会用到三种特殊血管段的输入阻抗,即纯黏性阻力的血管段、纯顺应性的血管段、纯流动惯性的血管段,分别表征黏性效应、积聚效应和惯性效应,如图 3-24 所示。

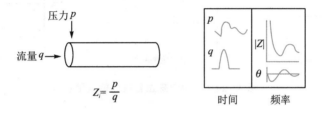

图 3-23　输入阻抗的定义

特征阻抗 Z_c:无反射波存在时的输入阻抗,定义为压力谐波与同频率流量谐波的比,如图 3-25 所示。

由 Womersley 理论 $Z_c = \dfrac{\rho c^*}{\pi R^2} \cdot \dfrac{1}{1 + NF_{10}}$,对无黏性流体有

$$Z_{c0} = \frac{\rho c_0}{\pi R^2} \qquad (3-112)$$

由于血管横截面积面积 $A = \pi R^2$,通过简化条件推导波动方程可得一般表达式 $c_0^2 = \dfrac{A}{\rho} \cdot \dfrac{\partial p}{\partial A}$,于是可得

$$Z_{c0} = \sqrt{\rho / (A \cdot \partial A / \partial p)} \qquad (3-113)$$

应用中,通常用输入阻抗幅度的高频段均值表示,如图 3-26 所示。

可进一步利用 Womersley 理论的结果,讨论在不同的 Womersley 数的情况下,以及不同的刚性管、弹性管脉动流情况下,压力梯度与流量之间的相位关系。Womersley 理论也为建立血管树中脉搏波的传导理论、分析血管阻抗、心室的后负荷以及心室与血管的耦合等奠定理论基础。详见本章文献[11]《血液动力学原理和方法》。

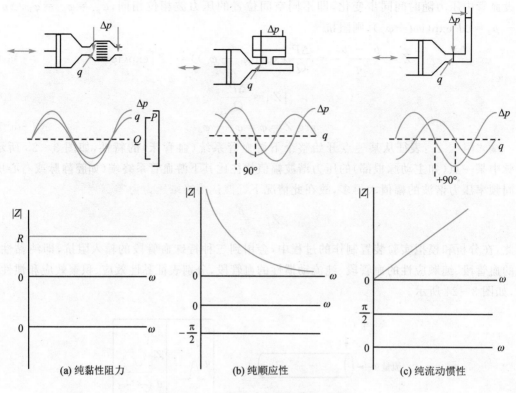

(a) 纯黏性阻力   (b) 纯顺应性   (c) 纯流动惯性

图 3 - 24 三种特殊血管段的输入阻抗

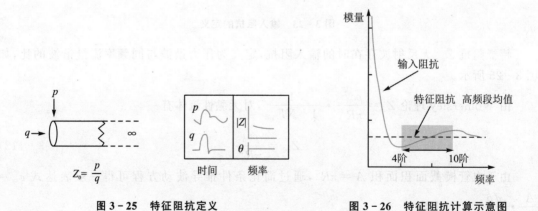

$$Z_0 = \frac{p}{q}$$

图 3 - 25 特征阻抗定义   图 3 - 26 特征阻抗计算示意图

3.4 本章总结与学习要点

    本章主要讲解动脉血管和血流的工程分析和医学诊疗技术。动脉血管壁具有多层结构,其力学特性复杂,具有非均匀性、不可压缩性、各向异性、非线性、残余应力和黏弹性等。为了分析血管壁的应力和应变,往往将血管壁简化为最简单的线性弹性模型,而血管为圆管结构。虽然在模型中,常常将血液简化为牛顿流体,但是血液流变特征复杂,是典型的非牛顿流体。对于血液流动,将动脉血管假设为刚性壁,压力和流量的关系在定常流下为 Poiseuille 方程。

Poiseuille 方程描述了血管中的流量与管半径、压差的关系,在血流动力学中有着广泛应用,如血管分叉的优化设计、血管树中的均匀剪切应力假设等。在脉动流下,则使用 Womersley 理论描述。建议在学习过程中掌握基本的概念,学会思维方法和工程分析过程,注意建立模型中使用了哪些假设,并理解不同模型的适用范围。

习 题

1. 请根据表 3-1 中动脉、毛细血管和静脉的直径、壁厚和压力数据,计算各类血管中的张力、张力与壁厚的比值,并解释张力与壁厚比值的物理意义。

2. 对于 Poiseuille 流,计算当管直径减小 10%、其他参数不变的情况下,需要增加百分之多少的功率来驱动同样流量的流体流动。

3. 假设将血管壁简化为内径为 R_1、外径为 R_2 的圆管,血管内压为 p_1,外压为 p_2。在不考虑血管预应力(预应变)的情况下,内外压要维持什么关系(p_1/p_2),方可使血管内壁无环(周)向应力?

4. 考虑血液在变截面薄壁血管中的定常流动,如图 3-27 所示。假设血管壁为满足胡克定律的线弹性材料,E 为血管壁的杨氏模量,h 为血管壁厚度,R 为血管半径(内径),p 表示血管内压力,血液为黏度系数为 μ 的牛顿流体。

(1) 证明血管内压力变化导致的血管半径变化关系为 $\mathrm{d}R = \dfrac{R^2}{Eh}\mathrm{d}p$。

(2) 如果血管管径变化不是很大,流动可近似为 Poiseuille 流。试推导用入口半径 R_0、流量 Q、μ、E、h 表示的血管半径 R 随 x 变换关系的表达式 $R(x)$。

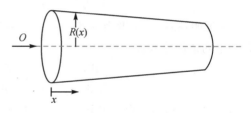

图 3-27 第 4 题图

(3) 如果血液的黏性系数为 3.5 cP[①],管壁的弹性模量为 100 dyn/cm²,厚度为 1 mm,入口处流量为 100 mL/min,试确定在 $x=20$ cm 处的管半径。

(4) 假设主动脉的流速为 0.5 m/s,直径为 20 mm;毛细血管的流速为 0.001 m/s,直径为 8 μm。试估算在每一时刻有多少毛细血管开放。

5. 一段内径为 5 mm 的血管中,平均流速为 0.5 m/s。假设血液的黏度为 0.004 Pa·s、密度为 1 000 kg/m³。

(1) 计算 Re,判断流动是层流还是湍流。

(2) 计算流量,并以临床常用的单位 L/min 表示。

(3) 如果血管狭窄导致其半径变为原来的 70%,进行如下分析。

① 假设流量保持不变,分析压降和壁面剪切应力的影响因素。

② 假设压降保持不变,分析流量的影响因素,并计算在此情况下的壁面剪切应力。

③ ①和②两种假设,哪种情况更符合实际?为什么?

6. 临床实践中用脉搏波传导速度来评估血管硬化程度。M-K 公式(对应的脉搏波传导

---

① cP:厘泊,1 cP=1 mPa·S。

速度用 c_0 表示)是基于薄壁管和管壁无轴向变形假设下得到的。当考虑有轴向变形和不能忽略壁厚影响的情况下,可用增量弹性模量代替杨氏模量:

$$E_{\text{inc}} = \frac{2(1-\nu^2)R_1^2 R_2}{R_2^2 - R_1^2} \cdot \frac{\Delta p}{\Delta R_2}$$

如果在此情况下脉搏波传导速度仍然可通过 $c^2 = \dfrac{1}{\rho\beta}$ 计算,其中 ρ 为血液密度,定义参数 $\beta = \dfrac{1}{A} \cdot \dfrac{\mathrm{d}A}{\mathrm{d}p} = \dfrac{2}{D} \cdot \dfrac{\mathrm{d}D}{\mathrm{d}p} = \dfrac{2}{R} \cdot \dfrac{\mathrm{d}R}{\mathrm{d}p} \approx \dfrac{2}{R} \cdot \dfrac{\Delta R}{\Delta p}$ 表征血管的可扩张度(distensibility),其中 A 为血管横截面积,D 为血管直径,R 为血管半径,Δp 为血管跨壁压差。

(1) 推导出 c^2 的数学表达式,并推导出泊松比 $\nu = 0.5$ 时的表达式。

(2) 讨论 c 和 c_0 的大小关系,并讨论在什么情况下可由 c 得到 c_0。

7. 若将血液视为 Casson 流体,试推导圆截面刚性直管中血液定常流动情况下的压力梯度-流量关系。在什么条件下,Casson 流体所得的压力梯度-流量关系,与将血液视为牛顿流体的 Poiseuille 流的结果一致?

8. 若将血管简化为半径为 a 的刚性圆截面直管,线性化的血液脉动流方程(纵向速度为 $u_\phi(r,t)$)可表示为

$$\mu\left(\frac{\partial^2 u_\phi}{\partial r^2} + \frac{1}{r} \cdot \frac{\partial u_\phi}{\partial r}\right) - \rho\,\frac{\partial u_\phi}{\partial t} = k_\phi(t)$$

(1) 证明:在压力梯度为 $k_\phi(t) = k_s \mathrm{e}^{\mathrm{i}\omega t} = k_s(\cos\omega t + \mathrm{i}\sin\omega t)$ 的情况下,上述偏微分方程可化为下列常微分方程:

$$\left(\frac{\mathrm{d}^2 U_\phi}{\mathrm{d}r^2} + \frac{1}{r} \cdot \frac{\mathrm{d}U_\phi}{\mathrm{d}r}\right) - \frac{\mathrm{i}\Omega^2}{a^2}U_\phi = \frac{k_s}{\mu}$$

请同时给出 $u_\varphi(r,t)$ 的合理形式,以及 Ω 的表达式。

(2) 证明:$U_\phi(r) = \dfrac{\mathrm{i}k_s a^2}{\mu\Omega^2}$ 为上述常微分方程的一个特解。

(3) 若令 $\zeta(r) = \Lambda\,\dfrac{r}{a}$,$\Lambda = \left(\dfrac{\mathrm{i}-1}{\sqrt{2}}\right)\Omega$,请给出包含 $J_0(\zeta)$ 的上述常微分方程的解。

(4) 血管中血液流动的相对速度可表示为

$$\frac{u_\phi}{\hat{u}_\phi} = \frac{-4}{\Lambda}\left(1 - \frac{J_0(\zeta)}{J_0(\Lambda)}\right)\exp(\mathrm{i}\omega t)$$

当 $\Omega = 3.0$ 时(可由此计算 $\Lambda = \left(\dfrac{\mathrm{i}-1}{\sqrt{2}}\right)\Omega$,已知此时 $J_0(\Lambda) = -0.2214 + 1.9376\mathrm{i}$),若压力梯度为 $k_s \cos\omega t$,试分别计算在 1 个心动周期开始和 1/4 周期时刻,血管中轴线上的相对速度。

参考文献

[1] CARO C G, PEDLEY T J, SCHROTER W. The mechanics of the circulation[M]. 2nd ed. Cambridge: Cambridge University Press, 2012.

[2] COX R H. Wave propagation through a Newtonian fluid contained within a thick-walled,viscoelastic tube[J]. Biophysical Journal，1968,8：691-709.

[3] FUNG Y C. Biomechanics：circulation[M]. 2nd ed. New York：Springer-Verlag New York Inc. ,1997.

[4] HERMAN I P. Physics of the human body[M]. New York：Springer-Verlag New York Inc. ,2016.

[5] SATO M,OHSHIMA N，NEREM R M. Viscoelastic properties of cultured porcine aortic endothelial cells exposed to shear stress[J]. Journal of Biomechanics，1996,29(4)：461-467.

[6] WOMERSLEY J R. Oscillatory flow in arteries：the constrained elastic tube as a model of arterial flow and pulse transmission[J]. Physics in Medicine and Biology，1957,2(2)：178-187.

[7] WOMERSLEY J R. Method for the calculation of velocity,rate of flow and viscous drag in arteries when the pressure gradient is known[J]. The Journal of Physiology，1955,127(3)：553-563.

[8] ZAMIR M. The Physics of Pulsatile Flow[M]. New York：Springer-Verlag New York Inc. , 2000.

[9] CHANDRAN K B，RITTGERS S E.生物流体力学[M]. 邓小燕,孙安强,刘肖，译. 北京：机械工业出版社,2014.

[10] 姜宗来,齐颖新. 血管力学生物学[M]. 上海：上海交通大学出版社,2017.

[11] 柳兆荣,李惜惜. 血液动力学原理和方法[M]. 上海：复旦大学出版社,1997.

第4章　动脉粥样硬化及血管狭窄诊疗技术

前面几章内容主要介绍了正常血管的结构、生理和流动规律,然而在病理条件下,血管中细胞外基质成分也会发生结构性变化,而且内皮细胞、平滑肌细胞等血管细胞会发生功能性改变。血液流动不仅在维持血管正常生理过程中起着重要作用,而且在病理条件下会重建血管。理解这些血液流动和血管受力规律不仅可以作为血管功能状态的评价依据,而且可以作为血管诊断治疗的基础。动脉粥样硬化是冠心病、脑梗死、外周血管病的主要原因。本章将以动脉粥样硬化为例,详细介绍动脉粥样硬化的病理机制,血流与血管参数的检测与诊断技术,重点描写近年来发展的冠脉血流储备分数(FFR)方法的原理,最后介绍血管支架的设计与评测。

4.1　动脉粥样硬化的病理机制

4.1.1　血管生物学基础

血管的主要细胞是血管生物学功能的基础。这些细胞主要包括血管内皮细胞、血管平滑肌细胞,下面分别介绍这些细胞在血管结构和功能中的作用。

1. 血管内皮细胞

血管内皮细胞为覆盖于血管内膜表面的单层扁平或多角形细胞,长 $30\sim50~\mu m$,宽 $10\sim30~\mu m$,厚 $0.1\sim10~\mu m$。据估计,人体脉管系统的内皮细胞数量为 $(1\sim6)\times10^{13}$ 个,覆盖表面积达 $3~000\sim6~000~m^2$。在内皮细胞的胞浆中,随机散布着一种长杆状的 W-P 小体,由单层膜包裹,内含 $6\sim26$ 根平行排列的微管,长 $1\sim6~\mu m$,直径 $0.1\sim0.3~\mu m$,是内皮细胞特有的细胞器。免疫电镜的结果显示,W-P 小体中含有血管假性血友病因子 vWF,属于大分子糖蛋白,其多聚体以螺旋管状形式存在。在外界刺激下,W-P 小体储存的 vWF 因子可迅速释放到血管内,招募血小板和Ⅷ因子,参与凝血反应。人脐静脉内皮细胞原代培养融合成单层及Ⅷ因子相关抗原免疫组化如图 4-1 所示。

血管内皮细胞作为整个脉管系统的内衬,在调控血管壁的物质通透性、调节凝血与抗凝、参与免疫反应,以及调节平滑肌细胞生长、收缩、舒张行为中具有十分重要的作用。下面将分别进行介绍。

(1) 调控血管壁的物质通透性

早在 20 世纪 80 年代,科学家尝试将牛肺动脉内皮细胞种植在包被明胶的多孔滤膜上(滤膜的孔径为 $0.8~\mu m$),测定了扩散条件下该内皮融合单层对分子质量在 $182\sim340~000$ 道尔顿间的溶质的通透性。结果表明,当溶质半径从 $0.1~nm(Na^+)$ 增至 $3.6~nm$(白蛋白)时,内皮对溶质的通透性(P值)降低近 90%;而当溶质半径超过 $3.6~nm$,P 值则进入持续稳定的低水平。该研究提示,以 $3~nm$ 为分界线,半径小于 $3~nm$ 的溶质与半径大于等于 $3~nm$ 的溶质很可能经由不同的方式通过血管内皮。

科学家进一步证实,溶质跨内皮输运主要经由两条途径:跨细胞转运途径和细胞旁路途

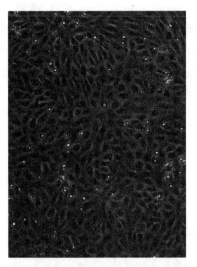

(a) 人脐静脉内皮细胞原代培养融合成单层　　　　(b) Ⅷ因子相关抗原免疫组化

图 4 - 1　人脐静脉内皮细胞原代培养融合成单层及 Ⅷ 因子相关抗原免疫组化

径。跨细胞转运途径主要是指半径大于 3 nm 的溶质分子经由跨细胞的通道、受体介导的特异性胞吞、非特异性液相胞吞作用,实现从内皮的管腔侧到基底侧的输运。水分子可借由水孔蛋白实现这一过程。细胞旁路途径则主要指半径小于 3 nm 的溶质,如尿素、葡萄糖、离子等通过内皮细胞间连接带实现跨内皮输运。

概括来讲,血管内皮的通透性由以下因素决定。

① 内皮细胞的连续性及收缩性。血管内皮细胞在血管内腔的连续性分布,赋予了血管内表面天然的物理性屏障功能。然而,内皮细胞又可通过肌球蛋白轻链磷酸化,引起细胞内骨架蛋白收缩,后者通过相应的连接蛋白影响细胞-细胞之间、细胞-基底膜之间的黏附状态,进而调节内皮的通透屏障功能。图 4 - 2 所示为大鼠主动脉内皮"银线"染色图,可见其连续性分布。

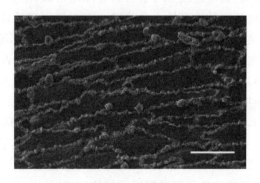

图 4 - 2　大鼠主动脉内皮"银线"染色图(标尺:20 μm)

② 基膜。内皮细胞通过整合素与基膜连接,基膜提供了内皮细胞的结构支撑;基膜含蛋白聚糖,高度负电;整合素与基底膜蛋白结合,产生的信号通过"out to in"的信号传递方式进入细胞,介导细胞骨架蛋白重新分布,细胞形态改变,从而影响内皮细胞的物质交换屏障功能。

③ 糖萼。糖萼是位于血管内皮细胞表面的一层绒毛状多糖蛋白复合结构,其主要成分包

含了硫酸肝素(heparan sulfate,HS)、硫酸软骨素(chondroitin sulfate,CS)、透明质酸(hyaluronic acid,HA)等糖胺聚糖组成的侧链,以及由跨膜多配体蛋白聚糖(syndecan)、磷脂酰肌醇锚定蛋白聚糖(glypican)等组成的核心蛋白骨架,由于大量硫酸根(SO_4^{2-})、羧酸根(COO^-)的存在,故糖萼高度负电。根据同性相斥原理,糖萼与血浆中带阴离子的蛋白质,特别是小分子白蛋白等相斥,构成血管内膜的阴离子屏障。研究表明,糖萼损伤与动脉粥样硬化、糖尿病、高血压、中风、脓毒症、肾脏疾病、肺水肿等诸多疾病存在关联。图4-3所示为血管内皮糖萼免疫荧光标记和成分示意图,标尺为20 μm。

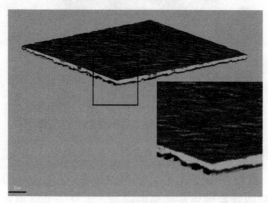

(a) 大鼠颈动脉糖萼荧光标记图   (b) 糖萼的成分示意图

图4-3　血管内皮糖萼免疫荧光标记和成分示意图

④ 内皮细胞连接。如图4-4所示,内皮细胞间存在紧密连接、黏着连接、间隙连接等,其连接成分、数量随脏器功能的不同,存在差异。紧密连接是封闭连接的主要类型,通过相邻细胞膜上的跨膜蛋白形成嵴线相互作用将两个细胞的细胞质膜紧密连接在一起。目前,组成内皮细胞紧密连接的蛋白主要包含闭合蛋白、密封蛋白以及连接黏附分子。此外,细胞膜外周蛋白ZO也参与了闭合蛋白与密封蛋白的相互作用,将其锚定在细胞骨架的微丝上。在大脑毛细血管的血管内皮细胞之间,紧密连接参与了血脑屏障的形成,阻止了离子、水分子等向脑组织的渗透,对于维持大脑内环境的稳定性十分关键。而在消化道等器官的紧密连接则较为疏松,保证了一定范围内溶质分子的通透性。黏着连接又称锚定连接,通过细胞膜蛋白及细胞骨架,将相邻细胞或细胞与胞外基质黏着起来。血管内皮钙黏蛋白普遍存在于血管内皮的黏着连接中,其结构、功能的异常将导致内皮细胞的黏着连接解离,影响血管壁对于大分子物质和血细胞的通透性。间隙连接属于通信连接的一种,由相邻细胞膜上的连接子对接而成,每个连接子包含6个连接子蛋白,呈环状排列。间隙连接处相邻细胞质膜间存在2~3 nm的间隙,间隙连接又称缝隙连接。一般情况下,分子量小于1 000的无机离子及小分子可通过间隙连接,但受到胞质内钙离子浓度和pH的调节,其通透性可发生改变。研究表明,间隙连接为血管生成及损伤修复中内皮细胞的迁移等过程提供结构基础。

(2) 分泌血管活性物质,调控平滑肌收缩、舒张

血管内皮细胞可以合成和分泌许多血管活性物质,作用于平滑肌细胞,从而影响血管的收缩与舒张。这些血管活性物质包括两类:一类是血管舒张因子,如一氧化氮(NO)、前列环素(PGI2)。NO引起血管舒张的机理可概括为血管神经末梢释放乙酰胆碱作用于血管内皮细胞

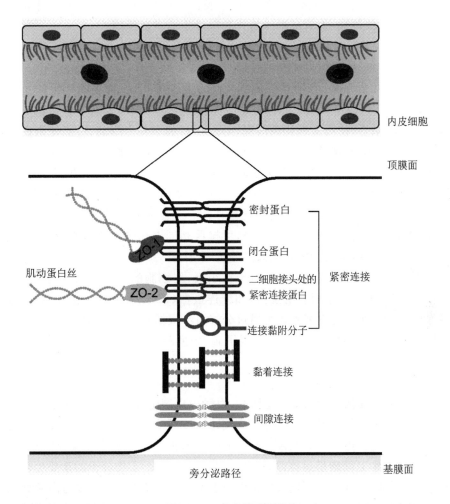

内皮细胞

顶膜面

密封蛋白

闭合蛋白

二细胞接头处的
紧密连接蛋白

紧密连接

肌动蛋白丝

ZO-1

ZO-2

连接黏附分子

黏着连接

间隙连接

旁分泌路径

基膜面

图 4 - 4　内皮细胞间连接

G 蛋白偶联受体并激活磷脂酶 C,通过第二信使三磷酸肌醇(IP3)导致细胞质 Ca^{2+} 浓度升高。Ca^{2+} 结合钙调蛋白后,刺激 NO 合酶催化精氨酸氧化为瓜氨酸并释放 NO,NO 扩散进入邻近平滑肌细胞,激活具有鸟苷酸环化酶活性的 NO 受体,刺激生成第二信使环磷酸鸟苷(cyclic yuanosine monophosphate,cGMP),后者通过 cGMP 依赖的蛋白激酶 G 的活化,抑制肌动-肌球蛋白复合物信号通路,导致平滑肌舒张。另一类是血管收缩因子,如血栓素、内皮素-1,其中内皮素-1 是目前已知最强的血管收缩剂。

　　(3)调控平滑肌细胞生长

　　生理状态下,受到内皮细胞分泌的生长抑制因子的作用,血管平滑肌细胞往往处于生长静息状态。这些生长抑制因子主要包含三类:① 肝素类蛋白聚糖,其对于平滑肌细胞生长的抑制效应已应用于临床,用来预防支架植入后再狭窄的发生;② 转化生长因子-β(TGF-β),需要注意的是,其对于平滑肌细胞生长的调控具有浓度依赖性,低浓度 TGF-β 促进平滑肌细胞生长,而一旦浓度超过某个阈值则表现为生长抑制;③ NO,在介导血管舒张的过程中,升高的 cGMP 对平滑肌细胞的生长表现出抑制效应。病理状态下,内皮细胞通过分泌血小板衍生生长因子(PDGF)、转化生长因子-α(TGF-α)、成纤维细胞生长因子(FGF)、内皮素、血管紧张素Ⅱ、神经肽Y等协同作用,通过激活胰岛素样生长因子受体(IGFR)-1,促进平滑肌细胞增殖和迁移,成为动脉粥样硬化、血管成形术后再狭窄发生的重要原因。

(4)抗凝与促凝

生理状态下,内皮细胞通过抑制血小板活化和凝血级联反应,来维持血液的流动性。其抗凝机制主要包含以下几个方面:① 合成释放抗凝血酶Ⅲ(AT-Ⅲ),抑制丝氨酸蛋白酶类,包括凝血酶、凝血因子(如Ⅸa、Xa、Ⅺa、Ⅻa等)的活性;② 合成释放血栓调节蛋白(TM),通过与内皮细胞表面凝血酶结合,使凝血酶构象改变,与蛋白C的亲和力提高,进而使蛋白C抗凝系统活化,灭活Ⅷa、Va因子,最终抑制血小板聚集和纤维蛋白原的凝结;③ 合成并释放组织型纤溶酶原激活物(t-PA)与尿激酶型纤溶酶原激活物(u-PA),通过切割肝源性纤溶酶原,使其转化为纤溶酶,使交联的纤维蛋白降解;④ 合成并释放PGI2和NO,抑制血小板聚集,并抑制血管内皮细胞分泌血小板黏附蛋白,起到抗凝作用;⑤ 合成并分泌硫酸乙酰肝素等糖萼的成分,在血管内表面形成高度负电的天然屏障,可排斥相同电荷的血细胞靠近,且一些糖萼的组分能增强抗凝血酶活性,是血管内表面天然的抗凝"涂层"。

病理状态下,内皮受损,细胞表面糖萼对于血小板、红细胞的屏障作用减弱;另外,内皮细胞脱落后,细胞外基质中的血小板黏附蛋白,如纤连蛋白(FN)、胶原等直接暴露,促进了血小板的黏附、聚集。此外,血管内皮细胞还可通过分泌血小板活化因子,活化血小板,促使内皮细胞合成凝血酶、纤维蛋白、凝血因子Ⅴ、凝血因子Ⅷ、辅助凝血因子vWF、血小板反应蛋白等,促进血栓形成。

(5)参与免疫反应

作为病原体和免疫细胞接触的第一道防线,血管内皮细胞在免疫调节中发挥了重要作用,主要体现在以下几方面。① 血管内皮细胞是抗原提呈细胞的一种,活化的内皮细胞可合成和表达主要组织相容性复合体Ⅰ类(MHC-Ⅰ)、主要组织相容性复合体Ⅱ类(MHC-Ⅱ)分子,以MHC限制性方式对T细胞呈递抗原,调节T细胞的功能。Ⅰ类分子的重要生理功能是向CD8⁺T细胞递呈抗原。CD8⁺T细胞只能识别与Ⅰ类分子结合的抗原(多为内源性的细胞抗原,如病毒感染的细胞和肿瘤细胞等),这种现象称为MHC限制性。例如,当病毒感染了某个细胞,病毒抗原可分解成一些短肽片段,后者与在内质网中合成的Ⅰ类分子结合后表达于细胞表面,才能被CD8⁺T细胞识别。Ⅱ类分子的功能主要是在免疫应答的始动阶段将经过处理的抗原片段递呈给CD4⁺T细胞。Ⅱ类分子主要参与外源性抗原的递呈,在一些条件下也可递呈内源性抗原。② 通过表达多种黏附分子,包括P-选择素介导T细胞黏附;E-选择素介导单核细胞、嗜酸性粒细胞、嗜碱性粒细胞黏附;免疫球蛋白超家族成员,如细胞间黏附分子-1(ICAM-1)、细胞间黏附分子-2(ICAM-2)、血管细胞黏附因子-1、淋巴细胞功能相关抗原-3等,介导淋巴细胞与内皮细胞的黏附。③ 合成多种细胞因子,包括白介素-1(IL-1)、白介素-6(IL-6)、白介素-8(IL-8)、血小板活化因子、集落刺激因子等,改变局部细胞因子的数量和构成,影响免疫细胞的功能。④ 合成、分泌多种补体调节因子,调节补体系统的功能,以及非调节性补体成分,如C3、Cls、B因子、C7等,参与局部炎症反应。⑤ 活化的内皮细胞可刺激T细胞上IL-2、IL-4、IL-12等细胞因子受体的表达,改变T细胞对细胞因子的反应性。

除以上生理功能外,在血管新生过程中,静息血管受到血管内皮生长因子刺激,降解细胞外基质和基膜,分化为尖端细胞(tip cell)和柄细胞(stalk cell);接下来,尖端细胞开始往细胞外基质入侵,柄细胞尾随尖端细胞进一步增殖形成小管;最终,尖端细胞与相邻血管的尖端细胞融合,在两个血管之间形成新的融合管。整个血管新生过程中,内皮细胞都扮演了十分重要的角色。

2. 血管平滑肌细胞

血管平滑肌细胞位于血管壁中膜,分为合成型和收缩型。合成型平滑肌细胞出现在胚胎、新生儿以及成熟个体的某些病理状态下血管壁中。细胞呈去分化状态,具有更强的增殖能力。从形态上来看,其细胞轮廓不规则,核大且呈异染性,核质比高及平均细胞直径较成熟血管平滑肌细胞大,胞内与合成、分泌相关的细胞器含量丰富,例如,游离核糖体增多、粗面内质网腔扩张、高尔基体发达。收缩型为正常成年机体中血管平滑肌细胞的主要形态,呈分化状态,不能增殖。细胞呈纺锤状,体积相对较小,核质比减小,核呈长杆状,与合成、分泌相关的细胞器(核糖体、糙面内质网、高尔基体等)含量很少,且仅限于核周。胞浆内肌丝增多,执行收缩功能的蛋白也增多,如图 4-5 所示。

 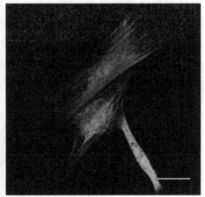

(a) 血清饥饿4 d后,4×物镜
下拍摄的光镜图　　(b) 平滑肌蛋白抗体(smoothelin)
免疫荧光标记图

标尺:50 μm。

图 4-5　人脐静脉平滑肌细胞(HUVSMC)

(1) 血管平滑肌细胞的收缩装置

血管平滑肌细胞的收缩装置如图 4-6 所示,相比骨骼肌而言,略有不同,下面加以详细介绍。在电子显微镜下,根据直径的大小,可分为细丝、粗丝、中间丝 3 种类型。然而相较之下,骨骼肌细胞细丝与粗丝含量比为 2∶1,平滑肌细胞中细丝与粗丝含量比则达 15∶1;从分布上看,粗丝沿细胞长轴分布,被细丝围绕,细丝的一端锚定在相当于骨骼肌 Z 线的密体或密斑上,中间丝分布于密体间,形成细胞骨架网络。

① 细丝的主要成分为肌动蛋白(actin),直径 5~8 nm,具有 α、β、γ 三种类型,在收缩表型中,以 α-actin 为主。此外,还存在 3 种细丝调节蛋白:钙介体(CaD)、张力素(leiotonin)、细丝蛋白。其中,钙介体分子形状为卷曲状,直径为 150 nm,沿细肌丝表面伸展分布,位于肌动蛋白两个双螺旋的凹中。钙介体依分子量的不同,可分为 2 种同源型:相对分子量为 $1.4×10^5$ 的 h-CaD 和相对分子量为 $8.0×10^4$ 的 l-CaD。伴随平滑肌细胞从收缩型转变为合成型,钙介体也由 h-CaD 转变为 l-CaD。在收缩的平滑肌细胞中,CaD 与钙调蛋白、肌动蛋白结合,进而抑制了肌动蛋白与肌球蛋白的头部结合,以及肌球蛋白头部 ATP 酶活性的发挥。其头部有 2 个位点可与肌动蛋白结合,但只有 1 个位点受胞内 Ca^{2+} 浓度变化的调节,当胞内 Ca^{2+}

浓度升高时,CaD 的头部与 Ca^{2+} 结合,肌球蛋白的头部得以有机会与肌动蛋白结合,ATP 酶被激活,肌球蛋白头部摆动,肌丝滑行。

张力素是一种存在于细肌丝上的钙敏感调节蛋白。由张力素 C(Leiotonin C,分子量为 1.7×10^4 kD)和张力素 A(Leiotonin A,分子量为 8.0×10^4 kD)组成,其中张力素 A 为调控亚单位,张力素 C 为钙结合亚单位。其确切的调节机制尚不清楚,但有研究表明,对于肌球蛋白 ATP 酶的完全活化是必需的。

细丝蛋白,分子量为 240 KD,与肌动蛋白结合,可显著减弱肌动蛋白对肌球蛋白的活化,可能是通过调节肌动蛋白的结构状态来实现的。

② 粗丝的主要成分为肌球蛋白,直径为 $12 \sim 18$ nm,是执行收缩功能的蛋白质。与骨骼肌细胞中肌球蛋白的结构类似,每个肌球蛋白的两个对称头部上各有一个与肌动蛋白结合的部位,该部位通过分解 ATP 为收缩活动提供能量。

③ 中间丝直径介于粗丝和细丝之间(10 nm),主要结构蛋白为波形蛋白、结蛋白。中间丝无收缩能力,是平滑肌细胞的细胞骨架,当平滑肌细胞收缩时能传导张力。

④ 密体/密斑为平滑肌细胞胞浆中的一种电子致密物,是细肌丝的附着部位,含 α 辅肌动蛋白,起交联肌动蛋白丝的作用,纽蛋白使肌动蛋白与细胞膜结合。密体/密斑对于维持收缩装置及细胞骨架的完整性、稳定性和传导张力具有重要意义。

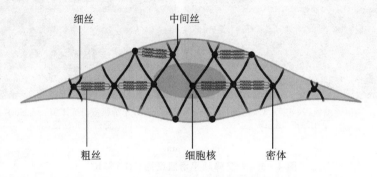

图 4-6 血管平滑肌细胞的收缩装置

(2) 血管平滑肌细胞的表型转换

合成型血管平滑肌细胞行使合成及分泌细胞外基质的功能;收缩表型血管平滑肌细胞则主要负责细胞的收缩。如图 4-7 所示,在机体不同的发育阶段,不同的生理病理状态,血管平滑肌细胞的表型常发生改变,但均以一种表型为主。血管平滑肌细胞表型变化常发生于两种情况。第一种情况,在生理条件下,机体从胚胎发育期到发育成熟期,血管平滑肌细胞由合成表型转化为收缩表型,具备收缩功能,其生长代谢活力降低,对外界有丝分裂原不能发生有效反应。第二种情况,发生在某些病理状态,血管平滑肌细胞由收缩表型转化为合成表型,是一种去分化过程。其转变为合成表型后,收缩能力丧失,获得分裂能力,表现出对血清有丝分裂原的对数生长反应,细胞总 RNA 增多,蛋白质合成及细胞增殖明显增强,胶原、弹性蛋白、蛋白聚糖等分泌增加。

在正常机体的不同发育阶段和成熟机体病理状态下,血管平滑肌细胞的两种表型可以发生相互转换,而平滑肌细胞离体后,伴随体外培养和传代过程,同样也会发生表型转换。具体来讲,酶解接种时的血管平滑肌细胞呈收缩表型,不增殖;而培养 7 天后,部分细胞则去分化,此时的细胞群为不均一细胞群,兼含分化和增殖状态的血管平滑肌细胞。传代培养的血管平滑肌细胞则为合成表型,这种表型转换可通过表型基因标志的表达来鉴别。以大鼠血管平滑肌细胞为例,收缩表型血管平滑肌细胞的基因标志包括 α-SM-肌动蛋白(收缩型血管平滑肌细胞特有收缩蛋白)、γ-SM-肌动蛋白、SM22α、肌钙样蛋白、弹性蛋白原、受磷蛋白、CHIP28等;合成表型血管平滑肌细胞的基因标志包括基质 Gla 蛋白(MGP)和骨桥蛋白基因(OP)。需要指出的是,以上表型基因标志在不同物种来源的血管平滑肌细胞中表达水平存在差异性,不能一概而论。

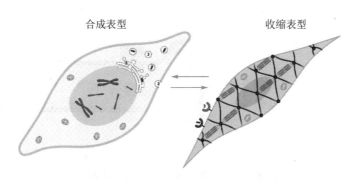

合成表型　　　　　收缩表型

图 4-7　血管平滑肌细胞的表型转换

(3) 血管平滑肌细胞的收缩机制

血管平滑肌细胞的收缩与骨骼肌、心肌类似,即细胞兴奋后,通过特有的兴奋-收缩偶联,胞质[Ca²⁺]瞬变,引起肌球蛋白与肌动蛋白相互作用,肌丝滑行从而产生收缩。需要注意的是,平滑肌收缩速度显著慢于骨骼肌,但所需能耗也大大减少。这就解释了,在 ATP 等高能化合物只有骨骼肌 $1/20\sim1/10$ 的情况下,平滑肌细胞仍能保持一定的收缩,以维持血管张力,且在血管收缩物质的作用下,能长时间收缩而不疲劳。

血管平滑肌细胞的兴奋-收缩偶联,可分为电-机械偶联和药理-机械偶联两种机制,如图 4-8 所示。

① 电-机械偶联。外界刺激引发平滑肌细胞的细胞膜去极化,产生动作电位,诱发胞内[Ca²⁺]瞬变,从而引发细胞收缩和舒张。收缩期胞内[Ca²⁺]增高的主要机制:膜电位改变引起细胞质膜上电压门控 Ca²⁺ 通道开放,胞外 Ca²⁺ 内流,随后胞浆[Ca²⁺]一过性增高进而触发肌浆网 Ca²⁺ 释放,使胞浆[Ca²⁺]进一步增高。舒张期胞内[Ca²⁺]回降则是依靠质膜和肌浆网上的钙泵将 Ca²⁺ 泵出细胞外或者回收入肌浆网来实现的。

② 药理-机械偶联。药物和神经递质引起的平滑肌细胞收缩不依赖于细胞膜电位的变化,主要的作用方式如下:激动剂作用于细胞质膜上的 G 蛋白偶联受体,通过 G 蛋白激活磷脂酶 C,后者活化后,催化磷脂酰肌醇-4,5-二磷酸水解为肌醇-1,4,5-三磷酸(IP3)和二酰基甘油,IP3 则可使 Ca²⁺ 从肌浆网释放出来。化学门控膜离子通道的 Ca²⁺ 内流以及对收缩调节装置 Ca²⁺ 敏感性的调节也是可能的偶联途径。

血管平滑肌细胞以钙调蛋白或者张力素作为钙受体,介导 Ca²⁺ 对血管平滑肌细胞收缩功能的调节,与骨骼肌、心肌细胞以肌钙蛋白为受体稍稍不同。因此,血管平滑肌细胞的收缩调节机制主要有肌球蛋白磷酸化学说和平滑肌收缩的张力素学说。

① 肌球蛋白磷酸化学说。该学说最早由 Sobieszek 提出。主要内容:当胞内[Ca²⁺]超过

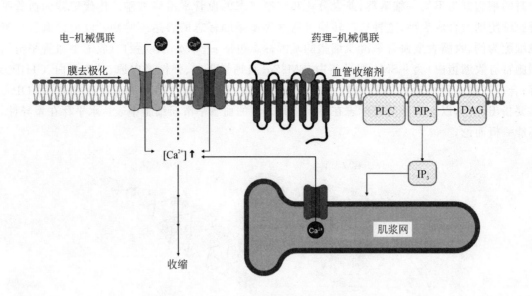

电-机械偶联

膜去极化

药理-机械偶联

血管收缩剂

PLC PIP₂ DAG

IP₃

肌浆网

[Ca²⁺]↑

收缩

图 4-8　血管平滑肌细胞兴奋-收缩偶联机制

10^{-6} M 时,Ca^{2+} 与 CaM 结合形成 Ca^{2+}-CaM 复合物,后者与肌球蛋白轻链激酶(myosin light chain kinase,MLCK)结合并使其活化,活化的 MLCK 使肌球蛋白轻链 LC20 第 19 位丝氨酸磷酸化(p-MLC),随后肌球蛋白牵动肌动蛋白而发生收缩。当胞内[Ca^{2+}]降低后,CaM 与 MLCK 脱离,MLCK 失活,与此同时,肌球蛋白轻链磷酸酶(MLCP)催化去磷酸化反应,导致血管平滑肌细胞舒张。

此外,Ca^{2+}-CaM 复合物可激活蛋白激酶,催化 1-P-葡萄糖转化为 6-P-葡萄糖,进而氧化分解,释放 ATP,为收缩提供能量;另一方面,Ca^{2+}-CaM 复合物还可激活腺苷酸环化酶,产生大量环磷酸腺苷(cgclic adenosine monophosphate,cAMP),后者使细胞质膜与肌浆网上的 Na^+-K^+-ATP 酶活性增强,Na^+-Ca^{2+} 交换增多,钙离子浓度增高,收缩反应进一步增强。

② 平滑肌收缩的张力素学说。该学说认为,血管平滑肌细胞收缩,不涉及磷酸化的过程,而是胞内 Ca^{2+} 直接与张力素 C 结合,形成复合物,该复合物可直接激活肌动蛋白,也可通过激活另一种张力素 A,进而激活肌动蛋白的方式,使肌球蛋白横桥构象改变而收缩。然而,此学说存在一定争议,从数量上来看,张力素与原肌球蛋白的比为 1:10,而原肌球蛋白与肌动蛋白的比例为 1:3,可想而知,在含量如此低的情况下,张力素对于平滑肌收缩的调节作用很难说是显著的。

4.1.2　动脉粥样硬化的基本病变

1. 动脉粥样硬化病变类型及特点

大、中等动脉的硬化是一组以动脉壁增厚、变硬、弹性功能减退为特征的动脉硬化性病变,包含两种类型:动脉粥样硬化和动脉中层钙化。其中,动脉粥样硬化是最常见、最具危险性的疾病,是指动脉内膜有脂质等血液成分的沉积、平滑肌细胞增生和胶原纤维增多,形成粥糜样含脂坏死病灶和血管壁硬化。动脉中层钙化较少见,好发于老年人的中等肌性动脉,表现为血管中膜钙盐沉积及骨化。微动脉硬化基本病变则是微动脉发生玻璃样变,常与高血压、糖尿病有关。根据动脉粥样硬化发生过程(时间线)和病变的特点可以将动脉粥样硬化分成 6 种类型,如表 4-1 所列。

表 4-1　动脉粥样硬化病变类型及特点

动脉粥样硬化类型	病变特征	病变初始阶段	临床表现
类型 1/脂质点	散在、多个、1～2 mm 左右的黄斑(主要为泡沫细胞),针头大小,平坦或略微隆起于内膜表面	最早见于新生儿	临床静止期
类型 2/脂质条纹	1 cm 左右的条纹,由数个脂质点融合而成,主要分布于细胞内	10 岁左右开始	
类型 3/中间斑块	脂质分布于细胞内及细胞外	30 岁左右开始	
类型 4/粥样斑块	泡沫细胞外周出现脂质核心		
类型 5/纤维粥样斑块	纤维帽、坏死核心形成,基底部平滑肌细胞增生,产生纤维	40 岁左右开始	临床上无明显表现或出现心肌梗死、脑卒中等症状
类型 6/复杂粥样斑块	出血、斑块破裂、血栓形成、钙化、动脉瘤形成		

类型 1/脂质点:散在、多个、1～2mm 左右的黄斑,针头大小,平坦或略微隆起于内膜表面,是动脉粥样硬化的早期表现,最早见于新生儿,是一种可逆性病变,可能随着年龄而消失,并非都发展为纤维斑块。黄斑的主要成分是泡沫细胞(血液中的单核细胞进入损伤内膜,诱导变为巨噬细胞,巨噬细胞和由中膜迁入内膜的平滑肌细胞吞噬脂质形成泡沫细胞)。

类型 2/脂质条纹:1 cm 左右的条纹,由数个脂质点融合而成,出现在较早年龄,10 岁左右。在光学显微镜下,内皮下间隙增宽,包含无数泡沫细胞,泡沫细胞表面具有突起,形成丝状伪足。胞质内含有数量不等的膜包裹的脂质空泡及大量溶酶体,部分细胞胞质含胆固醇结晶,细胞核呈肾形或卵圆形,异染色质常在核周呈块状聚集,偶见 1～2 个核仁。脂纹中还包含数量不等的合成型平滑肌细胞、胶原纤维、弹力纤维及其细胞外基质(蛋白多糖)、少量淋巴细胞和中性粒细胞等。平滑肌细胞胞质含有脂滴,多在细胞两端,呈二极性分布,需要注意的是,此时的脂质主要在细胞内,少量在细胞外部。

类型 3/中间斑块:与类型 2 不同的是,脂质不仅分布在细胞内,细胞外也存在大量分布。

类型 4/粥样斑块:在泡沫细胞外周出现脂质核心。

类型 5/纤维粥样斑块:此时的斑块为 3～15 mm,向管腔侧突出,典型的斑块由 3 个特征明显的区域组成:① 纤维帽,指血管内皮和坏死中心之间的区域,由大量平滑肌细胞、巨噬细胞、泡沫细胞、淋巴细胞、胶原纤维、弹性纤维、蛋白聚糖组成,且有新生血管,纤维帽多为瓷白色;② 坏死核心,由脂质与坏死组织崩解混合形成,呈黄白色、粥糜样,含胆固醇结晶、细胞碎片、中性脂肪、磷脂、泡沫细胞、钙等成分;③ 基底部,由增生的平滑肌细胞、结缔组织、浸润的多种炎症细胞组成。

病变严重者,动脉中膜受到斑块压迫,导致平滑肌细胞萎缩、弹性纤维破坏、内弹性层断裂;斑块处外膜可见新生血管、结缔组织增生、淋巴细胞、浆细胞浸润。

类型 6/复杂粥样斑块:此阶段斑块由于出血、斑块破裂、血栓形成、钙化、动脉瘤形成等发生继发性改变。

① 出血:斑块边缘的新生血管在血流剪切力作用下破裂、出血,出血形成血肿,逐渐演化为肉芽组织,使斑块突出明显,阻断血管,导致急性血供中断、供血器官梗死,如冠状动脉硬化出血导致的心肌梗死。

② 斑块破裂:往往发生在纤维帽外周,引发溃疡,坏死性粥样物质进入血液,可引发胆固醇栓塞。

③ 血栓形成:一种是发生在稳定斑块,浅表内膜损伤,内膜下的胶原蛋白直接暴露,引起血小板黏附及激活;另一种发生在斑块破裂,血小板从管腔进入脂质池,发生斑块内血栓,使斑块进一步增大。

④ 钙化:指斑块内大量的钙盐沉积,使病变血管壁进一步变脆、变硬,更容易破裂。

⑤ 动脉瘤形成:主要见于腹主动脉,动脉中层受压导致平滑肌萎缩,动脉壁变薄、失去弹性,受血压影响,动脉壁局限性或弥漫性扩张或膨出。动脉瘤破裂会发生致命性大出血。

2. 不稳定斑块的基本特征

动脉粥样硬化病变形成后,临床症状是否发生不仅取决于血管腔的狭窄程度,还取决于斑块本身的性质,以及是否有血栓形成等继发性改变。动脉粥样斑块脂质核心的组成、体积,纤维帽的强度,单核/巨噬细胞、T 淋巴细胞等炎症细胞浸润等特性决定了斑块的稳定性。图 4-9 所示为稳定斑块与不稳定斑块的特征。不稳定斑块往往具备以下 4 个特征:① 薄纤维帽(厚度小于 65 μm)。纤维帽是维系斑块稳定的重要结构。当平滑肌细胞数量减少或分泌的细胞外基质减少时,纤维帽的厚度、强度会降低;此外,若纤维帽大量钙化,变得僵硬,脆性增加,斑块也易于破裂。② 大的脂质核心(超过斑块总面积的 40%),且脂核呈偏心性,质地柔软。脂质核心由胆固醇酯、胆固醇结晶、泡沫细胞及细胞碎片组成。一般情况下,胆固醇酯往往呈液态,而胆固醇结晶则呈胶冻状。对于不稳定斑块而言,其胆固醇酯的含量往往很高,使脂质核心的硬度降低,圆周应力极易转移至纤维帽,特别是当纤维帽位于正常动脉的结合部位及斑块肩部时,此时受力较大,极易发生斑块撕裂。临床上,肩部斑块破裂几乎占到了斑块破裂总数的 60%。③ 在斑块与正常管壁连接处有较明显单核/巨噬细胞等炎性细胞浸润。这些炎性细胞通过分泌大量细胞因子、基质金属蛋白酶等,降解纤维帽中的细胞外基质成分,使纤维帽的厚度、强度减弱,加速斑块破裂。④ 斑块内有新生血管。新生血管一方面提供炎症细胞向斑块聚集的通道;另一方面,新生血管破裂引起出血,进而引发微动脉堵塞。

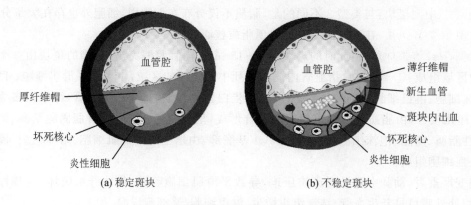

(a) 稳定斑块   (b) 不稳定斑块

图 4-9　稳定斑块与不稳定斑块的特征

4.1.3　动脉粥样硬化的危险因素

动脉粥样硬化的危险因素包括年龄、性别、家族史、基因突变、高血脂、高血压、抽烟、糖尿病等,其中,年龄、性别、家族史、基因突变往往是不可控的。动脉粥样硬化属于年龄相关性疾病,通常在 40 岁以后,才出现充分发展的斑块,且随着年龄的增长,会越发突出。另外,男性的发病率和严重程度高于女性,部分原因可能是因为女性在绝经前,雌激素和高密度脂蛋白的含量较高,而这些都具有抗动脉粥样硬化的作用。此外,大量研究表明,心肌梗死家族史与罹患冠状动脉粥样硬化性心脏病的危险度呈正相关。脂代谢基因突变也是动脉粥样硬化病变发生、发展的基本机制之一。潜在的遗传效应主要与以下几个基因有关:低密度脂蛋白受体基因、载脂蛋白 B 基因、ATP 结合盒转运蛋白 A1、Toll 样受体、PCSK9(前蛋白转化酶枯草杆菌蛋白酶/溶菌素 9)等。

潜在可控的危险因素包括高血脂,高血压,吸烟,糖尿病等。高血脂是动脉粥样硬化最主要的危险因素,其判定依据为,通过给实验动物喂高胆固醇食物,可使其动脉长斑块。斑块中的胆固醇和胆固醇脂来源于血液中的脂蛋白,尤其是低密度脂蛋白(low-density lipoprotein,LDL)。高胆固醇血症的个体,其动脉粥样硬化和心肌缺血性疾病的风险更高。降脂药物可减小动脉粥样硬化导致的心肌缺血性疾病的死亡风险,每降低 1 mmol/L 的 LDL - C,主要血管事件风险降低 20%,主要心血管事件风险降低 23%。

此外,高血压也是动脉粥样硬化潜在可控的危险因素。相关证据表明,与正常血压相比,当高压大于 160 mmHg,低压大于 95 mmHg 时,患心肌缺血性疾病的概率高 5 倍。高血压产生的异常机械力对血管结构和功能的影响,成为导致动脉粥样硬化的主要机制。具体来讲,高血压产生的异常机械力引起内皮损伤,成为动脉粥样硬化的始发过程,同时引起平滑肌细胞异常迁移,参与动脉粥样硬化的发生、发展。另外还会引起血管周细胞自身炎症相关的信号激活及炎性介质释放,成为诱使动脉粥样硬化发生、发展的重要因素之一。

除高血脂、高血压外,吸烟群体相比不吸烟群体,患动脉粥样硬化的概率和严重性更大。主要可能与以下几个方面有关:① 吸烟个体,脂质代谢异常,表现为促进胆固醇合成、促进 LDLR 表达和胆固醇吸收、减少胆固醇的体内转化、抑制其逆向转运、促进 ox - LDL 生成、降低高密度脂蛋白(high-density lipoprotein,HDL)水平等;② 吸烟个体,CO 水平升高,升高的 CO 可使血红蛋白羧化,携氧能力减弱,导致的低氧是动脉粥样硬化的诱因;③ 吸烟是内皮功能紊乱的独立危险因素,可增加血小板对内皮的黏附、增大内皮的通透性等;④ 动脉粥样硬化与吸烟导致的炎症和免疫系统异常密切相关;⑤ 尼古丁也可使交感神经调控增强,使自主神经系统功能紊乱,而自主神经系统通过调节血管内皮功能、血管重建、机体的炎症状态、血压等进而影响动脉粥样硬化的发生、发展。

糖尿病作为动脉粥样硬化的危险因素,其机理比较复杂,与 LDL 水平升高、HDL 水平降低、血小板黏附等有关。相关证据表明,糖尿病患者会在更早的年龄发展为动脉粥样硬化,糖尿病患者患脑血管疾病的风险也很高,同时足坏疽风险提高了 100 倍。

4.1.4　动脉粥样硬化的发病机制

关于动脉粥样硬化的发生机理有众多机制,主要有血栓形成学说、脂质浸润学说、氧化学说、损伤反应学说等。血栓形成学说由澳大利亚病理学家 Rokitansky 在 1841 年提出,该学说认为当动脉内皮损伤时,血小板聚集于损伤部位,与白细胞一起形成血栓。血栓形成是动脉粥样硬化斑块发生的起始环节。脂质浸润学说由德国病理学家 Virchow 在 1863 年提出,该学说认为动脉粥样硬化斑块中有大量脂质聚集,浸润的脂质主要来源于 LDL。氧化学说(1983 年,由 Steinberg 在脂质浸润学的基础上提出)认为 LDL 被氧化后形成氧化低密度脂蛋白(ox-LDL),ox-LDL 可通过细胞膜上的清道夫受体介导进入巨噬细胞,造成细胞内脂质大量积聚,促使泡沫细胞形成,成为动脉粥样硬化病变发生的中心环节。以上各个学说,分别从血栓、脂质、脂质氧化等角度,阐述了与动脉粥样硬化发生的关联,但是对于整个动脉粥样硬化的发生、发展,却无法给出较为全面的阐释。

1976 年,Ross 提出损伤反应学说,认为动脉内膜损伤是动脉粥样硬化病变发生的始动环节,并将整个发病过程概括如下。动脉粥样硬化的发病机制如图 4-10 所示。

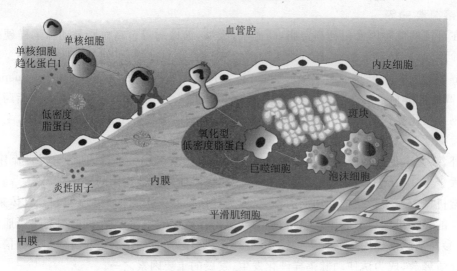

图 4-10 动脉粥样硬化的发病机制

1. 慢性的内皮损伤

高血脂、高血压、抽烟、高半胱氨酸、血流动力学、毒素、病毒、免疫反应等会引起内皮功能障碍,如通透性变大、白细胞黏附增多、基因表达改变等。

2. 低密度脂蛋白(LDL)内皮下沉积

高血脂导致局部活性氧分泌增多,进入内皮下的 LDL 被内皮细胞或巨噬细胞产生的氧自由基氧化为 ox-LDL,巨噬细胞通过清道夫受体吞噬 ox-LDL,变成泡沫细胞。与此同时,ox-LDL 刺激内皮细胞和巨噬细胞释放生长因子、细胞因子、趋化因子,招募更多的单核细胞,向内皮下层迁移。

3. 单核细胞黏附、向内皮下层迁移,活化为巨噬细胞,引发炎症反应

内皮功能异常,高表达单核细胞趋化蛋白、血管细胞黏附分子-1(VCAM-1)等。单核细胞黏附,迁移至内皮下,活化为巨噬细胞,吞噬 ox-LDL,同时释放细胞因子,如肿瘤坏死因子 TNF,促进单个核炎症细胞的进一步招募(如 T 淋巴细胞);T 淋巴细胞迁移至内皮下,释放炎症因子,如干扰素-γ,进一步刺激 EC、平滑肌细胞、巨噬细胞;活化的白细胞、血管周细胞释放生长因子,刺激平滑肌细胞增殖,并分泌细胞外基质。

4. 平滑肌细胞向内膜迁移,纤维帽形成,斑块成熟

平滑肌细胞从中膜向内膜迁移,并吞噬 ox‑LDL 后进一步增殖,分泌大量细胞外基质,形成纤维帽(纤维帽向管腔内突出,导致管腔狭窄),斑块成熟。

成熟斑块包含平滑肌细胞、泡沫细胞、细胞外脂质、细胞外基质。平滑肌细胞分泌的细胞外基质使斑块趋于稳定。免疫细胞促使平滑肌细胞凋亡,细胞外基质降解,导致斑块不稳定。

4.1.5　血管内皮细胞的力响应及力传导

1. 血管重建

除动脉粥样硬化外,高血压、脑卒中、血管成形术和支架内再狭窄以及静脉旁路移植(搭桥术)后阻塞等多种疾病,其本质也都为血管疾病,具有共同的发病基础和基本的病理过程,即发生了血管重建。

(1) 血管重建的定义

1987 年,美国病理学和血管外科学家 Seymour Glagov 教授通过对 136 例人冠状动脉左主干的组织学进行研究,阐述了斑块发展与动脉扩张之间的关系,认为动脉粥样硬化导致的管腔狭窄,并不是简单的由斑块向管腔侧突出、生长引起的。伴随着斑块的发展,血管发生重建,即动脉代偿性扩大,以维持原有的管腔面积和血流量。当狭窄超过 40%,斑块面积持续增大,累及整个血管环状面,此时动脉不再代偿性扩大,动脉失去代偿能力,管腔狭窄,从而使血流下降。后人将此观点称为 Glagov 现象。Glagov 现象为动脉粥样硬化的研究开拓了一个新的领域,在动脉粥样硬化病变的形成、介入后再狭窄的发生上具有重要的临床意义,其理论影响至今。

1989 年,Baumbach 和 Heistad 两位科学家首次提到了"remodeling"这个词,即"重建"或"重构"。通过 Wistar‑Kyoto(WKY)和卒中型自发性高血压大鼠(stroke‑prone spontaneously hypertensive rats,SHRSP)的动物实验研究,这两位科学家提出,高血压可导致阻力血管的管径变小,但横截面积不变。此种血管结构上的重建是原发性高血压中阻力血管的典型血管重建类型。

时至今日,引用《新英格兰医学杂志》的一段原文,血管重建的定义可描述为:血管在局部生长因子、血管活性物质、血流动力学因素的刺激下,发生的主动性结构改变。在细胞层面涉及细胞生长、细胞死亡、细胞迁移以及细胞外基质的合成与降解等过程。

(2) 血管重建的分类

血管重建可根据血管壁的横截面积、管腔内径的改变分为多种类型,如图 4‑11 所示。通常,血管横截面积增大,定义为肥厚或富营养型;横截面积减小,则定义为萎缩或营养不良型;横截面积不变,则定义为营养正常型。血管内径增大定义为外向,内径变小则定义为内向。因此,辨别血管重建的类型,同时描述其重建的方向以及横截面积的改变即可。例如,女性在怀孕期间,小动脉会发生外向肥厚型血管重建;高血压病人的大动脉表现为内径不变的肥厚型重建,而阻力血管则更多发生内径减小、横截面积不变的内向营养正常型血管重建;动脉瘤发生时,血管管腔扩大,管壁变薄,但横截面积保持不变,是典型的外向营养正常型血管重建;对于大动脉而言,流量降低时,管腔变小,富营养型或营养不良型血管重建均可发生。

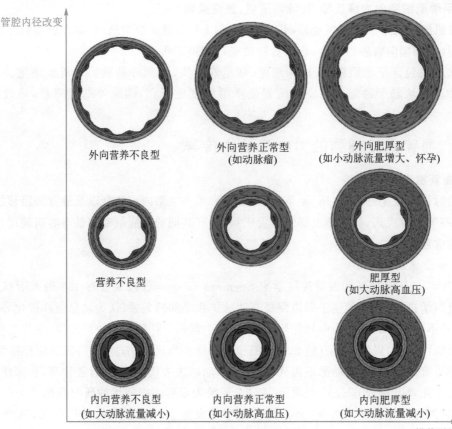

图 4-11　血管重建类型

（3）力学信号引起的血管重建

大动脉中的血流遵循泊肃叶法则，一般 $Re < 2\ 000$，属于层流，但在血管某些分支分叉的部位，也存在 $Re > 3\ 000$ 的紊流区。如果假设血管的管腔是圆形的，速度剖面为抛物线，那么通过泊肃叶法则，血流作用在血管壁的流动剪切力（τ, $\mathrm{dyn/cm^2}$）可描述为 $\tau = 4\eta Q / (\pi r_{\mathrm{lumen}}^{3})$，式中，$\eta$ 为血液黏度（$\mathrm{g/(cm \cdot s^{-1})}$），$Q$（$\mathrm{cm^3/s}$）为血流量，$r_{\mathrm{lumen}}$（cm）为管腔半径。从这个公式可以看出，管腔半径的微小变化可引起流动剪切力较大的改变。在正常生理条件下，大动脉壁面剪切力的水平大约为 20 $\mathrm{dyn/cm^2}$。除流动剪切力外，根据拉普拉斯定律（LaPlace's law），血管壁受到的张应力可表示为 $TS = P\, r_{\mathrm{lumen}}/h$，即与压力（$P$）、管腔内径（$r_{\mathrm{lumen}}$）正相关，与管壁厚度 h 负相关。以上血流产生的流动剪切力、管壁受到的张应力等共同作用于血管壁，最终血管壁上的细胞通过一种称为"力传导"的方式将这些力学信号转化为生化信号，细胞层面的一系列信号的传递和响应，在组织层面表现出来的便是血管的重建。

由此可以看出，力学因素是引发血管重建的重要外因。以流动剪切应力为例，人们运用现代影像学技术，通过对人冠状动脉局部血管几何构型、流动、斑块的测量，建立了空间特异性的局部流动剪切力与动脉粥样硬化斑块进展之间的精准联系。结果显示，在流动剪切应力大于38 $\mathrm{dyn/cm^2}$ 的区域，动脉血管通过减小斑块面积、增大管腔、血管外径保持不变的重构方式来维持正常管腔尺寸和血流。在流动剪切应力小于 9 $\mathrm{dyn/cm^2}$ 的区域，斑块尺寸变大，血管外径变大,此时动脉血管向外扩张,维持管腔尺寸和血流。而对于剪切应力在 $9 \text{ dyn/cm}^2 < \tau < 38 \text{ dyn/cm}^2$ 的区域,以上两种血管重建类型均存在。

另外,临床及人体尸检研究表明,动脉粥样硬化好发于人体动脉系统的某些局部部位,如腹主动脉、颈动脉、冠状动脉和外周动脉。更具体一点来讲,动脉粥样硬化好发于动脉血管的分叉处、弯曲处和血管狭窄处等这样一些血管几何形状发生急剧变化的部位,在这些部位,血流受到极大干扰而产生流动分离及涡旋,此为动脉粥样硬化的局部性现象。局部血流动力学环境引发的血管内皮细胞异常"力响应"是这一现象的重要原因。下面对血管内皮细胞的力传导及力响应进行介绍。

2. 血管内皮细胞对流动剪切力的响应

在介绍内皮细胞对于流动剪切力的响应之前,首先对体外流动加载常用的平行平板流动腔系统做一简要概述,如图 4 - 12(a)所示。该系统主要包含了储液瓶、蠕动泵、注射泵、平行平板流动腔、倒置显微镜、鲁尔接头、三通阀等部件。其中,储液瓶设置通气口,可为系统中的细胞提供 $5\% \text{ CO}_2$ 的气体环境。平行平板流动腔则主要由盖板、底板、载玻片、中间挖孔的矩形硅胶垫圈组成,在盖板上设置流体入口和出口。将内皮细胞种植在载玻片上,待融合成细胞单层后,取出载玻片,垫上硅胶垫圈,与盖板和底板压紧组装在一起,压缩后硅胶垫圈的高度(H)决定了流室的高度。细胞受到的流动剪切力可通过以下公式进行计算:$\tau = 6\eta q/(WH^2)$,其中,η 为血液黏度($\text{g/(cm} \cdot \text{s}^{-1})$),$Q(\text{cm}^3/\text{s})$ 为血流量,$W(\text{cm})$ 为矩形硅胶垫圈构成的流室的宽度,H 为矩形硅胶垫圈构成的流室的高度。

为了研究扰流对血管内皮细胞的影响,学者们又发明了阶梯流动腔。如图 4 - 12(b)所示,其组成与前述平行平板流动腔非常相似,只是在硅胶垫圈上"略施魔法":阶梯流动腔有 2 层硅胶垫圈,上面一层垫圈挖出的矩形面积大于下面一层,当两层垫圈堆叠时,流室的入口处底层垫圈高出来的部分恰像一个阶梯,流体从阶梯上流过,紧邻阶梯的位置出现流动分离、返流和流动再附点,此处流动剪切应力的水平接近 0,但剪切应力的梯度很高。到了流动腔的主体部分,流动形式便与普通流动腔类似。阶梯流动腔实现了在一个流动腔内,使种植在一张载玻片上的细胞暴露于不同流动形式的加载,排除了细胞批次之间的干扰,使结果更具说服力。

如 4.1.1 小节所述,血管内皮细胞位于血管内腔面,除作为血液与管壁之间的物质输运屏障外,通过细胞增殖、迁移、凋亡、分泌、代谢产生生化活性分子,进而调控平滑肌细胞的增殖、收缩等行为,是血管重建的细胞生物学基础。利用上述平行平板流动腔系统,将血管内皮细胞暴露在血流产生的流动剪切应力作用下,其形态、增殖、凋亡、迁移行为都会受到剪切应力的影响。此外,流动剪切应力还可改变内皮细胞的通透性,在细胞代谢、信号传导、基因表达等各个方面都发挥作用。

除以上列举的血管内皮细胞的响应之外,针对不同的剪切应力加载类型,内皮细胞本身的力学特性同样也会发生改变。有学者通过微吸管吸吮技术测量发现,内皮细胞受到 20 dyn/cm^2 剪切应力作用 24 h,细胞变得狭长的同时,细胞刚度和黏度都变大。Barakat 等针对细胞表面的力传导结构(离子通道)建立了数学模型,将之视为与细胞骨架偶联的黏弹性结构,具有规则的线性固体行为。这个模型随后也推广到细胞复杂的结构网络,并用来研究定常

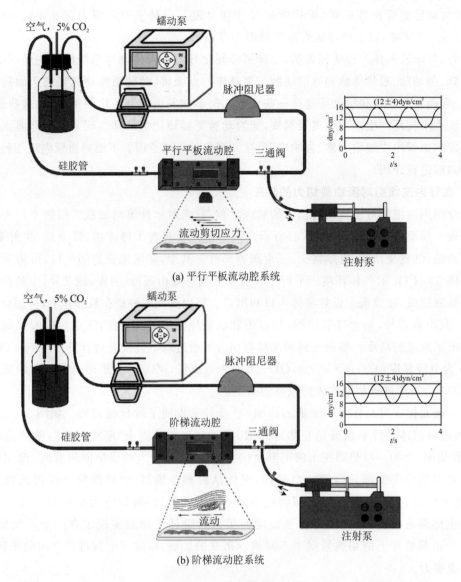

图 4-12　流动腔系统

流、振荡流作用下内皮细胞的力响应,结果与体外实验相符。Helmke 等利用此模型计算得到流动剪切应力加载前后中间丝(IFs)机械应变的时空分布与实验测得的数据一致。至于流动剪切应力作用下,血管内皮细胞的力学特性与细胞内具体某个结构元件的相互联系以及整个力传导过程,仍须进一步探究。

3. 力传导

力传导是指细胞感受到力学信号,将之转导为胞内生化信号并调控基因表达的过程。这一过程是如何实现呢? 一般认为,力通过改变蛋白质的构象和折叠来实现。蛋白质通常以自由能最低的状态折叠,力通过改变能量可直接改变蛋白质的折叠。一旦蛋白质构象发生改变,意味着其(酶)活性、蛋白质的相互作用等将伴随改变,进而引发信号级联反应。

目前,力的感知与传导方式在学术界仍然没有统一的答案。一种说法认为力学刺激(如流动剪切应力)通过激活细胞表面的力感受器,进而引发下游信号级联反应,调控力依赖的基因表达。目前已知的力感受器包括离子通道、受体酪氨酸激酶、G 蛋白偶联受体、小窝蛋白、整合素、血小板内皮细胞黏附分子-1、糖萼、初级纤毛等。此种看法,一般假设细胞是弹性膜包裹着的黏性或黏弹性细胞质基质,作用到细胞表面的力在经过细胞质膜时,很快消散。因此,力传导只可能发生在细胞膜附近。

然而,因为细胞骨架的存在,细胞均质弹性体的假设并不成立,严格来讲,细胞是具有一定刚度的结构,且是一种非均质结构。针对此,哈佛医学院的 Ingber 教授提出一种张力整合模型,认为细胞是一种预应力结构。

所谓预应力是指以结构元件预先存在的拉应力或压应力来保持其结构稳定。预应力越大,结构越稳定,刚度也就越大;无预应力时,结构会失稳而破坏;预应力结构在抵抗外加载荷时,往往是通过重新定向或改变结构元件之间的距离,最大限度减少结构元件的伸长或缩短来实现的。此种预应力结构在日常生活中也很常见,如蜘蛛网、帐篷等。

Ingber 教授提出的细胞张力整合模型是将细胞骨架简化为杆和绳组成的结构,其中,绳表示微丝和中间纤维,杆则表示微管。微丝和中间纤维主要承受张力,微管主要承受压缩。细胞形状的稳定性取决于微管与微丝或中间纤维的力平衡。

基于此模型,力传导有了新的定义:作用在细胞表面的力(如流动剪切力)沿着细胞骨架传导,直接到达细胞核。此种传导方式有以下 3 个特点。① 不依赖于信号级联反应。② 传播速度更快,传播距离更远。例如,细胞中的小分子化学物质,如 Ca^{2+},其扩散系数小于 $100~\mu m^2/s$,在胞质内扩散 $50~\mu m$,需要花约 $25~s$ 的时间;主动运输的分子,其速度约 $1~\mu m/s$,传递同样的距离,需要花约 $50~s$ 的时间;相比之下,力学信号沿着细胞骨架传递同样的距离,只需要 $2~\mu s$(其速度约为 $30~m/s$)。根据均一性固体模型(弹性或黏弹性),应力/应变传播按照 $1/R^2$ 消散,其中 R 表示到力学载荷加载点的距离,因此,生理载荷小于 $100~Pa$ 或者表面形变小于 $0.5~\mu m$ 时,传播距离不到 $10~\mu m$。而同样的力,根据预应力非均一性固体模型(张力整合模型),生理载荷引发的形变传播距离大概是均一性固体模型的 10 倍,这种方式下应力导致的生理性相关分子结构扭曲可传播至 $100~\mu m$ 以外。③ 细胞质、细胞骨架、细胞核的刚度差异是远距离力传导的前提。在均一性的弹性或黏弹性细胞模型中,所有应力支撑元件有着相同的刚度,根据 St Venant 的原则,应力传播按照 $1/R^2$ 快速消散,因为输入的力学能量必须均等地沿着各元件分布。相反,在预应力非均一性的张力整合细胞模型中,应力偏向于沿着刚度较大的结构元件传播,能量损失更慢。而对于细胞来讲,细胞核相比细胞质的刚度更大,某些细胞核结构元件的刚度更大,这些都为细胞核中远距离的力传导提供了条件,因为应力在刚度较大的结构中消散更小。在总能量输入相同的情况下,预应力结构相比均一性结构具有集中应力、力传播更远的优势。预应力越高,刚性元件的杨氏模量越高,力传播距离越远。

细胞力传导是一个十分复杂又极度活跃的研究领域,在现有研究基础之上,未来关于细胞力传导的研究应更加注重不同的力学载荷,包括载荷大小、方向、时间和空间特性等对细胞的影响;细胞表面各种力感受器如何相互联系、相互协作从而启动了细胞的信号级联网络;细胞又是如何对各种信号进行整合,做出恰当的响应;以及不同细胞如何进行相互协作,尽量维持整个内环境的稳态等。对以上问题的深入研究,有助于加深对于生理、病理条件下血管重建的深刻理解,进一步地,对于阐释疾病的发病机理及寻求适当的诊疗方案具有重要意义。

4.2 血流与血管参数的检测与诊断技术

4.2.1 压力、流量、容量参数检测

第3章中对圆管中的定常流动进行了简单的分析,事实上,血液的流动比这复杂得多,往往需要进行实际测量。这些测量结果既可以作为力学分析的边界条件,还可以用来验证模型的正确性,更为重要的是,这些结果可以应用于心血管疾病的研究、诊断和治疗。比如,局部血液流场的测量有助于研究血栓和动脉粥样硬化的形成,血液循环系统中特定部位的血压、流量信息对诊断来说具有重要的临床意义,心血管医疗器械(如人工心脏瓣膜等)的血流动力学性能的测量则有助于提高治疗效果等。为此,下面对血压和血流的测量做简要介绍。

血压的测量分为间接测量和直接测量。间接测量中最常见的方法是使用袖带式血压计。这种方式是把一个袖口包裹在上臂上,然后对袖口充气,挤压上臂肱动脉,阻碍血液的流动。然后缓慢释放袖口压力,当压力减小到峰值收缩压时,血液会喷射通过受挤压的动脉,从而产生声音,称为柯氏音,通过放置在肱动脉的听诊器检测到。进一步降低袖口压力,当压力小于舒张压时,柯氏音就会消失。这种方法可以无创、简单快速地测量血压,广泛应用于临床。但是,这种测量精度较低,带来的误差可以到 10 mmHg,而且不能连续测量血压的变化。为更准确地测定血压,需要采用直接测量的方法,即通过导管插入到待测血管或者体外循环系统,然后连接上一个压力传感器,就可以将压力信号转化成电信号。这种方法为有创测量,此外,压力传感器的性能,如灵敏度、激励电压等,均会影响测量的结果。

不同的需求对血流测量的要求不尽相同,使用的方法也会有所差异。大体来说可以分为 0 维测量和多维测量,在体测量和离体测量等。所谓 0 维测量是指只关注某一特定部位血流流量随时间的变化值,或者是平均值,并不关注血流流场的空间分布。多维测量则关注血流在某一截面(2 维)或整个空间(3 维)中每一点的速度场。在体测量为测量活体的血流,分为有创和无创方法。离体测量则往往是验证在体的血流模型。测量血流的方法较多,下面简略介绍几种常见的方法(见表 4-2)。

表 4-2 常用血流测量技术汇总

测量方法	维数(D)	在体/离体	优 点	缺 点
电磁流量计	0D	在体/离体	准确,响应快速	有创
流场可视化(染料)	3D	离体	简单,直观	定性观察流态
粒子图像测速(PIV)	0D,2D,3D	离体	定量,分辨率高	对操作者要求较高,实验仪器透光性好
多普勒超声	0D,2D,3D	在体/离体	无创,穿透强	分辨率较低,半定量
激光多普勒测速(LDV)	0D,2D,3D	在体/离体	无创,操作较简单,连续测量	穿透深度有限,分辨率低,测量时间长
磁共振成像(MRI)	0D,2D,3D	在体/离体	无创,无穿透要求限制	分辨率较低,测量时间长,仪器昂贵,半定量

4.2.2　基于弹性腔模型的诊断技术

在体测量很难得到精确控制的数据，一般来说这种情况主要能得到两种数据，血管管腔压力和血管管腔面积（有时候可以得到血管壁的厚度）。血压可以通过插管有创得到，或者对于浅表血管可以使用压力测量仪得到。但是，对于在体血管来说，很难得到血管壁外壁的压力，因此无法得到精确的边界条件。血管的几何尺寸则可以通过医学影像的方法得到，比如，通过CT、MRI、IVUS 等得到。基于这些数据，计算血管的顺应性：

$$c = \frac{d_{sys} - d_{dias}}{d_{dias}(P_{sys} - P_{dias})} \tag{4-1}$$

式中，d_{sys} 和 d_{dias} 分别是收缩期和舒张期血管的直径，P_{sys} 和 P_{dias} 分别是收缩期和舒张期血管的血压。此外，大量临床研究还测量不同点的流量曲线，测量脉搏波传导速度 PWV，见第 3 章相关理论，由此计算某段血管的静态增量杨氏模量（static incremental Young's modulus）E_{inc}，即

$$PWV = \sqrt{\frac{E_{inc} \cdot h}{2R\rho}} \tag{4-2}$$

式中，h 和 R 分别是血管壁的厚度和半径，ρ 是血液的密度。此外还提出了很多其他类似的参数，作为对比研究，如正常和病理状态、特定刺激血管的力学状态等，这些临床数据非常有价值，但是得到的这些结果均是整个血管结构的性质，包含了血管的力学性质、几何形状、边界条件等信息，并不能直接反映血管的本构关系。

4.2.3　血流影像技术

1. 多普勒超声

多普勒超声技术基于多普勒现象，当声源与观测者之间发生相对运动时，观测者听到的声音会发生改变，当朝向声源运动时，声波被压缩，波长变短，频率变高，当远离声源运动时，会产生相反的效应，波长变长，频率变低。通过频率的改变可以求出声源与观测者之间的相对运动速度。多普勒超声的基本计算公式为

$$\frac{v}{c} = \frac{\Delta f}{2f\cos\theta} \tag{4-3}$$

式中，v 是流体的轴向速度，c 是声音在流体中的传输速度，在水中 $c = 1\,540$ m/s，在血液中 $c = 1\,560$ m/s，Δf 是声音的频移，θ 是传感器与流体轴向运动之间的夹角。

超声声源有两种：连续波和脉冲波。连续波能够连续发射和接收声音信号，能检测的速度范围较大，但是却不能得到整个横截面的位置信息，只能得到平均速度和最大速度。另外一种是脉冲波，其工作原理是晶体发射一个脉冲信号后，停止发射，等待接收反射信号。该方法不仅能够得到频移信息，还能够根据声源发射信号和接收反射信号的时间差，确定处于运动中的反射物体的空间位置。此外使用多个超声阵列可以测量二维和三维空间的速度矢量。由于超声能很容易穿透软组织，因此多普勒超声在临床诊断中有着广泛应用。但是相对来说，多普勒超声的分辨率较低，不能精确地得到流场。

2. 激光多普勒测速（laser Doppler Velocimetry，LDV）

激光多普勒测速的原理是光多普勒效应，即如果光源朝光探测器运动，反射光的频率会增

大,如果光源远离光探测器,频率则会减小。使用激光照射示踪粒子,通过测定跟随流体运动的示踪粒子的多普勒频移来精确测量流体的速度。当人射激光束与流速垂直时,多普勒频率平移(f)与流体速度(v)的关系如下:

$$f = \frac{v \cdot \sin \theta}{\lambda} \tag{4-4}$$

式中,λ 为激光的波长,θ 是人射激光和散射激光之间的夹角,当多普勒频率平移测得后就可以计算出相关的流体速度。

激光多普勒测速可以较为精确地测量一微小体积微元的速度,通过探头的扫描则可以实现空间的测量。此外,激光多普勒技术是一种非介入的测速技术,可以在不干扰流场的情况下测量流速。激光多普勒测速技术最早应用于兔子视网膜动脉血流的测量,在过去的几十年里,激光多普勒测速技术已广泛应用于生物流体力学的体外研究中。这些研究主要基于稳态流和脉动流的一维、二维、三维流场的测量。

3. 磁共振成像

磁共振成像常用来检测组织的结构,其利用的是磁共振成像信号的强度。此外,磁共振信号的相位信息可以用来测量血流。相位对比磁共振成像(phase contrast magnetic resonance imaging,PC-MRI)通过测量血液流动产生的相位变化来测量血流速度。在成像过程中,施加了两个大小相等、持续时间完全相同但方向相反的梯度场。在这种梯度场中,静止组织相位差为零,而运动的血液产生的相位差,其大小和血流速度、梯度场强成比例。磁共振成像技术相比于其他成像技术的优势在于检测体在任何区域、任何方向以及任何深度(相比于超声成像)的成像都不受限制。由于磁共振成像技术的进步,PC-MRI 可以对血管的流场进行在体无创三维测量(见图4-13),但是分辨率不高,只能针对大中动脉,而且测量时间较长,目前主要处于研究阶段,还没有应用于临床。

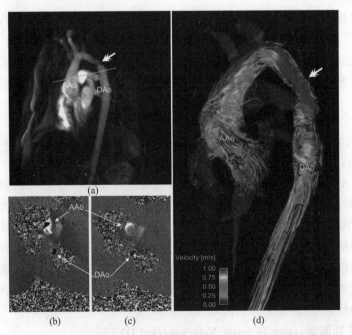

图4-13 二瓣畸形伴主动脉狭窄患者的相位对比磁共振成像

4.3　冠脉血流储备分数

4.3.1　冠脉狭窄影像学检查的局限性

冠状动脉是给心脏供血的动脉血管,它起始于主动脉根部的主动脉窦内,分左右两支,走行于心脏表面。冠脉血管在心肌表面逐级分叉后与心肌内的微血管和毛细血管相连,为每一处心肌组织供血,完成物质交换后,又经微小静脉汇集到冠状静脉血管。心肌是人体内单位质量耗氧量最大的组织,100 g 组织耗氧量一般为 8~10 mL/min。为保证心肌的耗氧量,一般健康成人的冠脉灌注量可达心输出量的 5%,即静息状态时 250 mL/min 左右,在运动状态时更可出现 1~2 倍的增加。

如果冠脉因动脉粥样硬化斑块的产生而出现了狭窄的情况(见图 4-14),可导致下游心肌组织的灌注压力降低。严重的冠脉狭窄可导致心肌灌注不足、心肌缺血甚至心肌坏死等临床问题,需要及时采取药物溶栓、搭桥手术或腔内介入等治疗。只有准确评价冠脉供血功能,才能实现冠心病的精准治疗。

基于 X 射线投影成像的冠状动脉造影(coronary arteriography,CAG)获得冠脉狭窄部位的管腔减影图像,然后根据管腔狭窄的百分比来对狭窄风险进行评估。临床实践发现,该方法对冠脉轻中度狭窄且狭窄段较短的患者具有较好的诊断效果,但对冠脉严重狭窄或复杂斑块(狭窄部位斑块形状不规则等)引起的狭窄情况,其评估准确性存在较大偏差(见图 4-15)。其

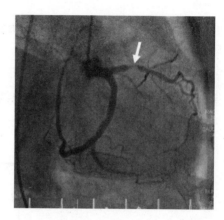

图 4-14　X 射线冠脉造影图像
(箭头所示为冠脉狭窄部位)

原因是基于 X 射线的冠脉造影成像技术为二维投影成像,无法准确反映狭窄部位的三维空间构型。研究也证实,使用 CT 冠脉造影(CCTA)等影像学手段,通过检测冠状动脉形态的狭窄程度来判断冠心病严重程度,可得到可靠的阴性预测结果而使其成为排除冠心病的一个重要手段,但检测结果的假阳性率较高,易高估病变冠脉的严重程度。

可用下列模型(见图 4-16)简要分析冠脉管腔狭窄导致的下游心肌组织灌注压力的变化。长度为 L_s 的冠脉狭窄斑块,使冠脉管腔横截面积由 A_n 变为 A_s,并使血液流动在狭窄段远端产生流动分离。心肌灌注压压降 ΔP,主要来自两部分:因血液黏性沿程压力损失 ΔP_{Vis} 和流动分离产生的局部压力损失 ΔP_{Sep}。在简化条件下,前者可基于 Poiseulle 定律计算,而后者可根据伯努利方程推导。综合可得

$$\Delta P = \Delta P_{Vis} + \Delta P_{Sep}$$
$$= f_1(1/A_s^2, L_s, Q) + f_2(1/A_s^2, 1/A_n^2, Q^2)$$

$$(4-5)$$

式中,L_s 表示狭窄段的长度,Q 表示流量,$f_1()$ 和 $f_2()$ 表示两个函数。由此式可知,心肌灌注压压降 ΔP 不仅与狭窄段的解剖形态参数 A_n、A_s 有关,也与 L_s、Q 等参数有关,仅用解剖形态参数 A_n、A_s 评价血管狭窄对心肌灌注压的影响是不全面的。从能量变化的角度看,血液流经冠脉狭窄部位将会消耗一定的灌注压力势能,导致下游心肌组织的灌注压力降低。

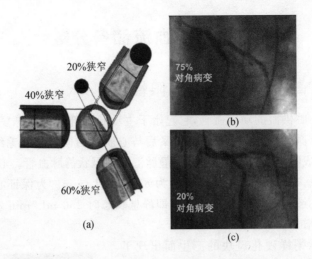

图 4 - 15 同一狭窄血管、不同观测角度得到的不同的狭窄程度结果

式(4 - 5)也可表示为

$$\Delta P = C_v Q + C_s Q^2 \qquad\qquad (4 - 6)$$

式中,C_v 和 C_s 与血管几何参数和血液参数有关。

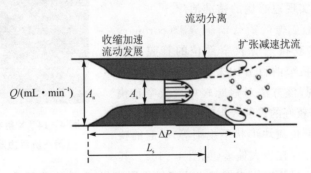

图 4 - 16 狭窄段周围血液流动分析模型

4.3.2 冠脉血流储备分数(FFR)

冠状动脉循环由心外膜冠状动脉和心肌内微循环血管组成。正常状态下,由于心外膜冠状动脉血流阻力较小,血液流经时并不产生明显的压力降低,即血管内压力由近至远基本保持恒定。心肌血流量的调整主要受微循环阻力(主要来自直径小于 $100\ \mu m$ 的小动脉)变化的影响,即心肌血流量与灌注压(冠脉循环流入端与流出端之间的压力差,即主动脉压与右心房之间的压力差)成正比,而与心肌内微循环阻力成反比。如果有效灌注压在 $8\sim24\ kPa$ ($60\sim180\ mmHg$)范围内,心肌血流量仍保持相对恒定。临床上采用血管扩张剂诱发心肌微循环最大程度充血,可使心肌微循环阻力小到忽略不计且基本恒定,此时心肌血流量仅受心肌灌注压的影响,因此,狭窄使最大充血状态下心肌灌注压的降低程度可反映狭窄使心肌血流量减少的程度。FFR 正是基于上述冠状动脉循环的解剖和功能调节原理提出的。

为分析存在冠脉狭窄情况下的压力变化与心肌血流量的关系,并发展临床上可实施的检测方法,Pijls 等人建立了图 4 - 17 所示的冠脉循环简化模型。在冠脉循环入口端主动脉

（AO）和出口端右心房（RA）之间，考虑了狭窄段的冠状动脉（下角标 s 表示）、侧支循环（下角标 c 表示）以及心肌血管床（R）三个支路；侧支循环与冠状动脉两个分支为并联关系，它们与心肌血管床之间为串联关系。

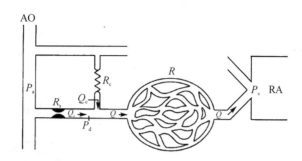

AO—主动脉；RA—右心房；P_a—平均动脉压；P_d—远端冠状动脉压；P_v—平均静脉压；

Q—存在狭窄情况下心肌血管床的最大血流量；Q_c—存在狭窄情况下侧支循环的最大血流量；

R—心肌血管床阻力；R_c—侧支循环阻力；R_s—心外膜冠状动脉狭窄段阻力

图 4 - 17　考虑冠状动脉的心血管系统模型

另外定义：

Q_s：存在狭窄情况下心外膜冠状动脉最大流量。

Q^N：不存在狭窄情况下心肌血管床的最大流量，临床上通过注射腺苷和三磷酸腺苷（ATP）实现该流量，给药途径包括静脉输注和冠状动脉内"弹丸"式注射，致使血管最大程度扩张，通过压力导管可以检测的在最大充血情况下的压力。

根据上述冠状动脉循环的解剖和功能调节原理及简化的模型，可直接得到以下关系，正常情况下（无狭窄），认为侧支循环血流量为 0，即

$$Q_c^N = 0 \tag{4-7}$$

通过心肌血管床的总血流量等于通过狭窄冠脉血流量加上侧支循环血流量，即

$$Q = Q_c + Q_s \tag{4-8}$$

狭窄血管最大扩张情况下的血流量等于正常（无狭窄）情况下的血流量，即

$$Q_s^N = Q^N \tag{4-9}$$

冠状动脉的血流储备分数（fractional flow reserve，FFR）定义为，存在冠状动脉狭窄病变的情况下该冠状动脉所供应区域心肌能获得的最大血流量与理论上无狭窄情况下心肌所能获得的最大血流量之比，即

$$\text{FFR} = \frac{Q}{Q^N} \tag{4-10}$$

在冠状动脉供血区域微血管最大化扩张时，微循环阻力降至最低且维持稳定。根据模型中的压力-流量关系，在存在狭窄的情况下：

$$Q = (P_d - P_v)/R \tag{4-11}$$

理论上无狭窄情况下，$R_s = 0$，且侧支循环不起作用，因此：

$$Q^N = (P_a - P_v)/R \tag{4-12}$$

于是得到

$$\text{FFR} = \frac{Q}{Q^N} = \frac{(P_d - P_v)/R}{(P_a - P_v)/R}$$

$$= \frac{P_\mathrm{d} - P_\mathrm{v}}{P_\mathrm{a} - P_\mathrm{v}}$$

$$= 1 - \frac{\Delta P}{P_\mathrm{a} - P_\mathrm{v}} \tag{4-13}$$

式中,$\Delta P = P_\mathrm{a} - P_\mathrm{d}$,表示跨狭窄段的压差。在中心静脉压无明显升高的情况下,可认为 $P_\mathrm{v} \approx 0$,可得

$$\mathrm{FFR} = \frac{P_\mathrm{d}}{P_\mathrm{a}} \tag{4-14}$$

即 FFR 近似等于冠状动脉狭窄远端压与主动脉压之比,临床上基于此检测 FFR(见图 4-18(a))。

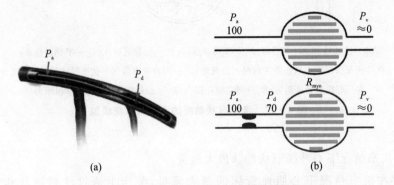

图 4-18 FFR 压力导丝方法检测及计算示意图

如图 4-18(b)所示,无狭窄存在时,FFR 理论值为 1;如果冠脉狭窄近心端压力为 100 mmHg,远心端压力为 70 mmHg,则 FFR=0.70。研究表明,当 FFR<0.75 时,所有病变均可诱发心肌缺血;当 FFR>0.8 时,绝大多数病变不会诱发心肌缺血;当 0.75<FFR<0.80 时,需要结合其他症状和检测指标综合判断。因此,FFR 作为目前国际公认的评价冠状动脉狭窄病变的功能学指标,其值可以反映心外膜下冠状动脉狭窄病变对心肌血供的影响程度或者病变解除后心肌缺血的改善程度。研究证实,以 FFR 指导的治疗策略安全、经济,并能改善患者的预后。

除了用于从功能学角度诊断冠状动脉狭窄之外,FFR 也可用于介入手术效果评价。例如,在对一支冠脉行介入手术前后,注入腺苷,再用压力导丝检测最大充血情况下的压力。检测值如下。平均动脉压 P_a:用上标(1)表示手术前的参数,上标(2)表示手术后的参数,手术前后均为 90 mmHg,即 $P_\mathrm{a}^{(1)} = P_\mathrm{a}^{(2)} = 90$ mmHg。跨狭窄段压差 ΔP:从手术前的 50 mmHg 减小到 10 mmHg,即 $P_\mathrm{d}^{(1)} = 40$ mmHg,$P_\mathrm{d}^{(2)} = 80$ mmHg。静脉压 P_v:手术前后均为 0,即 $P_\mathrm{v}^{(1)} = P_\mathrm{v}^{(2)} = 0$ mmHg。则得

$$\mathrm{FFR}_{\mathrm{myo}}^{(1)} = 1 - \frac{\Delta^{(1)} P}{P_\mathrm{a}^{(1)} - P_\mathrm{v}^{(1)}} = 1 - \frac{50}{90 - 0} \approx 0.44$$

$$\mathrm{FFR}_{\mathrm{myo}}^{(2)} = 1 - \frac{\Delta^{(2)} P}{P_\mathrm{a}^{(2)} - P_\mathrm{v}^{(2)}} = 1 - \frac{10}{90 - 0} \approx 0.89$$

可见,经介入手术后,FFR 的值提高了一倍。

FFR 检测的局限性包括：① 压力导丝操控存在损伤血管风险；② 使用血管扩张剂诱导冠状动脉达最大充血状态可能引起药物不良反应，尤其在合并哮喘、慢性阻塞性肺病、低血压和心动过缓患者中应用受限；③ 有创、费用高、手术时间较长。

4.3.3　基于 FFR 发展的冠脉功能评价指标

随着研究的不断深入，发展了一些以 FFR 为基础的其他冠状动脉病变功能学评估指标，如瞬时无波形比值（iFR）、冠状动脉 CT 血管成像 FFR（FFRCT）以及能够在导管室直接应用的基于冠状动脉造影的定量血流分数（QFR）等冠状动脉病变功能学评估方法。相比传统FFR，这些新兴指标通常具备无创、不需要血管扩张剂、简便省时等优点。

1. FFRCT

FFRCT 是基于静息状态心室舒张期冠状动脉 CTA 图像的无创冠状动脉狭窄病变功能学评估方法，其主要步骤如图 4-19 所示。首先基于冠脉造影 CT 图像重建狭窄冠脉的三维几何模型，然后通过网格划分、设置边界条件（通常需要与集中参数模型耦合），结合冠脉的生理模型（Poiseulle 定律、异速标度定律），采用计算流体力学方法求解流体运动控制方程（通常用 N-S 方程和连续方程），获得冠脉血管内的流动参数（流速、压力等）分布，进而计算出 FFR 值。

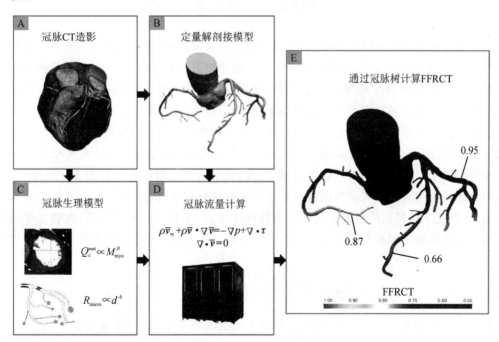

图 4-19　FFRCT 的计算流程

与介入压力导丝进行直接测量的方法相比，基于医学影像的 FFR 计算方法具有安全、无创等优点，但也存在模型边界条件和参数不易确定、耗时等缺点。

2. iFR

研究发现，在心室舒张期内存在一段"无波形期"，冠状动脉血流速度比整个心动周期的平均血流速度高约 1/4，心肌微循环阻力达最低，冠状动脉血流达峰值，其生理状态恰好类似用腺苷诱发的冠状动脉最大充血状态,因此可与 FFR 类似,定义 iFR 为无波形期狭窄远端平均冠状动脉压力与主动脉平均压的比值,来评估冠状动脉狭窄病变功能学意义。

可见,iFR 也是基于压力梯度变化来评估冠状动脉狭窄病变是否引起心肌缺血的侵入性检查方法,但 iFR 不需要使用血管扩张剂。

3. QFR

QFR 测定是一种基于冠状动脉造影(CAG)图像三维重建冠脉几何结构和血流动力学计算 FFR 的技术。在心动周期的舒张末期,采集两个角度相差大于 25°、速度为 15 帧/s 的造影图像,进行冠状动脉三维重建。通过 CAG 过程中显示的造影剂充盈速度,计算出模拟最大充血态下的血流量,结合重建的血管管腔尺寸及形态变化,计算出冠脉病变血管段的下降值(ΔP),从而计算得到 P_d 与 P_a 的比值,即 QFR 数值。

QFR 测量仅需在常规 CAG 影像学数据的病变基础上,通过管腔分割与重建、边界条件定义和血流动力学计算等主要步骤,即可实现在导管室中实时评估冠脉病变导致心肌缺血的严重程度。与 FFR 相比,QFR 在检查过程中不需要使用压力导丝与微循环扩张药物,具有快速、经济、简单的优点。

4.4 血管支架的设计与评测

动脉粥样硬化类疾病容易引起血管狭窄,增加血液流过血管的阻力,从而减少狭窄远心端组织供血。以冠状动脉为例,动脉粥样硬化将影响斑块下游心肌组织供血,进而影响心脏收缩和泵血功能。临床中治疗动脉狭窄主要有三种方法:药物治疗、血管搭桥手术和血管介入治疗。药物治疗主要针对狭窄程度较低的情况,血管搭桥手术和血介入治疗分别为治疗血管狭窄常用的外科手术方法和微创介入手术方法。血管搭桥手术的原理是将自体血管或人工血管两端分别缝合在狭窄部位的近心端和远心端,形成新的血管通路,有效补充狭窄远端组织供血。血管搭桥手术的弊端是手术难度高、创伤大,且患者痊愈时间长。如图 4-20 所示,血管介入治疗通常通过微创方式将预压缩的血管支架输送到狭窄部位并撑开,达到扩大狭窄部位管腔面积、恢复下游供血的目的。随着生物材料技术、影像技术的不断发展,血管支架技术在血管狭窄治疗中的使用越来越广泛。本节主要介绍血管支架的分类、结构及主要设计原则与评测方法。

4.4.1 血管支架的发展历程及常用分类

血管支架主要经过了三个发展阶段,对应支架的三种基本类型:金属裸支架(第一代血管支架)、药物涂层支架(DES,第二代血管支架)和生物可降解支架(第三代血管支架)。

20 世纪 70 年代,Gruntzig 在人类历史上第一次创建了经皮球囊血管成形术的技术方法。但是术后急性和亚急性血管闭塞现象导致的血管内再狭窄问题比较严重。为进一步改善治疗方法,研究人员发明了金属裸支架,然而金属裸支架在植入血管后易诱发血管内皮细胞生长因子激活,使内皮细胞产生大量的增殖和迁移,继而平滑肌细胞开始不断增生,最终引起管腔再狭窄或形成血栓,导致血管支架植入术的失败。金属裸支架植入后的严重再狭窄和血栓事件限制了其发展,如图 4-21 所示。

图 4-20　血管支架介入过程示意图　　　　图 4-21　支架内再狭窄

　　20 世纪 90 年代,药物涂层支架出现(部分论著中称为药物洗脱支架),该支架的表面包覆了一种具有抑制细胞增殖、缓解炎症反应等功能的药物,大大降低了支架内再狭窄率,成为革命性的第二代血管支架。药物涂层支架通常由支架基体(通常为金属)、载药涂层以及涂层上包覆的药物三部分组成。当支架植入血管后,支架表面携带的药物就会缓慢释放出来,在周围组织中发挥生物学效应,抑制因支架植入而引起的炎症、细胞增殖、内膜增生等现象,从而有效地减少血管内再狭窄的发生。但是,药物在有效抑制细胞增殖的同时也会影响内皮细胞正常生理功能,延长支架内皮化时间。此外,药物涂层支架上载药涂层诱发的炎症反应和局部药物毒性问题也逐渐暴露出该技术的不足。

　　21 世纪初,生物可降解支架作为第三代血管支架在工程技术和临床需求的推动下产生,其与前两代支架的根本区别是支架材料的生物可降解特性。支架植入血管初期具有很好的支撑性能,随着血管组织重构过程的进行,支架材料在血管内逐渐降解并最终被完全吸收。支架在发挥其治疗作用后的如期降解也使支架自身作为异物和血栓源引起一系列不良反应的风险消失,支架被再吸收后血管弹性和舒缩功能得到及时恢复。这种不可替代的优势使可生物降解支架被越来越多的科研人员和机构关注,成为当前开发和应用的热点。相较于第一代和第二代支架,生物可降解支架除了要满足良好的生物相容性和支撑性,其在血管内的降解速度还需要与细胞再生和组织重构速度相匹配,这对支架的设计提出了更高的要求。目前,虽然有少数可降解支架已经获得欧盟 CE 认证或中国 NMPA 认证,但支架材料和构型的优化问题、降解速度及均匀性的控制问题等依然是这个领域需要长期关注的问题。

　　此外,根据支架释放方式不同,支架又可以分为自膨式血管支架和球扩式血管支架,如图 4-22 所示。自膨式血管支架在释放前被压缩于输送鞘管内,使用时通过输送系统输送到血管病变处,鞘管外撤释放支架,依赖支架自身膨胀张力扩张狭窄血管。自膨式血管支架的优点是柔韧性较好,有利于通过扭曲血管和钙化病变部位,易于顺应血管壁的自然曲度,缺点是释放时有前向跳跃和短缩现象,导致精确定位释放困难。自膨式血管支架多用于外周血管的介入治疗。球扩式血管支架本身无弹性,支架被径向压缩后预装在球囊系统中,并通过球囊导管将支架输送至血管病变处,然后利用球囊扩张力将支架扩张到预设直径,支架发生塑性变形后贴附于血管壁并保持撑开状态。球扩式血管支架的最大优点是释放时定位精确、释放后短缩现象不明显、径向支撑力强于自膨式支架,多用于冠脉和颅内动脉。球扩式血管支架的缺点是柔韧性欠佳、受压后易出现塌陷闭塞,不太适合于颅外颈动脉、股腘动脉等易受压部位或关节活动部位。

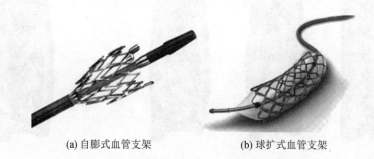

(a) 自膨式血管支架   (b) 球扩式血管支架

图 4－22　自膨式血管支架和球扩式血管支架

4.4.2　血管支架的基本结构

血管支架的构型因功能需求和各公司专利保护等原因而各不相同,但是其基本构型一般包括如下几部分(见图 4－23)。

径向支撑单元:主要提供支架的径向支撑力,用以扩张血管狭窄处的管径,并维持扩大后的管腔。

连接单元:用于连接径向支撑单元,并主要提供支架的轴向柔顺性。

显影标记点:血管支架在 X 射线或其他医学影像设备下的显影性能是支架众多性能中的一项重要特性。在手术过程中,医生需要借助血管支架的显影性能来准确定位和释放支架,以保证支架能准确植入到病变位置。在术后随访时也需要借助显影标记点来判断支架是否发生了移位。显影标记点通常设置在支架的两端(见图 4－24),通过微焊接或材料填充工艺实现与支架本体的连接。

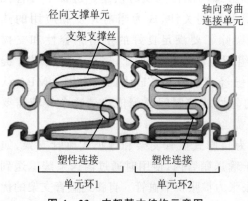

图 4－23　支架基本结构示意图

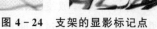

图 4－24　支架的显影标记点

4.4.3　血管支架受力分析

支架植入狭窄段血管后会引起血管壁和近处流经血液的一系列生物力学和力学生物学变化,因此,有必要在支架植入狭窄血管段后对支架-血管壁-血流的生物力学环境进行全面分析,如图 4－25 所示。

支架径向撑开后,除了对管壁施加径向压力外,还会引起血管壁发生周向牵张,产生管壁

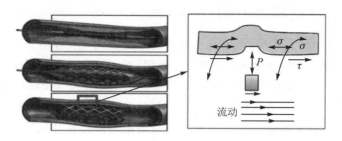

图 4 - 25　支架-血管壁-血流的力学环境

的周向应力。同时由于支架结构原因,支架在撑开过程中发生长度变化进而引起血管轴向应力。血液在流过支架植入区域时,可以在支架丝表面产生极不均匀的壁面剪切应力。高于或低于正常生理范围的剪切应力都易引起血小板的功能异常,进而诱发血小板激活和血栓形成、堆积等后果。支架植入后管壁和血液所受的非生理力学刺激是术后发生支架内再狭窄的重要原因之一。根据反作用力原理,支架受力主要为管壁作用于支架的径向压力,以及血流冲刷产生的剪切应力。其中支架所受的径向压力是支架植入血管后的最主要受力载荷。在支架植入血管后的真实在体环境中,支架的受力分析通常还要考虑斑块性质、血管扭曲变形等更复杂的情形,如果需要可以进行个性化分析(见图 4 - 26)。

借助先进的计算机仿真技术可以获得支架自身应力状态、血管壁应力状态等详细的生物力学环境,如图 4 - 27 所示算例,对支架性能的评价和术后事件预测提供了重要参考。

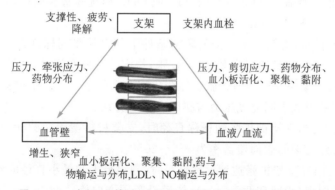

图 4 - 26　支架-血管壁-血流间的相互作用力学分析示意图

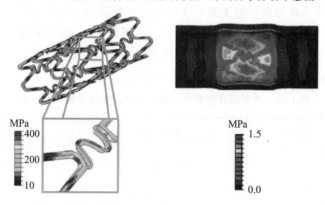

图 4 - 27　血管支架和血管壁应力分布仿真结果显示

4.4.4 支架设计的基本原则

理想的支架设计,除了要考虑植介入体普遍都要遵循的生物相容性、功能性等原则以外,还需要综合考虑支架、血管、血液间的力学相互作用,对于具有药物缓释功能的药物涂层支架和带药可降解支架,还要考虑特定力学环境下药物的输运规律及支架结构降解规律。

一个理想的血管支架需要具备如下性质:良好的生物相容性;良好的支撑性;良好的柔顺性;良好的长度稳定性(压缩-撑开长度变化小);良好的可降解特性(时间、空间均匀);良好的血流动力学特性(避免扰流和非生理性高、低剪切应力);良好的输运性、显影性;良好的抗血栓性能;良好的药物释放与传输特性等。在真实的支架设计中,常常无法满足上述所有要求,需要根据具体的临床需求(如狭窄部位、斑块性质、血液中脂质浓度、血小板生理功能等)设计侧重于某些特定功能的支架。

4.4.5 血管支架测试方法及标准举例

作为一种三类医疗器械,国家有关部门对血管支架的测试分析方法制定了详细的行业标准,如《血管支架尺寸特性的表征》《血管支架体外脉动耐久性测试方法》等。以下介绍血管支架代表性特性描述及测试方法。

(1)支架释放直径与标称直径:除非另有说明,球囊卸压后(对球囊扩张支架而言),所有释放直径指支架的内径,以毫米(mm)记录并精确到0.1 mm。标称直径指用于识别特定装置的标称扩张尺寸,必须明确区分内径或外径(ID或OD),应优先选择内径,通常情况下,标称直径应精确到0.25 mm或0.5 mm。

(2)短缩率/伸长率:支架在未扩张的装配条件下与在扩张到标称直径条件下,支架长度变化的百分率。短缩率/伸长率以占装配(未扩张)长度的百分率记录,结果精确到1%。

(3)顺应性:对支架内部压力与膨胀直径变化间关系的描述。对于球囊扩张支架,应在产品标签中以表或图的形式表明充气压力与膨胀直径的关系。

(4)表面覆盖率:当支架被扩张到标称直径时,支架材料覆盖在圆柱侧面面积的百分率。一般认为临床上有效支架的表面覆盖率为7%~20%。

(5)扩张均匀性:在支架扩张达到标称直径时,测得最大和最小直径的差异。扩张均匀性测量应选取三个轴向点(中间和两端附近),然后沿圆周方向旋转90°,再次测量。扩张均匀性反映了支架横截面的环状偏离和沿支架长度方向的非预期的直径差别。

(6)径向支撑力:测定自扩张支架在相应外径下产生的(扩张或压缩)力。

(7)支架弯曲柔顺性:用以描述支架弯曲性能,通常采用三点弯曲方法进行测试。测试装置示意图及跨距和挠度最大值组合见图4-28和表4-3。

表4-3 对于可变跨距方法推荐的跨距和挠度最大值组合

支架长度[a]/mm	跨距[b]/mm	最大挠度[c]
10~14	6[d]	1.2
15~19	11	2.2
20~24	16	3.2

支架长度[a]/mm	跨距[b]/mm	最大挠度[c]
25~35	21	4.2
>35	（支架长度/1.093）－2	0.2×跨距

注：a 指释放后支架长度或支架在支架系统上的压握长度。

　　b 指在保证跨距与样品外径的比例不小于 4:1 的情况下，可以选择更小的跨距。

　　c 指可以选取更小的挠度值，但不应超过最大挠度值。

　　d 指如果跨距小于 6.7 mm，将需要比直径 6.35 mm 更小的固定支撑部件和（或）动态加载部件。

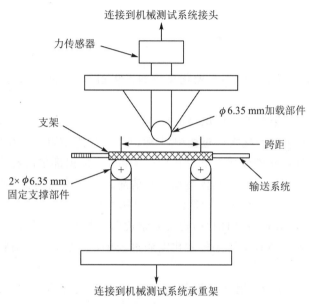

图 4 - 28　支架系统的三点弯曲装置示意图

　　(8) 血管支架体外脉动耐久性标准测试方法：通过施加流体脉动负载使血管支架处于与体内环境类似的直径膨胀水平来评价血管支架的耐久性能。该方法适用于已经在模拟血管（模拟血管弹性）中扩张的支架测试样品。典型的耐久测试相当于 10 年时间(按照 72 次/min心跳计算)或至少 3 亿 8 千万次心动周期。目前有两种常用的测试方法：生理压力测试方法（要求模拟血管在生理压力、脉动速度和尽可能高的测试频率下具有与自体血管相似的顺应性)和直径控制方法(要求使用直径测量系统和模拟血管来保证在测试频率下达到预期的支架直径的最小值和最大值、相同的直径变化量以及支架平均直径)。

　　(9) 均匀径向载荷下金属血管支架有限元分析方法：用于评估均匀径向载荷下金属血管支架设计的性能。有限元分析是一种非常有价值的数值模拟方法，可评价金属支架在外部载荷和边界条件下的力学性能，量化各种力学变量，如内部应力、内部应变和变形模式等。许多情况下，有限元分析还涉及试验的设计。有限元分析的特殊优势在于它能够确定一些不容易测量的物理量。

4.5　本章总结与学习要点

　　选择动脉粥样硬化作为典型血管疾病的代表，对其病理生理学基础进行详细介绍，主要内容包括血管生物学基础、动脉粥样硬化的基本病变、危险因素及发病机制、血管内皮细胞的力响应及力传导。血管内皮、平滑肌细胞生物学基础及"损伤反应学说"是本章的重点内容,对于理解血管的生理及动脉粥样硬化的病理生理学机制十分重要。在血流与血管参数的检测与诊断技术部分,简要介绍了压力、流量、容量参数检测,基于弹性腔模型的诊断技术和血流影像技术,重点描述了冠脉血流储备分数(FFR)的基本原理以及在冠脉功能评价中的作用,该部分内容也是本章的难点,充分体现了工程技术在临床医学中的应用。最后对血管支架的设计与评测进行了介绍,包括以下 4 部分内容:血管支架的发展历程及常用分类、血管支架的基本结构、血管支架受力分析和血管支架测试方法,前两部分内容要求掌握基本概念,最后两部分是本章的重点。

习　题

1. 图 4-29 简要示意了动脉粥样硬化斑块的发生过程,根据"损伤反应学说",请回答以下问题。

(1) 请写出图 4-29 中各数字标识部位的名称。

(2) 请分析在动脉粥样硬化发病过程中,1 标识部位的细胞可能发生哪些功能异常,这些功能性异常与动脉粥样硬化的发生发展存在什么关系? 3 标识部位的细胞在斑块中属于什么表型? 该表型的细胞一般具有哪些具体特征? 并请简述鉴定该细胞表型的方法。

(3) 不稳定斑块分别在 6 和 7 所示部位表现出哪些特点?

2. 根据 1976 年 R. Rose 提出的"损伤反应学说",动脉内膜损伤认为是动脉粥样硬化病变发生的始动环节。请分析在动脉粥样硬化发病过程中,主要涉及的细胞及该细胞参与的事件是什么。

3. 请给出至少 3 种方案,用于鉴别体外培养的平滑肌细胞是属于合成表型还是收缩表型。

4. 在平滑肌兴奋-收缩偶联过程中,钙离子(Ca^{2+})的浓度变化是整个过程的关键,试分析在这个过程中与钙离子浓度调节相关的事件,并指出每一个事件中所涉及的离子通道或者离子泵。

5. 血管平滑肌细胞的收缩装置与骨骼肌细胞相比,有何异同? 请简述血管平滑肌细胞的收缩机制。

6. 请首先利用建模软件建立一个激光雕刻型血管支架,支架长度为 20 mm,内径为 3 mm,支架丝厚度为 0.2 mm,支架覆盖率为 8%～10%。然后利用有限元软件模拟血管压迫支架引起管径缩小 2% 情况下,支架结构的应力分布,并分析所得应力分布规律,预测存在的支架破坏风险。最后根据应力分布规律提出支架构型的改进设计方案。支架材料参数:密度为 6 540 kg/m³,弹性模量为 46 GPa,泊松比为 0.33。

7. 发表于 JACC 的论文中,用图 4-30 解释利用 FFR 评价冠状动脉狭窄的必要性。图 4-30 中有一个公式,表示压降与流量、面积等的关系。请基于流体力学理论,并做合理假设和简化(请给出这些简化和假设),推导出此公式。

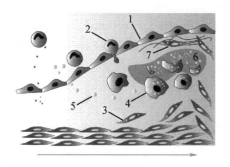

图 4-29 第 1 题图

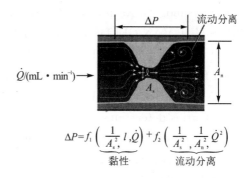

$$\Delta P = f_1 \underbrace{\left(\frac{1}{A_s^2}, l, \dot{Q} \right)}_{\text{黏性}} + f_2 \underbrace{\left(\frac{1}{A_s^2}, \frac{1}{A_n^2}, \dot{Q}^2 \right)}_{\text{流动分离}}$$

图 4-30 第 7 题图

参考文献

[1] BARAKAT A I. A model for shear stress-induced deformation of a flow sensor on the surface of vascular endothelial cells[J]. Journal of Theoretical Biology, 2001,210(2): 221-236.

[2] CHIEN S. Mechanotransduction and endothelial cell homeostasis: the wisdom of the cell [J]. American Journal of Physiology Heart and Circulatory Physiology, 2007, 292: H1209-1224.

[3] FRANCESCA G, CAPELLI C, PETRINI L et al. On the effects of different strategies in modelling balloon-expandable stenting by means of finite element method[J]. Journal of Biomechanics, 2008,41(6): 1206-1212.

[4] FUNG Y C. Biomechanics circulation[M]. 2nd ed. New York : Springer-Verlag New York Inc. ,1997.

[5] GIBBONS G H, DZAU V J. The emerging concept of vascular remodeling[J]. New England Journal of Medicine, 1994,330(20): 1431-1438.

[6] GLAGOV S,WEISENBERG E,ZARINS C K,et al. Compensatory enlargement of human atherosclerotic coronary arteries[J]. New England Journal of Medicine, 1987,316 (22): 1371-1375.

[7] HELMKE B P,ROSEN A B, DAVIES P F. Mapping mechanical strain of an endogenous cytoskeletal network in living endothelial cells[J]. Biophysical Journal, 2003,84 (4): 2691-2699.

[8] KERN M J, SAMADY H. Current concepts of integrated coronary physiology in the catheterization laboratory[J]. Journal of the American College of Cardiology, 2010,55 (3): 173-185.

[9] KORSHUNOV V A,SCHWARTZ S M, BERK B C. Vascular remodeling: hemodynamic and biochemical mechanisms underlying Glagov's phenomenon[J]. Arteriosclerosis,Thrombosis,and Vascular Biology, 2007,27(8): 1722-1728.

[10] MEHTA D, MALIK A B. Signaling mechanisms regulating endothelial permeability

[J]. Physiological Reviews，2006,86(1)：279-367.

[11] PIJLS N H,VAN GELDER B,VAN DER VOORT P,et al. Fractional flow reserve. A useful index to evaluate the influence of an epicardial coronary stenosis on myocardial blood flow[J]. Circulation, 1995,92(11)：3183-3193.

[12] ROCA-CUSACHS P,GAUTHIER N C,DEL RIO A,et al. Clustering of alpha(5)beta(1) integrins determines adhesion strength whereas alpha(v)beta(3) and talin enable mechanotransduction[J]. Proceedings of the National Academy of Sciences of the united States of America，2009,106(38)：16245-16250.

[13] ROSS R,GLOMSET J, HARKER L. Response to injury and atherogenesis[J]. The American Journal of Pathology，1977,86(3)：675-684.

[14] SIFLINGER-BIRNBOIM A,DEL VECCHIO P J,COOPER J A,et al. Molecular sieving characteristics of the cultured endothelial monolayer[J]. Journal of Cellular Physiology，1987,132(1)：111-117.

[15] STARY H C,CHANDLER A B,DINSMORE R E,et al. A definition of advanced types of atherosclerotic lesions and a histological classification of atherosclerosis. A report from the Committee on Vascular Lesions of the Council on Arteriosclerosis,American Heart Association[J]. Circulation. 1995,92：1355-1374.

[16] WANG N,TYTELL J D, INGBER D E. Mechanotransduction at a distance：mechanically coupling the extracellular matrix with the nucleus[J]. Nature Reviews：Molecular Cell Biology，2009,10(1)：75-82.

[17] 国家食品药品监督管理总局. 心血管植入物血管内器械 第2部分 血管支架：YY/T 0663.2—2016[S]. 北京：中国标准出版社,2016.

[18] 国家食品药品监督管理局. 血管支架体外脉动耐久性标准测试方法：YY/T 0808—2010[S]. 北京：中国标准出版社,2010.

[19] 国家食品药品监督管理局. 球囊扩张血管支架和支架系统三点弯曲试验方法：YY/T 0858—2011[S]. 北京：中国标准出版社,2011.

[20] 国家食品药品监督管理局. 均匀径向载荷下金属血管支架有限元分析方法指南：YY/T 0859—2011[S]. 北京：中国标准出版社,2011.

[21] 姜志胜. 动脉粥样硬化学[M]. 北京：科学出版社,2017.

[22] 姜宗来,齐颖新. 血管力学生物学[M]. 上海：上海交通大学出版社,2017.

[23] 章成国. 动脉粥样硬化性血管疾病[M]. 北京：人民卫生出版社,2015.

[24] 朱妙章,袁文俊,吴博威. 心血管生理学与临床[M]. 北京：高等教育出版社,2004.

第 5 章　心脏泵功能的工程分析及心输出量检测技术

心脏是整个循环系统的动力,其泵血功能决定了整个循环系统的功能,在第 3 章中简要提到了左心室的血液和血压的波形,本章将就这一问题进行深入探讨。本章仍然沿着结构决定功能的思路介绍心脏的泵血功能,在第 1 章的基础上,从分子、细胞、组织和器官描述心肌的结构,并介绍相应的数学描述模型,体现出工程分析的思想。描述心肌结构和收缩力的 Frank-Starling 定理在生理学和临床应用中起着非常重要的作用,也是理解心脏力学特性的基础。在临床医学方面,心输出量是指单侧心室作为"血泵"在单位时间内排出的血液总量,该指标是用于评估心脏功能的重要参数。本章介绍的内容也将是第 9 章血液循环系统建模与定量分析以及第 10 章血液循环系统医学与工程专题的基础。

5.1　心肌的结构与力学性质

5.1.1　心肌的宏观和微观结构

在第 2 章中已经知道心脏分为四心腔,即左、右心房和左、右心室,房间隔和室间隔分别分隔左、右心房以及左、右心室,通过二尖瓣、三尖瓣、主动脉瓣和肺动脉瓣的开合,实现了心脏的泵血。虽然左心室和右心室具有相似的功能,但它们之间存在一些重要的差异。例如,右心室成新月形腔室,由进口部分、主体部分和流出部分组成。右心室主要通过环周纤维进行收缩。然而,绝大部分收缩是由纵向心脏收缩引起的,通过这种方式,心室的空腔向心尖方向"拉动"。因此,相对较薄且相对较弱的右心室可以将大量血液排入低压肺循环。左心室呈球形和锥形,与低压肺循环相比,体循环具有更高的压力和阻力,左心室在高压系统中泵血,因此比右心室厚 3 倍。与右心室类似,左心室也分为进口部分、心尖部分和流出部分。

心肌整体呈现出两个连续的螺旋状纤维片(见图 5-1),这两个纤维片在心肌内具有不同的方向,心内膜下区域显示出右旋的肌纤维方向,逐渐转变为心外膜下层的左旋构型。在心动周期,各种心肌纤维的复杂相互作用使左心室能够增厚、缩短和扭曲。由于心内膜下层主要负责纵向缩短,这些纤维有助于将心室底部向心尖拉拽,从而缩短左心室的纵轴。其他肌层(中壁和心外膜下层)主要贡献于心室的扭转。由于其半径较大,这些纤维比心内膜下层纤维具有更大的扭矩,因此主导心脏运动。从基底向心尖方向观察,这些纤维在收缩期时沿着心尖顺时针旋转和基底逆时针旋转,在舒张期时则相反(见图 5-2)。

图 5-1 所示为左心室的三维结构示意图。图 5-1(a)为表层纤维起源于基底并沿纵向朝心尖扫过,然后急转弯,有些作为中间层,有些内部垂直层形成乳头肌,而有些则返回基底。图 5-1(b)所示为心脏的涡旋结构,展示了心内膜和外膜螺旋纤维呈相反的方向排列。图 5-1(c)与图 5-1(d)所示为心脏顶部的交错螺旋纤维。

心室肌细胞周围包裹着结缔组织基质,这个基质支持着肌细胞。心脏胶原形成了网状结

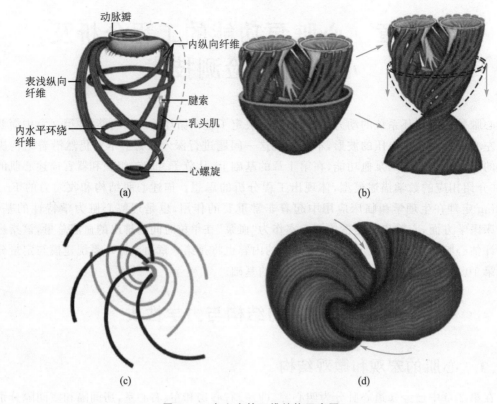

图 5 - 1　左心室的三维结构示意图

图 5 - 2　收缩期和舒张期中心肌的扭转

构,围绕着心肌纤维(见图 5 - 3),大量的结缔组织、合理的分布以及不同的成分可以使心脏形成整体结构。扩散张量磁共振成像(diffusion tensor magnetic resonance imaging,DTMRI)可以在心室壁内可视化"追踪"聚集的心肌细胞链,可以在整个左心室中清楚看到心肌纤维呈三维螺旋纤维图案(见图 5 - 4)。

心脏壁内纤维方向的分布是决定整个壁内应力分布和纤维缩短的主要因素,因此也决定了心脏的结构适应和灌注功能。结构-功能关系同样适用于心脏电生理学。心脏组织的电导

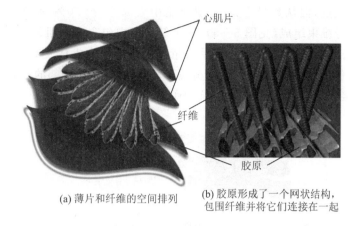

(a) 薄片和纤维的空间排列　　　　(b) 胶原形成了一个网状结构，
　　　　　　　　　　　　　　　　　包围纤维并将它们连接在一起

图 5-3　心肌薄片和纤维

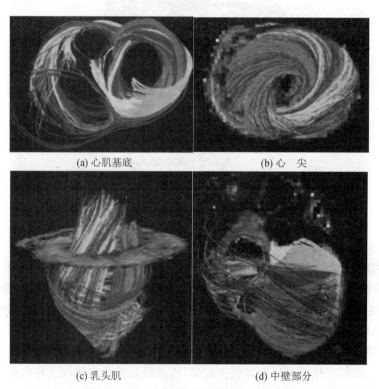

(a) 心肌基底　　　　　　　　　(b) 心　尖

(c) 乳头肌　　　　　　　　　　(d) 中壁部分

图 5-4　DTMRI 对心肌纤维"追踪"的三维分布轨迹

率由组织微结构(尤其是心脏纤维的局部方向和层状排列)决定,因此,心脏电传导和心脏电力建模的模拟中需要考虑上述微结构。总的来说,组织性质的各向异性描述是心脏耦合电力建模的关键组成部分,这需要基于各向异性组织性质对电激活、力发展和机械变形进行综合建模。已知在一些心脏疾病(如缺血性心脏病和肥厚型心肌病)中,纤维结构会发生改变,因此,对心脏结构(包括纤维、片状和带状结构)进行综合描述,可以解释不同生理条件下心脏的力电行为,也可用于治疗规划和监测患者状态。

从微观尺度分析心脏的结构,心脏由心肌细胞和非心肌细胞组成。非心肌细胞包括结缔组织细胞(主要是成纤维细胞)、血管平滑肌细胞和内皮细胞。从质量上说,心肌细胞较大,构成了心脏大部分的质量,但从数量上说,心脏细胞中大部分(约 70%)是较小的非心肌细胞。心肌组织由许多肌纤维束组成(见图 5-5),一个纤维束中包含多个肌纤维,由一层结缔组织所包裹,肌纤维是心肌组织的基本单元,它由大量的心肌细胞构成。大型的、分枝的心肌细胞被纤维连接组织网包围,纵向上由横纹连接分隔开来,横纹连接将相邻的心肌细胞进行物理连接,并含有间隙连接,为电传导提供了低阻抗的通道。

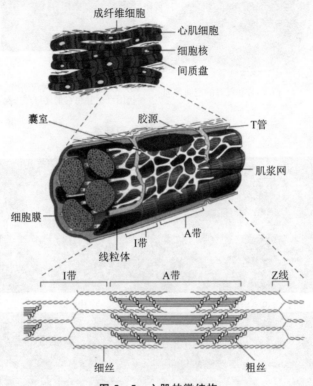

图 5-5 心肌的微结构

心肌细胞直径为 $10 \sim 20~\mu m$,长度为 $50 \sim 100~\mu m$,心肌细胞中含有大量的线粒体、肌丝、肌浆网、横向管膜(T-管)等结构(见图 5-5)。对于正常工作的心肌细胞,肌丝约占总细胞蛋白质的 70%,线粒体则占据了细胞大部分的膜结构,其他重要的膜,包括与 T-管连接的细胞膜,延伸到细胞中心,将动作电位传导到心肌细胞的深处。

心肌的微结构如图 5-5 所示,其中肌丝分为肌球蛋白粗丝和肌动蛋白细丝两种,由于粗肌丝与细肌丝发生相互作用可以产生肌肉收缩,因而粗肌丝和细肌丝又称收缩蛋白,在横截面上,粗、细丝空间排布呈六角形。一个肌纤维由周期交错的 A 带和 I 带组成,一个 A 带和两个半 I 带定义为肌节,处于两个 Z 线之间的区域。A 带由含有肌球蛋白的粗肌丝组成,其中从相邻的两个半 I 带中穿插着细肌丝。半 I 带由肌动蛋白和调节蛋白(肌动蛋白和肌钙蛋白复合物)组成。每个 Z 线的中心包括相邻肌节中细肌丝的重叠端,这些肌丝轴向排列,并交叉连接,形成晶格。

肌球蛋白单体和肌球蛋白聚集体的结构如图 5-6 所示。每个延长的肌球蛋白分子由两个重链和两对轻链组成。分子的"尾巴"(左侧)是一个盘旋的螺旋,其中两个肌球蛋白重链的 α-螺旋区域缠绕在一起。分子的成对"头部"(右侧)包括一个肌球蛋白重链的球状区域以及两个肌球蛋白轻链。后者是钙结合蛋白家族的成员,包括肌钙蛋白 C,它们有调节收缩能力。

在下面的箭头指示的点处的酶切产生重酶解肌球蛋白和轻酶解肌球蛋白,而在上部箭头指示的点处的酶切则产生重酶解肌球蛋白亚片段 1。肌球蛋白的肌动蛋白结合位点和三磷酸腺苷水解酶位点都位于肌球蛋白头部,因此该区域具有两个重要的功能,一是有 ATP 酶活性,即能水解 ATP 的聚磷酸链,释放肌纤维收缩所需的化学能;二是能与肌动蛋白结合。

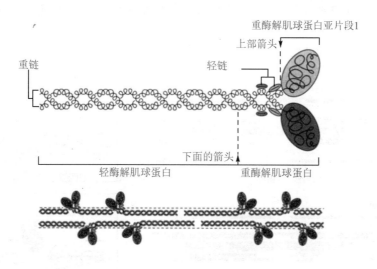

图 5-6　肌球蛋白单体和肌球蛋白聚集体的结构

肌球蛋白分子不是以单体形式存在,而是规则地排列为"粗丝"。在粗丝中,若干肌球蛋白分子尾部互相缠结,形成刚性骨架,且尾部在粗丝中部而头部向两端排列,并从骨架中伸出来形成"横桥"(cross-bridge)。细丝则是以肌动蛋白分子为主(见图 5-7),其骨架是两股肌动蛋白单体,结合原肌球蛋白分子和肌钙蛋白复合体而成,细长的原肌球蛋白(实线)位于两股肌动蛋白之间的凹槽中,肌钙蛋白复合物由肌钙蛋白 C、肌钙蛋白 I 和肌钙蛋白 T 组成,大约每隔 40 nm 分布在细肌丝上。

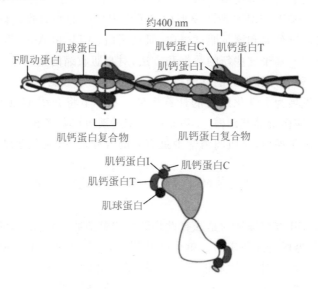

图 5-7　肌动蛋白细丝结构

心肌收缩是由细肌丝中的肌动蛋白与从粗肌丝凸出的肌球蛋白横桥之间的相互作用引起的(见图 5-8)。在松弛的肌肉中，当肌钙蛋白 C 未与钙结合时，肌钙蛋白复合物和原肌球蛋白处于"松弛"构象，阻止了细肌丝中的肌动蛋白与肌球蛋白横桥的相互作用。因此，肌动蛋白无法将结合在肌球蛋白横桥上的 ATP 的化学能转化为机械能。在激活的心肌中，结合到肌钙蛋白 C 的 Ca^{2+} 使肌钙蛋白复合物和原肌球蛋白转变为"活跃"构象，使肌动蛋白能够与肌球蛋白横桥相互作用。当肌动蛋白刺激肌球蛋白结合的 ATP 水解时释放化学能，使横桥能够将细肌丝向肌节中心"滑动"。

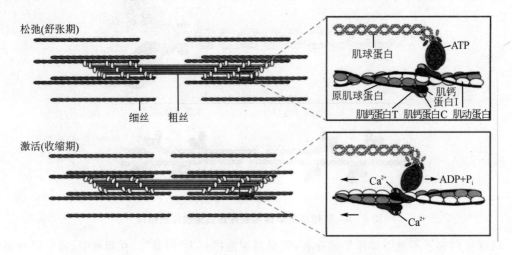

图 5-8 细肌丝中的肌动蛋白与从粗肌丝凸出的肌球蛋白横桥之间的相互作用

5.1.2 心肌的力学模型

心肌从分子到器官尺度都呈现出独特的结构，并完成特定的功能，为了定量描述这些结构和功能，构建了不同的心脏力学模型。由于骨骼肌的力学模型建立较早，早期的心脏力学模型源自对骨骼肌的研究，基于 Hill 平滑肌模型构建了组织尺度的心肌收缩模型。随着细胞分子生物学的进步，通过能够分离和测量肌球蛋白、肌动蛋白、ATP 和 ADP 等相关分子，能够更深入地了解心肌的生理学，基于这些新的数据和方法，对心肌收缩的生物化学过程和肌肉收缩力的形成进行了建模。随着计算能力的逐渐提高和海量的医学数据，现有的心脏建模逐渐演变为个性化心脏，最终发展为个性化患者的计算模型。本小节将介绍 Hill 相关的组织模型，考虑生化过程的心肌收缩模型等基础模型，更新的模型进展可以参考相关的文献。

Hill 方程在 1938 年提出，是肌肉力学中最有名的方程之一，这个方程为

$$(v+b)(P+a)=b(P_0+a) \tag{5-1}$$

式中，P 代表肌肉的张力，v 代表收缩的速度；a,b,P_0 是常数。方程的量纲与 pv 相同，也与功率的量纲相同。

需要注意的是，Hill 方程描述的是强直性痉挛的骨骼肌收缩的能力，该方程基于快速释放痉挛状态的青蛙的骨骼肌缝匠肌实验。单个脉冲刺激时，骨骼肌会出现短时间(几分之一秒)的收缩，脉冲刺激频率增加时，上次收缩还未结束，新的刺激进一步刺激收缩，达到某个临界频率后，各个刺激引起的收缩融合在一起，形成连续的收缩，如果频率高于这个临界频率，收缩力基本不再增加，这就是强制性痉挛状态。实验过程如下：夹住一束缝匠肌并将其两端固定，保

持长度为 L_0,以足够高的电压和频率进行电刺激,以便在肌肉中产生最大张力 P_0(是肌肉长度 L_0 的函数),使肌肉处于强制性痉挛状态。通过释放一端夹子,快速释放肌肉,使张力 P 小于 P_0,肌肉立即开始收缩,测量收缩速度 v。P 和 v 之间的关系如图 5-9 所示。将方程(5-1)与实验数据进行拟合。

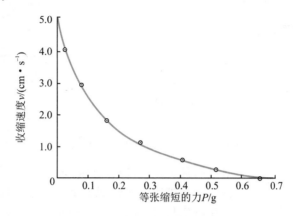

注:圆圈为实验数据点,实线为 Hill 拟合的曲线。

图 5-9　青蛙骨骼肌在强制性痉挛状态下,通过快速释放,等张缩短的力(P,g)和速度之间的关系

Hill 方程表明 P 和 v 之间成双曲函数,张力越大,收缩的速率越小,速度越大则张力越小。Hill 方程含有 3 个独立常数 a,b,P_0,引入收缩速度和张力的无量纲参数 v/v_0,P/P_0,其中 v_0 是张力为 0 时的收缩速度,也是最大收缩速度,则

$$v_0 = \frac{bP_0}{a} \tag{5-2}$$

则无量纲的 Hill 方程为

$$\frac{v}{v_0} = \frac{1-(P/P_0)}{1+c(P/P_0)} \tag{5-3}$$

$$\frac{P}{P_0} = \frac{1-(v/v_0)}{1+c(v/v_0)} \tag{5-4}$$

式中,$c = \frac{P_0}{a}$,方程(5-4)中 3 个独立参数是 v_0,P_0 和 P_0/a。这些参数依赖的常数是初始肌肉长度 L_0、浴液的温度和组成、钙离子浓度、药物等。

最大等长张力 P_0 强依赖于 L_0。如果 L_0 太小或太大,P_0 将降为零。存在一个最佳长度 L_0,使 P_0 达到最大值。图 5-10 显示了单个青蛙骨骼肌纤维的 P_0 与 L_0(以肌节长度表示)之间的关系。青蛙肌肉细胞的松弛肌节长度为 2.1 μm(即未负载时肌肉返回的肌节长度)。可以看到,当肌节长度在 2.0~2.2 μm 范围内时,具有最大的张力。当肌肉纤维大于或小于这个长度范围时(见图 5-10),最大张力都减小。这一特点与肌球蛋白和肌动蛋白纤维之间横桥的数量变化相关。如果肌肉长度过长,肌动蛋白和肌球蛋白丝被拉得太远,横桥数量减少,张力下降。如果肌肉过短,肌球蛋白丝会相互干扰,它们可能会相互屏蔽并阻碍横桥的功能,这也是后续描述的 Frank-Starling 关系的分子基础。

Hill 模型主要用于骨骼肌,进一步发展成三单元骨骼肌功能模型,包括两个弹性单元和一个收缩单元(见图 5-11),其中收缩单元与一个非线性弹性单元串联,对于收缩单元,在静息

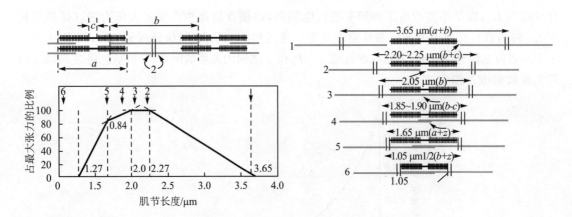

图 5-10　肌节长度与张力之间的关系

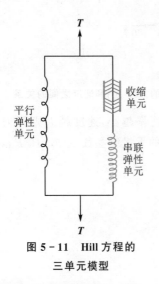

图 5-11　Hill 方程的
三单元模型

时可以自由伸展（即没有张力），但在激活时能够缩短，串联的弹性单元描述的实验现象是当刺激骨骼肌在等长收缩时，其动作电位与张力响应并不同步。张力的出现要滞后于刺激，甚至在刺激后数毫秒之内，表观张力水平还略有下降，假设存在一个弹性元，则弹性元在肌肉开始收缩时被拉长，可以吸收一部分能量。为了解释肌肉在静息时的弹性，还添加了一个"并联弹性单元"。由于心肌与骨骼肌有较大差别，强直性痉挛收缩在心肌中并不常见，而且 Hill 方程未包括与电生理量的耦合，此外它仅提供宏观信息，忽略了微观和分子水平上的生物物理现象，因此需要对 Hill 方程进行调整。研究人员基于 Hill 方程的三单元模型构建了心肌的模型。相关内容可以参考文献，在此不再展开。

　　自 1953 年起，Huxley 等通过系列工作，提出了基于生物物理学、微观解剖学的数学描述，即滑丝理论。该理论描述了条纹肌肉的收缩力的形成，接下来介绍相关的模型。如 5.1.1 小节所述，在收缩过程中，粗丝和细丝的长度保持不变，而 Z 线之间的距离减小，形成滑丝现象。假设肌动蛋白 A 和肌球蛋白 M 之间的横桥形成描述如下：

$$A + M \underset{g}{\overset{f}{\rightleftharpoons}} A - M \tag{5-5}$$

式中，$A-M$ 表示附着的横桥；f 为结合速率；g 为解离速率。结合速率 f 表示肌球蛋白侧链与肌动蛋白单体结合的概率，解离速率 g 表示附着的横桥断裂的概率，如图 5-12 所示。

　　A 处于 x 位点，具有大量的收缩位点，设 $n(x,t)$ 为这些位点中 A 结合 M 的比例，n 的控制方程为

$$\frac{\partial n}{\partial t} = (1-n)f - ng \tag{5-6}$$

或为

$$-v\frac{\partial n}{\partial x} = f - (f+g)n \tag{5-7}$$

　　v 是由于肌肉的收缩，A 丝滑过 M 丝的速度。此时，$v = sV/2$，其中 s 是肌节长度，V 是每秒肌肉缩短的速率，所以

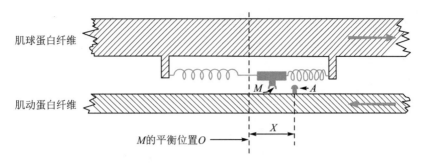

肌球蛋白纤维

肌动蛋白纤维

M的平衡位置O ⟶

注:箭头表示粗丝和细丝的滑动方向,O 为肌球蛋白 M 的平衡位置,x 为肌动蛋白 A 的位置。

图 5 - 12 张力产生的模型

$$-\frac{sV}{2} \cdot \frac{\partial n}{\partial x} = f - (f+g)n \qquad (5-8)$$

A 位点暴露给每个 M 位点的频率是 v/l,其中 l 是沿着肌动蛋白丝的 A 位点的间隔。每秒每个 M 位点中参与反应的平均次数为

$$\frac{v}{l}\int_{x=\infty}^{x=-\infty} f(1-n)\mathrm{d}t \qquad (5-9)$$

或

$$\frac{1}{l}\int_{-\infty}^{\infty} f(1-n)\mathrm{d}x \qquad (5-10)$$

假如每个收缩位点释放的能量为 e,因此,每立方厘米肌肉的能量释放总速率 E 可以表示为

$$E = \frac{me}{l}\int_{-\infty}^{\infty} f(1-n)\mathrm{d}x \qquad (5-11)$$

式中,m 是每立方厘米肌肉中的 M 位点数量。

要找到肌肉的张力,假设弹性元件服从胡克定律,具有刚度 k dyn/cm。当肌肉缩短时,一个肌动蛋白 A 通过肌球蛋白 M 位点,每个肌球蛋白所做功的平均值为

$$\int_{-\infty}^{\infty} nkx\,\mathrm{d}x \qquad (5-12)$$

除以长度 l 就可以得到平均的力,肌肉的总张力是一个半肌节内所有收缩位点产生的张力之和;对于一个横截面积为 $1\ \mathrm{cm}^2$ 的肌肉,这些位点的数量是 $ms/2$。因此,每平方厘米的张力 P 可以表示为

$$P = \frac{msk}{2l}\int_{-\infty}^{\infty} nx\,\mathrm{d}x \qquad (5-13)$$

在这些能量和张力方程中,并未给出结合速率 f 和解离速率 g 的具体形式,一旦确定后即可以得到这些方程的解,如图 5 - 13 所示。Huxley 给出了 f 和 g 的具体形式如下:

$$x<0:f=0,\quad g=g_2 \qquad (5-14)$$

$$0\leqslant x\leqslant h:f=f_1 x/h,\quad g=g_1 x/h$$
$$\qquad (5-15)$$

$$x>h:f=0,\quad g=g_1 x/h \qquad (5-16)$$

结合率 f 和解离率 g 为位移 x 的函数。

求解 n 的方程,只考虑肌肉收缩,不考虑舒张,V 为正值,则

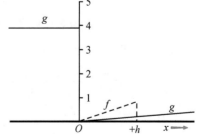

图 5 - 13 结合率 f 和解离率 g 的函数图

$$x > h : n = 0 \tag{5-17}$$

$$0 \leqslant x \leqslant h : n = \frac{f_1}{f_1 + g_1}\left(1 - \exp\left(\frac{x^2}{h^2} - 1\right)\frac{\phi}{V}\right) \tag{5-18}$$

其中，$\phi = (f_1 + g_1)h/s$。

$$x < 0 : n = \frac{f_1}{f_1 + g_1}\left(1 - \text{eep}\left(-\frac{\phi}{V}\right)\right)\exp\left(\frac{2xg_2}{sV}\right) \tag{5-19}$$

图 5-14 所示为在等长收缩的稳态下（顶部）并且以 3 种不同速度缩短时，n（肌动蛋白和肌球蛋白之间形成连接的位点比例）随 x（A 位点相对于 M 位点平衡位置的位置）的变化。

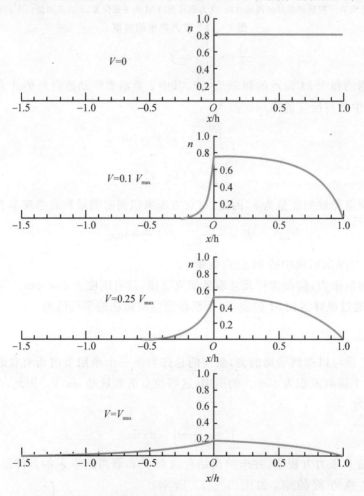

图 5-14   不同的收缩速度下，n 沿着 x 的变化情况

通过积分可以得到能量释放总速率 E 和每平方厘米的张力 P 分别为

$$E = me \cdot \frac{h}{2l} \cdot \frac{f_1}{f_1 - g_1}\left(g_1 + f_1\frac{V}{\phi}\left(1 - e^{-\frac{\phi}{V}}\right)\right) \tag{5-20}$$

$$P = \frac{msk}{2l} \cdot \frac{f_1}{f_1 + g_1} \cdot \frac{h^2}{2}\left(1 - \frac{V}{\phi}\left(1 - e^{-\frac{\phi}{V}}\right)\left(1 + \frac{1}{2}\left(\frac{f_1 + g_1}{g_2}\right)^2\frac{V}{\phi}\right)\right) \tag{5-21}$$

通过确定常数 f_1，g_1 等，Huxley 将该微观模型与前述的 Hill 模型中长度和张力的实验结果进行了对比，并得到了一致的结果。

5.1.3　Frank‐Starling 定律

1. Frank‐Starling 定律描述

Frank‐Starling 关系描述了心肌纤维初始长度与收缩产生的力之间的关联。肌节间的长度与肌肉纤维的张力之间存在可预测的关系。在肌节间存在一个最佳长度,肌肉纤维的张力最大,从而产生最大的收缩力。如果与这个最佳长度相比肌节间距离较近或较远,收缩张力和强度将会降低。心室舒张期容量越大,心肌纤维在舒张期间的拉伸就越多。在正常生理范围内,心肌纤维的拉伸越大,肌肉纤维的张力越大,刺激时心室的收缩力就越大。Frank‐Starling 关系(见图 5‐15)是观察到随着前负荷(舒张末期压力)增加,心室输出也增加的现象。

Frank‐Starling 曲线将前负荷(心肌在受到刺激收缩之前支撑的小负荷,以左室舒张末期容积(EDV)或压力作为测量参数)与心脏功能(以心室射血量或心输出量作为测量参数)相关联。在正常心脏的曲线上,随着前负荷的增加,心脏功能持续增加。在左室收缩力增加的状态下,例如,由于去甲肾上腺素输注,给定前负荷下心脏功能增加,这在图 5‐15 表示为正常曲线向上移动。相反,在与收缩性心力衰竭相关的左室收缩力减少的状态下,给定前负荷下心脏功能较正常曲线下降,这在图 5‐15 中表示为正常曲线向下移动。收缩力减弱也可能是心肌丧失(如心肌梗死、β 受体阻滞剂(急性期)、非二氢吡啶类 C_a^{2+} 通道阻滞剂和扩张型心肌病)所致。

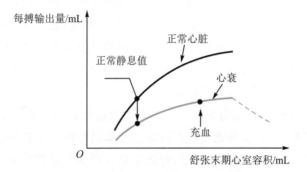

注:蓝色曲线表示心脏衰竭,黑色曲线表示正常,
曲线显示了正常容量和充血的行为。

**图 5‐15　Frank‐Starling 曲线示意图,
室前负荷和射血容量之间的关系**

如图 5‐16 所示,被动长度张力曲线不会因为收缩条件的改变而改变,但是随着钙浓度的增加,在每个肌肉长度下,形成的张力和总张力都会增加。此外,在每个肌肉长度下,达到峰值张力的时间缩短,表明张力在更短的时间内增加。当加入去甲肾上腺素时,出现类似的情况,达到峰值张力的时间甚至比增加钙浓度的情况更快。

改变后负荷(即心室在收缩开始时必须克服的阻力)也会改变 Frank‐Starling 曲线。降低后负荷将导致心室功能曲线向上移动,类似于增加肌力。相反,增加后负荷将导致曲线向下移动,类似于降低肌力。

运动期间儿茶酚胺(如去甲肾上腺素)的增加将导致 Frank‐Starling 曲线向上移动。儿

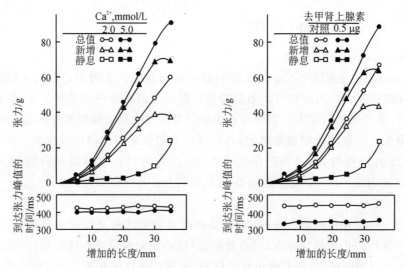

图 5 - 16　Ca²⁺ 和去甲肾上腺素对心肌收缩力的影响(猫乳头肌数据)

茶酚胺通过结合到心肌细胞的 β1 肾上腺素受体(一种 G 蛋白偶联受体),最终导致肌浆网释放更多的 Ca²⁺ 通道,增强收缩力。

2. 临床意义

在收缩性心力衰竭中,Frank - Starling 机制发挥一定的代偿作用,通过缓冲心输出量的下降,帮助维持足够的血压以灌注重要器官。左室收缩功能受损引起的心力衰竭会导致左室功能曲线向下移动,在任何给定的前负荷下,与正常情况相比,射血量会减少。这种减少的射血量导致左室未完全排空。因此,舒张期左室内积聚的血液的体积大于正常。增加的残余体积增加了心肌纤维的伸展,并通过 Frank - Starling 机制在下一次收缩中诱发更大的射血量,这有助于更好地排空扩大的左室,保持心输出量。

Frank - Starling 机制在代偿收缩性心力衰竭中的益处有限。在严重的心力衰竭中,由于心脏收缩功能的严重阻碍,心室功能曲线在较高的舒张期容积下几乎是平坦的,从而降低了心腔充盈增加时的心输出量。在这种情况下,舒张末期容积和左室舒张末期压力的严重升高可能导致肺充血。

Frank - Starling 机制在扩张型心肌病患者中也起到了代偿作用。扩张型心肌病通常伴有左右心室扩张和收缩功能降低。心肌细胞收缩功能受损导致心室射血量和心输出量下降,Frank - Starling 机制具有代偿效应。随着心室舒张期容积的增加,心肌纤维的伸展增加,射血量随之增加。除了 Frank - Starling 机制外,神经内分泌调节也通过增加心率和收缩力来代偿扩张型心肌病,有助于缓解心输出量的下降。这些代偿机制可能导致在心室功能障碍的早期阶段缺乏症状。随着心肌细胞的进行性退化和容量过载,将出现收缩性心力衰竭的临床症状。

在心肌收缩功能受损的患者中,临床医生使用正性肌力药物来增加心室收缩力。药物正性肌力剂包括强心苷类药物,如洋地黄;类肾上腺素药物,如多巴胺和肾上腺素;磷酸二酯酶-3抑制剂,如米力农等。它们通过不同的机制增加细胞内钙离子浓度,增强肌动蛋白和肌球蛋白的相互作用,从而增强心脏收缩。这将在血流动力学上产生效果,使受抑制的 Frank - Starling 曲线向上移动,接近正常。在给定的前负荷(左室舒张末期压力)下,射血量和心输出量增加。

随着心室收缩力的逐渐丧失,左心室的前负荷(压力)将超过肺静脉系统的静水压,导致肺淤血。在患有收缩性心力衰竭、射血分数降低和肺淤血的患者中,使用利尿剂(如呋塞米或氢氯噻嗪)或纯静脉扩张剂(如硝酸盐)治疗可以减少前负荷而不会对射血量产生太大改变。这是因为 Frank - Starling 曲线在前负荷较高水平时几乎是水平的,而患者的曲线由于收缩功能障碍而向下移动。然而,过度利尿或静脉扩张可能导致射血量不良下降,引起低血压。

对于患有收缩性心力衰竭和肺淤血的患者,像肼苯哒嗪这样的动脉扩张剂疗法也具有一定的价值。动脉扩张剂可以降低后负荷,从而增加射血量,改善左心室排空,减少前负荷并改善肺部症状。将扩血管剂和正性肌力药物的治疗结合起来可能会带来额外的益处,使射血量的增加超过单一治疗的效果。即使使用扩血管剂和正性肌力药物的联合治疗,Frank - Starling 曲线也不会改善到正常心室的性能水平。

5.2　左心室泵功能的工程分析

5.2.1　左心室压力–容积关系

心室的压力和容积之间的关系可以通过压力–体积曲线表示,图 5 - 17 显示的是左心室的结果。图 5 - 17(a)是心室中血液的灌注过程,血液体积从 80 mL 增加到 160 mL,表示舒张末期容积(end diastolic volume,EDV),是心动周期中心室的最大体积。在该阶段,由于心室的拉伸和胶原纤维的扩张,压力与体积并不是按比例增加。随后心室收缩,室内压增加,导致僧帽瓣关闭(主动脉瓣保持关闭)。等容收缩见图 5 - 17(b),该过程中,心室体积保持不变,压力急剧增加,在这个阶段,可以通过压力随时间的变化率(dP/dt)来评估收缩能力。当心室的压力超过主动脉时,主动脉瓣打开,血液快速地射入主动脉中(见图 5 - 17(c))。心室肌急剧收缩增加室内压力(沿着主动脉中的压力),同时射血到主动脉中,心室体积减小。在心室收缩末期,心室中血液的残留量称为收缩末期容积(end systolic volume,ESV),是心动周期中心室的最小体积。舒张末期容积和收缩末期容积之差称为每搏输出量(SV),即

$$SV(mL/次) = EDV - ESV \tag{5-22}$$

式中,SV 表示在一个心动周期中从左心室泵入体循环中的血液的体积。在收缩末期,心室肌开始舒张,心室压力降到主动脉压力之下,主动脉瓣膜关闭。心室继续等容舒张(见图 5 - 17(d)),然后新的心动周期开始。1 min 之内心室泵出的血液量称为心输出量(CO),是 SV 和 HR 的乘积,即

$$CO(mL/min) = SV(mL/次) \cdot HR(次/min) \tag{5-23}$$

右心室有相似的压力–体积曲线,只是右心室中产生的压力会小一些。根据基本的热力学知识可知一个心动周期中的总功是压力–体积曲线下的面积。该结果也可以从力学功的角度理解,功是力和距离的乘积,由于力是压力和面积的乘积,因此所做功可以写成(压力×面积)×体积,或者压力×体积。因此一个心动周期中,心室做的功可以通过压力–体积曲线得到。

图 5-17(a)表示的是心动周期中的灌注过程,血液做功在左心室上,使左心室体积增加。在等容收缩期间,没有做功,能量以心肌中的弹性能形式存储。在射血期间,心肌对血液做功,而在等容舒张期间没有功的交换。在图 5-17(e)中压力-体积曲线围成的面积表示心室对血液做的净功。计算输入和输出能量,可以计算心脏的效率。通常,心脏做的功仅仅占总的输入功的 10%~15%,其他的能量以热的形式耗散了。

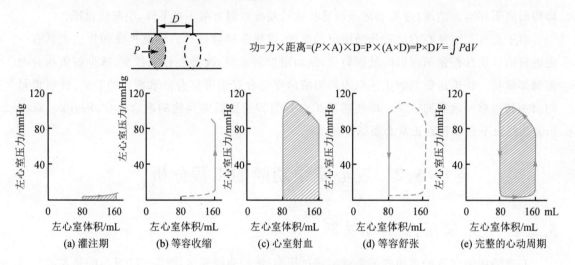

功=力×距离=$(P \times A) \times D = P \times (A \times D) = P \times DV = \int P dV$

(a) 灌注期　(b) 等容收缩　(c) 心室射血　(d) 等容舒张　(e) 完整的心动周期

图 5-17　心室的压力-体积曲线

Wiggers 图(见图 5-18)综合表示了心脏的电活动(ECG)、心脏腔中和主动脉中的压力以及心室血液体积。在图 5-18 中,心动周期中产生的心音也通过心音描记法表示。心室收缩

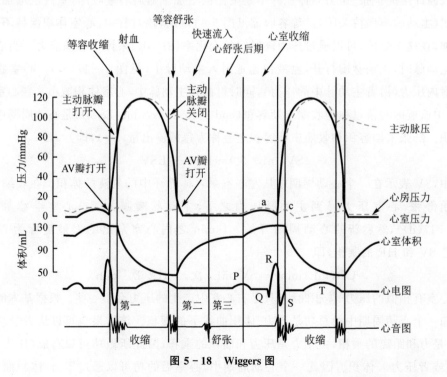

图 5-18　Wiggers 图

从心脏的顶部开始,在心室收缩中血液被挤压到心脏的底部。心室中压力的增加和房室瓣(僧帽瓣和三尖瓣)心室侧血液的挤压,使瓣膜关闭,防止血液返流到心房中。心瓣关闭引起的振动产生第一心音,可以通过听诊器听到。类似地,在收缩的末期,心室舒张,导致心室内压力快速下降。当心室中的压力小于血管中时,血液开始回流到心室中,半月瓣(主动脉瓣和肺动脉瓣)关闭。半月瓣关闭引起的振动产生第二心音。心室灌注期血液的湍流还会产生第三心音。还有第四心音(见图 5 - 18 中未显示),该心音与心房收缩产生的湍流有关。病理状态,比如瓣膜狭窄(即较硬)或不全(即泄漏),会导致心音频率和幅度的改变。因此,心音还可以用来检测瓣膜疾病。

5.2.2　左心室模型

为了描述 5.2.1 中的心室压力-体积关系的时间曲线,Suga 直观认识到左心室的作用可以通过电容器的放电来建模,即通过一个随时间变化的函数,提出左心室压力和体积之间的关系,即

$$p(t) = E(t)(V(t) - V_0) \tag{5-24}$$

式中,$p(t)$ 和 $V(t)$ 分别是随时间变化的压力和体积,$E(t)$ 是随时间变化的弹性,V_0 是零压力时的体积(与舒张末期容积相比,可以忽略不计)。当心室压力增大时,可以得到一系列的压力-体积($P - V$)环,这些环的左上角点(收缩末期压力体积关系(ESPVR))处于一条直线上,具有最大的斜率,定义为最大弹性(E_{max})(见图 5 - 19)。左心室在收缩过程中,心室的弹性会随着时间变化,它在收缩期增加,在舒张期减少,并在收缩末期达到最大值(E_{max})。

前负荷(舒张末期容积)和后负荷的变化通常会导致舒张末期容积和压力的变化,但不会影响它们的比值。根据 Suga 的说法,E_{max} 相对于其他纯粹现象学的收缩力指标的优势在于,它具有体积弹性的量纲(mmHg/mL),可以量化心室壁的三维(即应力-应变)特性。多年来,弹性概念作为一种与负荷无关的收缩力指标已经得到广泛应用。

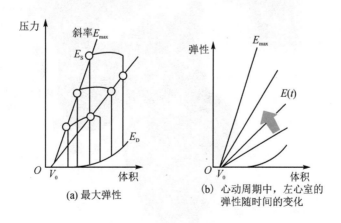

图 5 - 19　压力-体积关系

当以时间和振幅进行归一化处理时,尽管其收缩能力、心率和负荷条件存在差异,但正常个体和患有心脏疾病的患者的弹性曲线 $E(t)$ 几乎是相同的。通过连续记录心室体积,发现人

类、猫、狗和小鼠的归一化弹性曲线非常相似,这表明心室的机械和时间激活在哺乳动物物种中是保守的。

5.2.3 心脏的压力和应力分析模型

为了分析左心室中的应力分布,最简单的模型是将其简化成理想化的圆柱模型,由第 3 章"血管壁的张力(拉普拉斯(Laplace)定律)"可知

$$\sigma_\theta = \frac{\Delta pR}{h} \tag{5-25}$$

因此,在较大的腔室中,比如,心脏扩张、R 增大,为了实现同样的压力,需要更大的壁应力。为了产生心室压,心肌纤维必须要形成一定的张力,当心脏扩张时,在给定的压力下,张力会增加,也就是表达式中 Δp 不变,R 增大。

后来,研究人员使用构建了理想化的椭圆形左室模型,该模型相对于前面的圆柱模型更接近心脏的形状,同时形状参数比较简单,因此在心脏力学分析中得到了广泛应用。为了研究两个心室之间的相互作用,建立了理想化的椭圆形双心室模型,可以分析肺动脉和全身性高血压的影响。以上三种模型的主要优势在于它们的几何形状简单,提供了纤维方向,可以较真实地模拟心脏收缩、生长和重塑等。更复杂的模型是轴对称的左室模型,以及基于真实个性化几何形状的整体心脏模型。心脏模型的发展历程如图 5-20 所示。

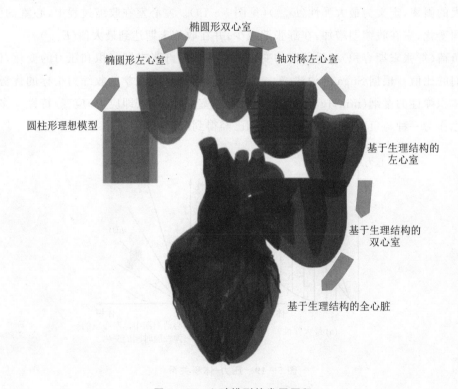

图 5-20 心脏模型的发展历程

5.2.4　左心室做功的工程分析

1. 心脏做的功

心脏需要做两方面的功:外功(external work)和内功(internal work)。外功将血液从左心室推入主动脉,从右心室推入肺动脉;内功用于在收缩期内改变心脏的形状,并拉伸心室壁上的弹性和黏性元素。虽然在心脏松弛时,内功所消耗的大部分能量会转化为热量,从而降低心脏性能的效率,但一部分用于拉伸弹性元素的能量可用于排出血液。对于压力-容积图(见图5-21),心脏每搏所做的功为

$$W_b = \oint_L p\, dV(t) = A + B \tag{5-26}$$

式中,A 为外功,B 为内功。内功可以通过平均压力 $\bar{p}$ 和每搏输出量的乘积进行估算,并且根据式(5-22)可得

$$W_b = \bar{p} \times SV = \bar{p} \times (EDV - ESV) \tag{5-27}$$

若正常人平均血压约为 100 mmHg,每搏量约为 70 mL,则每次搏动的内功约为 7 000 mmHg·mL 或 9.3×10^{-4} N·m。

若心率为 HR,则每分钟心脏做的功为 $HR \cdot W_b$。

在任何稳态下,左右两个心室的每搏输出量是相同的,但由于肺动脉压力约为主动脉压力的 1/5,右心室的每搏输出功比左心室小。影响 EDV 和 ESV 的因数都将影响每搏内功。每个心脏收缩工作的决定因素都有不同的控制方式。EDV 由三个变量决定,其中两个共同定义了前负荷,分别是静脉回流和 ESV,第三个是心室的舒张状态。ESV 由舒张末容积 EDV 和排出的血液体积(每搏输出量)决定,而这反映了心室的肌力状态和后负荷。

除了将能量转化为血流,心脏需要消耗一部分能量,调节心脏的结构。这包括用于重新排列细胞骨架结构和拉伸肌球蛋白横桥和其他肌节蛋白的弹性和黏性单元的能量。心脏还需要消耗能量来拉伸支撑心脏的结缔组织,并重新定位心室肌肉结构的螺旋结构。因为大部分能量用于拉长弹性和黏性单元,所以内功与壁应力成正比。

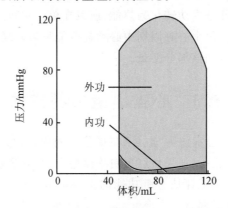

图 5-21　心脏所做的功

2. 心脏效率

单纯做功量不能衡量心脏的效率,心脏做功增加,心脏耗氧量也会增加。通过测量心脏消耗的氧气量,可以估计心脏能量利用情况,因为心肌几乎完全通过氧化脂肪、碳水化合物和少

量蛋白质来满足其能量需求。给定一定量的氧气所释放的能量几乎与氧化的底物无关,因为尽管脂肪氧化产生 9 cal/g,而碳水化合物和蛋白质氧化只产生 4 cal/g,但脂肪氧化消耗更多的氧气。因此,每消耗 1 L 氧气释放的能量对于所有这些底物来说是相似的。

心脏收缩效率可以通过将心脏做的外功除以消耗的氧气能量的等效值来估计,即

$$心脏效率 = \frac{心脏做的外功}{同等能量需要消耗的氧气} \tag{5-28}$$

以这种方式计算,心脏的效率在 $5\% \sim 20\%$ 之间(见图 5-22),确切的数值取决于功的性质和大小。心脏的后负荷、扩张性、心率的变化等因素都会影响心脏的效率。图 5-22 所示为外功与心室收缩能量之间的关系。当功增加时,氧气消耗量(实线)增加,而效率(虚线)则先上升后下降。

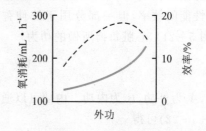

图 5-22 外功与心室收缩能量之间的关系

增加后负荷的高能耗表明等容收缩期间所做的内功需要大量能量。比如,当后负荷过高时,心室无法产生足够的压力来打开半月瓣,在该情况下,无法执行任何外功,心脏效率方程(式(5-28))中的分子为零,仍需消耗能量来执行内功。当后负荷降低到足以允许排出少量血液时,会执行有限的外部工作,心脏效率方程(式(5-28))中分子不为零。虽然需要额外能量来排出这些血液,但随着后负荷的降低,效率会逐渐增加,因为内功在总能量消耗中所占比例变小。增加后负荷会增加心脏收缩的能量消耗,用于伸展内部弹性的能量增加。

心室扩张会增加收缩期壁应力和减少储存的弹性能(这些能量可以做功),从而降低心脏效率。给定相同的排血容积,与较小的心脏相比,扩张心脏的尺寸变化就较小,根据拉普拉斯方程,心脏建模为一个薄壁球体,比如,正常心室排出 70 cm³,壁张力减少了近 40%(从 3.72×10^5 dyn/cm 降至 2.26×10^5 dyn/cm),而扩张心室排出相同体积时,壁张力减少不到 10%(从 5.98×10^5 dyn/cm 降至 5.59×10^5 dyn/cm)。

心率增加也会降低心脏的效率。由于在等容收缩期间每次形成脉搏的血压都必须做内功,并且因为在舒张期间大部分内功转化为热能,所以在单位时间内进行更多等容收缩时会使用更多能量做内功。此外,在每个心脏周期中必须耗费能量来恢复质膜上的离子梯度,并将钙泵入肌浆网,增加心率也会增加该部分能量。

5.3 心输出量检测技术

心输出量(CO)是指单侧心室作为"血泵"在单位时间内排出的血液总量。心输出量是向组织氧输送的主要决定因素之一(如果血红蛋白浓度稳定,心血管系统向组织输送氧气的主要决定因素是心输出量),也是用于评估心脏功能的重要参数。因此,CO 监测已成为危重症患者血流动力学评估的重要组成部分。

心输出量可通过心脏每搏输出量(SV)与心率(HR)的乘积计算

$$CO = SV \cdot HR \tag{5-29}$$

式中,SV 的单位通常为 L/次;HR 的单位为次/min;CO 的单位通常为 L/min,正常值为 $4 \sim 8$ L/min。影响 CO 的基本因素:前负荷、后负荷、心肌收缩力、心肌收缩的协调性与顺应性、心率。

　　心输出量的检测,从工程学的角度可归为流量测量,故工程上一些流量的测量方法,如电磁流量计法,在开胸动物实验等场合,可用于心输出量监测。但临床应用中需考虑有创程度、安全性、操作方便性等因素,因此发展了多种特定的检测方法。按检测方法的原理,CO 测量技术大致可分为指示剂稀释法、阻抗法、成像法、脉搏波波形分析法等。

　　指示剂稀释法是通过插入导管等方式将一定量的指示剂注射到血液中,经过指示剂在血液中的扩散,通过测定指示剂的变化来计算心输出量的方法,包括 Fick 法、染料稀释法、热稀释法等。Fick 法以氧为指示剂;染料稀释法通常采用无害、不易透出毛细血管、易于定量的物质为指示剂如伊文思蓝、吲哚菁绿等;热稀释法采用冷盐水作为指示剂,具有热敏电阻的漂浮导管(四腔导管:血压、温度传感器、指示剂、漂浮气囊)作为心导管。

　　阻抗法是根据血管容积或血流变化引起的胸腔电阻抗变化来测定心功能的一种无创方法。

　　成像法是通过医学影像技术中检测血流速度进而获得 CO 的方法、包括基于超声多普勒法原理的方法、基于磁共振的相位对比(PC - MRI)的方法等。

　　脉搏波波形分析法(又称脉搏轮廓分析法)是通过检测脉搏波波形及其特征参数,结合心血管系统模型(通常是弹性腔模型)得到 CO 的方法。

　　检测技术按有创程度,可分为无创技术,包括脉搏波分析、胸部生物电阻抗法、脉搏波传导时间、部分二氧化碳重复吸收法等;微创技术,包括脉搏波分析结合导管检测校正、经食管超声多普勒等;有创技术,包括肺动脉导管热稀释法(间歇推注或连续法)、指示剂稀释法等。

5.3.1　Fick 法

　　Fick 法是由 Adolph Fick 于 19 世纪 70 年代提出的。这种方法的基本原理如图 5 - 23 所示。图中,Q_{Uptake} 为单位时间内注入的示踪剂体积,Q 为流经系统的体积流量,C_{in} 为上游指示剂的浓度(单位体积内示踪剂的体积),C_{out} 为下游指示剂的浓度。

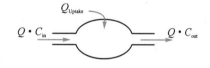

图 5 - 23　Fick 法的基本原理

　　单位时间内流入的指示剂体积为

$$Q_{in} = Q \cdot C_{in} + Q_{Uptake} \tag{5-30}$$

　　单位时间内流出的指示剂体积为

$$Q_{out} = Q \cdot C_{out} \tag{5-31}$$

　　单位时间内流入、流出的指示剂相等,即

$$Q_{in} = Q_{out} \tag{5-32}$$

　　将式(5-30)和式(5-31)代入式(5-32)可得

$$Q \cdot C_{in} + Q_{Uptake} = Q \cdot C_{out} \tag{5-33}$$

于是

$$Q = \frac{Q_{Uptake}}{C_{out} - C_{in}} \tag{5-34}$$

式(5-34)说明,可通过检测单位时间内注入的指示剂体积和上下游指示剂浓度差来检测流经系统的流量。

　　如果认为上述"系统"为肺,指示剂为氧气,则 Fick 法检测 CO 的原理如图 5 - 24 所示。所有的血液都流经肺部,血液和空气之间的气体交换发生在肺泡中。由于肺泡毛细血管中氧气和二氧化碳的分压不同于肺泡内空气中的分压，O_2 将被血液吸收，CO_2 将扩散到肺泡中，从而实现气体交换。由于肺循环与体循环的血流量相等，故测定单位时间内流经肺循环的血量可得 CO。

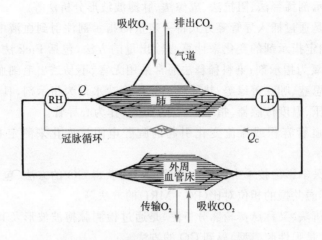

图 5 - 24　Fick 法检测 CO 的原理

假设肺中的氧摄取完全转移到血液中，肺的总摄氧量取决于流经肺部的血流量和动静脉氧含量的差，因此，心输出量可以通过耗氧量、肺动脉和静脉氧含量来计算，即

$$CO = \frac{O_2 \text{ 消耗量（单位时间内）}}{\text{肺静脉中的 } O_2 \text{ 浓度} - \text{肺动脉中的 } O_2 \text{ 浓度（单位体积血液中的气体体积）}}$$

$$(5 - 35)$$

或表示为

$$CO = \frac{VO_2}{C_a O_2 - C_v O_2} \qquad (5 - 36)$$

式中，VO_2 是吸入气体和呼出气体之间的氧含量差；$C_a O_2$ 是动脉血氧含量；$C_v O_2$ 是混合静脉血氧含量。使用肺活量计可以测量患者的耗氧量，还可以测量通过导管收集的血液样本的动脉和静脉氧含量。

例如，一名患者采用肺活量计测量的耗氧量为 250 mL/min，动脉氧体积浓度为 0.2 mL/mL，静脉氧体积浓度为 0.15 mL/mL。由式(5 - 36)可计算心输出量，即

$$CO = \frac{VO_2}{C_a O_2 - C_v O_2} = \frac{250 \text{ mL/min}}{0.20 \text{ mL/mL} - 0.15 \text{ mL/mL}} = 5 \text{ L/min} \qquad (5 - 37)$$

Fick 法曾是心输出量检测的标准方法，当血液动力学状态足够稳定时，这种方法测量准确，特别是对严重低心排出量病人，Fick 法最为准确。

Fick 法的缺点一方面是操作复杂，有创、存在并发症风险。$C_v O_2$ 须插入肺动脉导管采集混合静脉血样进行测定。由于不同血管床的摄氧差异很大，因此有必要从混合静脉血中抽取样本，需通过将导管插入右心房、右心室甚至肺动脉中获得混合静脉血样本，实现肺动脉中含氧量的检测。$C_a O_2$ 须抽取动脉血进行血气分析。由于在肺静脉与体动脉之间输运过程中氧的消耗可忽略不计，因此可从体动脉中抽取血液样本，作为肺静脉血中氧含量的近似值。此外，氧耗量测定通常需连续呼吸密闭空间中的氧气，测定氧气的消耗量来换算氧耗量，需要专

用设备才能实现。Fick 法的另一缺点是操作时间长,患者耐受性差,适用范围受限。在测量过程中病人必须处于血流动力学稳定状态,而大多数需要心排出量测量的患者都是危重病人,处于"不稳定状态"。

　　Fick 法的基本原理可应用于通过肺弥散的任何气体,包括 CO_2。为了克服 Fick 法的缺点,在其基础上发展的部分二氧化碳重呼吸法,就是利用 CO_2 作为指示剂的方法。适用于 CO_2 的 Fick 方程可表示为

$$CO = \frac{VCO_2}{C_v CO_2 - C_a CO_2} \qquad (5-38)$$

假设 CO 在正常(N)和再呼吸(R)条件下保持不变,则

$$CO = \frac{VCO_{2N}}{C_v CO_{2N} - C_a CO_{2N}} = \frac{VCO_{2R}}{C_v CO_{2R} - C_a CO_{2R}} \qquad (5-39)$$

正常和再呼吸情况下的比值相减,得

$$CO = \frac{VCO_{2N} - VCO_{2R}}{(C_v CO_{2N} - C_a CO_{2N}) - (C_v CO_{2R} - C_a CO_{2R})} \qquad (5-40)$$

因为 CO_2 在血液中弥散速度快(比氧气快 22 倍),可认为 $C_v CO_2$ 在正常和再呼吸条件下没有差异,因此静脉 CO_2 含量可从方程式中抵消,即

$$CO = \frac{\Delta VCO_2}{\Delta C_a CO_2} \qquad (5-41)$$

式中,$\Delta C_a CO_2$ 可通过 $\Delta et CO_2$ 乘以 CO_2 解离曲线的斜率(S)来估计。该曲线表示 CO_2 体积(用于计算 CO_2 含量)和 CO_2 分压之间的关系。CO_2 分压值为 $15 \sim 70$ mmHg 时,认为该关系是线性的,即

$$CO = \frac{\Delta VCO_2}{S \times \Delta et CO_2} \qquad (5-42)$$

　　因 VCO_2 和 $et CO_2$ 的变化仅反映参与气体交换的血流,所以肺内分流可影响用该方法估计的 CO 值,肺内分流增加和血流动力学不稳定(在危重患者中常见)可能改变该方法实际测量的精确度。如果要使用基于该方法的 NICO 监护仪,患者必须处于完全控制的机械通气状态下。此外,动脉血液样本需要测量动脉氧分压(PO_2)以估计分流量,某种程度上降低了该技术的无创性。

5.3.2　指示剂稀释法

　　指示剂稀释法的基本原理最早由 Steward 于 1897 年提出,由 Hamilton 于 1928 年改进。其基本概念可用图 5-25 说明。单一管道中流体的流量是一个稳定值 Q,在上游以稳定的速率 m(恒速注射,单位时间内的注射量)注入管道,如果指示剂快速且均匀地与管道中的流体混合,则根据质量守恒可以得到下游采样点检测到的示踪剂浓度 c,即

$$c = m/Q \qquad (5-43)$$

于是,管道中流体的流量为

$$Q = m/c \qquad (5-44)$$

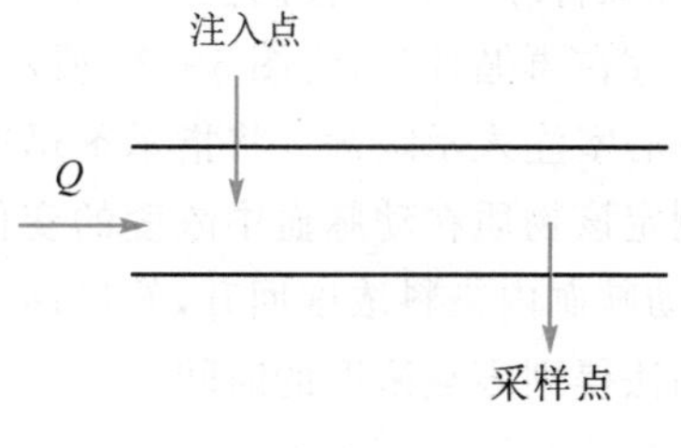

图 5-25　指示剂稀释法原理示意图

如果管道上游注入指示剂的速率 m 是时间的函数（如在推注情况下），即 $m=m(t)$，注入示踪剂的总量为 $M=\int_{0}^{+\infty} m(t)\mathrm{d}t$。假设经过一段时间之后，所有指示剂都随流体流动经过采样点，若管道中流体的流量为 Q，则 Δt 时间内流过的指示剂总量为 $Q \cdot c_i \cdot \Delta t$，其中，$c_i$ 表示在下游的指示剂 i 时刻的瞬时浓度。则指示剂总量 M 可表示为

$$M = \lim_{\Delta t \to 0} \sum_{i=0}^{\infty} Q \cdot c_i \cdot \Delta t = \int_{0}^{+\infty} Q \cdot c(t)\mathrm{d}t \qquad (5-45)$$

如果 Q 为常数，则

$$M = Q \cdot \int_{0}^{+\infty} c(t)\mathrm{d}t \qquad (5-46)$$

或

$$Q = \frac{M}{\int_{0}^{+\infty} c(t)\mathrm{d}t} = \frac{M}{A} \qquad (5-47)$$

也可表示为（浓度归一化）

$$Q = \frac{1}{\int_{0}^{+\infty} (c(t)/M)\mathrm{d}t} \qquad (5-48)$$

式中，A 为检测的示踪剂浓度-时间曲线下的面积，如图 5-26 所示。

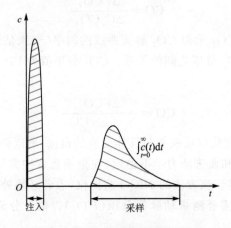

图 5-26 示踪剂浓度-时间曲线

由式（5-48）可知，计算流量 Q 不需要知道函数 $m(t)$，只需要知道示踪剂总量 M；分母为浓度-时间曲线下的面积，它与采样点的选择无关，但前提是所有注入的示踪剂都无损失地通过采样点。

实际应用中，指示剂的选择主要考虑：无害、不易透出毛细血管、易于定量、染料（伊文思蓝、吲哚菁绿）、放射性同位素（用[32]P 对红细胞或用[131]I 对血清蛋白进行放射性标记）等。

存在再循环时，将图 5-27 所示的由右心室-肺-左心室-外周组成的循环，视为一个黑箱，从右心室注入示踪剂。将指示剂迅速注入大动脉中，经不同时间后从外周动脉采取血液样品，以测定该物质在动脉血中浓度的变化。当注入染料经一定时间后，动脉血内由于染料的再循环，动脉血内染料浓度回升，然后逐渐下降而达零点。用曲线下降坡度外推法或用半对数坐标绘图法得到零点浓度的时间。

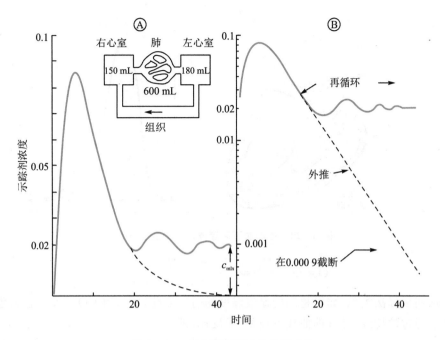

图 5 - 27　存在再循环时的处理方法

5.3.3　热稀释法

1954 年,Feger 第一次介绍了用热稀释方法测量心输出量的原理和方法。但是直到 20 世纪 70 年代初期,Swan 和 Ganz 发明了 Swan - Ganz 导管之后,其逐步发展成为一项成熟的、可以准确测量心排血量的技术,并在临床上广泛应用,成为临床上心排血量检测的主要方法,特别是应用于手术和重症监护之中。热稀释法避免了吸入氧气的影响,获得准确的测量结果,并可重复操作。

热稀释方法测量心输出量的原理与应用染料测量心输出量的原理相似,只是热稀释方法应用冷盐水或冷葡萄糖水作为指示剂,而不是应用染料。通过插管操作,将一定量温度已知的指示剂(如 5% 的葡萄糖冷溶液),由 Swan - Ganz 导管的近端孔注入右心房后,这些冷溶液立即与血液混合,随着这部分血液经过右心室并被泵入肺动脉后,这部分血液的温度也逐渐升高。在 Swan - Ganz 导管远端的温度传感器检测这种温度的变化,可绘制出温度-时间曲线,经心输出量计算单元计算出心输出量(见图 5 - 28)。

指示剂可用引起下游检测到的血液温度变化的注射液,通常为 0.9% 的冰盐水或 5% 的葡萄糖溶液,相关参数及定量计算描述如下。

用 T_0(℃)、σ_0(J·kg^{-1}·℃$^{-1}$)、ρ_0(kg·mL^{-1})、V_0(mL)分别表示注射液的温度、比热、密度和体积(单位);用 T_B(℃)、σ_B(J·kg^{-1}·℃$^{-1}$)、ρ_B(kg·mL^{-1})、V_1(mL)分别表示血液的温度、比热、密度和体积(单位);注射液(冷指示剂)携带的热 $V_0\sigma_0\rho_0(T_B-T_0)$ 进入血液循环后,注射液与体积 V_1 的血液混合,并将其冷却至温度 T_1。根据能量守恒,有

$$V_0\sigma_0\rho_0(T_B-T_0)=V_1\sigma_B\rho_B(T_B-T_1) \qquad (5-49)$$

冷却的血液在 t(s)内通过下游血管分支中的热敏电阻。CO(mL·s^{-1})的计算公式为

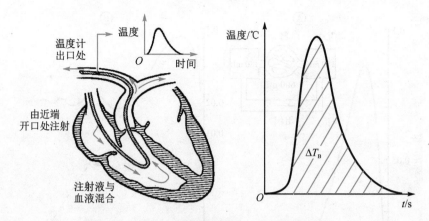

图 5-28　检测血液温度随时间的变化曲线

$$CO = Q = \frac{V_1}{t} = \frac{V_0}{t}\frac{\sigma_0\rho_0(T_B - T_0)}{\sigma_B\rho_B(T_B - T_1)} \tag{5-50}$$

与指示剂稀释法类似,如果检测的血液温度随时间变化,则可得 CO 与平均血液温度下降和冷却血液通过的持续时间(即曲线下面积)成反比,即

$$CO = Q = \frac{V_1}{t} = \frac{V_0(T_B - T_0)K_1}{\int_t \Delta T_B dt} \tag{5-51}$$

式中,密度或热容系数 $K_1 = \frac{\sigma_0\rho_0}{\sigma_B\rho_B}$(对于 5% 葡萄糖溶液,$K_1 = 1.08$)。

5.3.4　基于脉搏波波形分析的方法

无创、连续检测 SV 即 CO,一直是研究追求的目标。胸部电阻抗法、超声血流多普勒和脉搏波波形分析法是典型的方法。其中最新应用于临床或在研发中的 CO 测量或监测方法包括脉搏指示持续心输出量监测(pulse continuous cardiac output,PCCO)。本节重点介绍 Wesseling 等人的工作。

在 20 世纪 70 年代早期,Wesseling 等人开发了 cZ 脉搏波脉冲轮廓法,计算方法如图 5-29 所示。这种方法利用脉搏波收缩期压力曲线下的面积(PSA),以及特征阻抗 Z_c(表征对脉动血流的阻力)来计算 SV,并使用结合了患者年龄、心率(HR)和平均动脉压(MAP)的经验公式来动态校正恒定的阻抗 Z_c,因此,该方法简称 cZ 法,即校正阻抗之意。在得到 SV 的基础上,考虑 HR 可得到 CO。

每搏输出量计算的经验公式为

$$SV_Z = \frac{1}{cZ} \cdot \int_{T_e}(P(t) - P_d)dt \tag{5-52}$$

$$SV_{cZ} = (0.66 + 0.005f_H - 0.01A(0.014P_m - 0.8))SV_Z \tag{5-53}$$

式中,$cZ = 20/(163 - 0.48P_m + f_H)$,为经验公式;$P(t)$ 表示脉动动脉压力;P_m 为平均动脉压(MAP);P_d 为舒张末期压力;f_H 表示心率;A 表示年龄;SV 表示每搏输出量;T_e 表示射血期时长。

继 cZ 法之后,Wesseling 等人又开发了一种基于三单元 Windkessel 模型的方法,称为

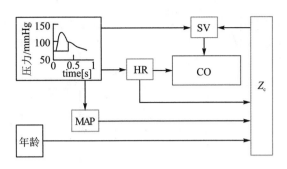

图 5 - 29   cZ 方法（1974）原理图

ModelFlow。模型通过在包含动脉（主要是小动脉和微动脉）外周阻力 R_p 和动脉（主要是主动脉和降主动脉）顺应性 C_w 两单元 Windkessel 模型中，添加特征阻抗 Z_c 作为第三个单元，其值由表征动脉弹性储血能力的顺应性 C 和表征血液惯性的流感 L 决定，等于 L/C 的平方根。为获得更为准确的 CO 值，并适用于更宽泛的压力范围，Z_c 和 C_w 设为压力、年龄、性别、身高和体重相关的非线性函数。随时间变化的 R_p 是 MAP 和 CO 的比值，并且通过迭代计算确定。该方法将有创动脉压力作为输入量，代入模型计算得到流量-时间曲线；通过对流动-时间曲线进行积分，得出 SV。计算方法如图 5 - 30 所示。

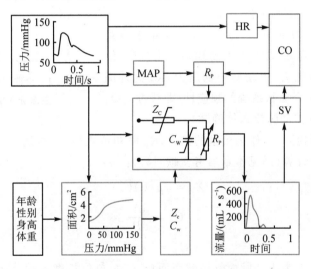

图 5 - 30   ModelFlow 方法（1993）原理图

进一步发展的 Nexfin CO - trek 方法的目标是通过无创检测的动脉压作为输入，实现 CO 的估计。该方法通过在指端检测血液压力脉搏波，重建肱动脉血液压力脉搏波曲线，用该曲线收缩相部分下的面积（PSA）除以主动脉输入阻抗 Z_{in} 来计算逐搏 SV，计算方法如图 5 - 31 所示。其中，重建的肱动脉压力脉搏波曲线和主动脉输入阻抗 Z_{in} 由三单元 Windkessel 模型确定。

方法中采用的三单元 Windkessel 模型，是方法中的重要内容。与传统三单元弹性腔模型的不同之处在于，其中的一些参数是时变的或非线性的，这样做的目的使 CO 的检测更为准确，并且适用范围更宽。此模型的示意图如图 5 - 32 所示。

模型的控制方程为

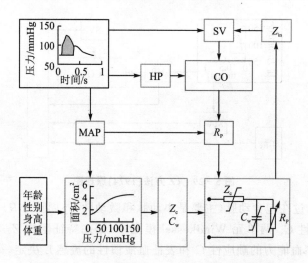

图 5 - 31　Nexfin CO - trek 方法(2007)原理图

$$Q(t) = C_{\mathrm{w}} \frac{\mathrm{d}P(t)}{\mathrm{d}t} + Q_{\mathrm{R}}(t) \qquad (5.-54\mathrm{a})$$

$$P_{\mathrm{w}}(t) = Q_{\mathrm{R}}(t) \cdot R_{\mathrm{p}} \qquad (5-54\mathrm{b})$$

$$P(t) = Q(t) \cdot Z_0 + P_{\mathrm{w}}(t) \qquad (5-54\mathrm{c})$$

式中,$P(t)$ 为主动脉根部压力,$Q(t)$ 为瞬时系统流量（左心室流入主动脉流量）,Z_0 为主动脉特征阻抗（非线性）,$P_{\mathrm{w}}(t)$ 为弹性腔压力,主动脉中的压力,R_{p} 为外周阻力（时变）,C_{w} 为整个动脉系统的顺应性（非线性）,$Q_{\mathrm{R}}(t)$ 为分支瞬时流量（体动脉流入体静脉）。

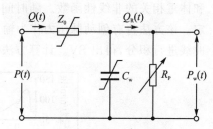

图 5 - 32　含非线性参数和时变参数的三单元 Windkessel 模型

其中,$P(t)$ 为可检测量,作为模型的输入;R_{p} 赋初值之后,通过迭代计算至收敛;主动 Z_0 和 C_{w} 通过以下方法计算(详见本章参考文献[14]):

$$Z_0 = \sqrt{\rho/(AC')} \qquad (5-55\mathrm{a})$$

$$C' = \frac{\mathrm{d}A}{\mathrm{d}P} \qquad (5-55\mathrm{b})$$

$$C_{\mathrm{w}} = l \cdot C' \qquad (5-55\mathrm{c})$$

式中,ρ 为血液密度,A 为主动脉血管横截面面积,C' 为单位长度主动脉血管顺应性,C_w 为整个动脉系统的顺应性（集总,非线性）,l 为主动脉有效长度（成年人取 80 cm）,P 为血流压力。

$$A(P) = A_{\max}\left(0.5 + \frac{1}{\pi}\arctan\left(\frac{P - P_0}{P_1}\right)\right) \qquad (5-56\mathrm{a})$$

$$C'(P) = \frac{\mathrm{d}A}{\mathrm{d}P} = \frac{A_{\max}/\pi}{1 + \left(\dfrac{P - P_0}{P_1}\right)^2} \qquad (5-56\mathrm{b})$$

式中,$A_{\max}$ 为高压力下的最大横截面积,P_0 为压力轴上的拐点位置压力（为 40 mmHg）,P_1 为 1/2 和 3/4 振幅的两点之间的宽度（为 50 mmHg[14]）。

利用以上参数和计算方法,通过模型的控制方程可求解 $Q_{\mathrm{R}}(t)$、P_{w}、$Q(t)$。

需要说明的是,由于基于脉搏波波形分析的方法具有无创、微创检测 CO 的可能,除了上述方法之外,还有一些其他方法,有些方法还在不断研究与发展之中。限于篇幅,本节不再讨论。

5.4 本章总结与学习要点

本章主要讲解心脏泵功能的分析方法和心输出量的检测技术。心肌的宏微观结构和力学特性是影响心脏泵功能的基础,其中 Frank - Starling 定理是理解心脏力学特性的基础,该定律描述了心肌纤维初始长度与收缩产生的力之间关系,在肌节间存在一个最佳长度,肌肉纤维的张力最大,从而产生最大的收缩力。如果与这个最佳长度相比肌节间距离较近或较远,收缩张力和强度将会降低。心室的压力-容积关系是描述心泵功能的基础,进一步可以建立更加精细的应力和应变模型。有不同的方法可以检测心输出量,指示剂稀释法、阻抗法、成像法、脉搏波波形分析法等,需要理解这些方法的原理。按检测技术的有创程度,可分为:无创技术包括脉搏波分析、胸部生物电阻抗法、脉搏波传导时间、部分二氧化碳重复吸收法等;微创技术包括脉搏波分析结合导管检测校正、经食管超声多普勒等;有创技术包括肺动脉导管热稀释法(间歇推注或连续法)、指示剂稀释法等,需要了解这些方法。

习 题

1. 心肌整体呈现出两个连续的螺旋状纤维片,在运动过程中心肌呈现出扭转(见图 5 - 2),该运动是否会影响主动脉处的流动?

2. 何为强制性痉挛状态? Hill 平滑肌模型适用于强制性痉挛状态吗? 其方程中的三个参数分别对应的生理意义是什么?

3. 结合收缩过程中粗丝和细丝的微结构,通过阅读文献[4],理解 Huxley 是如何将"滑丝理论"的数学模型和生物学过程联系起来的,以及如何与 Hill 模型进行对比。

4. 描述 Frank - Starling 定律的内容,重点理解其临床意义。

5. 心输出量监测的波形分析法之一(Wesseling 等人的工作,见文献[14]),基于图 5 - 33 所示心血管系统的三单元 Windkessel 模型(WK3)。与常规 WK3 不同的是,其中的心血管系统的特征阻抗 Z_0、外周阻力 R_p 和顺应性 C_w 不是常量,而是具有压力依赖性。

(1) 给出基于此模型实现心输出量检测的所有方程,并说明哪些物理量是可检测的以及检测方法,哪些是需要计算得到的以及相应的计算方法。

(2) 进一步查阅文献,总结一种基于此模型发展的医疗器械(如 PiCCO)的原理。

6. 一个典型的心血管波形(如主动脉压力波形)如图 5 - 34 上部所示。通常可将其分解为定常(平均值)和振荡(纯脉动)两部分,其中纯脉动部分如图 5 - 34 下部所示。

理论分析和工程实际中,常用 Fourier 余弦级数来逼近其纯脉动部分的波形。余弦级数的形式如下:

$$p(t) = M_0 + \sum_{n=1}^{\infty} M_n \cos\left(\frac{2n\pi t}{T} - \Phi_n\right)$$

对于纯脉动部分,$M_0 = 0$。用于逼近上述振荡波形的级数的前 10 项(第 1~第 10 次谐波)

的幅度值和初相位值如表 5 - 1 所列。

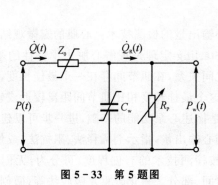

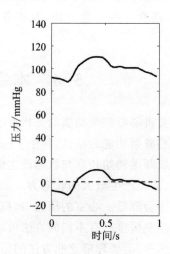

图 5 - 33　第 5 题图　　　　　　图 5 - 34　第 6 题图

表 5 - 1　第 6 题表

M_n	$\Phi_n/\deg$	M_n	$\Phi_n/\deg$
7.99	178.873 6	0.419 56	−137.555
4.439 6	−95.538 1	0.571 14	−158.509
0.997 4	27.623 8	0.304 19	−29.915 3
0.741 87	22.564 9	0.070 78	65.325 6
0.945 67	112.355 3	0.172 58	73.705

（1）证明：用 Fourier 级数的标准形式，可推导出上述余弦级数形式。

（2）试分别用 Fourier 级数的前 4 项和前 10 项的和逼近上述波形，并讨论两者差别的物理含义（用 Excel 软件完成，得出计算结果并画出波形）。

7. 如果用弹性腔模型来表示体循环动脉系统，可用下列公式表示：

$$C_{sa}\frac{dP_{sa}(t)}{dt}+\frac{P_{sa}(t)}{R_s}=Q_L(t)$$

式中，C_{sa} 为体循环动脉的顺应性；P_{sa} 为动脉压力；$Q_L(t)$ 为流量，R_s 为流体阻力。

（1）假设 $Q_L(t)=\begin{cases}a=\text{const}, & 0\leqslant t<\alpha T\\ 0, & \alpha T\leqslant t<T\end{cases}$，式中，$T$ 为心动周期，$0\leqslant\alpha\leqslant T$，试求解上述方程。在每个心动周期的开始或结束时压力为 $P_{diastole}$，在 $t=\alpha T$ 时压力为 $P_{systole}$。

（2）证明 $a=\dfrac{V_{stroke}}{\alpha T}$，式中，$V_{stroke}$ 为每搏输出量。

（3）根据（1）求得的解，证明：

$$P_{diastole}=P_{systole}\exp(-(1-\alpha)T/\tau)$$

$$P_{systole}=\frac{V_{stroke}\cdot\tau}{\alpha TC_{sa}}+\left(P_{diastole}-\frac{V_{stroke}\cdot\tau}{\alpha TC_{sa}}\right)\exp(-\alpha T/\tau)$$

式中，$\tau=R_s C_{sa}$。

(4) 画出 $P_{sa}(t)$ 的曲线$\left(可假设\ \alpha=\dfrac{1}{3}\right)$，并与生理条件下主动脉压力曲线比较，讨论模型的有效性以及 τ 值的大小对结果的影响。

8. 若血管(或血管床)的阻力与压降、流量之间的关系为

$$P_1-P_2=R_s Q$$

对于体循环，由于静脉压较小，阻力可近似为

$$R_s=\frac{\text{MAP}}{\text{CO}}$$

式中，MAP 为平均动脉压，CO 为心输出量。

9. 若人体的一组典型数据如下。

(1) 体循环：心输出量(CO)为 6.6 L/min，主动脉平均压(MAP)为 95 mmHg。

(2) 股动脉：流量为 225cm³/min，平均股动脉压为 95 mmHg(静脉压较小可忽略)。

(3) 毛细血管(单支)：压降为 15 mmHg，流速为 0.5 mm/s，直径为 10 μm。

试分别以 PRU 和(dyne·s)/cm⁵ 为单位，计算体循环外周阻力、股动脉床阻力以及单支毛细血管阻力。

10. 如下的 Steward - Hamilton 方程是指示剂稀释法检测心输出量的基础

$$Q=\frac{1}{\displaystyle\int_0^{+\infty}\left(\frac{c(t)}{M}\right)\mathrm{d}t}$$

得出该方程有一个条件，即血流的流量 Q 为常数。试分析在临床应用中，怎样做才能近似满足此条件。

参考文献

[1] COLUCCI W S. Atlas of Heart Failure：Cardiac Function and Dysfunction Fourth Edition[M]. New York：Springer,2005.

[2] FUNG Y C. Biomechanics：Circulation[M]. 2nd ed New York：Springer-Verlag New York Inc. ,1997.

[3] FURST B. The Heart and Circulation-An Integrative Model[M]. London：Sprimger Verlay,2013.

[4] HILL A V. The Heat of Shortening and the Dynamic Constants of Muscle[J]. Proceedings of the Royal Society of London,Series B：Biological Sciences, 1938,126：136-195.

[5] HUXLEY A F. Muscle Structure and Theories of Contraction[J]. Prog. Biophys. Biophys. Chem, 1957,7：255-318.

[6] IBRAHIM E S H. Heart Mechanics：Magnetic Resonance Imaging-Aduanced Technigues, Clinical Applications,and Future Trends[M]. New York：CRC Press,2017.

[7] NIEDERER S A,CAMPBELL K S, CAMPBELL S G. A short history of the development of mathematical models of cardiac mechanics[J]. Journal of Molecular and Cellular Cardiology, 2019,127：11-19.

[8] NIEDERER S A,LUMENS J, TRAYANOVA N A. Computational Models in Cardiology[J]. Nature Reviews Cardoiology,2019,16(2): 100-111.

[9] PEIRLINCK M,COSTABAL F S, YAO J,et al. Precision Medicine in Human Heart Modeling: Perspectives,Challenges,and Opportunities[J]. Biomechanics and Modeltny in Mechanobiology, 2021,20: 803-831.

[10] SACHSE F B. Computational Cardiology: Modeling of Anatomy,Electrophysiology, and Mechanics[J]. Lecture Notes in computer scienle, 2004,2966: 1-322.

[11] SMERUP M,NIELSEN E,AGGER P,et al. The Three Dimensional Arrangement of the Myocytes Aggregated Together Within the Mammalian Ventricular Myocardium [J]. Anatomical Record. 2009,292(1): 1-11.

[12] SUGA H. Time Course of Left Ventricular Pressure-volume Relationship under Various Enddiastolic Volume[J]. Japanese Heart Journal,1969,10(b): 509-515.

[13] SUGA H. Time Course of Left Ventricular Pressure-volume Relationship under Various Extents of Aortic Occlusion[J]. Japanese Heart Journal,1970,11(4): 373-378.

[14] WESSELING K H,JANSEN JR,SETTELS J J, et al. Computation of Aortic Flow from Pressure in Humans Using a Nonlinear,Three-element Model[J]. Journal of Applied Physiology(Bethesda,Md:1985), 1993,74(5): 2566-2573.

[15] ZAMIR M. The Physics of Pulsatile Flow[M]. New York: Springer-Verlag New York lnc. , 2000.

第6章　心脏电生理模型及心律失常定量分析

心律失常是指心脏电活动的起源部位、频率、节律或传导发生的异常或障碍。它是心血管疾病中重要的一类,可单独发病,也可与其他心血管病伴发。其预后受到心律失常的病因、诱因、演变趋势、血流动力学因素等的影响,可突然发作而致猝死,也可持续发作导致心脏衰竭。因此,深化对心律失常病理机制的认识非常重要,且有助于对心律失常病理生理及血流动力学影响的定量分析。本章内容将介绍心律失常的生理病理基础及定量分析方法,为后续章节介绍心律失常诊断及治疗中的工程技术奠定基础。

6.1　心脏电生理基础

6.1.1　心肌细胞电位

心脏细胞的电活动是心脏电活动的生理基础,也是心电形成的物理基础。可以认为,正是每一个心脏细胞的电活动在时间和空间上的总和,形成了在体表可以检测到的心电活动。因此,理解心脏细胞的电活动规律是理解心脏电生理的第一步。

心脏细胞分为两类。一类是工作细胞,另一类是自律细胞。

当工作细胞受到外界电流刺激时,会具有如下特点。

兴奋性:产生兴奋,表现为较大的动作电位。

传导性:自身产生兴奋的同时,还会以跨膜电流的形式将这一兴奋传导给周围的细胞。

收缩性:细胞收缩,这是心脏实现泵血功能的根本原因。

心房肌细胞和心室肌细胞都属于工作细胞,正是由于工作细胞同时具有上述三个特性,才使心房和心室能够分别产生协调一致的收缩和舒张功能。

自律细胞具体包括窦房结细胞、房室结细胞、浦肯野纤维细胞。它们具有如下特点。

兴奋性:可以被外界电流刺激,产生动作电位。

传导性:与工作细胞类似,可以将外界刺激以跨膜电流的形式传导给周围的细胞(包括工作细胞和自律细胞)。

自律性:即使没有外界刺激,也能自发地产生动作电位,并表现为一定的节律。

自律细胞的收缩性已基本丧失。由于它能自发地产生兴奋,所以它是心脏能否自发搏动的关键。

为了更好地理解这两类细胞,本节以窦房结细胞、浦肯野纤维细胞和心室肌细胞为例,深入分析它们的生理功能。

1. 窦房结细胞

窦房结细胞是最为典型的自律细胞。正常的生理状态下,使心脏产生收缩的电刺激源头在于窦房结细胞自律产生的动作电位,因此正常生理状态下的心律又称窦性心律。那么接下来本节会介绍窦房结细胞的自律性是如何产生的。

要理解这个问题,首先需要来看一下窦房结细胞自律产生的动作电位波形(见图6-1)。它可以分为以下几个时期。

0期:去极化过程,去极化的幅度和速度都较小,最终使细胞膜电位达到0 mV左右。

3期:复极化过程,最大复极电位为−60 mV。

4期:自动去极化过程,当细胞膜电位低于阈电位(−40 mV)时,发生较快的自动去极化,直至达到阈电位,触发下一次0期去极化。

与工作细胞(心室肌细胞)相比,自律细胞的动作电位具有鲜明的特点:它没有明显的复极1期和2期平台期,复极过程较快;它不存在静息电位,当低于阈电位时会发生速度较快的自动去极化,从而触发动作电位周而复始的周期性变化,生理状态下这一频率为每分钟60~100次。

窦房结细胞具有自律性,其最显著的特征是4期的自动去极化过程。这一过程与神经细胞具有明显的差别。无自律性的细胞,在4期超极化过程中,由于离子泵的作用,膜电位缓慢上升直至静息电位;而自律细胞则由于Na^+和Ca^{2+}的内流,使膜电位持续上升,直至超过阈电位触发下一次除极过程。

为了更好地理解窦房结动作电位产生的机制,本节通过数学模型来描述这一过程。在描述细胞动作电位的数学模型中,最为经典的就是Hodgkin-Huxley模型(HH模型)[1],如图6-2所示。它的数学描述可以写为如下的微分方程:

$$I = C_M \frac{dV}{dt} + \bar{g}_K n^4 (V - V_K) + \bar{g}_{Na} m^3 h (V - V_{Na}) + \bar{g}_1 (V - V_1) \tag{6-1}$$

$$\frac{dw}{dt} = \alpha_w (1 - w) - \beta_w w \tag{6-2}$$

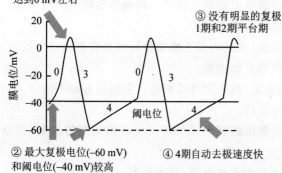

图6-1 窦房结细胞自律产生的动作电位波形　　图6-2 HH模型的电路等效图

式中,w表示n, m, h中的任一变量,每种变量均表示一种离子通道蛋白变为打开构型的概率;I表示施加在细胞上的电流;V表示跨膜电压;C_M表示细胞膜比电容;$\bar{g}_K, \bar{g}_{Na}, \bar{g}_1$分别表示$K^+, Na^+, Cl^-$离子通道的最大电导率;$V_K, V_{Na}, V_1$则是这三种离子的Nernst平衡电位。

这一模型由Hodgkin和Huxley提出,用于描述神经细胞的动作电位。简单地说,这一模型根据基尔霍夫电流守恒定律,将外界施加的电流对神经细胞的影响描述为两部分:一部分表现为细胞的跨膜电流;另一部分则表现为细胞膜电位的变化。细胞膜两侧分布着等电量的离子,可以看成一个双电层构成的电容器,这一电容器上电压的变化可以等效为位移电流。

由于细胞膜形成的双电层可以等效为平行板电容器,因此它的电容符合平行板电容的计算方法:

$$C = \frac{\varepsilon S}{4\pi k \Delta x} \qquad (6-3)$$

式中,ε 为相对介电常数;S 为电极板面积;k 为静电力常数,取值为 $8.987\,551 \times 10^9\,\mathrm{N \cdot m^2/C^2}$;$\Delta x$ 为电极板间距,即对应细胞膜厚度。

通常细胞膜的比电容,即单位面积上的电容 C/S,约为 $1\,\mu\mathrm{F/cm^2}$。当比电容一定时,发生在细胞膜上的电位变化越大,等效的位移电流也越大。

电流刺激对细胞的另一个影响是产生跨膜电流。但是跨膜电流的大小受到诸多因素的影响。第一个影响因素是 Nernst 电位。对于某些离子,如 $\mathrm{Na^+}$ 和 $\mathrm{K^+}$,细胞膜两侧的离子浓度存在差异从而形成电压差,即 Nernst 电位。这些离子要形成跨膜流动,首先要克服 Nernst 电位。Nernst 电位的计算公式如下:

$$U = -\frac{RT}{ZF}\ln\frac{c_2}{c_1} \qquad (6-4)$$

式中,R 为气体常数,取 $8.314\,\mathrm{J/(K \cdot mol)}$;$T$ 为开尔文温度;Z 为离子价;F 为法拉第常数,取 $96.487\,\mathrm{kJ/(V \cdot mol)}$;$c_1$,$c_2$ 分别为细胞外、内的离子浓度。

当离子能够克服 Nernst 电位形成跨膜流动时,可以假设离子流动形成的电流和电流流动引起的压降符合欧姆定律:

$$I_x = g_x(V - E_x) \qquad (6-5)$$

式中,I_x 表示由 x 离子流动引起的电流;g_x 表示细胞膜对 x 离子的电导率,由离子通道的开闭决定;V 表示跨膜电压;E_x 表示 x 离子的 Nernst 电位。

由此可以看到,除了 Nernst 电位,电导率和跨膜电压也对跨膜电流有影响。

需要注意的是,对于不同的离子,细胞膜的电导率往往是不同的,因为不同离子进行跨膜运动时,往往需要不同的离子通道,而不同离子通道的激活及失活机理不同,所以表现出的电导也不同。这里需要引入描述离子通道开闭状态的数学模型,这是一种马尔科夫模型,即假设离子通道仅存在两种状态:打开或关闭,每种状态各自以一定概率转化为另一种状态。如图 6-3 所示,假设对于某种离子的所有通道中,有 γ 比例处于打开状态,则 $1-\gamma$ 处于关闭状态。假设对于处于关闭状态的离子通道有 α 的概率转化为打开状态,而处于打开状态的离子通道有 β 的概率转化为关闭状态,则处于打开状态的离子通道比例 γ 的变化可以用如下的常微分方程来描述:

$$\frac{\mathrm{d}\gamma}{\mathrm{d}t} = \alpha(1-\gamma) - \beta\gamma \qquad (6-6)$$

可以发现,式(6-6)与式(6-2)的形式是一样的,而式(6-1)中的所有状态变量(m,n,h)都符合式(6-2)的形式,也就是说 HH 模型中的所有离子通道的开闭规律都可以用马尔科夫模型来模拟。如果全部离子通道打开,引起的电导率为 $\bar{g}$,则当离子通道打开比例为 γ 时,电导

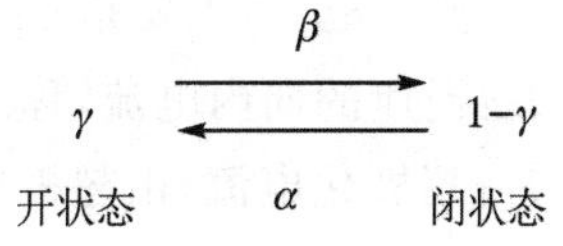

图 6-3 离子通道两种状态相互转化的示意图

率为 $\bar{g}\gamma$。实际的情况是,离子通道的打开往往依赖于多个蛋白亚基的激活,每个蛋白亚基的激活都满足上面的马尔科夫模型。例如,在神经细胞中,K^+ 通道的打开依赖于 4 个同样的蛋白亚基的激活,每个蛋白受体激活的概率为 n,因此 K^+ 通道打开引起的电导可以表示为 $\bar{g}_K n^4$;而 Na^+ 通道的打开同样依赖于 4 个蛋白亚基的激活,但是 4 个蛋白亚基中有 1 个亚基的种类与其他 3 个不同,它们激活的概率分别记为 h 和 m,则 Na^+ 通道打开引起的电导可以表示为 $\bar{g}_{Na} m^3 h$。还有一些离子,如 Cl^-,其跨膜运动只与跨膜电压有关,而不依赖于离子通道,因此表现为恒定的电导,可以记为 $\bar{g}_1$。由于神经细胞中的主要跨膜电流是由 Na^+,K^+ 和 Cl^- 流组成的,所以跨膜电流的总和可以记为式(6-1)的形式。

对于不同的蛋白亚基,其激活状态与非激活状态的转换,都符合马尔科夫模型,但是其转换概率 α 和 β 各不相同。下面列出了 K^+,Na^+ 通道中涉及的 3 种蛋白亚基 n,m,h 的转换概率,称为激活变量。

$$\alpha_n = \frac{0.1-0.01V}{e^{1-0.1V}-1}, \quad \beta_n = 0.125 e^{-V/80} \tag{6-7}$$

$$\alpha_m = \frac{2.5-0.1V}{e^{2.5-0.1V}-1}, \quad \beta_m = 4 e^{-V/18} \tag{6-8}$$

$$\alpha_h = 0.07 e^{-\frac{V}{20}}, \quad \beta_h = \frac{1}{1+e^{3-0.1V}} \tag{6-9}$$

虽然这些激活变量表达式各不相同,但是可以看出它们都是跨膜电压 V 的函数。事实上,这些激活变量可以统一为一个函数形式,即

$$\frac{C_1 \exp\left(\dfrac{V-V_0}{C_2}\right) + C_3(V-V_0)}{1+C_4 \exp\left(\dfrac{V-V_0}{C_5}\right)} \tag{6-10}$$

对于不同的激活变量,只需要改变 $C_1 \sim C_5$ 以及 V_0 的取值即可。

以上以神经细胞为例,介绍了用 HH 模型来描述细胞动作电位的方法。下面回到窦房结细胞,窦房结细胞的动作电位产生机理与神经细胞存在显著的差别。虽然存在差别,但是外界电流对窦房结细胞的影响同样可以归纳为两部分,即细胞膜电位变化引起的位移电流和离子跨膜运动引起的跨膜电流。在位移电流部分,窦房结细胞和神经细胞没有什么差别,差别主要存在于跨膜电流部分。根据 1980 年 Yanagihara 的研究,窦房结细胞的跨膜电流主要由以下 5 部分组成[2]。

I_{Na}:Na^+ 内流形成的电流,去极化过程中贡献最大的电流(后续研究表明,实际是 Ca^{2+} 内流形成的)。

I_K:K^+ 外流形成的电流,复极化过程中贡献最大的电流。

I_1:泄漏电流,主要是 Cl^- 引起的,与神经细胞的 Cl^- 电流类似。

I_s:慢速的向内电流,称为慢电流,是由 Ca^{2+} 内流引起的。

I_h:超极化电流,由超极化引起的电流。超极化时,这一内向的电流会使得动作电位上升,达到 Ca^{2+} 通道打开的阈值(约 -50 mV),引发慢电流 I_s 的增大及动作电位的持续上升。

研究表明,窦房结细胞的自动除极主要是由于 I_s 和 I_h 的存在,在自动除极的前期($-60 \sim -50$ mV),I_h 起主要作用;而在后期($-50 \sim -40$ mV),I_s 起主要作用。这一模型称

为 YNI 模型,其中 Na^+ 电流的表达式与神经细胞类似,即

$$I_{Na} = 0.5m^3h(V-30) \tag{6-11}$$

K^+ 电流的表达式与 HH 模型描述的神经细胞 K^+ 电流有较大差别,但是两者的波形是类似的。I_K, I_1, I_s, I_h 的表达式如下:

$$I_K = 0.7p\ \frac{\exp(0.027\ 7(V+90))-1}{\exp(0.027\ 7(V+40))} \tag{6-12}$$

$$I_1 = 0.8\left(1-\exp\left(-\frac{V+60}{20}\right)\right) \tag{6-13}$$

$$I_s = 12.5(0.95d+0.05)(0.95f+0.05)\left(\exp\left(\frac{V-10}{15}\right)-1\right) \tag{6-14}$$

$$I_h = 0.4q(V+45) \tag{6-15}$$

需要注意的是,这 5 个电流中涉及 6 个描述离子通道开闭状态的状态变量,分别是 $m, h,$ p, d, f 和 q,它们也满足马尔科夫模型描述的离子通道开闭状态的转化规律,即满足式(6-2),只不过状态变量变成了 6 个。对于激活变量 $\alpha_m, \beta_m, \alpha_h, \beta_h, \beta_p, \beta_d, \alpha_f$ 的表达式同样可以统一为式(6-10)的形式。对于不同的状态变量,其激活函数中 $C_1 \sim C_5$ 及 V_0 的取值如表 6-1 所列。

表 6-1　YNI 模型中的参数列表

参　数	C_1	C_2	C_3	C_4	C_5	V_0
α_m	0	—	1	−1	−10	−37
β_m	40	−17.8	0	0	—	−62
α_h	0.001 209	−6.534	0	0	—	−20
β_h	1	∞	0	1	−10	−30
β_p	0	—	−0.000 225	−1	13.3	−40
β_d	0	—	−0.004 21	−1	2.5	5
α_f	0	—	−0.000 355	−1	5.633	−20

但是其他的激活变量表达式则无法统一成上述形式,需要单独列出:

$$\alpha_p = 9\times10^{-3}\ \frac{1}{1+\exp\left(-\dfrac{V+3.8}{9.71}\right)}+6\times10^{-4} \tag{6-16}$$

$$\alpha_q = 3.4\times10^{-4}\ \frac{V+100}{\exp\left(\dfrac{V+100}{4.4}\right)-1}+4.95\times10^{-5} \tag{6-17}$$

$$\beta_q = 5\times10^{-4}\ \frac{V+40}{1-\exp\left(-\dfrac{V+40}{6}\right)}+8.45\times10^{-5} \tag{6-18}$$

$$\alpha_d = 1.045\times10^{-2}\ \frac{V+35}{1-\exp\left(-\dfrac{V+35}{2.5}\right)}+3.125\times10^{-2}\ \frac{V}{1-\exp\left(-\dfrac{V}{4.8}\right)} \tag{6-19}$$

$$\beta_f = 9.44 \times 10^{-4} \frac{V+60}{1+\exp\left(-\dfrac{V+29.5}{4.16}\right)} \qquad (6-20)$$

通过 YNI 模型来模拟窦房结细胞的动作电位如图 6-4 所示。对于窦房结细胞,其细胞膜的比电容 $C_m = 0.7\ \mu\mathrm{F/cm^2}$。由于窦房结细胞具有自律性,即其不需要外界电流的刺激就可以自发地产生动作电位,因此在 YNI 模型中,可以设置刺激电流为 0。在这种情况下,通过 YNI 模型模拟得到的窦房结动作电位波形如图 6-5 所示。通过对比仿真结果和实验获得的哺乳动物窦房结细胞波形,可以验证该模型的正确性。

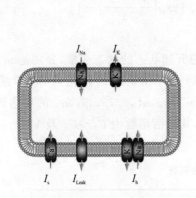

图 6-4 窦房结细胞的 YNI 模型示意图

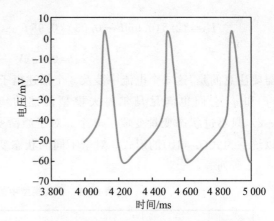

图 6-5 YNI 模型仿真所得的窦房结动作电位波形

2. 浦肯野纤维细胞

以上已经介绍了窦房结细胞产生自律性的机制。下面是另一种自律细胞——浦肯野纤维细胞。浦肯野纤维是心电传导系统中的一种特殊纤维,相比于普通的心肌细胞,浦肯野纤维细胞短而宽,细胞间连接结构多,多见闰盘,这些特点都使浦肯野纤维更易于动作电位的传导。浦肯野纤维分布在心室内,从室间隔向下生长至心尖,再分别从左右心室壁内层向上延展至左右心耳,浦肯野纤维还从心室壁内层向外层发散出许多纤维束,如图 6-6 所示。正是因为浦肯野纤维的分布特点,以及它利于动作电位传导的特点,使从房室结传导来的动作电位能快速地从心尖向左右心耳传导,形成心室自下而上的有规律的收缩。可以把心室想象成一管牙膏,如果要把这一管牙膏一次性尽可能多地挤出来,最好的办法就是从牙膏下方逐渐向上方挤。由于主动脉和肺动脉干都分布在心室的上方,因此要尽可能高效地将血液从心室泵出,就需要心室能够自下而上协调一致地收缩。浦肯野纤维正是心室能够产生协调收缩的生理基础。

虽然与窦房结细胞同为自律细胞,浦肯野纤维动作电位却与窦房结细胞存在显著的差异。同样可以用类似 HH 模型的方法来描述浦肯野纤维动作电位产生的机制。事实上,早在 1962 年,Noble 就用这样的方法建立了浦肯野纤维动作电位的数学模型,其中最主要的常微分方程如下[3]:

$$C_m \frac{\mathrm{d}V}{\mathrm{d}t} + g_{\mathrm{Na}}(V-V_{\mathrm{Na}}) + (g_{\mathrm{K1}}+g_{\mathrm{K2}})(V-V_{\mathrm{K}}) + g_{\mathrm{an}}(V-V_{\mathrm{an}}) = I_{\mathrm{app}} \qquad (6-21)$$

通过常微分方程的形式可以发现,该模型将浦肯野纤维的跨膜电流分为 $\mathrm{Na^+}$ 流、$\mathrm{K^+}$ 流和泄漏电流(见图 6-7)。其中,$\mathrm{Na^+}$ 流引起的电导可以表示为

$$g_{Na} = 400m^3h + g_i \tag{6-22}$$

这一表达说明 Na^+ 流其实可以分为两部分，一部分是与神经细胞类似的 Na^+ 通道引起的跨膜电流，而另一部分则是与泄漏电流类似，具有定常电导率的 Na^+ 流。而 K^+ 流也可以分为两部分，一部分的电导率与膜电压有关，而另一部分的电导率与 HH 模型描述的神经细胞非常相似，它们的表达式如下：

$$g_{K1} = 1.2\exp\left(-\frac{V+90}{50}\right) + 0.015\exp\left(\frac{V+90}{60}\right) \tag{6-23}$$

$$g_{K2} = 1.2n^4 \tag{6-24}$$

另外还包含一股泄漏电流，它的电导率近似为一常数 g_{an}。以上电导率的表达式中涉及的状态变量共 3 个，分别是 m，h 和 n，它们也都符合马尔科夫模型，且激活变量的表达式中涉及的常数 $C_1 \sim C_5$ 及 V_0 的取值如表 6-2 所列。

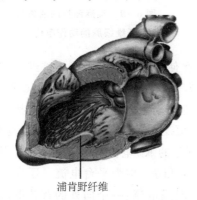

图 6-6　浦肯野纤维的分布

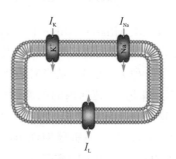

图 6-7　描述浦肯野纤维细胞动作
电位的 Noble 模型

表 6-2　Noble 模型中的参数列表

参　数	C_1	C_2	C_3	C_4	C_5	V_0
α_m	0	—	0.1	-1	-15	-48
β_m	0	—	-0.12	-1	5	-8
α_h	0.17	-20	0	0	—	-90
β_h	1	∞	0	1	-10	-42
α_n	0	—	0.000 1	-1	-10	-50
β_n	0.002	-80	0	0	—	-90

根据 Noble 模型模拟得到的浦肯野纤维细胞的动作电位波形如图 6-8 所示。通过比较实际测量的浦肯野纤维的动作电位（见图 6-9），结合已知的电生理知识可以发现，Noble 模型虽然成功地使用 HH 模型再现了浦肯野纤维动作电位，但是缺乏对浦肯野纤维细胞的深入的生理认识，有些认识甚至是错误的。例如，模型缺乏对心肌细胞中的重要离子电流如 Ca^{2+} 电流的描述；另外 Noble 模型对向内的 Na^+ 流的认识也不够充分。但是由于技术的制约，在当时要深入研究膜电位和离子通道的关系是不可能的，直至膜片钳技术的诞生。

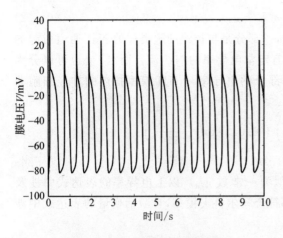

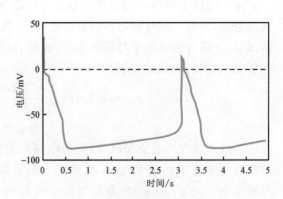

图 6-8　Noble 模型模拟所得的
浦肯野纤维细胞的动作电位波形

图 6-9　实际测量的浦肯野
纤维细胞的动作电位

1975 年，McAllister、Noble 和 Tsien 三位科学家在使用膜片钳技术对心脏细胞膜电位准确测量后，建立了新的浦肯野纤维动作电位模型，称为 MNT 模型[4]。如图 6-10 所示，这一模型包括了 9 种离子电流，是当时最为复杂的细胞电生理模型。这些离子电流包括 2 个向内的电流：I_{Na} 和 I_{si}（慢速向内的电流，由 Ca^{2+} 流形成）。还有 3 个向外的、时变的 K^+ 电流：I_{K2}，I_{x1}，I_{x2}。这些电流与 HH 模型中描述的枪乌贼神经细胞的 K^+ 电流有显著的差别。其中，I_{K2} 称为节律电流，因为它负责周期性地激活动作电位；I_{x1} 和 I_{x2} 称为平台电流。还有一个时变的、向外的电流 I_{Cl}，由 Cl^- 离子引起。还有 3 个背景泄漏电流：一个向外的背景电流，K^+ 引起，称为 I_{K1}；一个向内的背景 Na^+ 电流 $I_{Na,b}$；一个背景 Cl^- 电流：$I_{Cl,b}$。MNT 模型的优点是可以更好地区分浦肯野纤维细胞动作电位产生的不同离子电流，从而更好地描述其生理过程。但是它的缺点也非常明显，那就是模型复杂，使用困难，也更加难以理解。但这是数学模型难以克服的两难困境，要么简单、易于使用和理解，但是不够精确；要么复杂、精确，但是难以使用和理解。因此 MNT 模型完美展示了数学建模的两难困境——永远挣扎且难以平衡定量描述细节和定性理解整体的矛盾。

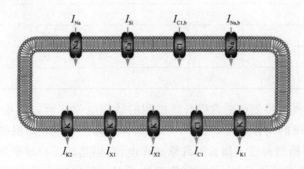

图 6-10　MNT 模型的示意图

以上所述的 9 个离子电流的表达式如下：

$$I_{Na} = \bar{g}_{Na} m^3 h (V - V_{Na}) \tag{6-25}$$

$$I_{si} = (0.8df + 0.04d')(V - V_{si}) \tag{6-26}$$

$$I_{K2} = 2.8\bar{I}_{K2}s \tag{6-27}$$

$$I_{x1} = 1.2x_1 \frac{\exp(0.04(V+95))-1}{\exp(0.04(V+45))} \tag{6-28}$$

$$I_{x2} = x_2(25+0.385V) \tag{6-29}$$

$$I_{Cl} = 2.5qr(V-V_{Cl}) \tag{6-30}$$

$$I_{K1} = \bar{I}_{K2} + 0.2\frac{V+30}{1-\exp(-0.04(V+30))} \tag{6-31}$$

$$I_{Na,b} = 0.105(V-40) \tag{6-32}$$

$$I_{Cl,b} = 0.01(V+70) \tag{6-33}$$

其中涉及的激活变量和一些常数如表 6-3 所列。

表 6-3　MNT 模型中的参数取值

参　数	C_1	C_2	C_3	C_4	C_5	V_0
α_m	0	—	1	−1	−10	−47
β_m	40	−17.86	0	0	—	−72
α_h	0.008 5	−5.43	0	0	—	−71
β_h	2.5	∞	0	1	−12.2	−10
α_d	0	—	0.002	−1	−10	−40
β_d	0.02	−11.26	0	0	—	−40
α_f	0.000 987	−25	0	0	—	−60
β_f	1	∞	0	1	−11.49	−26
α_q	0	—	0.008	−1	−10	0
β_q	0.08	−11.26	0	0	—	0
α_r	0.000 18	−25	0	0	—	−80
β_r	0.02	∞	0	1	−11.49	−26
α_s	0	—	0.001	−1	−5	−52
β_s	0.000 05	−14.92	0	0	—	−52
α_{x1}	0.000 5	12.1	0	1	17.5	−50
β_{x1}	0.001 3	−16.67	0	1	−25	−20
α_{x2}	0.000 127	∞	0	1	−5	−19
β_{x2}	0.000 3	−16.67	0	1	−25	−20

另外还包含一些常数，即

$$\bar{g}_{Na}=150,\quad V_{Na}=40,\quad V_{si}=70,\quad x_{10}=0.02,\quad x_{20}=0.02,\quad V_{Cl}=-70 \tag{6-34}$$

MNT 模型总体上仍然符合 HH 模型的基本假设，所以模型最主要的微分方程可以写为

$$C\frac{dV}{dt} = -(I_{Na}+I_{si}+I_{K1}+I_{K2}+I_{x1}+I_{x2}+I_{Cl}+I_{Cl,b}+I_{Na,b}) \tag{6-35}$$

需要注意的是，这一表达式主要用于没有外部电流刺激的条件，而当有外部电流刺激时，还需要增加 I_{app} 一项。通过模拟可以发现，浦肯野纤维在没有外界电流刺激时，也可以自发地产生具有节律的动作电位；如果外部刺激的频率高于浦肯野纤维的自律频率，那么浦肯野纤维

的自律性将被抑制,并且会按照外部刺激的频率产生兴奋。

通过窦房结细胞和浦肯野纤维,我们对自律细胞的动作电位产生机制有了一定认识。它们的共同点是动作电位的 4 期都不稳定,都可发生缓慢的自动去极化。这都是由缓慢的向内的电流引起的,都存在慢速的向内的离子电流(Ca^{2+} 或 K^{+} 流),同时向外的电流下降,因此导致膜电位的持续升高。

3. 心室肌细胞

在了解了自律细胞后,再来了解工作细胞。以心室肌细胞为例,先了解这种细胞动作电位的特点。由于心室肌细胞没有自律性,因此它是存在静息电位的,约为 −90 mV。相比于神经细胞,这一静息电位幅值是比较大的。前文在介绍 Nernst 电位时已经介绍了,当离子在细胞膜两侧浓度不同时会产生电势壁垒,即 Nernst 电位,它可以通过 Nernst 方程计算出来。表 6-4 中列出了心室肌细胞内外各离子的浓度,根据这一浓度计算出相应的 Nernst 电位。通过对比可以发现,心室肌细胞的静息电位主要是由 K^{+} 的平衡电位来决定的。

表 6-4　心室肌细胞内外各离子浓度及 Nernst 电位

离　子	细胞外/mol	细胞内/mol	Nernst 电位/V
Na^{+}	145	15	60
Cl^{-}	100	5	−80
K^{+}	4.5	160	−95
Ca^{2+}	1.8	0.000 1	130
H^{+}	0.000 1	0.000 2	−18

图 6-11 是心室肌细胞的动作电位。首先当细胞受到外界电流刺激时,膜电位从 −90 mV 上升到约 30 mV,称为 0 期去极化;然后从 1 期至 3 期均为复极化过程,膜电位从 30 mV 逐渐下降到 −90 mV;最后在 4 期静息期,膜电位维持在静息电位 −90 mV 附近。

与神经细胞的动作电位相比,心室肌细胞的动作电位有如下特征:

(1)复极过程复杂,分为明显的 1 期、2 期和 3 期复极,各期复极的离子电流不同;

(2)整个动作电位的时程长;

(3)升降支不对称,去极化过程迅速,而复极化过程很长。

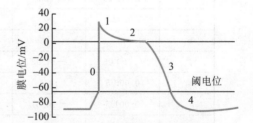

图 6-11　心室肌细胞的动作电位

下面详细介绍各期动作电位的特点。

在 0 期去极化过程,细胞膜电位从 −90 mV 上升到约 30 mV,持续时间一般为 1~2 ms。去极化过程的主要离子电流是 Na^{+} 的内流。需要注意的是,心室肌细胞的阈电位约为 −65 mV,只有当外界电流刺激使膜电位上升超过阈电位时,才可以引起细胞的去极化过程。

复极化过程漫长且复杂,可以分为 1 期、2 期和 3 期。1 期称为快速复极初期,电位从 30 mV 下降到 0 mV 左右,持续时间为 10 ms,主要由 K^{+} 外流形成;2 期称为平台期,电位维持在 0 mV 左右,持续时间一般为 100~150 ms,主要是因为 K^{+} 外流和 Ca^{2+} 及 Na^{+} 内流在此时达到平衡;3 期称为快速复极末期,膜电位从 0 mV 下降到约 −90 mV,持续时间一般为 100~150 ms,主要是由 K^{+} 外流形成的。

复极化过程结束后,进入 4 期静息期。在 4 期,电位维持在 -90 mV 附近,持续时间与心率有关。在这一过程中,虽然膜电位基本不变,但是有多种离子通道和离子泵参与其中,包括 $Na^+ - K^+$ 泵、$Na^+ - Ca^{2+}$ 交换、Ca^{2+} 泵等。

在描述心室肌细胞的模型中,较早出现的,也是比较简单的是 1977 年出现的 Beeler - Reuter 模型[5],如图 6 - 12 所示。这一模型认为有 4 个跨膜电流参与了心室肌细胞动作电位的产生,有 2 个向内的电流,分别是 I_{Na} 和 I_K,这两个电流一个快,一个慢,一个是随时间变化的,一个是与时间无关的。而除了向内的 I_K 电流外,还存在一个时变的、向外的 K^+ 电流 I_x。由于这股向外的 K^+ 电流的存在,心室肌细胞在没有外界电流刺激时不会产生自发极化,从而也就不会表现出自律性。另外还存在一个

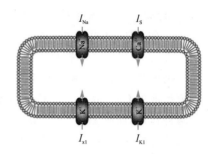

图 6 - 12　描述心室肌细胞动作电位的
Beeler - Reuter 模型

慢速向内的电流 I_s,它由 Ca^{2+} 流动形成,是心室肌细胞与浦肯野纤维细胞的主要差别。心室肌细胞中的 Ca^{2+} 流与 Ca^{2+} 浓度有关,对于平台期动作电位的维持有重要作用,而静息电位的平衡主要靠向外的 K^+ 电流来调控。上述电流的表达式为

$$I_{Na} = (4m^3 hj + 0.003)(V - 50) \tag{6-36}$$

$$I_K = 1.4 \frac{\exp(0.04(V + 85)) - 1}{\exp(0.08(V + 53)) + \exp(0.04(V + 53))} + 0.07 \frac{V + 23}{1 - \exp(-0.04(V + 23))} \tag{6-37}$$

$$I_x = 0.8x \frac{\exp(0.04(V + 77)) - 1}{\exp(0.04(V + 35))} \tag{6-38}$$

$$I_s = 0.09 fd(V + 82.3 + 13.028\ 7\ln[Ca]_i) \tag{6-39}$$

$$\frac{dc}{dt} = 0.07(1 - c) - I_s \tag{6-40}$$

其中,$[Ca]_i$ 即 c,表示细胞内的 Ca^{2+} 的浓度。其中涉及的激活变量取值如表 6 - 5 所列。

表 6 - 5　Beeler - Reuter 模型中的参数

参　数	C_1	C_2	C_3	C_4	C_5	V_0
α_m	0	—	1	-1	-10	-47
β_m	40	-17.86	0	0	—	-72
α_h	0.126	-4	0	0	—	-77
β_h	1.7	∞	0	1	-12.2	-22.5
α_j	0.055	-4	0	1	-5	-78
β_j	0.3	∞	0	1	-10	-32
α_d	0.095	-100	0	1	-13.9	5
β_d	0.07	-58.5	0	1	20	-44
α_f	0.012	-125	0	1	6.67	-28
β_f	0.006 5	-50	0	1	-5	-30
α_x	0.000 5	12	0	1	17.5	-50
β_x	0.001 3	-16.67	0	1	-25	-20

与浦肯野纤维模型的情况类似,Beeler-Reuter 模型虽然较为简单明了地描述了心室肌细胞的动作电位产生机理,但是在离子电流及 Ca^{2+} 浓度变化规律的认识上不够深入,导致对动作电位的产生机理的描述上产生偏差,模拟所得的动作电位波形的细节也存在误差。因此,Luo 和 Rudy 两位科学家在对心室肌细胞进行深入研究后不断改进模型,目前最为经典的是 1994 年提出的 LR-Ⅱ模型[6,7],如图 6-13 所示。这一模型主要基于对几内亚猪的心室肌细胞实验获得,也提出了基于物种差异对模型进行修正的方案。这一模型对心室肌细胞内 Ca^{2+} 浓度的变化规律及由此引起的膜电位变化过程进行了较为准确的描述,其中涉及了通过 L 型 Ca^{2+} 通道形成的 Ca^{2+} 流、$Na^{+}-Ca^{2+}$ 交换、肌浆网的 Ca^{2+} 释放和吸收过程,肌浆网及肌浆对 Ca^{2+} 的缓冲作用,肌膜上的 Ca^{2+} 泵、$Na^{+}-K^{+}$ 泵、非特异性 Ca^{2+} 激活膜电流等离子活动。该模型相比于之前的模型,Ca^{2+} 电流的激活速度快了一个数量级,而 Ca^{2+} 电流的失活取决于膜电压和 Ca^{2+} 浓度。肌浆网被分为两个部分,一个是网状肌浆网,另一个是交界肌浆网。从功能上来说,Ca^{2+} 进入网状肌浆网,并按指数规律转运到交界肌浆网,Ca^{2+} 的释放发生在交界肌浆网,它可以被两种不同的机制激活,Ca^{2+} 激活释放和自发释放。这一模型可以模拟单个肌细胞的心律失常,包括后除极等,也可以模拟 Ca^{2+} 浓度紊乱时的心肌响应。

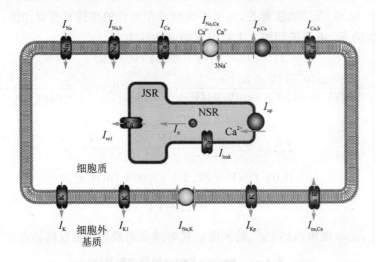

图 6-13 描述心室肌细胞动作电位的 LR-Ⅱ模型

不同种类的心肌细胞,动作电位的特点及其产生机理也各不相同。结细胞如窦房结细胞、房室结细胞,具有显著的自律性,可以自发、规律地产生动作电位。窦房结细胞是生理状态下心脏节律的源头,它的动作电位持续时间最短。而房室结细胞负责将电信号从心房传导至心室,由于房室结细胞的传导速度较慢,所以从心房到心室的电信号传导存在一定延时。浦肯野纤维细胞虽然也有自律性,但是自律性较低,它的主要特点是能快速传导动作电位,用于极化心室肌细胞。从动作电位的时程来看,浦肯野纤维和心室/心房肌细胞都具有较长的动作电位时程(300~400 ms),这有利于控制并激励心肌收缩。心室/心房肌细胞在收到激励信号后,会产生收缩,从而实现泵血功能。需要注意的是,即使是同一种细胞类型,其动作电位也会有一些差异。如心室内层、中层和外层,在动作电位的持续时间上也存在一些差异。

有兴趣的读者,可以通过 CellML 模型库了解更多心肌细胞的电生理模型。这是一个介绍系统生物学模型研究的网站,其中介绍了大量与心脏细胞有关的电生理模型,上述提到的 Noble 模型、MNT 模型等经典的心脏细胞模型均可以在该网站找到。该网站提供了模型所涉及的文献、数据、数学公式和实现代码等,该网站还发布了一个演示系统生物学模型的软件 OpenCOR,可供读者学习使用。由于这些模型大多由常微分方程组构成,通过学习这些模型,可以较快地掌握通过计算机程序构建常微分方程(组)数学模型的方法,为自己构建系统生物学模型奠定数学基础,锻炼开发能力。

6.1.2　心脏的电-机械耦合

第 6.1.1 节介绍了心室肌细胞的电活动,而心室肌细胞作为工作细胞,在产生动作电位后,还会产生机械收缩,从而完成工作细胞的收缩功能。本节将介绍心脏工作细胞在接收到电刺激后,产生收缩并做功的原理,也就是电兴奋是如何转为心肌收缩的,这一问题称为心脏的电-机械耦合,或兴奋-收缩耦合。

首先,了解一下心肌的结构,如图 6-14 所示。心肌细胞的形状为不规则的短圆柱状,有的存在分叉。肌细胞的胞浆丰富,其表面有横纹,细胞连接处有闰盘,细胞核呈卵圆状,居中,有的细胞内有双核。心肌细胞之间互相连接呈网状。心肌细胞的排布方式类似于砖墙中砖的排布,细胞间隙有毛细血管通过。

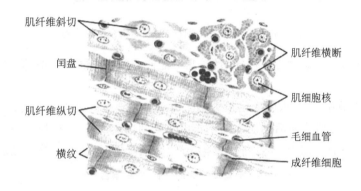

肌纤维斜切　　　　　　　　　肌纤维横断

闰盘　　　　　　　　　　　　肌细胞核

肌纤维纵切　　　　　　　　　毛细血管

横纹　　　　　　　　　　　　成纤维细胞

图 6-14　心肌的结构

心肌细胞的兴奋-收缩耦合中的关键是 Ca^{2+} 流。心肌细胞的表面膜向内凹入而成横小管。横小管是细胞表面膜的延续,作用是将肌细胞膜兴奋时出现的电位变化沿横小管传入细胞内部,从而引发整个心肌细胞表面的 Ca^{2+} 的流动。

动作电位引起的横小管去极化,导致了 L 型 Ca^{2+} 通道的开启,以及因此产生的向内的 Ca^{2+} 电流。Ca^{2+} 进入细胞,刺激其他 Ca^{2+} 从肌浆网释放,通过利罗丁受体(ryanodine receptor,RyR)引起 Ca^{2+} 释放过程。释放出来的 Ca^{2+} 通过基质扩散并与肌丝结合,引起收缩。然后,Ca^{2+} 从基质中被 ATP 酶清除。这一过程中,Ca^{2+} 被泵入肌浆网或泵出细胞,或通过 $Na^+ - Ca^{2+}$ 交换器(NCX)将 Ca^{2+} 交换出细胞。图 6-15 中描述了 Ca^{2+} 流在心肌兴奋-收缩耦合中的作用,图下方的曲线还说明了动作电位、细胞内 Ca^{2+} 浓度和机械收缩之间的时相关系。

可以把心室肌细胞兴奋-收缩耦合的机制归纳如表 6-6 所列。

与骨骼肌的收缩活动相比,心肌收缩具有以下特点。

(1) 常为节律性收缩。因为心肌细胞兴奋的有效不应期很长,长于其机械收缩期,故不易发生强直收缩,有利于完成泵血功能。

(2) 常为"全或无"式同步性收缩。心肌细胞之间的缝隙连接中有细胞间通道使心肌连为

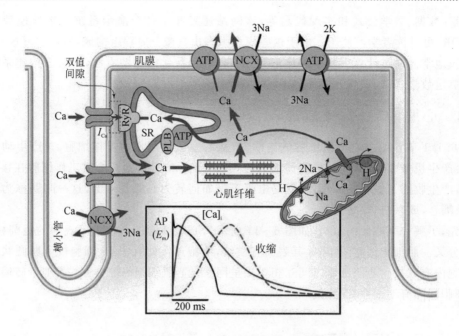

图 6 - 15　Ca^{2+} 流在心肌兴奋-收缩耦合中的作用

一体;窦房结细胞的兴奋通过心电传导系统,几乎能使心肌细胞同时兴奋、同时收缩,可产生较强的收缩射血力。

(3) 对细胞外液中 Ca^{2+} 浓度变化很敏感。由于心肌细胞的肌质网不发达,储存的 Ca^{2+} 比骨骼肌细胞少,触发心肌收缩活动还需要动作电位期间内流的 Ca^{2+} 参与。所以细胞外液中的 Ca^{2+} 浓度增加时,心肌收缩力增强;细胞外液 Ca^{2+} 浓度降低时,心肌收缩力减弱。

表 6 - 6　心室肌细胞的兴奋-收缩耦合机制

分　期	顺　序
收缩期	1. 动作电位由末梢浦肯野纤维传导至心室肌细胞; 2. 心肌细胞兴奋,产生肌膜动作电位; 3. 肌膜动作电位沿横小管传导至肌细胞内部; 4. 肌质网释放 Ca^{2+},使肌浆中 Ca^{2+} 浓度升高; 5. Ca^{2+} 与肌钙蛋白结合,解除原肌凝蛋白的位阻效应; 6. 粗细肌丝之间形成横桥联结; 7. 横桥牵动细肌丝向粗肌丝的中心方向滑行,肌小节缩短
舒张期	1. 没有动作电位传来时,Ca^{2+} 被泵入肌质网; 2. Ca^{2+} 与肌钙蛋白分离,原肌凝蛋白阻断粗细肌丝之间的相互作用; 3. 细肌丝复位,肌小节延长

虽然很多细胞类型中的 Ca^{2+} 流动相对容易理解,心脏细胞中 Ca^{2+} 动力学研究却很难,主要是因为空间尺度问题。L 型 Ca^{2+} 通道和 RyR 释放的 Ca^{2+} 会进入肌浆网和肌节之间的一个很小的空间区域。这一区域称为双值间隙(diadic cleft),宽只有约 15 nm,半径约为 200 nm(近似一个圆盘形区域),体积约为 2×10^{-18} L。流入这一小体积的 Ca^{2+},其浓度在空间和时

间上都有很大梯度,还无法通过准确的实验方法测得,也难以进行数值模拟。数学建模的困难还在于:静息状态的 Ca^{2+} 为 200 nmol/L(心室肌细胞液中的典型值),对应约 0.2 个 Ca^{2+} 在双值间隙中,这一情况下,传统的确定的连续模型都不可行。心脏细胞中,双值间隙被肌节纵向分为约 2 μm 的长度。一次心跳中,细胞液每升中约 70 μmol Ca^{2+} 进入细胞,而在心搏结束时,只有 1% 的自由 Ca^{2+} 残留在心肌细胞液中,使得心肌细胞液浓度降到约 600 nmol/L,这些流动来自双值间隙,存在很快速的浓度变化。然而,想要认识 Ca^{2+} 瞬变是如何调控的,理解双值间隙内的 Ca^{2+} 动力学过程至关重要,因为那里能够反映 L 型通道和 RyR 对控制 Ca^{2+} 流动和释放的机制。已经了解了心脏细胞的宏观性质(如心肌细胞液 Ca^{2+} 浓度,及对滑行肌丝的影响),因此最终需要对于更小空间尺度上的 Ca^{2+} 动力学进行研究,并且融合各个不同尺度的数学模型。这种跨尺度的研究在生理学中非常常见,特别是系统生物学中,通过研究单细胞的作用和性质来建立对整个器官的理解。

因为已经认识到 Ca^{2+} 流是兴奋-收缩耦合的重要媒介,所以有必要对心肌细胞收缩过程中的 Ca^{2+} 流进行更为细致的研究。首先来看一下 Ca^{2+} 的释放过程,即 Ca^{2+} 通过 L 型通道内流,使 RyR 介导肌浆网释放 Ca^{2+},这一过程具有两个显著的特点。一是高增益性,即较小的 L 型通道内的 Ca^{2+} 内流,就可以引起较大的 RyR 介导的 Ca^{2+} 释放。二是分级释放,即随着膜电位的升高,L 型通道的 Ca^{2+} 流和 RyR 介导的 Ca^{2+} 流均呈现先增大后减小的趋势,如图 6-16 所示。这两种 Ca^{2+} 流与膜电压的关系,都类似钟形函数。在膜电压较低时,通过每一个开放通道的电流都很小,此时处于开放状态的通道比率较低;而当膜电压升高时,处于开放状态的通道比率增加,Ca^{2+} 流也因此增大;而当膜电压接近 Ca^{2+} 通道的反转电压时,通过每一通道的电流开始下降,导致流经开放通道的总电流下降。

当 L 型通道的 Ca^{2+} 流逐渐下降时,RyR 的 Ca^{2+} 流也随之下降。但有意思的是,通过比较图 6-16(b)中的归一化曲线可以发现,RyR 的 Ca^{2+} 流相比于 L 型通道的 Ca^{2+} 流在更低的膜电压时就开始下降了。一种可能的解释是,虽然当流经 L 型通道的总电流是膜电压的增函数,流经每一通道的 Ca^{2+} 流下降,导致 Ca^{2+} 内流与 RyR 的耦合效率降低,从而引起了 RyR 介导的 Ca^{2+} 流的下降。

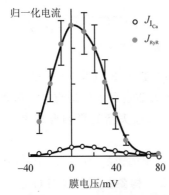
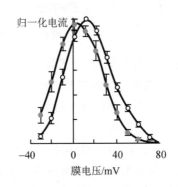

(a) 较低的曲线表示通过L型通道的Ca^{2+}流($J_{I_{Ca}}$),　　(b) 归一化曲线
　　较高的曲线表示RyR介导的Ca^{2+}流(J_{RyR})

图 6-16　大鼠心室肌细胞内 Ca^{2+} 的分级释放[8]

当使用类 HH 模型来描述上述的 Ca^{2+} 释放时,高增益和分级释放这两个特征在表面上是矛盾的。很多 Ca^{2+} 的动力学模型(包括之前提到过的 Beeler – Reuter 模型和 LR – II 模型)都可以称为 Ca^{2+} 公共池模型,其中假定内流和释放的 Ca^{2+} 都处于一个相同的公共池,这个公共池可以是肌浆,也可以是双值间隙这样的小空间,如图 6 – 17 所示。每种模型都由一些腔室构成,每个腔室都假设物质充分混合。图 6 – 17(a)所示为二腔室模型,其中只有肌浆网和肌浆。L 型通道电流直接进入肌浆,从这里激发肌浆网中 Ca^{2+} 的释放。图 6 – 17(b)所示为三腔室模型,其中包含了双值间隙。J_{NCX} 是 $Na^+ - Ca^{2+}$ 交换。这种普通的池模型无法同时表现出高增益和分级释放特性。

Stern 在 1992 年证明了这种公共池模型,如果只使用线性方程,是不能同时表现出高增益和分级释放的[9]。相反,他介绍了一种局部调控模型的概念,其中 L 型通道和 RyR 的紧密关系导致了 Ca^{2+} 瞬变的形成,其中 RyR 的开放由附近的 L 型通道流经的 Ca^{2+} 控制。每个双值间隙的响应是全或无,这样可以产生高增益的特征。而双值间隙的数量具有随机性,可以保证分级释放的特性。每个双值间隙被彼此之间长约 $2~\mu m$、宽约 $0.8~\mu m$ 的空隙分隔开,它们都是以半独立的方式响应 Ca^{2+} 流的。虽然在每个独立的释放位置是全或无的特点,但局部调控的半独立的 Ca^{2+} 释放引起的整个公共池中的统计结果可以表现出分级释放的特性。这种局部调控模型需要考虑每一个双值间隙的空间形态及双值间隙整体的统计学特征,所以模型非常复杂,求解过程必须依赖数值求解,如图 6 – 18 所示。但是需要注意的是,在 Ca^{2+} 的释放环节,还有很多没有解决的问题,这是在这一领域需要面对的研究现状。

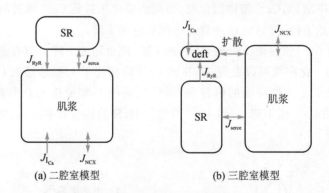

图 6 – 17 两种公共池模型的示意图

对上述 Ca^{2+} 流的研究,主要集中在 L 型 Ca^{2+} 通道、RyR 以及 $Na^+ - Ca^{2+}$ 泵对 Ca^{2+} 流的影响。L 型 Ca^{2+} 通道的激活主要受膜电压的影响,而失活过程主要是膜电压和高 Ca^{2+} 浓度共同引起的。但是在整个动作电位过程中,Ca^{2+} 浓度对通道失活的影响要显著高于膜电压,因此可以忽略膜电压的影响。

目前,L 型通道最复杂的模型是 Jafri 等在 1998 年构建的,如图 6 – 19 所示[10]。他认为这一通道具有两种基本构象,分别称为正常构象和 Ca^{2+} 构象。其中状态 O 是唯一的开放状态。去极化过程会增加正常或 Ca^{2+} 构象中从左到右的通道变化的速率。但是只有正常构象中的通道才能变为开放状态(N_4 到 O 的变化)。L 型通道上 Ca^{2+} 的结合将使得通道从正常构象向 Ca^{2+} 构象的转变,从而使受体失效。这种模型称为 Monod-Wyman-Changeus 型模型。模型中的正常构象的激活过程由跨膜电压调控,图中的 $\alpha = 2e^{0.012(V_m - 35)}$,$\beta = 0.088\,2e^{-0.05(V_m - 35)}$。$Ca^{2+}$ 通道的

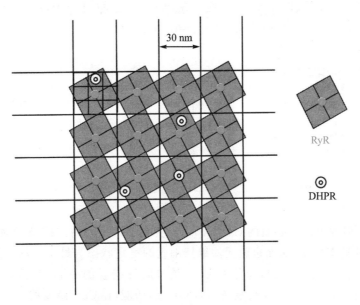

DHPR—dihydropyridine receptor，二氢吡啶受体

图 6 - 18　局部控制模型示意图

失活由 Ca^{2+} 浓度调控，其中，$\gamma = 0.44 [Ca^{2+}]_{cleft}$。而 Ca^{2+} 构象中的状态转换速率 $\alpha' = a\alpha$，$\beta' = \beta/b$。其他参数如下：$a=2$，$b=1.9$，$f=0.85\ ms^{-1}$，$g=2\ ms^{-1}$，$\omega=0.02\ ms^{-1}$。

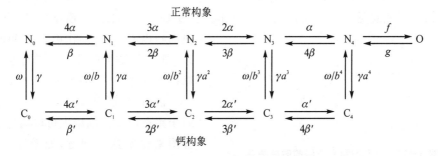

图 6 - 19　L 型 Ca^{2+} 通道的完整模型[10]

通过该模型的简化版本也可以得到与实验数据吻合较好的结果。首先，为了简化模型，Winslow 等人省略了 6 个通道状态，得到了图 6 - 20。[11] 然后，该模型还可以进一步简化，即假设正常构象和 Ca^{2+} 构象的两种状态都会快速地达到平衡，这样就可以将两种状态合并，最后得到如图 6 - 21 的形式。

RyR 受体认为是被细胞质内的 Ca^{2+} 浓度激活的，因此可以不考虑肌细胞内的 Ca^{2+} 的空间分布的差异，在心肌和骨骼肌中 RyR 的性质并不相同。首先，我们普遍认为，在心肌细胞中，Ca^{2+} 的流入会诱导 RyR 释放 Ca^{2+}，形成爆炸性的正反馈，这是 Ca^{2+} 流的关键。其次，RyR 必须对双值间隙中的局部 Ca^{2+} 浓度做出响应，并因此对通过 L 型通道进入的 Ca^{2+} 优先响应。然而，还一定存在某种机制来终止 RyR 引起的 Ca^{2+} 流。但是关于这种机制还存在争议。有人认为，双值间隙中的 Ca^{2+} 浓度、肌浆网 Ca^{2+} 的耗竭、随机波动都可能导致 RyR 关闭，这里只介绍一种典型模型[9]，如图 6 - 22 所示。这一模型中，Ca^{2+} 的结合可以先打开受体（状态 O），但是接下来，Ca^{2+} 的结合会导致受体慢慢地失活（状态 I）。R 和 RI 代表关闭状态。4 种状态的转换

速率取决于 c，即双值间隙内的 Ca^{2+} 浓度。在 Stern 构建的模型中，$k_1 = 35\ mmol^{-2}ms^{-1}$，$k_{-1} = 0.06\ ms^{-1}$，$k_2 = 0.5\ mmol^{-1}ms^{-1}$，$k_{-2} = 0.005\ ms^{-1}$。

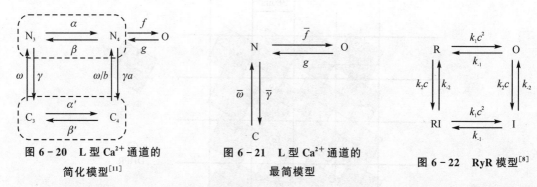

图 6-20 L 型 Ca^{2+} 通道的
简化模型[11]

图 6-21 L 型 Ca^{2+} 通道的
最简模型

图 6-22 RyR 模型[8]

所有通过 L 型通道进入心肌的 Ca^{2+}，都一定会在下一次心搏之前被清除，否则细胞无法维持 Ca^{2+} 浓度的动态平衡，从而也就无法维持细胞的稳定状态。最主要的清除机制是 NCX，在兔子的心肌细胞中，这一机制清除的 Ca^{2+} 是被肌纤维膜的 ATP 酶清除的 Ca^{2+} 数量的 10 倍以上。然而，NCX 似乎不仅仅具有清除 Ca^{2+} 的功能，在 Ca^{2+} 瞬变的开始，它还允许 Ca^{2+} 进入细胞。$Na^+ - Ca^{2+}$ 交换是可逆的，3 个 Na^+ 交换 1 个 Ca^{2+}。因此，这一交换机制会产生电流，它的速率和方向取决于膜电压和细胞内外的 Na^+ 和 Ca^{2+} 浓度。正的膜电压会增加这种交换机制引起的向外的电流，因而会增大 Ca^{2+} 的流入；当细胞内的 Ca^{2+} 浓度增加又会引起 Ca^{2+} 的排出，因而引起交换机制的向内的电流。

Ca^{2+} 流的时相总是滞后于动作电位的时相。通过 Beeler - Reuter 模型（1977 年）可以反映细胞内 Ca^{2+} 与动作电位之间的时相关系，即 Ca^{2+} 浓度的升高会滞后于动作电位峰值电压的出现，而机械收缩又会滞后于 Ca^{2+} 的升高，所以可以知道，机械收缩会滞后于兴奋出现。临床上可以通过心电和心音图来说明这一问题，如图 6-23 所示。第一心音的出现标志着心室的收缩，而在心电图上，QRS 波群标志着心室的除极过程。通过观察可以发现，正常状态下，第一心音总是滞后于 QRS 波群 50 ms，说明心室从电兴奋到产生收缩，需要 50 ms 的延时。同理，T 波标志着心室的复极化过程，在 T 波出现 50 ms 后会出现标志心室舒张的第二心音。

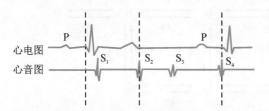

图 6-23 心音图和心电图的时序关系

正常的兴奋-收缩耦合状态下，机械活动与电活动的延时总是在 40～60 ms。如果出现脱耦联，即电活动和机械活动分离，则说明心脏功能已基本丧失，常出现在临终的病人中，心电图可记录到缓慢的激动波，但是心音、血压几乎为 0。如果出现延迟耦合状态，即机械活动与电活动的延迟大于 60 ms，意味着电活动的同步性仍然存在，表现为 QRS 波群明显，但是机械活动的同步性很差，提示为心衰。

6.1.3 心脏组织的电传导机制

因为心脏细胞都具有兴奋性和传导性，所以当窦房结等自律细胞发生冲动时，该冲动可以传遍整个心脏。电冲动在心脏中的传播规律受到多种因素的影响，呈现复杂的时空分布特点，可以从细胞到组织不同的层面来研究这种传播规律。心肌细胞的电生理特性呈现显著的空间耦合,同种的心肌细胞动作趋向同步或同化动作,即同步地发生极化和去极化;同时心肌组织中也允许单个兴奋细胞激励临近细胞,使动作电位能够传输到其他细胞。正因为上述两种特性,心肌组织既可以受到自律细胞的控制,也可以发生同步的极化,从而受控地、规律地产生收缩。但是这同样为心律失常提供了电生理基础,即当存在异位起搏细胞时,异位起搏电位可以传遍心肌组织,从而引起较大范围的心肌收缩异常,例如,心室早搏、房速等。

为了阐明心脏组织层面的电传导机制,先要来看一下细胞尺度的电传导。单个心肌细胞可以简化为一个圆柱形,它的直径约为 15 μm,长度约为 100 μm。整个心肌组织可以看作是许多心肌细胞的三维组合,堆叠方式类似于用砖垒墙。心肌细胞被细胞外基质包围。细胞端对端相连,连接处的细胞形成闰盘结构。如图 6 - 24 所示,闰盘是心肌组织中的一种特殊结构,这种结构将两个相邻细胞的细胞膜隔开,之间的距离约为 25 nm。闰盘中具有两种典型的结构,一种称为细胞桥粒或紧密连接,它使闰盘连接前后的细胞膜融合,从而大大提高心肌组织连接的机械强度。另一种结构是缝隙连接,如图 6 - 25 所示,它为连接前后的细胞提供了一种细胞内通道(直径约为 2 nm),为电传导提供了方便。缝隙连接是细胞间电传导空间耦合的生理基础。

由此可知,心肌组织内的电传导主要通过三种途径:细胞膜、缝隙连接、细胞内胞浆。当电传导发生在细胞膜上时,可以以动作电位的形式在细胞膜上传导;当电传导发生在闰盘附近或细胞内部时,可以以离子电流的形式在缝隙连接间或细胞内液中传导。

如果把单个心肌细胞看成一个圆柱形,那么流经单个心肌细胞的电流可以分为两个方向,一部分是沿心肌纤维方向的轴向电流 i_A,另一部分是垂直于肌纤维方向,即跨膜流出细胞的横向电流 i_M,如图 6 - 26 所示。两者之间的关系可以描述为 $i_M = -\frac{\partial i_A}{\partial x}$,即横向电流大小为轴向电流沿纤维方向的梯度减小的幅度。假设细胞内的电阻率(单位体积上的电阻)为 r_c,则细胞电位沿纤维方向的变化可以表示为 $\frac{\partial V_i}{\partial x} = -r_c i_A$,因此 $i_M = \frac{\partial}{\partial x}\left(\frac{1}{r_c} \cdot \frac{\partial V_i}{\partial x}\right)$。

假设动作电位在肌纤维中的传播速度恒定为 v_e,则动作电位的传播函数可以描述为

$$V_i = f\left(t - \frac{x}{v_e}\right)$$

式中,t 表示传播时间;x 表示距离传播原点的长度。由此可知

$$\frac{\partial V_i}{\partial x} = -\frac{1}{v_e}f'\left(t - \frac{x}{v_e}\right) \tag{6-41}$$

$$\frac{\partial V_i}{\partial t} = f'\left(t - \frac{x}{v_e}\right) \tag{6-42}$$

根据式(6-41)和式(6-42)可知

$$v_e \frac{\partial V_i}{\partial x} = -\frac{\partial V_i}{\partial t} \tag{6-43}$$

所以

$$i_A = -\frac{1}{r_c} \cdot \frac{\partial V_i}{\partial x} = \frac{1}{r_c v_e} \cdot \frac{\partial V_i}{\partial t} \tag{6-44}$$

考虑 i_A 和 i_M 的关系可知

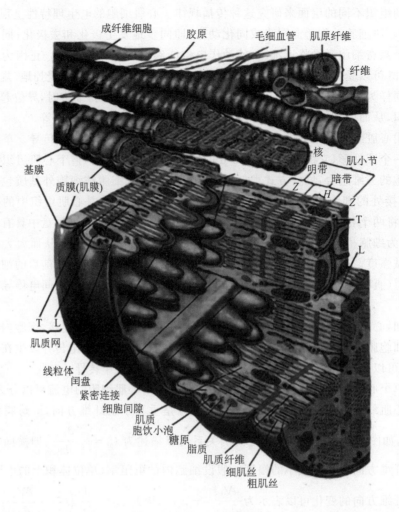

成纤维细胞　胶原　毛细血管　肌原纤维

纤维

核

明带　肌小节

基膜　暗带

质膜(肌膜)　Z　H　Z

T

L

T　L

肌质网

线粒体

闰盘

紧密连接

细胞间隙

肌质

胞饮小泡

糖原　脂质

肌质纤维

细肌丝

粗肌丝

图 6-24　闰盘结构

$$i_M = \frac{1}{r_c} \cdot \frac{\partial^2 V_i}{\partial x^2} = \frac{1}{r_c v_e^2} \cdot \frac{\partial^2 V_i}{\partial t^2} \qquad (6-45)$$

设 j_M 为细胞膜横向电流密度，a 为心肌纤维半径，则 $j_M = \frac{1}{2\pi a} i_M$。设细胞内电阻率为

ρ_a（单位为 $\Omega \cdot cm$），则 $r_c = \frac{\rho_a}{\pi a^2}$。由此可知

$$\frac{\dfrac{\partial^2 V_i}{\partial t^2}}{j_M} = 2\pi a (r_c v_e^2) = \frac{2\rho_a v_e^2}{a} \qquad (6-46)$$

对于给定的心肌纤维，$\dfrac{\rho_a}{a}$ 是常量，不依赖于 x 和 t，所以

$$\frac{2\rho_a v_e^2}{a} = k \quad \text{或} \quad v_e = \sqrt{\frac{ak}{2\rho_a}} \qquad (6-47)$$

由此可知

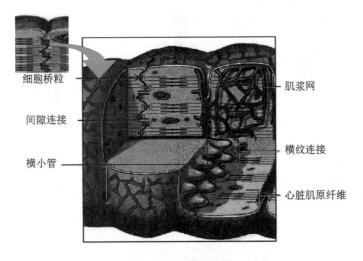

图 6 - 25　缝隙连接

$$v_e \propto \sqrt{a} \qquad (6-48)$$

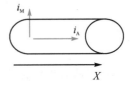

图 6 - 26　心肌纤维中的电流传播方向

式(6-48)说明兴奋传导速度与心肌纤维的半径有关,纤维越粗,传导速度越快。同时也可以看到传导速度与电阻率有关,电阻率越大,传导速度越慢。而细胞的电阻率与细胞内的离子浓度有关,与细胞电兴奋有关的离子浓度越高,电阻率越小。例如,心肌中房室结纤维的半径约为 7 μm,而浦肯野纤维的半径约为 50 μm,且浦肯野纤维中的离子浓度高于房室结纤维的离子浓度,那么哪种细胞中的兴奋传导速度更快呢? 很明显,浦肯野纤维中的电传导速度更快,因为它的细胞更粗,离子浓度也大于房室结细胞。事实上,浦肯野纤维的传导速度可达4 mm/ms,而房室结纤维的传导速度只有 0.21 mm/ms。

类似于 HH 模型,当心肌纤维受到电刺激时,一方面会引起跨膜电容两端的电压变化,另一方面会引起一股离子电流沿心肌纤维传导。这股离子电流流经细胞间闰盘结构,将会通过缝隙连接,所以说缝隙连接是心肌细胞间电耦合的基础。上述的刺激电流 I_m 与细胞膜电位 V 和细胞内离子电流 I_{ion} 的关系可以描述为

$$I_m = C_m \frac{dV}{dt} + I_{ion} \qquad (6-49)$$

式中,C_m 为细胞膜电容。

假设细胞内外的电流符合欧姆定律,则 $I = -\sigma \nabla\varphi$。考虑当电流流出细胞膜时,该跨膜电流对于细胞内电流来说是负相的电流源,而对于细胞外电流来说是正相的电流源(见图 6-27),因此

$$I_m = -\nabla \cdot (-\sigma_i \nabla\varphi_i) = \nabla \cdot (\sigma_i \nabla\varphi_i) \qquad (6-50)$$

$$I_m = \nabla \cdot (-\sigma_e \nabla\varphi_e) = -\nabla \cdot (\sigma_e \nabla\varphi_e) \qquad (6-51)$$

如果考虑跨膜电流均匀地从横向流出,若圆柱形细胞横截面的周长为 p,则

$$p\left(C_m \frac{\partial V}{\partial t} + I_{ion}\right) = \frac{\partial}{\partial x}\left(\frac{1}{r_c} \cdot \frac{\partial V_i}{\partial x}\right) = -\frac{\partial}{\partial x}\left(\frac{1}{r_e} \cdot \frac{\partial V_e}{\partial x}\right) \qquad (6-52)$$

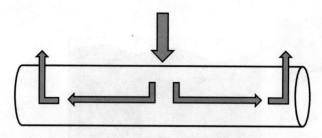

图 6-27 细胞内外的电流流动方向

式中，r_c 表示细胞内的单位长度电阻率；r_e 表示细胞外的单位长度电阻率。同时考虑细胞内外的情况，可以得出

$$(pr_c + pr_e)\left(C_m \frac{\partial V}{\partial t} + I_{ion}\right) = \frac{\partial^2 V_i}{\partial x^2} - \frac{\partial^2 V_e}{\partial x^2} \tag{6-53}$$

由于跨膜电位 $V = V_i - V_e$，所以

$$p\left(C_m \frac{\partial V}{\partial t} + I_{ion}\right) = \frac{1}{r_c + r_e} \cdot \frac{\partial^2 V}{\partial x^2} \tag{6-54}$$

$$\frac{1}{r_c} \cdot \frac{\partial V_i}{\partial x} + \frac{1}{r_e} \cdot \frac{\partial V_e}{\partial x} = 0 \tag{6-55}$$

假设稳态时跨膜电流符合欧姆定律，且等效电阻为 R_m，则式(6-54)变为

$$\frac{pV}{R_m} = \frac{1}{r_c + r_e} \cdot \frac{\partial^2 V}{\partial x^2} \tag{6-56}$$

该方程的通解形式为

$$V = \alpha_1 e^{\lambda x} + \alpha_2 e^{-\lambda x} \tag{6-57}$$

其中

$$\lambda^2 = \frac{p}{R_m}(r_c + r_e) \tag{6-58}$$

考虑到式(6-55)，可以得出

$$V_i = \frac{r_c}{r_c + r_e} V(x) + \alpha \tag{6-59a}$$

$$V_e = -\frac{r_e}{r_c + r_e} V(x) + \beta \tag{6-59b}$$

式(6-59)是 V_i 和 V_e 的通解，但是其中涉及的参数 α 和 β 仍然未知。要确定参数 α 和 β，还需要更多的条件。假设一段心肌纤维中有 n 个细胞，每个细胞长度为 L，那么经过长度 L 后的电压衰减关系可以表示为

$$V(x + L) = \mu V(x) \tag{6-60}$$

式中，$\mu = e^{-L/\lambda_g}$；λ_g 为空间常数。经过 n 个细胞，细胞内外的电压衰减关系可以表示为

$$\begin{pmatrix} V_i \\ V_e \end{pmatrix}_n = \mu^n \begin{pmatrix} V_i \\ V_e \end{pmatrix}_0 \tag{6-61}$$

式中，$\begin{pmatrix} V_i \\ V_e \end{pmatrix}_n$ 表示第 n 个细胞处的细胞内外电压；$\begin{pmatrix} V_i \\ V_e \end{pmatrix}_0$ 表示电传导原点处的细胞内外电压。考虑到细胞间存在闰盘结构，在闰盘两侧的细胞内电位会发生突变。假设闰盘内的电流全部

通过缝隙连接传导,且闰盘两端的电位差与流经电流满足欧姆定律,则

$$\frac{|V_i|}{r_g} = \frac{1}{r_c} \cdot \frac{\partial V_i}{\partial x} \tag{6-62}$$

即在闰盘前后存在的电压差为 $\mu V_i(0) - V_i(L) = \dfrac{r_g}{r_c} V'_i(L)$。

通过上述分析,可以为 V_i 和 V_e 的方程通解提供边界条件,来计算参数 α 和 β。边界条件包括

$$\mu V_i(0) - V_i(L) = \frac{r_g}{r_c} V'_i(L) \tag{6-63}$$

$$\mu V_e(0) = V_e(L) \tag{6-64}$$

$$\mu V'_i(0) = V'_i(L) \tag{6-65}$$

$$\mu V'_e(0) = V'_e(L) \tag{6-66}$$

其中,式(6-63)描述的是细胞内闰盘前后的电压跳变;式(6-64)描述的是细胞外的电压连续性衰减;式(6-65)描述的是细胞内电流的连续性变化;式(6-66)描述的是细胞外电流的连续性变化。加上上述的边界条件后,可以得到

$$\alpha_1 = \mu - \frac{1}{E} \tag{6-67a}$$

$$\alpha_2 = \mu - E \tag{6-67b}$$

$$\beta = 2r_e \frac{(\mu - E)\left(\mu - \dfrac{1}{E}\right)}{\mu - 1} \tag{6-67c}$$

$$E = e^{\lambda_g L} \tag{6-67d}$$

由此可知,细胞内外的电位除了与细胞内外的电阻率有关外,还受到细胞长度 L 和空间常数 λ_g 的影响。如果取 $L = 0.012$ cm,$\lambda_g = 0.09$ cm,则细胞内外的电压变化如图 6-28 所示。

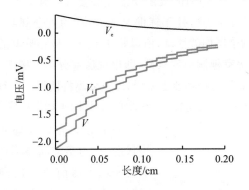

图 6-28　细胞内外电压的变化

通过求解结果可知,从电刺激原点开始,随着距离变长,细胞外电位呈现指数型下降的规律;而细胞内的电位则呈现阶梯状上升。由于细胞膜的跨膜电位等于细胞内外电位之差,所以细胞膜的跨膜电位也会出现阶梯状上升的趋势。

虽然介绍了电兴奋在心肌组织中的传播规律,但是这一模型对心肌组织进行了简化,把心肌细胞简化为圆柱体,且对于电阻率等因素具有各向同性。实际的心肌组织要复杂得多,最明

显的特征是心肌组织中有一套特殊的心电传导系统,心电兴奋的传播基本是沿着心电传导系统进行的。

总的来说,心脏动作电位的传导系统可以用图 6-29 来概括。其中各组织中的心电传导速度各不相同,心房肌和心室肌细胞中的动作电位传导速度分别为 0.4 m/s 和 1 m/s;房室结的传导速度较慢,为 0.21 m/s;结间束的传导速度为 1～1.2 m/s;浦肯野纤维的传导速度最快,约 4 m/s;而房室交界的传导速度最慢,一般为 0.1～0.2 m/s,最慢处为 0.02 m/s。

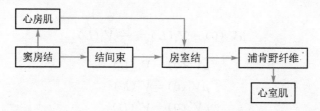

图 6-29 心脏动作电位的传导系统

心电传导系统的传导速度的差异具有重要的生理意义。一方面,浦肯野纤维在心室内的网状分布,及其快速的传导速度,提升了心室电活动的同步性,使心室能够实现从心尖向心耳的自下而上且协调的收缩运动,从而提高了心室射血效率。另一方面,房室交界的极低的传导性,使窦房结发出的电冲动都必须通过房室结传导至心室;而房室结的慢速传导又引起了房室延搁。房室延搁是指心室的电活动总是滞后于心房的电活动。由于房室延搁的存在,心室的射血总是发生在心房将血液射入心室之后,最大限度地发挥了心房的功能,从而提高了心脏的射血效率。

房室延搁可以表现为心脏两个层面的活动:① 电活动。P 波表示心房激动,发生在前,而 QRS 波群表示心室激动,发生在后。若两者之间的 PR 间期为 0.12～0.20 s,说明房室延搁正常,房室的同步性良好;② 机械活动。心房先收缩将血液泵入心室,然后心室收缩,这样最大程度地提高心室射血效率,使心房辅助泵的功能充分发挥。在心脏的泵血功能中,心室的功能占主导,一般占 60%～85%;而心房处于辅助泵的地位,约占全部心功能的15%～40%。

由于房室延搁有上述两个层面的活动,所以临床上可以从心脏电活动和机械活动两个层面来检查房室延搁是否正常,或房室延搁出现紊乱,即出现房室分离。房室分离在心脏的电活动上,表现为房前室后的规律丧失;而从机械功能上来说,房室分离将使得心房辅助泵功能完全丧失。这种现象常出现于三度房室传导阻滞、心房颤动、室性心动过速、干扰性房室分离等心律失常。

介于房室同步(房室延搁正常)和房室分离之间的状态,称为房室同步不良。在心电图上,房室同步不良表现为房前室后的同步性仍然存在,但是 PR 间期小于 0.12 s 或大于 0.20 s。在机械功能上,心房辅助泵功能部分丧失。它对心脏正常的人群影响不大,但是对心功能不全者,影响更为明显。这是因为,心功能的主要贡献来自心室的活动,在心功能不全的患者中,心功能越是减弱,说明心室功能越是衰弱,相反对心房辅助泵功能的依赖越严重。如图 6-30 所示,E 和 A 分别表示心室和心房功能的

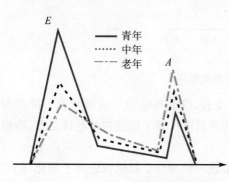

图 6-30 心室与心房功能的强弱关系

强弱;在青年人中心室功能占全部心功能的绝对多数,而进入中年后,心室功能占比逐渐降低,心房功能占比逐渐上升;在老年人中,心室和心房功能对心功能的贡献基本相当。这说明,对于心功能不全的患者,一旦出现房室同步不良,后果将更为严重。

6.1.4　电偶极子和心电矢量

要理解心脏的电活动是如何转变为体表可以检测到的心电信号的,需要首先理解电偶极子产生的电场。一对靠近的等量异号的点电荷组成的电荷系统可以构成一个电偶极子,其引起的空间电场可以推导如下:

$$u_0 = \frac{1}{4\pi\varepsilon_0} \cdot \frac{q}{r_2} - \frac{1}{4\pi\varepsilon_0} \cdot \frac{q}{r_1} = \frac{q}{4\pi\varepsilon_0} \cdot \frac{r_1 - r_2}{r_1 r_2} \tag{6-68}$$

因为

$$r_1 r_2 \approx r^2 \tag{6-69}$$

$$r_1 - r_2 \approx l\cos\theta \tag{6-70}$$

所以

$$u_0 = \frac{q}{4\pi\varepsilon_0} \cdot \frac{l\cos\theta}{r^2} = \frac{1}{4\pi\varepsilon_0} \cdot \frac{p\cos\theta}{r^2} \tag{6-71}$$

式中,$p = ql$,称为电偶极矩,如图 6-31 所示。

在此基础上,引入偶电层的概念,即两个面电荷密度分别为 $\pm\sigma$ 的带电面 S,相距很小的距离 l,如果 $l^2 \ll S$,就组成了偶电层。偶电层可以看成由一系列电偶极子构成的,因此偶电层形成的空间电场可以看成一系列电偶极子形成的电场的叠加。对于两个面元 dS,可认为构成偶极子,其等效电偶极矩为 $p = \sigma l\,dS$,所以该面元形成的电场为

$$u = \frac{1}{4\pi\varepsilon_0} \cdot \frac{p\cos\theta}{r^2} = \frac{l\sigma}{4\pi\varepsilon_0} \cdot \frac{dS}{r^2} \tag{6-72}$$

将方程转为极坐标,可得

$$u = \frac{1}{4\pi\varepsilon_0} \cdot \frac{p\cos\theta}{r^2} = \frac{l\sigma}{4\pi\varepsilon_0} \cdot \frac{dS}{r^2} = \frac{l\sigma}{4\pi\varepsilon_0}d\Omega = \frac{p_s}{4\pi\varepsilon_0}d\Omega \tag{6-73}$$

式中,$p_s = \sigma l$,表示单位面积的等效偶极矩;$d\Omega = dS/r^2$,表示从原点到观察点的立体角。对偶电层整个曲面积分后得

$$u = \int_S \frac{p_s}{4\pi\varepsilon_0}d\Omega = \frac{p_s}{4\pi\varepsilon_0}\Omega \tag{6-74}$$

式中,Ω 表示偶电层 S 对观察点 O 所张开的立体角。

如果偶电层为闭合曲面,则可以分为两部分,即图 6-32 中的曲面 ACB 和 ADB。这两个曲面对 O 点的立体角是等值异号的,所以

$$u = \oint_S \frac{p_s}{4\pi\varepsilon_0}d\Omega = \frac{p_s}{4\pi\varepsilon_0}\left(\int_{ACB}d\Omega + \int_{ADB}d\Omega\right) = 0 \tag{6-75}$$

这一结果说明任何一个闭合的偶电层,其形成的外电场处处为 0。例如,对于心肌细胞,考虑其静息状态及完全去极化时的外部电位的分布时,可以将心肌细胞简化为一个闭合的偶电层。根据细胞的电生理可知,细胞膜内外的正负离子分布形成双电层结构,该结构使它可以被等效为一个闭合曲面的偶电层,因此细胞外电位处处为 0。无论在静息状态还是完全去极化状态,单个细胞外的电位分布都为 0。

　　如何求取单个细胞某一部分去极化状态时细胞外电位分布？要分析这一问题,首先可以把一个部分去极化的细胞简化为图 6 - 33(a)所示的电荷分布。然后可以构建出一个闭合曲面,如图 6 - 33(b)所示。为了构成这个闭合曲面,增加了一个偶电层 AA'。于是,原有的部分去极化细胞的电场可以看成一个闭合曲面形成的电场和与 AA' 方向相反的偶电层 S 形成的电场的叠加。由于闭合曲面形成的电场为 0,所以一个部分极化时细胞形成的空间电场就可以等效为偶电层 S 形成的电场,等效电偶极矩的方向是由已去极化的部分指向未去极化的部分,如图 6 - 33(c)所示。

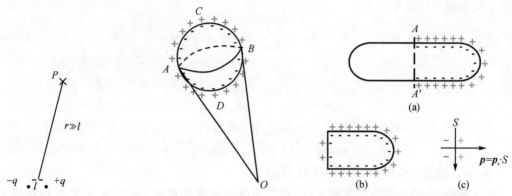

图 6 - 31　电偶极矩示意图　　图 6 - 32　闭合偶电层的示意图　　图 6 - 33　细胞部分去极化时产生的电偶极矩示意图

　　单个细胞部分极化时形成的电场是去极化与未极化部分界面构成的偶电层形成的电场。一个心脏可以看成一个巨大的细胞,而心脏动作电位传播时形成的电场,可以看成由动作电位传播波面构成的偶电层形成的电场,其方向是从已去极化的部分指向未去极化的部分。因此可以用一个向量来表示这一偶电层的电偶极矩,称为瞬时心电综合向量,即

$$M = \int_{去极化波面} \boldsymbol{p}_s \cdot \mathrm{d}s \tag{6-76}$$

式中,$\boldsymbol{p}_s$ 表示去极化波面上一点构成的电偶极子的偶极矩;$\mathrm{d}s$ 表示去极化波面上的面元。

　　根据心电活动的特性,可以知道瞬时心电综合向量 M 的大小和方向取决于心脏去极化波面上参与去极化的细胞的多少,而这个去极化波面是从窦房结发出的,从心房传导至心室的。因此,瞬时心电综合向量 M 是时变的,即随着心脏动作电位的传导,去极化波面也会移动,从而引起瞬时心电综合向量的大小和方向都发生变化。另外,瞬时心电综合向量也是周期的,因为心电活动具有周期性,生理状态下由窦房结控制节律。如果把一个心电周期内各瞬时心电向量的始端平移至一点,并按时间顺序排列起来,那么向量的末端就构成一个空间环状结构,该结构称为心电向量环。

　　如果详细地考虑心电活动过程,例如,心房的去极化、心室的去极化,那么根据不同的去极化波面,可以构成不同的心电向量环:心房去极化的瞬时心电综合向量构成 P 环;心室去极化的瞬时心电综合向量构成 QRS 环。类似地,如果把心室的复极化过程看成逆向的去极化过程,那么心室复极化就形成了 T 环,如图 6 - 34 所示。

　　心电向量环描述了心脏电活动形成的等效偶极矩的方向和幅度变化。那么心电向量环与临床测量的心电信号之间有什么关系？其实,体表测得的心电信号可以看成瞬时心电综合向量 M 引起的体表电位的变化。去极化波面上,细胞去极化引起电位显著上升,类似于一个阶

跃信号,这一阶跃信号由跨膜离子电流产生,可看成一个电流源,人体导体内这一电流源的变化,引起体表电位的变化,即心电信号,如图 6 - 35 所示。心电图中包含了三个重要信息:当动作电位传播穿过心房时,会出现一个可测量的电位变化,称为 P 波;当动作电位传播穿过心室壁,会有一个最大的电压变化,称为 QRS 波群;心室组织的复极化过程会表现为 T 波。这三个波实际上就对应了之前所说的三个心电向量环。

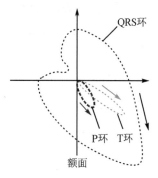

图 6 - 34　额面上的心电向量环

图 6 - 35 显示的波形,事实上是通常所说的单导联心电,也称标量心电。单导联 ECG 最重要的应用,就是检测心律不齐。例如,连续波动的 P 波模式提示了房颤或心房扑动;快速的 QRS 波群重复表明室性心动过速和异常的心室活动;P 波正常,但 QRS 波群出现缺失,暗示了房室结周围的传导阻滞;变宽的 QRS 波群提示心室动作电位传播速度慢于正常,可能是浦肯野网络的传导失效。

标量心电具有明显的局限性。心脏的去极化和复极化过程是具有方向性的,正如前面介绍的瞬时心电综合向量,但是标量心电很明显丧失了方向信息。标量心电实际上是瞬时心电综合向量在某一方向上的投影,如图 6 - 36 所示。不同方向观察到的心电信号的幅值和波形是不同的,只有通过多个方向才能完整地观察一个矢量的信息。

如果考虑人是一个各向异性的导体,且符合欧姆定律,则

$$I = -\sigma \cdot \nabla\Phi \tag{6-77}$$

式中,I 表示矢量电流;Φ 表示电位;$\nabla\Phi$ 表示电位的梯度;σ 表示电导张量。电导张量 σ 各向异性,是因为人体中骨、肺、血液等的电导各不相同,组织纤维条纹也具有方向性。

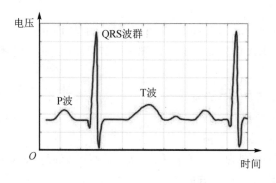

图 6 - 35　心电图的示意图

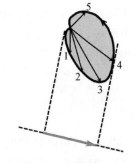

图 6 - 36　心电向量环的投影

根据人体电传导中电流和电压的关系,如果考虑电流的散度,则可以得到泊松方程:

$$\nabla \cdot I = -\nabla \cdot (\sigma \cdot \nabla\Phi) = S \tag{6-78}$$

式中,S 表示电流源。那么人体中最明显的电流源就是心脏动作电位传播的波面形成的等效电流源。

对于这个泊松方程,如果 S 和 σ 已知,求 Φ,这是一个正问题,即在电流源和电导张量已知的情况下求解体表电位分布;相反,如果 Φ 和 σ 已知,求 S,则是一个反问题,即在体表电位分布和电导张量已知的情况下求解电流源。遗憾的是,这两种问题都不可能得到解答,因为实际情况下人体的电导张量 σ 是未知的,电流源 S 是心电活动引起的等效电流源,也是不可测

量的,而要测得体表所有位置的电位 Φ 也是不现实的。

但是可以对这一问题进行简化。如果假设 σ 是各向同性的,则可以用标量 σ 表示,则方程变为

$$\nabla^2 \Phi = -\frac{S}{\sigma} \tag{6-79}$$

由于人躯体内充满了富含离子的体液,是电的良导体,可以进一步假设 σ 趋向无穷大,且假设 S 为位于原点的电偶极子,强度为 $H(t)$,则方程(6-79)可转化为

$$\nabla^2 \Phi = -\frac{1}{\varepsilon}(\delta(x-\varepsilon v) - \delta(x))H(t) \tag{6-80}$$

式中,$v=1$,$\varepsilon \to 0$。则方程的解为

$$\Phi(x,t) = \frac{H(t)x}{4\pi |x|^3} \tag{6-81}$$

上面的表达式表明,在电偶极子 $H(t)$ 系统中,空间任一点 x 的电位可以表达为 $H(t)$ 与一个含 x 的函数的点乘,所以体表每一点的电位可以记为

$$\Phi_B(x,t) = l_x \cdot H(t) \tag{6-82}$$

式中,l_x 为导联矢量,与体表电极的位置有关。体表电位 Φ_B 可以看作导联矢量 l_x 和心电矢量 $H(t)$ 的点乘。

心电测量的目的就是求解 $H(t)$。$H(t)$ 是一个三维矢量,可以分解为 $H_x(t)$、$H_y(t)$、$H_z(t)$。理论上用三个独立导联进行体表的电位测量,就可以求出 $H(t)$。更多的导联总能提供更详细的矢量心电信息,原因如下:① 体表测量的电位是包含噪声的,更多的导联可以减小 $H(t)$ 求解的误差;② 实际的心电活动不是简单的电偶极子,而是较为复杂的心电向量,其幅度和方向都是时变的。

为了较好地反映矢量心电,Einthoven 提出了 Einthoven 肢体导联,称为 Einthoven 三角,包括三个电极,分别置于左臂(LA)、右臂(RA)、左腿(LL),如图 6-37 所示。三个电极的电位差分别为

$$V_{\mathrm{I}} = \varphi_{\mathrm{LA}} - \varphi_{\mathrm{RA}} \tag{6-83a}$$

$$V_{\mathrm{II}} = \varphi_{\mathrm{LL}} - \varphi_{\mathrm{RA}} \tag{6-83b}$$

$$V_{\mathrm{III}} = \varphi_{\mathrm{LL}} - \varphi_{\mathrm{LA}} \tag{6-83c}$$

如图 6-38 所示,由此就产生了三个导联,分别为 L_{I}、L_{II}、L_{III}。L_{I} 是水平方向,从 RA 指向 LA;L_{II} 的方向是指向左下方;L_{III} 的方向是指向右下方的。

若已知正常的 QRS 波群和 T 波的平均偶极子方向是从水平向下 45°到指向左侧的范围内,则在 Einthoven 三角导联的心电图上,哪个导联观察到的 QRS 波群和 T 波的波幅最小?

正常的 QRS 波群和 T 波的平均偶极子方向是从水平向下 45°到指向左侧的范围内,此时与 II 导联方向近乎平行,因此在 II 导联上心电幅度最大;而与 III 导联方向近乎垂直,因此 III 导联上心电幅度最小。

Einthoven 的标准肢体导联非常有用,在临床上曾被独立使用了 20 年,用于心律失常疾病的诊断。但是人们也在临床上发现了一些问题,即 Einthoven 三角只对三个方向的心电信号较为敏感,而对垂直于这些方向的心电信号,信号幅度就会非常小。为了克服这个问题,Wilson 提出了加压肢体导联。如果将 Einthoven 三角中的两个电极电位的中点与剩下的一

个电极电位相减,就构成了一个新的导联。由此可以构成 aVR、aVL、aVF,分别对应右臂、左臂和左足电极与剩下两个电极电位中点构成的导联。Einthoven 三角和 Wilson 导联将人体的冠状面分为均等的 12 个 30°的区域。不同导联上测得的心电信号幅值大小代表了心电矢量与导联方向平行的程度。

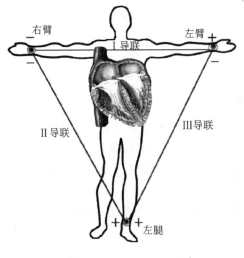

图 6 - 37 Einthoven 三角

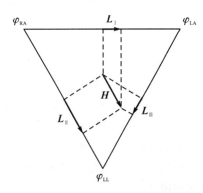

图 6 - 38 Einthoven 三角上观察到的心电矢量幅度

以图 6 - 39 所示的正常心电信号为例来判断心电矢量的方向。

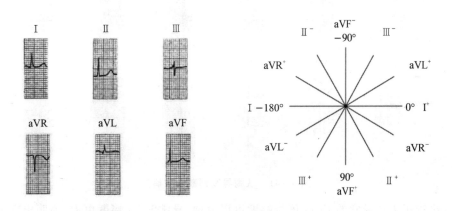

图 6 - 39 从标准肢体导联和加压肢体导联判断心电矢量方向

从上面Ⅰ、Ⅱ、Ⅲ导联的幅度比较,可以发现Ⅱ导联的幅度最大,且是直立的,说明心电矢量的方向应该指向Ⅱ导联正方向附近。进一步观察 aVR、aVL、aVF 导联可以发现,aVR 导联上的心电信号幅度最大,且是倒立的,综合之前的判断,可知心电矢量的方向应该指向Ⅱ导联正方向和 aVR 导联负方向之间。

虽然 Einthoven 导联和 Wilson 导联可以较好地反映冠状面上的心电矢量,但是却无法反映其他平面上的情况。为了克服这一问题,胸导联应运而生,如图 6 - 40 所示。胸导联分布于心脏所在的横断面,用于辨识心电矢量在横断面的方向。参考电极位于胸骨右侧(第 3 和第 4 肋骨间),V1 位于胸骨右侧,V2 位于胸骨左侧,V3～V6 沿着左胸的第 4 肋骨下部向左侧延伸至胸侧面腋窝下方。

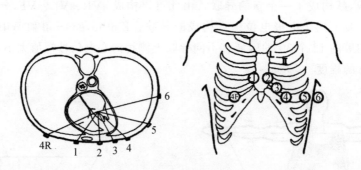

图 6 - 40　胸导联示意图

胸导联对于心脏疾病的诊断有很大作用。QRS 波群幅度过大可提示心室肥大,如果 ECG 矢量与正常相比左偏提示左心室肥大,ECG 矢量与正常相比右偏则提示右心室肥大。QRS 波群幅度过小一般表明了心肌梗死,如果此时 ECG 矢量左偏提示右心室梗死,ECG 矢量右偏则提示左心室梗死。

例如,图 6 - 41 分别是正常和异常的 ECG,其显示的平均心电矢量方向是什么,这一矢量方向说明什么?

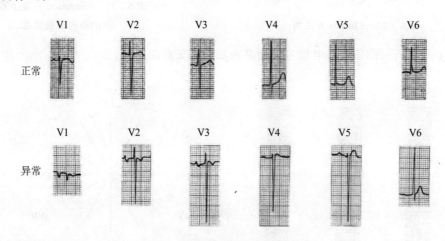

图 6 - 41　从胸导联判断心脏病变

通过比较正常和异常的 ECG 信号幅度可以发现,异常 ECG 幅度更大,说明出现了心室肥大。而正常 ECG 信号中最大幅度出现在 V2 导联附近;异常 ECG 信号中最大幅度出现在 V5 导联附近,说明心电矢量左偏,可判断出现了左心室肥大。

标准肢体导联,加上加压肢体导联,再加上胸导联,这就构成了目前临床普遍使用的标准心电导联。它可以从多个方向来观察心电矢量,因此可以辨识出绝大多数的心电活动异常。虽然它仍然不足以完全求解出矢量心电 $H(t)$,但是已经可以基本满足临床诊断的需求。

为了临床使用方便,我们会对 ECG 的记录方法进行标准化。临床的标准 ECG 记录仪都会采用以下的记录标准。记录速度:25 mm/s;纵轴坐标刻度:1 mV/cm;ECG 记录纸网格密度:1 mm;粗线条间距:0.5 cm。图 6 - 42 所示为一个正常心电的标准记录结果。

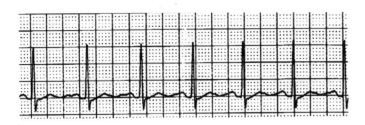

图 6-42　正常心电的标准记录结果

6.2　心律失常的病理机制

按照发病部位,心律失常可分为窦性心律失常和异位心律失常;按照心率分类,可分为缓慢心律失常和快速心律失常;按照病理生理意义分类,可以分为良性(约占 65%)、恶性(约占 5%)和可能恶性(约占 30%)。

心律失常的良恶性分类及其预后与其血流动力学影响有密切关系。而心律失常的血流动力学影响的大小受到多方面因素的制约。主要表现在以下几个方面。

(1) 心率:心律失常虽然可能导致心率变化,但是当心率在 40~160 次/min(bpm)之间时,心脏可以通过收缩力的调节保证心输出量基本维持恒定,减小心率变化引起的血流动力学影响;但是当心率超出上述范围时,心脏的代偿能力不足以维持心输出量的稳定,从而导致较为严重的血流动力学后果。

(2) 持续时间:心律失常发作的持续时间越长,其血流动力学影响越大,且往往具有累积效应。当心律失常发作的时间过长,可以引起心力衰竭。

(3) 发生位置:一般来说,室上性心律失常对血流动力学影响小,而室性心律失常的影响则较大——即使它不直接影响心脏射血,也会使心房的辅助泵血功能丧失。

(4) 心室收缩顺序:心室工作遵循着从底部向顶部的收缩顺序,如果这一顺序被打乱,就直接影响射血分数,即影响心室工作效率。

(5) 是否有器质性心脏病:心律失常并伴有器质性心脏病时,易加重心脏病,可导致心力衰竭。

心律失常的病理机制较为复杂,受到解剖、生理、药理、基因等多种因素影响。本章仅从电生理的角度来阐述其病理。按照心脏细胞的电生理特性,心律失常可分为自律性异常的心律失常、传导性异常的心律失常、折返、触发活动引起的心律失常。

6.2.1　自律性异常的心律失常

病理时自律性活动可发生于任何心肌细胞,包括普通心房肌和心室肌。心脏的活动服从于最高频率的节律起搏点,即窦房结。因此,窦性节律改变和异位节律起搏点的出现都可以引起心律失常。

由图 6-43 可以看出,对于窦房结细胞产生的动作电位,其节律的快慢受到以下三个方面的影响。

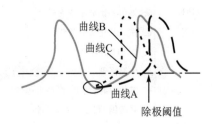

图 6-43　引起自律性改变的因素

（1）自动去极化速率（自动去极化电流的大小），亦称4相自动除极的斜率。自动除极速度快，到达阈电位所需时间短，自动兴奋的周期短，自律性高；反之若自动除极速度慢，则自律性低。

（2）自动去极化前的最大复极电位。最大舒张期电位的幅值减小，则舒张期自动除极达到阈电位所需的时间短，自动兴奋的周期缩短，自律性高；反之若最大舒张期电位的幅值增大，则自律性降低。

（3）去极化的阈电位。阈电位的幅值增大，它与舒张期电位的差距缩小，舒张期自动除极达到阈电位所需的时间短，自动兴奋的周期短，自律性高；反之若阈电位的幅值减小，则自律性降低。

影响自律性的三个因素中，最重要的是自动去极化速率，其他两个因素也有一定影响。例如，迷走神经的作用，通过其递质乙酰胆碱作用于心肌细胞膜的 M_2 胆碱能受体，使外向电流增加及 Ca^{2+} 电流减少，从而使得4相自动除极的速度减慢，降低自律性。如交感神经通过其递质儿茶酚胺作用于心肌细胞的肾上腺素能受体，能增加 Ca^{2+} 电流，导致自律性升高。常见的影响心脏自律性的因素及机制如表6-7所列。

表6-7 影响心脏自律性的因素及机制

自律性 ＼ 影响因素	复极4期自动除极速率	最大复极电位	阈电位
自律性增强	1. 交感神经兴奋 2. 肾上腺素及去甲肾上腺素 3. 细胞外钾离子浓度降低 4. 细胞外钙离子浓度升高 5. 细胞外钠离子浓度降低 6. 血二氧化碳分压升高 7. 血pH值降低 8. 温度升高 9. 其他，如心肌损伤、机械牵拉等	1. 交感神经兴奋 2. 肾上腺素及去甲肾上腺素 3. 细胞外钾离子浓度降低 4. 洋地黄中毒	细胞外钙离子浓度降低
自律性减弱	1. 迷走神经兴奋 2. 乙酰胆碱 3. 细胞外钾离子浓度升高 4. 细胞外钙离子浓度降低 5. 细胞外钠离子浓度升高 6. 血二氧化碳分压降低 7. 血pH值升高 8. 体温降低 9. 其他，如奎尼丁、普鲁卡因酰胺、β受体阻滞剂、苯妥英钠、利多卡因等药物	1. 迷走神经兴奋 2. 乙酰胆碱 3. 细胞外钾离子浓度升高 4. 利多卡因等	1. 细胞外钙离子浓度升高 2. 乙酰胆碱、奎尼丁、普鲁卡因酰胺、心得安等

根据自律性激动起源部位的不同,自律性异常的心律失常分为窦性心律失常和异位性心律失常两种。

1. 窦性心律失常

各种因素通过影响窦房结起搏细胞 4 期自动除极速率、最大复极电位水平或阈电位水平,使窦房结的自律性过高、过低或不规则,可分别产生窦性心动过速、窦性心动过缓和窦性心律不齐。表 6-8 列举了窦性心动过速的原因。

表 6-8　窦性心动过速的原因

分　类	原　因
生理性	婴幼儿、运动、情绪激动或其他刺激引起的交感神经兴奋、咖啡、吸烟、饮酒、窦房结自律性升高
病理性	① 肺炎、肺气肿、肺气病或其他急、慢性肺部疾病引起的低氧血症;② 内分泌疾病、如甲亢;③ 神经系统疾病;④ 休克;⑤ 急性心肌缺血、损伤或梗死;⑥ 先天性心脏病术后;⑦ 急、慢性心包疾病;⑧ 急性心肌炎;⑨ 冠状动脉旁路移植术(CABG);⑩ 左心室造影后;⑪ 发热;⑫ 贫血或出血;⑬ 药物作用,如肾上腺素、阿托品;⑭ 充血性心力衰竭

窦性心动过缓可以出现在以下三种情况。

(1)病态窦房综合征的窦性心动过缓是窦房结的结构和功能的改变所致。

(2)健康正常人在睡眠中可观察到,是迷走神经张力高导致的;训练有素的运动员中也会出现,即使在步行时心率也可能在 60 次/min 以下。

(3)凡有刺激迷走神经的生理和病理性因素时,都可反射性地使心率减慢,如颅内肿瘤、脑膜炎或其他颅内压增高,纵隔肿瘤或炎症,按压眼球或颈动脉窦等。多数学者认为,窦性心动过缓可能并无病理意义,但是如果持续性的突然心率低于 45~50 次/min,则可疑及窦房结功能异常。

2. 异位性心律失常

如果心脏的起搏点不是窦房结,而是其他异位起搏点引起的心律失常,称为异位性心律失常。它又分被动性异位节律和主动性异位节律两种类型,如表 6-9 所列。

表 6-9　异位心律失常的分类

分　类	产生机制	主要特点
被动性异位节律(又称逸搏)	由于窦房结自律性降低或丧失,对潜在起搏点的超速驱动抑制作用减弱或解除,或起搏点发出的激动传导受阻,潜在起搏点取而代之	心率较慢
主动性异位节律	异位起搏点的兴奋性和自律性异常增高,超过窦性节律,于是抢先夺获,成为异位节律的主导者	心率较逸搏快

异常自律性是指心肌细胞膜不完全极化(静息电位或最大复极电位值异常小)的情况下,自动除极而产生可扩布性动作电位的能力。它们是在某些病理情况下(例如,心肌缺血、高钾血症、儿茶酚胺增多等),心脏内自律组织和非自律组织均可产生的特殊异位节律,其产生原理与复极 4 期自动除极速率无直接关系,如表 6-10 所列。

表 6 – 10　两类自律性心律失常的比较

项　目	正常自律性心律失常	异常自律性心律失常
发生基础(膜电位或最大复极电位)	正常	膜除极,静息电位值减小
离子电流	快 Na^+ 内流	慢 Ca^{2+} 内流(钠通道失活)
窦房结对其超速抑制作用	有作用	不敏感

注:超速抑制是较快起搏点对较慢起搏点的抑制作用。两者的频率差别越大,频率低的起搏点受到的抑制作用越强。表现为当高位起搏点的冲动骤然停止时,低位起搏点的逸搏波动开始出现的周期要比它固有的自律周期更长,逐渐恢复其固有的自律周期,这一过程称为温醒现象。

6.2.2　传导性异常的心律失常

传导障碍是心律失常的最重要原因之一,表现为传导减慢或中断。常见的有窦房结传导阻滞、房内传导阻滞、房室传导阻滞、室内传导阻滞、隐匿性传导、文氏现象等。传导阻滞产生的机理如下。

1. 不应期异常(生理性阻滞)

组织处于兴奋的不同时期接受刺激而产生的生物电反应是不相同的,因此传导兴奋的能力也是不相同的。组织在有效不应期内不能传导兴奋,在相对不应期内传导性降低,而且越是在相对不应期早期,传导性越低。因此,如果激动到达部位正处于各种不应期状态,则可产生不同程度的传导阻滞。

不应期延长或缩短也会影响兴奋的传导。心肌不应期病理性延长可导致不同程度的传导阻滞;不应期缩短,则易引发心动过速。

2. 复极异常

(1)不完全复极:动作电位 3 相尚未完全复极到应有的 4 相水平,又开始新的激动,由于启动膜电位负值较小,0 相除极速度和幅度均较小,传导速度减慢,并阻滞在动作电位 3 相,又称 3 相阻滞。

(2)过度复极(超极):由于膜电位负值增大,增加了到达阈电位水平的距离,兴奋传导的速度将会减慢。

3. 传导系统损伤或断裂

心脏扩大,牵拉传导系统使之受到损伤,心脏手术误伤传导系统,射频消融术损伤传导系统等均可出现传导阻滞。一过性缺血性损害可引起一过性传导阻滞。

4. 衰减性(或递减性)传导

在激动传导的过程中,前方组织若因病理情况,膜电位不断减小,尤其是快反应电位转变为慢反应电位后,其动作电位的 0 相除极速率和传导速率将会不断减小,甚至停止,最终导致传导中断。

5. 不均匀传导

兴奋传导部位各细胞激动的发生若不同步一致,则作为刺激引起临近组织兴奋和传导的效率降低,可使激动传导减慢或终止而形成传导阻滞。房室结细胞粗细不均匀且分布散漫,最易发生不均匀传导。

6. 单向阻滞

心肌的传导可以是双向的,但在某些情况下可出现单向传导阻滞,即激动可以从一个方向向另一个方向传播,而从相反方向传播,则不能进行。凡是引起局部非匀称性抑制的因素都可以导致单向阻滞。心肌细胞静息电位降低是引起单向阻滞的主要原因之一。当一束正常心肌细胞的某一节段受到刺激后,激动是以相同的速度双向传导的。如果快反应细胞的静息电位降低到一定程度,就成为慢反应电位,可引起传导很慢的单向传导,而另一方向,则不能传导。心肌受损伤可导致其静息电位降低,传导能力减弱,而且所产生的兴奋将从"全或无"性转变为"分级"性,易发生激动的叠加或激动的抑制,从而产生单向阻滞。

上述各种传导阻滞,均可发生于心脏的各个部位,例如,窦房结与心房之间,心房内,房室交接区,房室束支和分支,心室内,异位起搏灶与心肌之间等。

6.2.3　折　返

折返是指冲动在激动了某一段心肌组织后返回来,并再次激动该节段组织。单个折返可以引发早搏,连续的折返则可以引起心动过速或扑动,多个微型折返可以引起心房肌或心室肌的颤动。常见的由兴奋折返引起的心律失常有频发的期前收缩,心房和心室扑动、颤动、阵发性心动过速、室上性心动过速等。折返形成的原理如表 6-11 所列。

表 6-11　形成折返的原理

条　件	说　明
要有一个有效的、完整的折返环路	要有两条可能的传导通路连接同一节段,构成一个环
单向传导阻滞	在两条成环的通路中,应激性不同,才能形成单向阻滞。一个适时提前的激动传来时,折返环的两支中,一支已经脱离不应期,而另一支尚未脱离不应期。所以激动只能沿着已脱离了不应期的那一支通途传导而形成单向阻滞
传导速度足够慢	折返的长度必须大于传导速度与不应期的乘积,激动沿此传导环路返回单向阻滞区域时,原来激动的组织已经脱离不应期,恢复兴奋,激动得以延续。

图 6-44 展示了折返发生时的电传导路径:当心肌组织上的点 a 和点 b 之间存在两条或两条以上的传导路径时,电传导路径如图 6-44(a)所示;如果两条路径的传导速度不同,并且传导较快的路径上出现单向传导阻滞,则会出现如图 6-44(b)所示的传导路径;如果从点 b 出发的反向传导到达点 a 时,点 a 的组织已从上一次激动的不应期中恢复,则电传导可以再一次激励点 a 组织,从而形成折返。

根据发生折返的部位,可以将兴奋折返分为 6 种,分别为窦房折返、房内折返、房室结内折返、房室折返、束支折返、室内折返。

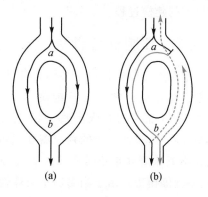

图 6-44　折近发生时的电传导路径

6.2.4 触发活动引起的心律失常

触发活动是由前一次冲动的动作电位所产生的膜电位振荡达到阈电位触发下一次除极形成的。当心肌缺血、缺氧或出现低钾血症,特别是洋地黄类药物中毒时,在一次动作电位开始复极后的一段时间内,膜电位可自发出现振荡性除极活动。当这种振荡电位使未除极电位一定程度时,可形成"触发活动"而引起一次新的激动。由于它总是在一次正常除极后发生,所以称为后除极。根据后除极发生的时间可以分为早期后除极和延迟后除极,两者的比较见图 6-45 和表 6-12。

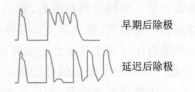

图 6-45 后除极触发活动示意图

表 6-12 后除极的分类

项　目	早期后除极(EAD)	延迟后除极(DAD)
发生时相	在动作电位未完全复极时发生膜电位振荡,可分为 2 期 EAD(发生在复极平台期)和 3 期 EAD(发生在复极 3 期)	在动作电位已完全复极后发生膜电位振荡
产生机制	2 期 EAD:钙离子电流异常;K 离子外流减少,APD(动作电位时长)延长 3 期 EAD:Na 离子慢电流异常;Na-Ca 离子交换电流异常	短暂内向电流异常;Na-Ca 离子交换电流异常

6.3 心律失常的模型研究及定量分析

6.2 节中介绍了多种心律失常的病理机制。事实上,一名患者的心律失常可能涉及多种病理机制,要通过数学模型来全面描述心律失常的病理机制是很复杂的工作。通常的做法是针对某一种心律失常的病理机制,进行抽象和简化,方便构建心律失常病理模型。这里针对三种典型的心律失常病理类型,分别介绍一种具有代表性的病理模型,便于读者理解心律失常病理模型的建模过程。

6.3.1 细胞性心律失常模型

细胞性心律失常模型又称为自律性心律失常模型,用于研究自律性异常机理的心律失常。我们已经知道正常的心脏细胞自律性范围是:窦房结在 60~100 次/min,房室结在 40~60 次/min,浦肯野纤维在 15~40 次/min。心率在 60~100 次/min 属于正常心率,并不一定是窦性心律,窦性心律的判定需要通过心电图上 P 波的形态来判断。即使判断为窦性心律,也并不意味着就是正常心律。窦性心律失常包括窦性心动过速、窦性心动过缓、窦性心律不齐、窦性停搏等。由于当窦房结自律性下降时,心脏节律可能被其他自律细胞控制,所以窦性心动过缓、窦性心律不齐和窦性停搏都可能引发非窦性心律。

但需要注意的是,并不是窦房结发出电冲动的频率就决定了心室的电活动频率,如果窦房结的自律性出现异常,会导致心室的电活动频率出现一些"奇怪"的现象。

使用浦肯野细胞的动作电位模型（Noble 模型或 MNT 模型）来模拟浦肯野细胞在受到窦房结发出的动作电位刺激时产生的电位变化。若窦房结产生的自律性电刺激达到 150 次/min，电刺激的脉冲宽度为 1 ms，电脉冲幅度为 500 mA，此时可以观察到浦肯野细胞的动作电位波形如图 6-46(a) 所示。如果降低电流刺激幅值，例如，将电脉冲幅度降低到 50 mA，那么浦肯野纤维的动作电位波形变化，如图 6-46(b) 所示。如果进一步降低窦房结发出的电脉冲幅度，变为 0，则浦肯野纤维的动作电位波形如图 6-46(c) 所示。通过观察三种刺激幅度下的动作电位可以发现，窦房结的电刺激必须大于一定幅度才能使浦肯野细胞产生完全的去极化，从而使浦肯野细胞按照窦房结的节律产生动作电位；否则，浦肯野细胞会按照其自身的节律产生兴奋。在病理条件下，由于病态窦房结综合征、传导阻滞等疾病，可能导致传导路径下游的刺激电流减小，当小于阈值时，就可能引起心肌细胞无法被完全兴奋。

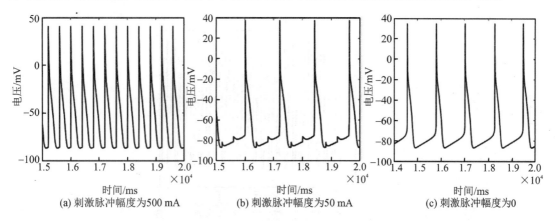

图 6-46　不同幅度的自律性电刺激时浦肯野纤维的反应

上面介绍了电刺激幅度对被刺激的心肌细胞动作电位的影响，下面来了解电刺激频率对被刺激细胞的动作电位的影响。正常情况下，每当窦房结产生一个动作电位的刺激时，心肌细胞就会产生一次兴奋，称为 1∶1 节律。如果窦房结节律增快，这种 1∶1 节律是否能够维持呢？从图 6-47 可以看出，当电刺激周期从 600 ms 减少到 300 ms 时，心室肌细胞确实保持了 1∶1 节律，即窦房结产生 1 次电刺激，心室肌细胞就产生 1 次动作电位。但是当电刺激周期从 300 ms 降低到 200 ms 时，情况就不一样了。在图 6-47(c) 中可以明显看出，当窦房结的电刺激使心室肌细胞产生一次兴奋后，由于下一次电刺激很快来临，但是心室肌细胞还处于不应期，并不能产生完全的去极化，因此只出现了部分去极化，直至在下一次窦房结电刺激来临才能再一次产生完全的动作电位。这种 2 次窦房结电刺激才能产生 1 次心室肌细胞完全的动作电位的现象，称为 2∶1 节律。上述仿真实验是在心室肌细胞 LR-I 模型的基础上实现的[12]。

如果继续加快电刺激的频率，还可以得到 N∶1 节律。虽然这是在 LR-I 模型的基础上仿真得到的，但这与实验所得的情况是基本符合的。图 6-48 展示了在兔的心肌细胞上实验所得的动作电位持续时间（action potential duration，APD）的节律。当电刺激周期从 380 ms 减小到 370 ms 时，APD 节律从 1∶1 节律变化为 2∶1 节律；而当电刺激周期从 440 ms 增加到 445 ms 时，APD 节律又从 2∶1 节律变化为 1∶1 节律[13]。

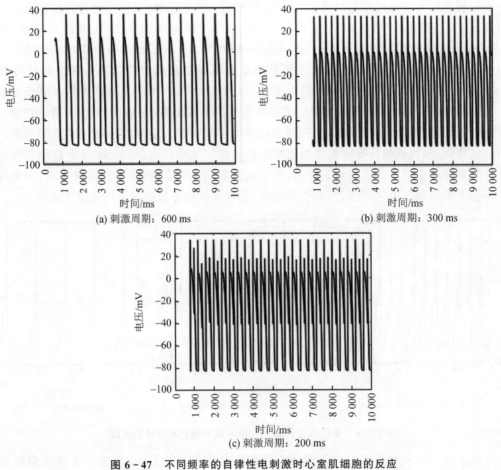

图 6 - 47 不同频率的自律性电刺激时心室肌细胞的反应

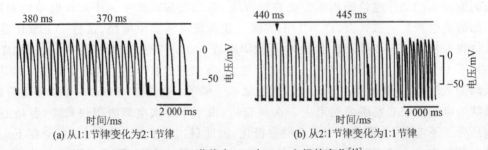

图 6 - 48 APD 节律在 1 : 1 与 2 : 1 之间的变化[13]

在 APD 节律中包含了一个现象,即从 1 : 1 节律变化为 2 : 1 节律的电刺激周期阈值在 370～380 ms 之间,而从 2 : 1 节律变化为 1 : 1 节律的电刺激周期阈值在 440～445 ms 之间,两者之间存在较大的差异。这一现象称为 APD 节律的迟滞现象。这一现象也可以通过 LR - I 模型的仿真获得,如图 6 - 49 所示。在仿真中,电刺激周期从 450 ms 增大到 465 ms 时,APD 节律从 1 : 1 变为 2 : 1;而 APD 节律从 2 : 1 变为 1 : 1 的阈值出现在 525 ms 和 575 ms 之间。由此可以得出 APD 节律的迟滞示意图(见图 6 - 50)。其中,BCL 表示基础周期长度(basic cycle length),即电刺激周期。需要思考的是,为什么在 APD 节律中会出现迟滞现象?

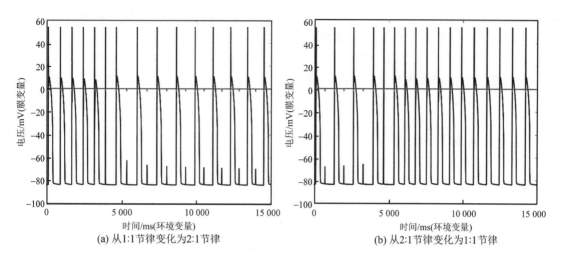

(a) 从1:1节律变化为2:1节律 　　　　　　　　(b) 从2:1节律变化为1:1节律

图 6 - 49　APD 节律变化的阈值

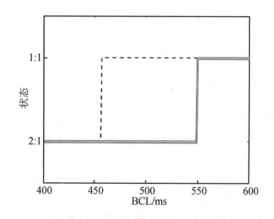

图 6 - 50　APD 节律的迟滞示意图

　　另一个"奇怪"的现象是 APD 节律的交替节律。正常情况下,每次窦房结细胞产生的电刺激脉冲频率是较为固定的,两次相邻的 BCL 相差很小,由此产生的心室肌细胞兴奋节律也是固定的。但是有些心律失常患者的 APD 节律在 BCL 相等的情况下,则呈现出长短交替的节律,称为 2:2 节律,如图 6 - 51 所示。需要思考的是,为什么会出现这种交替节律的现象?

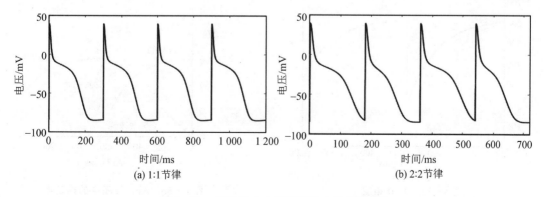

(a) 1:1节律 　　　　　　　　　　　　　(b) 2:2节律

图 6 - 51　APD 的 1:1 节律和 2:2 节律的对比

其实上述两个现象都说明了一个问题,那就是窦房结电兴奋传导刺激心室肌细胞产生动作电位的系统是一个动态系统,即当前的心室肌细胞 APD 节律除了与当前刺激的 BCL 有关,还与上一次的 APD 有关。基于这一认识,可以将第 $n+1$ 次电刺激产生的 APD_{n+1} 节律看是上一次心室肌细胞兴奋的舒张期时长 DI(diastole interval)的函数。在 1∶1 节律下,DI 是 BCL 与 APD_n 之差,即

$$APD_{n+1} = G(DI) = G(BCL - APD_n) \tag{6-84}$$

在 $N∶1$ 节律下,可以写为

$$APD_{n+1} = G(DI) = G(N \cdot BCL - APD_n) \tag{6-85}$$

经过研究发现,心室肌细胞的 DI 越小时,下一次 APD 就越长,两者呈现负相关,即

$$G(DI) = APD_{max} - A e^{-\frac{DI}{\mu}}, \qquad DI > DI_{min} \tag{6-86}$$

在心律失常的兔模型中,$APD_{max} = 616, A = 750, \mu = 170, DI_{min} = 100, BCL = 680$,在这种情况下可以得到兔的心室肌细胞的两次相邻动作电位之间关系,即 APD_{n+1} 与 APD_n 的关系可以由图 6-52 表示。

图 6-52 称为 APD 相图,反映了 APD_n 和 APD_{n+1} 之间的关系。这条曲线可以分为两支,左侧的一支反映了 1∶1 节律的情况,而右侧的一支反映了 2∶1 节律的情况。在这样的相图中,可以判断出 APD 节律的稳定点,即 $APD_{n+1} = APD_n$ 的点,也就是 APD 相图曲线与斜率为 1 的直线的交点,如图 6-53 所示。而 APD 节律能够趋向稳定点的一个必要条件是,在稳定点的邻域内,APD 曲线的斜率绝对值小于 1。当 APD 曲线斜率绝对值小于 1 时,APD_{n+1} 相比于 APD_n 会更接近稳定点,最后趋向稳定点,反之,APD_{n+1} 相比于 APD_n 会更远离稳定点,使 APD 节律趋向不稳定。需要注意的是,APD 曲线可能存在多个稳定点,例如,图 6-53 中的 APD 曲线的两支都与斜率为 1 的直线有交点,因此就有 2 个稳定点,分别表示了 1∶1 节律时和 2∶1 节律时的稳定点。另外,APD 还可能稳定于一个双稳态,即不收敛到某一个稳定点,而是在稳定点邻域内的两个 APD 值之间反复变化。这种情况下,说明在稳定点的邻域内 APD 曲线的斜率为 1,那么 APD_{n+1} 到稳定点的距离并不会比 APD_n 更接近,也不会更远,因此就会稳定地在稳定点邻域的两个 APD 值之间来回变化,而不收敛到稳定点。这种情况就是之前 2∶2 节律出现的原因。

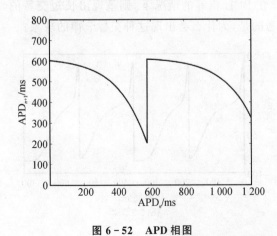

图 6-52　APD 相图

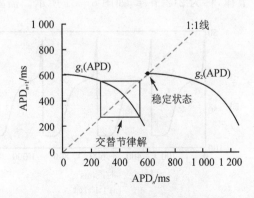

图 6-53　APD 相图中的稳定点

现在可以通过 APD 节律模型来回答上面提出的两个问题了。由于 APD_{n+1} 与 APD_n 是相关的,所以从 1:1 节律变为 2:1 节律的 BCL 阈值与反向变化的 BCL 阈值是不同的,即会出现迟滞现象。另外由于 APD 曲线的稳定性可能存在双稳态,所以会出现 APD 的 2:2 节律。APD 节律模型对于阐明心律失常的出现机理提供了重要参考。在许多类型的心律失常中,都出现了心律的不稳定,提示在这些患者中 APD 曲线斜率绝对值大于 1。可以通过研究 APD 曲线斜率的影响因素,从而揭示出现 APD 节律不稳定的原因。另外,这一模型对于心律失常药物的研发也有指导意义。通过药物来减小 APD 曲线的斜率绝对值,理论上就可以恢复正常的心肌细胞自律性,为药物研发的早期筛选提供参考。

6.3.2　Wenckebach 节律模型

房室结的传导速度是众多心脏细胞的电传导速度中较慢的,可低至 0.21 m/s。为什么房室结的兴奋传导速度这么低? 其中一个重要原因就是离子通道密度的差别。在房室结中,Na^+ 通道密度比较低是其兴奋传导速度低的重要原因。Na^+ 通道密度低导致房室结去极化时的电位变化较慢,也降低了缝隙连接耦合的强度,所以表现为在细胞内外及细胞间的兴奋传导速度都降低了。房室结的传导速度慢是具有重要的生理意义的,即它是房室延搁的生理基础,确保了房前室后的兴奋顺序。但是当房室结的 Na^+ 通道密度太低,就会使房室结的传导速度太慢,增加传导阻滞的风险。

房室结传导阻滞会导致的后果包括如下内容。

(1) 从心房到心室的传导速度严重减慢,在 ECG 上表现为 PR 间期变长。

(2) 心室停搏或收缩微弱,在 ECG 上表现为 QRS 波群消失。

(3) 心室过分膨胀,导致下一次正常心搏时射血异常有力,这是由于根据 Starling 定律,心脏收缩释放的能量与收缩前心肌纤维长度(心室舒张末期容积)正相关。

正常心电的 PR 间期在 120~200 ms。如果 ECG 中 PR 间期大于 200 ms,说明心房到心室的电传导速度严重下降,这时将其定义为一度房室传导阻滞。更严重的情况下,ECG 上 QRS 波群会间歇性地消失,说明出现了一过性的兴奋无法传导至心室的情况,这就是二度房室传导阻滞。如果多发性地出现 QRS 波群的消失,甚至表现为 QRS 波群频率与 P 波频率无关,保持在 35~40 次/min,则说明整体上兴奋都无法从心房传导至心室,即三度房室传导阻滞。

以图 6-54 为例,P 波不能稳定地传导至心室,引起 QRS 波群。但是 P 波频率与 QRS 波群的频率存在倍数关系,即每 2 个 P 波中有 1 个可以下传至心室,引起 QRS 波群,这种情况称为房室传导的 2:1 模式。它仍然属于二度房室传导阻滞,而不是三度。

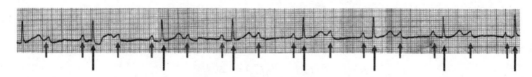

图 6-54　二度房室传导阻滞的心电图

Wenckebach 现象如图 6-55 所示,大部分 P 波都可以下传至心室,但是会间歇性地出现无法下传的现象。而且进一步地分析 PR 间期可以发现,PR 间期总是逐渐地延长,直至最终

QRS 波群消失，P 波无法下传。经过 QRS 波群消失后，PR 间期又变得很短，逐渐延长。这种现象称为 Wenckebach 现象（文氏现象）。图 6-55 中，每 4 个 P 波中会出现 1 个 QRS 波群的消失，因此称这种房室传导比例为 4:3 模式。它也属于二度房室传导阻滞。

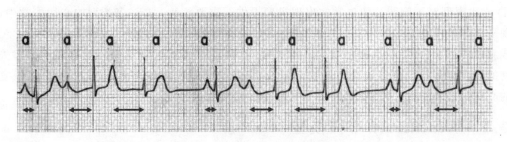

图 6-55　Wenckebach 现象

　　下面介绍的这种病理模型就是为了解释文氏现象的。首先要构建文氏现象的数学模型，就需要对这一问题进行一些合理的简化假设。可以忽略房室结的自律性，即房室结的兴奋必须发生在受到来自窦房结的动作电位刺激时，这一假设在生理状态下是完全合理的。只有在三度房室传导阻滞时，房室结的自律性才可能表现出来，所以在文氏现象中，可以忽略房室结的自律性。

　　另外，假设房室结只有受到大于阈值的刺激时才会产生兴奋，进入不应期，并逐渐恢复。对于这一阈值电压，设为 θ，需要注意的是，θ 应该是时间的函数 $\theta(t)$，下面会详细解释原因。当房室结细胞受到刺激而产生兴奋后，会进入有效不应期。在有效不应期内，无论刺激电压多大，都无法使房室结产生完全的兴奋，所以此时可以认为房室结的阈值电压 θ 非常大。而随着时间 t 增大，房室结进入相对不应期，此时房室结受到较大的电压刺激时，是可以被完全去极化的，也就是说此时房室结的阈值电压 θ 比较大，但会显著小于有效不应期时的 θ。当 t 继续增大，房室结不应期结束，此时只要较小的刺激电压就可以使房室结完全兴奋，也就是说此时房室结的阈值电压又进一步减小了。根据上述描述就可以发现，从房室结进入不应期开始，房室结阈值电压随着时间 t 的增大迅速减小，因此房室结阈值电压可以看成 t 的减函数，通常用指数函数来描述。

　　当第 n 次刺激来临时，时间记为 t_n。假设房室结受到这一刺激产生了完全的兴奋，那么此次房室结受到的刺激电压 $\phi(t_n)$ 至少应该等于此时的房室结阈值电压 $\theta(t_n)$，即

$$\phi(t_n) = \theta(t_n) \tag{6-87}$$

此时房室结产生兴奋，所以假设此后房室结的阈值电压变化为

$$\theta(t) = \theta_0 + \left(\theta(t_n^+) - \theta_0\right)\exp(-\gamma(t - t_n)), \quad t > t_n \tag{6-88}$$

　　当 $t \to \infty$，$\theta \to \theta_0$，θ_0 表示 θ 的稳态值。所以在 t_n 时刻前后，房室结阈值电压发生了突变——在 t_n^+ 时刻的阈值将显著高于 t_n^- 时刻。假设两者满足以下关系：

$$\theta(t_n^+) = \theta(t_n^-) + \Delta\theta \tag{6-89}$$

式中，$\Delta\theta$ 可以取常数，也可以认为是房室结动作电位 $\phi(t_n)$ 的函数，即

$$\Delta\theta = \Delta\theta(\phi(t_n)) \tag{6-90}$$

经过 t_n 时刻的兴奋后，下一次房室结能够完全兴奋的条件是 t_{n+1} 时刻的刺激电压至少等于 t_{n+1} 时刻的房室结阈值电压，即

$$\phi(t_{n+1}) = \theta_0 + \left(\theta(t_n^+) - \theta_0\right)\exp(-\gamma(t_{n+1} - t_n)) \tag{6-91}$$

调整等式两边可得

$$(\phi(t_{n+1}) - \theta_0)\exp(\gamma t_{n+1}) = (\theta(t_n^+) - \theta_0)\exp(\gamma t_n) \tag{6-92}$$

$$(\phi(t_{n+1}) - \theta_0)\exp(\gamma t_{n+1}) = (\phi(t_n) + \Delta\theta - \theta_0)\exp(\gamma t_n) \tag{6-93}$$

可以写成

$$F(t_{n+1}) = F(t_n) + \Delta\theta\exp(\gamma t_n) = G(t_n) \tag{6-94a}$$

$$F(t) = (\phi(t) - \theta_0)\exp(\gamma t) \tag{6-94b}$$

t_{n+1} 时刻房室结能够产生完全兴奋的条件是 $F(t_{n+1}) \geqslant G(t_n)$。如果取 $\phi(t) - \theta_0 = \sin^4(\pi \cdot t)$，其中，$\Delta\theta = 1.0，\gamma = 0.6$，则可以得到房室结刺激电压与阈值电压的关系，如图 6-56 所示。

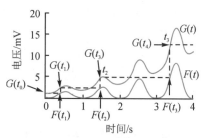

图 6-56　Wenckebach 现象的数学模型模拟结果

图 6-56 中描述了 $F(t)$ 与 $G(t)$ 随时间的变化。在 t_0 时刻 $G = G(t_0)$，那么下一次房室结产生完全兴奋的条件是 $F(t_1) \geqslant G(t_0)$。在 t_1 时刻（箭头所示），$F(t)$ 曲线高于 $G(t_0)$，所以房室结产生了一次完全兴奋。此后房室结再次完全兴奋的条件变化为 $F(t_2) \geqslant G(t_1)$，在 t_2 时刻条件满足，房室结再次产生完全兴奋。下一次房室结产生完全兴奋的条件变化为 $F(t_3) \geqslant G(t_2)$。但是在下一次 $F(t)$ 出现波峰时，未满足上述的房室结完全兴奋条件，直至下一个 $F(t)$ 波峰出现时。由于 $F(t)$ 表示了刺激电压的大小，所以这意味着有一次外来刺激没有产生房室结的完全兴奋，也就是说每当 3 次外来刺激中，有 1 次刺激无法引起房室结的完全兴奋，即出现 3:2 文氏节律。在这一过程中，房室结完全兴奋的时间间隔会逐渐变长，这与文氏现象中的 QRS 波群间隔逐渐延长的表现是一致的。可以通过改变 $\Delta\theta$ 和 γ 的值来模拟出不同传递比例的文氏现象。

6.3.3　折返性心律失常模型

折返性心律失常是一大类心律失常的总称，其特征是动作电位传播持久地保持在一个闭合环路中循环，使组织不断的除极和复极。这一现象首先在 1914 年被 Mines 发现，他从上腔静脉附近切下一环形组织，发现动作电位在这一环中呈现单向的持续的传播，即发生了折返，如图 6-57 所示。

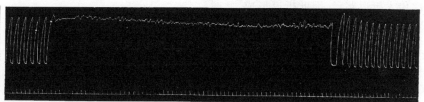

图 6-57　Mines 发现的折返组织及其折返现象

折返波一般会绕着一个特定结构形成环状，即折返环。人们一度认为，折返波只会绕着物理上或解剖上的障碍传播,例如,心外科手术留下的疤痕等。但是随着研究的深入,发现心肌组织的纤维化也会使心肌组织的传导性和兴奋性下降,从而变为类似于疤痕的不易兴奋的组织,折返波可以绕着这些纤维化的心肌组织传播,因此,纤维化的心肌、传导阻滞的区域,实际上都为折返波的传播提供了物理基础。这也就是为什么在老年人中,特别是出现了心肌纤维化的人群中,容易出现折返性心律失常。

在临床上一个比较现实的问题是判断患者是否存在折返。通常可以通过心脏电生理检查来判断,如图 6-58 所示。电生理检查结果的颜色表明了心肌兴奋的时相,一般红色表示最早兴奋的组织,而紫色表示最晚兴奋的组织。如果在电生理结果图上,红色组织与紫色组织挨在一起,形成环状,则可以判断心室组织中出现了折返。从数学上,同样可以通过动作电位传播相位的量化来判断是否存在折返。在需要判断折返的区域划定一个环状区域,定义环状的组织的中心为原点 O,周围的环状的动作电位传导路径抽象为一个圆形,如图 6-58 所示。通常可以定义环形路径上某一点的相位为该点到圆心的相角:

$$\phi = \arctan\left(\frac{y - y^*}{x - x^*}\right) \tag{6-95}$$

对于折返环,将其上某一点的相位 ϕ 定义为其在环状区域内的兴奋时相。那么是否存在折返,可以用是否存在相位奇点来判断:

$$\oint_P \nabla\varphi \cdot \mathrm{d}\boldsymbol{r} = \begin{cases} 2\pi n, & n = \pm 1, \pm 2 \\ 0, & \text{其他} \end{cases} \tag{6-96}$$

即如果不存在折返,那么传导路径上相位的闭合曲线积分恒等于 0,而当传导路径中存在 n 个相位奇点时,闭合曲线积分结果为 $2\pi n$,这意味着这一区域的心肌组织内存在 n 个折返环。

将折返环简化为一个长度为 L 的圆形,一般来说心脏中的折返路径长度约几厘米。窦性冲动的刺激间隔为 $\Delta T_{n+1} = t_{n+1} - t_n$,折返路径上的传导速度为 $c = c(\Delta T)$。在心肌组织中,电传导速度约为 $0.5 \ \mathrm{m/s}$。在这里把传导速度定义为 ΔT 的函数,这是因为临床研究发现心肌组织中的电传导速度与该组织从上次兴奋的不应期恢复后的静息期长短有关。静息期越长,传导速度越快;静息期越短,传导速度越慢。因此将传导速度简化为两次兴奋间隔的函数。

由此可知兴奋沿折返路径传导一圈所需的时间为 $\dfrac{L}{c(\Delta T)}$。

如图 6-59 所示,如果折返路径上的细胞不应期为 T_r,则 $\dfrac{L}{c(\Delta T)} \leqslant T_r$ 时,兴奋无法再次传入折返路径,不能形成折返,此时 $\Delta T_{n+1} = t_{n+1} - t_n = T$。当 $T > \dfrac{L}{c(\Delta T)} > T_r$ 时,兴奋可以再次传入折返路径,因此折返形成,此时

$$\Delta T_{n+1} = t_{n+1} - t_n = \frac{L}{c(\Delta T_n)}$$

由此得到了折返模型:

$$\Delta T_{n+1} = \begin{cases} T, & L/c \leqslant T_r, \\ L/c, & T > L/c > T_r \end{cases} \tag{6-97a}$$

$$c = c(\Delta T_n) \tag{6-97b}$$

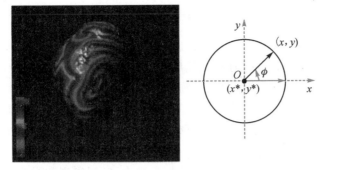

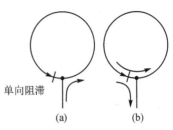

单向阻滞

(a)   (b)

图 6 - 58 折返环示意图

图 6 - 59 折返示意图

如果取 $T_r = 0.2$ s,传导路径 $L = 5$ cm,传导速度 $c(\Delta T) = 0.4 \cdot \Delta T$,那么可以得到 ΔT_{n+1} 和 ΔT_n 的关系如图 6 - 60 所示。

结果图的分析方法与 APD 模型类似,重点考虑模型的稳定点,位于模型曲线与斜率为 1 的直线的交点上。当 $T = 0.8$ s 时,结果如图 6 - 60(a)所示,模型有两个稳定点,一个位于 $\Delta T_{n+1} = T$ 的直线段上,这意味着折返环的兴奋周期恒等于窦性冲动周期 T,即折返路径中的组织受窦房结控制,没有发生折返。另一个稳定点位于左侧的曲线段上,这意味着折返环的兴奋周期明显短于窦性冲动周期 T,即折返发生。由于存在两个稳定点,这一结果表明这一心率下并不一定会发生折返。当改变窦性冲动周期 T 时,模型的稳定性将发生变化。例如,当 $T = 0.5$ s 时,结果如图 6 - 60(b)所示,此时模型只有一个稳定点,意味着此时一定会发生折返。

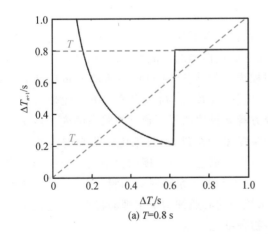

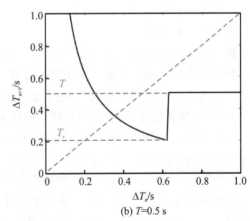

(a) T=0.8 s

(b) T=0.5 s

图 6 - 60 折返波形的计算结果

本节介绍了几种典型的心律失常病理模型,这些模型都比较简单,对心律失常的机理进行了比较大的简化,主要侧重于解释心律失常机理并解释其影响因素。事实上,描述心律失常的数学模型非常多,侧重点也各有不同,有的侧重研究心律失常的触发因素,有的侧重动作电位的传播规律,本节就不一一详述了。

6.3.4 心律失常的多尺度模型

对于心律失常机制的研究,心脏生理病理学家大都从细胞、基因、蛋白质、分子等微观层次上研究心律失常的离子机制,通过实验得到的结果往往仅能反映亚细胞或单细胞的局部特性,无法进一步阐明从微观变化演变为宏观的心脏病的过程。临床心脏学家则重点从解剖结构等宏观层次研究心律失常的传导机制,通过临床心电图诊断结果反映心律失常病症的表现,而忽略心律失常的微观机制。因此,当前对于心律失常机制的研究呈现两极化的特点,亟须解决的问题是实现微观与宏观研究的统一。

多尺度心脏电生理模型可以实现心脏生理病理学研究数据的整合,实现宏观和微观研究的统一。这类模型可以利用基因组学、蛋白质组学、代谢组学、医学影像学及生物芯片技术等获取疾病相关的分子生物学信息,从离子通道蛋白、心肌细胞、心肌纤维、组织切片、三维心脏多个尺度层次建立电生理模型,并从多尺度的角度分析离子通道电流的产生、心肌细胞动作电位的产生和心肌组织电传导的过程。

目前国际上对多尺度心脏电生理建模与病理研究已经有几十年的积累,研究对象更加多样化,研究方法更加丰富[14]。我国对于心血管系统建模的研究起步较晚,《国家中长期科学和技术发展规划纲要(2012—2030年)》中提出探索研究如何从复杂系统角度认识生物体的结构、行为和控制机理,综合解析生物系统运转规律,破解、改造和设计生命这一科学前沿问题,其中多尺度心脏就是一个重要的课题。当前,系统心脏学家正在构建精细的、面向病人的心脏模型。一方面,随着对于各种通道蛋白质从基因到表达、从结构到功能、从生理到病理的深入研究,电-力-代谢-细胞信号心肌细胞模型越来越精细和真实;另一方面,随着超级计算机和医学影像技术的发展,系统心脏学家正在构建面向病人的心脏模型,使得心脏电生理模型能够应用于病理研究、疾病诊断、药物开发和设备研发。

多尺度心脏电生理模型如图6-61所示,大致包含以下几个尺度或层次:离子通道模型是基于离子通道蛋白的动力学特性开发的,不仅要考虑蛋白质的功能和结构,而且要考虑蛋白质状态转变所受内环境的影响。对于离子通道门控模型的构建,通过蛋白质的分布和动力学数据来设定通道的开放和关闭状态;基于通道对于电压、温度、药物浓度等的敏感性来设定状态转变的速率;依据状态转换的过程,用一阶微分方程来描述离子通道开放状态的变化概率。

心肌细胞模型则是以各种离子通道和离子泵模型为基础,通过细胞膜将细胞内和外环境分割开来,将其等效为一个电路图,用一阶微分方程来描述。该尺度的模型用于描述细胞膜动作电位随时间变化的过程,它反映的是所有离子通道和离子泵随时间和膜电压开放、关闭产生离子流的总体变化过程。目前,依据心脏传导系统中的心肌细胞电生理的特点,已建立了包括窦房结、心房、浦肯野纤维和心室细胞在内的多物种细胞模型。

心肌组织模型是单细胞模型的扩展,其通过间隙连接将心肌细胞连接起来,并考虑不同维度方向上间隙连接的电导质性,用一个电阻网络来近似心肌组织,其中对于组织中的每一个细胞来讲还包括细胞内电阻、间隙连接的外电阻和细胞内环境。心肌组织模型用于量化描述电兴奋在组织中的传导过程,该过程包括了单个离子通道离子流的产生、单细胞动作电位的形成和多细胞通过间隙连接的电传导,使用反应-扩散模型来描述心肌组织模型。

更为宏观的模型是三维心脏和躯体模型,一方面,它是一维心肌纤维和二维心肌组织模型的扩展,另一方面,它考虑了心脏各部分的解剖结构和纤维走向,也是通过反应-扩散模型来描

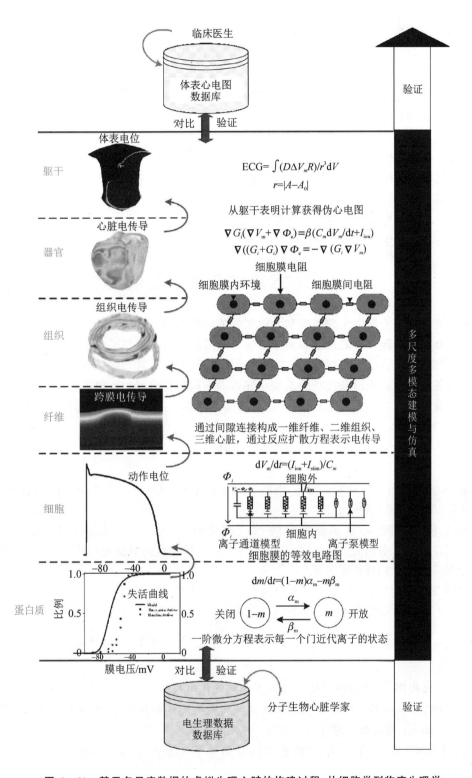

图 6-61　基于多尺度数据的虚拟生理心脏的构建过程:从细胞学到临床生理学

述电传导过程。其中,三维心脏模型用于研究特殊几何结构和组织异质性对于电传导的影响,从整体上分析电传导过程;结合躯体结构构建心脏躯干模型,用于研究心脏电传导与体表心电图的对应关系。它通过积分方式计算体表心电图,与临床心电图对比验证,从而可以将模型应用于临床诊疗中。

心脏电生理模型对于理解心律失常发病机制、药物研发和病人个性化无损治疗具有重要的意义,也将对目前居高不下的心律失常性猝死的研究起到重大促进作用。目前,基于心脏电生理模型发病机制研究的发展方向包括以下 5 个方面。

(1)通过心脏电生理模型深入理解从分子、细胞、组织到器官生理功能。

(2)心脏电生理模型提供定量推断从动物到患者的疾病发病机制。

(3)利用心脏电生理模型进行面向病人的个性化治疗。

(4)基于心脏电生理模型的心律失常药物评价。

(5)使用心脏电生理模型开发新的治疗技术和设备。

6.4 本章总结与学习要点

本章主要介绍了心脏电生理基础和心律失常的病理机制,以及它们的定量化分析方法,并在此基础上介绍了心律失常的诊断和治疗方法。心脏的电生理模型是理解心律失常疾病的基础,也是本章学习的重点。通过数学模型的定量化分析,可以深入理解影响心脏细胞膜电位产生和传导的各种生理因素以及这些因素变化导致的不同病理类型的心律失常疾病。心律失常的病理模型除了可以揭示病理机制,还对心律失常诊断和治疗技术的发展具有指导意义。

习 题

1. 已知细胞膜的厚度为 3~6 nm,细胞膜的相对介电常数在 3~5 的范围内,试估计细胞膜的比电容(单位面积上的电容值)。

2. 已知静息态时,心室肌细胞内的 Na^+ 浓度约 15 mmol/L,细胞外的 Na^+ 浓度约 145 mmol/L,则 Na^+ 引起的 Nernst 电位是多少?心室肌细胞的静息电位约 -89 mV(外正内负),此时 Na^+ 倾向于内流还是外流?

3. 请根据 Noble (J. Physiol. 1962)的论文[3],完成以下任务。

(1)请开发程序实现对 Noble 模型表达式

$$C_m \frac{dV}{dt} + g_{Na}(V - V_{Na}) + (g_{K1} + g_{K2})(V - V_K) + g_{an}(V - V_{an}) = I_{app}$$

的求解。

(2)运行该程序,并针对结果描述浦肯野细胞动作电位的特点。

(3)试比较 Noble 模型的计算结果和人体浦肯野细胞的测量结果(见图 6-62),说明有何不同,并分析 Noble 模型的局限性。

4. 试用 MNT 模型(见图 6-63)模拟浦肯野细胞的动作电位。该模型涉及的方程如式(6-25)~式(6-35)所示,其中:

$$d' = \frac{1}{1 + e^{-0.15(V+40)}}$$

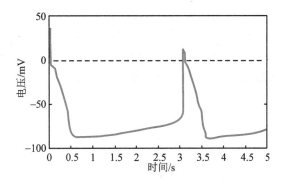

图 6 – 62　第 3 题图

$$\bar{I}_{K2} = \frac{e^{0.04(V+110)} - 1}{e^{0.08(V+60)} + e^{0.04(V+60)}}$$

参数如表 6 – 3 所列。根据上述设置进行数值计算,比较 MNT 模型和 Noble 模型的差异,说明相对于简单模型来说,使用复杂模型有何优势和缺点。

5. 试用 Beeler – Reuter 模型(见图 6 – 64)模拟心室细胞的动作电位,其中的方程如式(6 – 36)～式(6 – 40)所列,参数如表 6 – 5 所列。刺激电流的幅值为 $0.5 \ \mu\text{A/mm}^2$,刺激电流持续时间为 1 ms,刺激周期为 1 s。

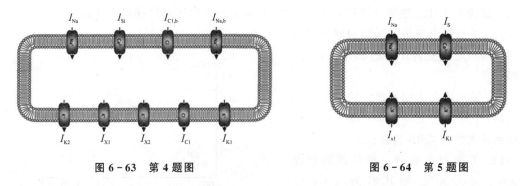

图 6 – 63　第 4 题图　　　　　　　　图 6 – 64　第 5 题图

6. 试根据 L 型 Ca^{2+} 通道的复杂模型示意图如图 6 – 65 所示,写出该模型的常微分方程组。

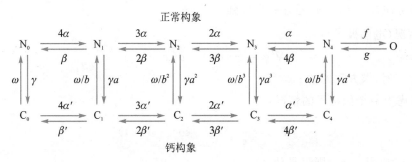

图 6 – 65　第 6 题图

7. 试分析 L 型 Ca^{2+} 通道的简化模型,如果进一步假设 N_3 和 N_4 状态之间,以及 C_3 和 C_4 状态之间可以迅速达到平衡,那么模型可以进一步简化为最简形式,如图 6 – 66 所示。请写出最简形式中各转换速率的值与简化模型中的各速率值的关系。

8. 如图 6-67 所示，在 RyR 模型中 $k_1 = 35$ mmol^{-2} · ms^{-1}，$k_{-1} = 0.06$ ms^{-1}，$k_2 = 0.5$ mmol^{-1} · ms^{-1}，$k_{-2} = 0.005$ ms^{-1}。若双值间隙中的 Ca^{2+} 浓度从 200 nmol/L 升高到 600 nmol/L，RyR 打开状态 O 的比例将如何变化？

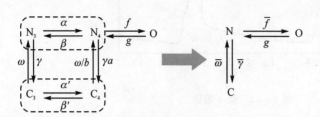

图 6-66　第 7 题图　　　　　图 6-67　第 8 题图

9. 心肌纤维兴奋传导的传输线方程为

$$\frac{pV}{R_m} = \frac{1}{r_c + r_e} \cdot \frac{\partial^2 V}{\partial x^2}$$

若 $V(0) = C_1$，$V'(0) = C_2$，试推导方程的通解形式。

10. 当心肌纤维中的某一点产生动作电位后，肌纤维细胞内外的电位分布特点如图 6-68 所示。试说明为什么细胞外电压是连续下降的，而细胞内电压是阶梯状上升的？

11. 试分析出现房室延搁的原因，并说明判断房室延搁是否正常的临床检测方法有哪些。

12. 试画出右侧面观察到的 QRS 心电向量环，并画出在上下方向（以下为正）上观察到的大致的 QRS 波群的波形。

13. 考虑原点处有一单位源的情况：$\nabla^2 \varphi = -\delta(x)$。已知其解为：$\varphi(x) = \dfrac{1}{4\pi|x|}$。

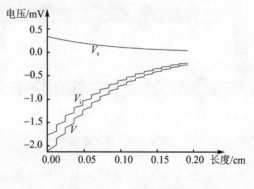

图 6-68　第 10 题图

(1) 若考虑在 $x = x_1$ 处还有一个等强度的汇的情况（电偶极子）：

$$\nabla^2 \varphi = -\delta(x) + \delta(x - x_1)$$

当 $|x_1| \ll |x|$ 时，求方程的解。

(2) 考虑有一个偶极子的情况：

$$\nabla^2 \varphi = \frac{1}{\varepsilon}(\delta(x - \varepsilon v) - \delta(x))$$

式中，$v = 1$，$\varepsilon > 0$ 且 $\varepsilon \to 0$，则解是什么？

14. 观察 ECG，如图 6-69 所示，并回答以下问题。

(1) 正常心率多少？

(2) 正常 ECG 幅值多少？

（3）心房扑动中的房扑波幅度大约是多少？

（4）房颤 ECG 中每个心动周期时长为多少？有什么规律吗？

（5）心室性心动过速的心率约为多少？

（6）室颤时 ECG 幅值是多少？

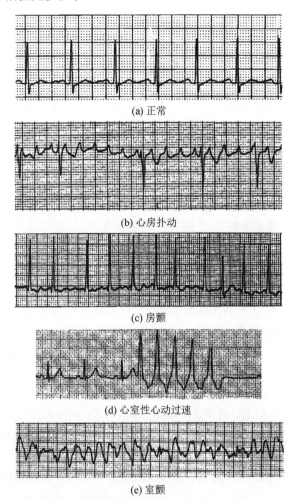

(a) 正常

(b) 心房扑动

(c) 房颤

(d) 心室性心动过速

(e) 室颤

图 6-69　第 14 题图

15. 对于兔子的心脏 APD 模型[13]：

$$\text{APD} = g(\text{RT}) = A - B e^{-(\text{RT}-\text{RT}_{\min})/\tau}, \qquad \text{RT} \geqslant \text{RT}_{\min}$$

式中，$A = 366.13$，$B = 62.09$，$\tau = 174.74$，$\text{RT}_{\min} = 116.07$。如果当前的 APD 范围为 $310 \sim 325$ ms，则当 BCL 分别等于 480 ms，440 ms，400 ms 时，此后的 APD 将如何变化？请给出计算程序和程序运行结果。

16. 对于文氏节律的数学模型

$$F(t_{n+1}) = F(t_n) + \Delta\theta e^{\gamma t_n} = G(t_n)$$

$$F(t) = (\phi(t) - \theta_0) e^{\gamma t}$$

式中，$\phi(t) - \theta_0 = \sin^4(\pi t)$。如果取 $\Delta\theta = 0.9$，$\gamma = 0.6$，则形成 $N:N-1$ 文氏节律，问 $N = ?$

17. 对于折返的数学模型

$$\Delta T_{n+1} = \begin{cases} T, & L/c \leqslant T_r \\ L/c, & T > L/c > T_r \end{cases}$$

$$c = c(\Delta T_n)$$

如果不应期 $T_r = 0.25$ s,传导路径 $L = 10$ cm,传导速度 $c(\Delta T) = 0.6 \cdot \Delta T$。问:

(1) 若 $T = 0.8$ s 时,未出现折返。T 从 0.8 s 逐渐减小,出现折返的 T 临界值是多少?

(2) 若 $T = 0.4$ s,是否一定会发生折返?

(3) 若已发生折返,T 从 0.4 s 逐渐增大,能否终止折返?

(4) L 变长,将更容易出现折返还是更不容易出现折返?请结合 L 的含义,说明这一结果的生理意义。

18. 请根据 Clancy 的文献[15]回答以下问题。

(1) 无变异型的 Na^+ 通道包含几种状态?请用微分方程形式写出描述状态之间相互转化的 Markov 模型,并根据文献数据对模型进行仿真。

(2) ΔKPQ 变异对 Na^+ 通道状态有何影响?试用 Markov 模型仿真结果说明。

(3) 若 Luo-Rudy 模型中有 50% 的 Na^+ 通道发生变异,动作电位将发生什么变化?

19. 试证明非连续传播模型的表达式

$$C_m \frac{\partial V}{\partial t} + I_{ion} = \frac{a}{2} \cdot \frac{\partial}{\partial x}\left(\frac{1}{r_i} \cdot \frac{\partial V}{\partial x}\right) \quad \text{与} \quad p\left(C_m \frac{\partial V}{\partial t} + I_{ion}\right) = \frac{\partial}{\partial x}\left(\frac{1}{r_c} \cdot \frac{\partial V_i}{\partial x}\right)$$

是等价的。其中,a 是心肌纤维的半径;r_i 是心肌纤维内单位长度上的电阻;p 是心肌纤维的周长,r_c 是心肌纤维内的电阻率。

参考文献

[1] HODGKIN A L,HUXLEY A F. A Quantitative Description of Membrane Current and Its Application to Conduction and Excitation in Nerve. 1952[J]. Bulletin of Mathematical Biology,1990,52(1-2): 25-71.

[2] YANAGIHARA K,IRISAWA H. Inward Current Activated During Hyperpolarization in the Rabbit Sinoatrial Node Cell[J]. Pflugers Archiv,1980,385(1): 11-19.

[3] NOBLE D. A Modification of the Hodgkin-huxley Equations Application to Purkinje Fibre Action and Pace-maker Potentials[J]. Journal of Physiology,1962,160: 317-352.

[4] MCALLISTER R E,NOBLE D,TSIEN R W. Reconstruction of the Electrical Activity of Cardiac Purkinje Fibres[J]. Journal of Physiology,1975,251(1): 1-59.

[5] BEELER G W,REUTER H. Reconstruction of the Action Potential of Ventricular Myocardial Fibres[J]. Journal of Physiology,1977,268(1): 177-210.

[6] LUO C H,RUDY Y. A Dynamic Model of the Cardiac Ventricular Action Potential-I. Simulation of Ionic Currents and Concentration Changes[J]. Circulation Research,1994,74(6): 1071-1096.

[7] LUO C H,RUDY Y. A Dynamic Model of the Cardiac Ventricular Action Potential-II. Afterdepolarizations,Triggered Activity,and Potentiation[J]. Circulation Research,

1994,74(6)：1097-1113.

[8] WIER W G,EGAN T M,LOPEZ-LOPEZ J R,et al. Local Control of Excitation-Con-traction coupling in Rat Heart Cells[J]. Journal of Physiology,1994,474(3)：463-471.

[9] STERN M D,SONG L S,CHENG H,et al. Local Control Models of Cardiac Excitation-Contraction Coupling[J]. Journal of General Physiology,1999,113(3)：469-489.

[10] JAFRI M S,RICE J J,WINSLOW R L. Cardiac Ca^{2+} Dynamics：the Role of Ryanodine Receptor Ddaptation and Sarcoplasmic Reticulum Load[J]. Biophysical Journal,1998, 74(3)：1149-1168.

[11] HINCH R,GREENSTEIN J L,TANSKANEN A J,et al. A Simplified Local Control Model of Calcium-induced Calcium Release in Cardiac Ventricular Myocytes[J]. Bio-physical Journal,2004,87(b)：3723-3736.

[12] LUO C H,RUDY Y. A Model of The Ventricular Cardiac Dction Potential • Depolari-zation,Repolarization, and Their Interaction[J]. Circulation Research,1991,68(b)： 1501-1526.

[13] YEHIA A R,JEANDUPEUX D,ALONSO F,et al. Hysteresis and bistability in the Direct Transition from 1∶1 to 2∶1 Thythm in Periodically Driven Single Ventricular Cells[J]. Chaos,1999,9(4)：916-931.

[14] 白杰云,王宽全,张恒贵. 基于心脏电生理模型的心律失常机制研究进展[J]. 生物化学与生物物理进展,2016,43(2)：128-140.

[15] CLANCY C E, RUDY Y. Linking a Genetic Defect to its Cellular Phenotype in a Cardicac, Arrhythmia[J]. Natare,1999,400：566-569.

第7章 心律失常的诊断和治疗技术

心律失常诊断和治疗技术的发展,一方面依赖于对心律失常病理机制认识的深化,另一方面依靠工程技术的应用与发展。本章将重点从两个方面介绍心律失常常见的诊断和治疗技术,即心电图、人工心脏起搏器。这些临床技术和产品,充分体现了医学与工程技术的融合创新,为未来医学技术的创新提供了典范。

7.1 心律失常的心电图诊断

心电图是心律失常最常用的诊断技术。前文已经介绍了心律失常的多种类型。由于不同类型的心律失常,其心电图表现一般存在差别,因此本节将分类介绍心律失常的心电图诊断方法。

7.1.1 窦性心律及窦性心律失常

一般心电图机并不能描记出窦房结的激动电位,而是以窦性激动发出后引起的心房激动波 P 波来推测窦房结的活动(见图 7-1)。窦性心律的心电图判断标准如下。

(1) P 波的形态。由于窦房结与心房的相对位置,窦性 P 波在 I 导联和 II 导联上为正,在 aVR 导联上为负,P 波矢量方向范围是+15°~+75°;在 III 导联和 aVF 导联上,P 波矢量方向可在正负相位变化;窦性 P 波在 V_1 和 V_2 导联上也经常呈现正负相位的变化,但初始是正相的(初始的负相位则提示异位起搏);在 V_4,V_5,V_6 导联,窦性 P 波始终是正的;P 波的时长为 0.08~0.11 s。

(2) P 波的频率(速率)。正常人窦性心律的频率呈生理性波动,一般静息心率的正常范围是 60~100 次/min。近年,国内大样本健康人群调查发现,中国男性静息心率的正常范围为 50~95 次/min,女性静息心率的正常范围为 55~95 次/min。

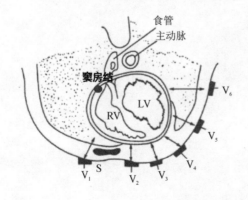
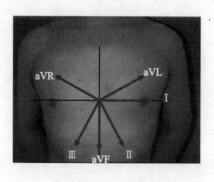

图 7-1 窦房结位置与 P 波矢量的关系

1. 窦性心律不齐

窦性心律不齐的诊断标准是逐拍心动周期的变化大于 0.16 s（P 波到 P 波的变化大于 0.16 s）。在这种情况下，心动周期出现显著的长短变化。生理情况下，心动周期可受到呼吸周期的影响——窦性心律在吸气时心率增快，在呼气时心率减慢。这种呼吸性的窦性心律不齐在青年人中较为常见；在窦性心律较慢时，几乎总可以观察到这种现象。非呼吸性的窦性心律不齐在老年人中较为典型，但没有明确的生理意义。

2. 房室结传导加速

很少一部分人存在正常的窦性 P 波，但是异常短的 PR 间期（<0.12 s）提示了房室结传导的异常。如果排除其他病变，如室上性心动过速，这种 PR 间期缩短的窦性心律可认为是正常的。

3. 窦性心动过速

当窦性心律超过 100 次/min，则可诊断为窦性心动过速。在发热、疼痛或焦虑时，可能会观察到窦性心动过速；另外，贫血、缺氧、血容量减少或心肌炎、心肌梗死引起的低心输出量也可能引起窦性心动过速。

4. 窦性心动过缓

当窦性心律低于 60 次/min，则可诊断为窦性心动过缓。事实上，只有心率低于 50 次/min，通常才有诊断意义。在一些特殊的青年人及运动员中，静息时的窦性心律可低于 40 次/min 而没有任何不良反应。窦性心律不齐与窦性心动过缓经常一起出现。运动中出现的窦性心动过缓，特别是在老年人中，通常是病态窦房结综合征（sick sinus syndrome，SSS）的表现。在 SSS 中，通常这种心动过缓还伴随其他传导系统疾病的症状一同出现，如房室结传导阻滞或束支性传导阻滞。

5. 游走性房性起搏

窦房结中有大约 5 000 个起搏细胞，但是在窦房结外还存在多个可能的起搏点。有时起搏位点可在窦房结内部及其周围的异位起搏点之间游走，从而引起 P 波形态的变化，可能还伴有心率的变化。这种现象导致的心脏节律称为游走性房性起搏。对于游走性房性起搏和窦性心律不齐，可通过 P 波形态的变化鉴别——对于窦性心律不齐，P 波形态总是保持一致或变化很小；而游走性房性起搏的 P 波则呈现大小、形态上的变化。游走性房性起搏很常见，尤其在心率较慢时总能观察到，而且是无害的。

7.1.2　房性心律失常

室上性心律失常的发作部位可能在心房，也可能在房室结。本小节主要介绍几种发生在心房的重要房性心律失常，包括房性期前收缩、异位房性节律、心房颤动、心房扑动、房性心动过速、多形性房性心动过速等。

1. 房性期前收缩

房性期前收缩说明在心房存在异位起搏点，在心电图上标为 P′波。

它具有如下特点：

（1）与窦性 P 波形态存在差异；

（2）发生位置在期前，即比下一个应该出现的 P 波早发；

（3）通常引起窦性心律的暂停，从而出现一个略短于两倍窦性心动周期长度的节律。

需要注意的是,房性期前收缩导致的 P′波可以是正相的,也可以是倒置的。如果 P′波出现得足够早,则可与 T 波重叠;如果 P′波出现得足够晚,则可在心电图上被观测到。P′波可能传导到心室引起心室收缩,也可能无法传导到心室。它可以是单发的、成对的、偶发的,也可以是连发的。

2. 异位房性节律

异位房性节律是指可持续的由心房内异位起搏点(通常认为在心房底部)引起的心脏节律。这种节律通常表现为倒置的 P 波,较正常窦性心律具有较短的 PR 间期、规律的 PP 间期,且心率低于 100 次/min。PR 间期缩短可能是因为异位起搏点靠近房室结。异位房性节律通常是短暂的,而且不会引起血流动力学的不稳定。

3. 心房颤动

心房颤动简称房颤,是最常见的慢性心律失常,心电图上表现为基线的快速波动,而没有正常的 P 波活动。有时这种波动频率可接近或超过 400 次/min,称为房颤波(F 波)。有时也可观察到心房的活动,但可能是规律的,也可能是不规律的。房颤可分为粗房颤和细房颤。典型的粗房颤表现为 F 波幅度和极性上的变化,粗房颤持续的 F 波形态变化有助于区分房颤和房扑,在房扑中 F 波的形态基本不变并完全规律。需要注意的是,心室对房颤的响应(RR 间期)总是绝对不齐的。心室对房颤的响应一般会导致心率上升,RR 间期看上去更加一致,但是仔细测量后会发现它是绝对不齐的。

4. 心房扑动

心房扑动简称房扑,心电图上表现为锯齿状或尖形篱笆状的 F 波,在Ⅰ、Ⅱ、Ⅲ、aVF 和 V1 导联上清晰可见。房扑的频率通常在 240~340 次/min,最常见的频率是 300 次/min。多数房扑在下壁导联上表现出倒置的 F 波,少数也可表现出正相的。房扑波在 V1 导联上通常是直立的、指向复杂的。房扑波大多不能全部下传,常以 2:1 的房室比例下传。2:1 的房室比例有时会变为 4:1 或 6:1 等,但一般不会出现奇数的比例。由于房扑最常见的频率是 300 次/min,而最常见的下传比例是 2:1,所以如果有一个室上性心动过速患者,心率表现为规则的 150 次/min,则应怀疑房扑的存在。

5. 房性心动过速

房性心动过速简称房速,在儿童中较为常见,而在成年人中不常见。房性心动过速以清晰可见的形态不均一的 P 波为特征,但是其形态有时很难与窦性 P 波相鉴别。房性心动过速的 P 波可以是正相的,也可以是负相的,PP 间期可能不规则,特别是当房性心动过速发作期很短时。异常的自律性被认为是房性心动过速的生理基础。房性心动过速的心率变化范围很大,在成年人中可从 120 次/min 变化至 280 次/min。儿童中的房性心动过速心率可能更高。

6. 多形性房性心动过速

多形性房性心动过速(MAT)几乎总是发生在患有严重肺部疾病,特别是有慢性阻塞性肺病和肺炎的患者中。

诊断标准如下:

(1)高密度的、异位起搏的 P 波,且具有 3 种或更多种类不同的 P 波形态;

(2)心房率大于 100 次/min;

(3)绝对不齐的心房率和心室率。

P 波可以是直立的或倒置的,圆形的或点状的,窄的或宽的,平坦的或高耸的,分裂成两个波的或跨正负两相的。P 波的频率一般与形态一同变化,导致心房率不齐。下传或不下传的早发 P 波都很常见,导致了心室率的不齐。MAT 常被误诊为房颤,原因是心律绝对不齐。房颤表现出持续波动的基线,而没有细密的 P 波活动;而 MAT 中细密的 P 波之间存在等电位基线。不规则的 P 波波动可用于区分 MAT 和房扑、房速等,因为后者的 P 波波形是均一且规则的。

7.1.3　房室传导阻滞

房室传导阻滞根据严重程度,可以分为一度、二度和三度。一度房室传导阻滞,反映为 PR 间期延长。正常成人的 PR 间期在 $0.12\sim0.20$ s;大于 0.2 s 的 PR 间期即被认为 PR 间期延长。一般在 $1\%\sim2\%$ 的人口中,PR 间期会轻微地长于 0.20 s,或者小于 0.12 s,这都属于正常的变异。在儿童中,PR 间期延长通常是无害的,在静息态的运动员和老年人中也是正常的。偶然情况下,迷走神经改变会引起 PR 间期的变化,称为 PR 间期浮动。一度房室传导阻滞中,P 波与 QRS 波群的出现比例为 1:1,说明所有的 P 波都能传导至心室,只是传导得比较慢。

在二度房室传导阻滞中会出现心房和心室之间的间歇性的传导丢失。它有很多形式,具体如下。

1. Ⅰ型(wenckebach 型)

Ⅰ型是渐进的传导延迟,直至累积到传导失效。它的特点如下:

(1) 逐渐延长的 PR 间期;

(2) 在第一和第二窦性心搏之间的传导延迟增量是最大的;

(3) 随后的延迟增量逐渐减少;

(4) 在心室活动停顿前,RR 间期逐渐变短;

(5) 心室活动暂停的时长小于 PP 间期或是窦性心律周期长度的 2 倍。

在所有的Ⅰ型二度房室传导阻滞病例中,无论有心房过速或窦性节律,传导比都决定了心室率,也决定了心律失常的血流动力学影响。如果心房过速,使心房率达到 150 次/min,传导比为 3:2,则心室率为 150 次/$min\times\dfrac{2}{3}=100$ 次/min,说明心室并没有出现心动过速,从而避免了受到房速的影响。如果心房率达到 75 次/min,传导比为 3:2,则心室率为 75 次/$min\times\dfrac{2}{3}=50$ 次/min,则可能导致供血不足。

Ⅰ型阻滞的另一个特点是 PR-RP 间期的相互作用。每一个 PR 间期长度一般反比于前一个 RP 间期的长度。这一点提示了房室结的传导速度可能与该组织在兴奋前的休息期长短有关,如果房室结经历了较长的休息期,即经过了较好的休息,则下一次兴奋来临时可以达到较快的传导速度;否则传导速度将下降。因此在出现心室暂停活动后的一个 PR 间期长度总是最短的。

2. Ⅱ型(mobitz 型)

Ⅱ型与Ⅰ型的差别在于:PR 间期长度的逐渐增加是Ⅰ型的必要条件,而Ⅱ型中的 PR 间期是恒定的。但是如果出现 2:1 的传导率,则无法判断这种二度房室传导阻滞是Ⅰ型还是Ⅱ型的,习惯上将之定义为Ⅱ型。

如果要鉴别Ⅰ型和Ⅱ型,可以基于以下原则:

（1）如果两个连续的 PR 间期不等长，则为 I 型；

（2）如果心室暂停活动后出现的 PR 间期短于暂停前的，则是 I 型。

Ⅰ型和Ⅱ型阻滞也代表了不同级别的传导障碍。Ⅰ型中的阻滞区域多数发生在房室结，也可能出现在房室束和束分支中。而Ⅱ型提示阻滞是结下性的，典型的是间歇的双侧束支阻滞，有时也可能出现房室束阻滞。

Ⅰ型房室传导阻滞通常是短暂性的功能不良，例如，由缺血或药物（如洋地黄、β 阻滞剂、钙离子通道阻滞剂）引起。而大多数情况下，Ⅱ型房室传导阻滞是更为严重的、不可逆的传导系统疾病的指示。治疗Ⅱ型房室传导阻滞通常需要植入人工心脏起搏器。

延长的、总体上丢失的房室传导，称为三度房室传导阻滞或完全房室传导阻滞。导致心房和心室活动完全不同步，彼此独立，即房室分离。完全房室传导阻滞的诊断需要心室率低于 45 次/min。

房室传导阻滞合并心室前壁和下壁梗死，常会发展为不同的阻滞类型。心室下壁梗死中出现的阻滞一般发生在房室结内，阻滞会从一度、二度逐渐恶化为三度。由于这种情况下能产生有效的逸搏心律，所以一般不会出现心室停搏。前壁梗死病例中的房室传导阻滞，一般发生在房室结下，代表了暂时性的双束支阻滞。因此阻滞从束支分支阻滞进展到束支性阻滞，形成Ⅱ型的二度房室传导阻滞，或发展成高度阻滞或完全阻滞。这种情况下出现逸搏心律的概率较低，使这种情况下更容易观察到心室停搏。

7.1.4 室性心律失常

如果出现室性心律，那么意味着电兴奋始于房室束远端。多数情况下，QRS 波群会变宽，出现电轴偏移，呈现一系列奇怪的 QRS 波群形态。有时，室性异位兴奋自发地产生于传导系统远端，因此呈现宽 QRS 波群。

1. 室性期前收缩

特点如下：

（1）早于预期的窦性心搏出现；

（2）QRS 波群异常得宽；

（3）与窦性心搏的 QRS 波群形态有显著差异。

心室早搏可以是随机发生的，也可以是以一定的规律出现。当心室异位心搏与窦性心搏交替出现，即产生心室二联律。心室早搏会阻碍下一次窦性心搏的传导，所以包含早搏的心搏间期通常等于两个的窦性心动周期。在心室早搏中，逆向传导很常见，在偶发的心室早搏和连续的室性心动过速中都会出现逆向传导。因此，心室早搏后面常跟着倒立的 P 波，落在异位心搏的 ST 段，这说明了室房传导。但是一般不会每次室性冲动都能回传到心房（1:1 传导），通常传导比例是比较复杂的。

2. 二联律

二联律通常表现为突然延长的心动周期。RR 间期增长时，心室电活动由窄 QRS 波群的异位心搏引起，它总是触发另一次异位室性心搏。由于异位心搏引起的心搏暂停延长了心动周期，二联律一般是可持续的。临床发现，窦性心动过速的发作，可以由心动周期的突变触发，而这种突变可能因为房性异位起搏、室性异位起搏或房室传导阻滞引起。

3. 单形性室性心动过速

三个或更多的心室异位起搏连续发作,且使心室率达到 100 次/min 以上,则称为室性心动过速。室性异位起搏的短期爆发,称为齐发(salvos)。室速分为持续的和非持续的,都伴随着心肌病、高血压、冠心病等引起的结构性心脏病。室速可以分为单形性和多形性。单形性指的是 QRS 波群呈现单一的形态;而多形性指的是 QRS 波群形态则呈现多样性。

如果心动过速合并宽 QRS 波群,则可能属于以下 4 种基本类型:

(1)室性心动过速;

(2)室上性心动过速,且合并左右束支阻滞;

(3)室上性心动过速,且合并快速性心律失常;

(4)附加传导通路的电传导,合并预激综合征。

宽 QRS 波群的心动过速,要实现鉴别诊断通常很难,而且诊断错误的后果是灾难性的。鉴别诊断一般可以遵循以下标准。

(1)根据 QRS 波群的宽度。QRS 波群宽度如果大于 0.14 s,则可能是室性的;QRS 波群宽度如果小于或等于 0.12 s,则几乎可以确定是室上性的。

(2)QRS 电轴。当电轴左偏,提示是室性的;如果在静息的 12 导联上,对于正常 QRS 波群看不到奇异的电轴,而宽 QRS 波群的电轴方向处于右上象限(无人区),则也提示室性心动过速。

(3)房室分离。房室分离几乎可以证明心动过速不是房性引起的;交界性的心动过速可能发生房室分离;室内传导异常也可能引起房室分离。由于在室性心动过速中室房传导很常见,此时出现房室分离,很难在 ECG 上观察到,所以临床上只有约 20% 的室性心动过速患者能观察到房室分离。在心室率高于 200 次/min 时,P 波通常不可见,就根本无法观察房室分离了。

(4)心室融合和夺获心搏。心室融合心搏被认为是室性心动过速诊断的重要依据。心室融合是指定期地出现窦性心搏和室性异位起搏同时出现在心室活动中的现象,这导致了 QRS 波群通常是正常 QRS 波群和异位 QRS 波群的融合。如果出现室房传导,则融合心搏就是心室电活动往复传播引起的。在室性心动过速中,心室电活动会间歇性地被窦房结冲动夺获,形成正常的 QRS 波群,使 RR 间期缩短。宽 QRS 波群的心动过速中,夺获心搏被认为是室性心动过速的证据。

(5)QRS 波群形态。近 20 年以来,QRS 波群形态被认为是很好的室性异位起搏的特异性指标。基于 V1～V6 导联上的 QRS 形态,室性心动过速被分为两大类,一类是左心室心动过速,在 V1 导联上的 QRS 波群形态主要是直立的,称为右束支阻滞形态(RBBBM);另一类是右心室心动过速,V1 导联上的 QRS 波群形态主要为倒置的,称为左束支阻滞形态(LBBBM)。当存在心肌瘢痕、传导异常和心肌肥大,则会出现 QRS 波群紊乱,使 12 导联 ECG 的电轴定位结果变得不可靠。更准确的定位依赖于 V1 导联上的 QRS 波群形态。通过心前区导联分析电轴和 QRS 波群,可以用作心律失常的诊断线索。

心动过速的血流动力学影响可能较大。如果宽 QRS 波群的心动过速引发了血流动力学的恶化,应该立即进行电转复。但心动过速也可能是可耐受的,可能只对左心室功能有轻微的损害,特别是心率小于 170 次/min 时。而室上性心动过速,无论有无左右束支阻滞,都可能立即引起血流动力学恶化。

4. 多形性室性心动过速

多形性室性心动过速表现出的心律失常特点是持续变化的 QRS 波群向量和形态,导致奇怪的"扭转"变现。多形性室性心动过速或室颤都有很多亚型,可以根据以下变量来分类。

(1) QT 间期是正常的还是延长的。

(2) 心动过速的开始是否与心室停搏有关。

(3) 心律失常的发生是否与紧张有关。

多形性室性心动过速的开始通常与心室停搏有关。使用 β 阻断剂,或植入式除颤器、起搏器都是可行的治疗选项。

5. 室 颤

如果多形性室性心动过速长期发作,经常会发展为室颤。室颤表现为低幅度、波浪状的基线,没有明确的 P 波、QRS 波群及 T 波。除颤是唯一有效的治疗方法,应较其他干预方式(如心肺复苏)优先进行除颤。随时间推移,除颤成功率会快速下降,室颤发生 4 min 后会出现大脑缺氧,即使恢复窦性心律也会发生不可逆的损伤。室颤可迅速导致心室停搏,而在心室停搏的情况下心肺复苏成功的可能性为 0。心脏骤停是年轻人猝死的首要原因。

室性心律失常,特别是室颤,一般都会降低射血分数,导致猝死。冠状动脉疾病,特别是之前有心肌梗死的病人中,最易发生室颤。约 1/4 的冠状动脉疾病患者会发生猝死。心肌缺血和再灌注都可能引起室颤。心室肥大、心肌炎引起的心肌病、主动脉狭窄都可能引发室颤,进而引起猝死。

7.2 动态心电图

动态心电图由美国物理学家 N. J. Holter 于 1957 年发明,所以又称 Holter 心电图。动态心电图的监测系统使用一种随身携带的记录器连续监测人体在自然生活状态下 24~72 h 的心电信息,借助计算机进行 ECG 数据处理、分析及打印,其检测特点如下:① 心电记录器随身携带,不受监测距离影响,不受体位及活动的限制;② 监测心电信息量是普通心电图的近万倍甚至几万倍,能够捕捉短暂心律失常或一过性心肌缺血,可为心律失常和冠心病提供独特的诊断依据;③ 心电导联的选择需要不影响日常生活,避免日常活动引起的伪差和干扰,目前多采用双极导联,一般固定在躯体胸部。动态心电图已成为心血管疾病诊断领域中实用、高效、无创、安全、准确、重复性强的重要监测技术,并广泛应用于临床诊断及其他医学研究。

在动态心电图的发展历程中,植入式 Holter 被认为是最重要的里程碑之一。1992 年,加拿大安塔鲁厄大学的心血管医生将一台心脏起搏器改装成了心电记录器,并植入人体,成为世界上第一台植入式 Holter,如图 7-2 所示。现在的植入式 Holter 一般包含 3 个部分:体内植入部分、体外触发器和程控随访仪。体内植入部分包含探查电极和无关电极,目前第四代植入式 Holter 的体内植入部分仅 8 cm³,质量约 17 g,内含循环记录器及 QRS 波群感知器,采样率为 100 Hz,采集带宽

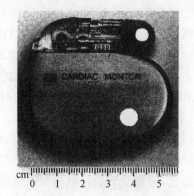

图 7-2 世界上第一台植入式 Holter

为 0.85～32 Hz,使用寿命为 12～24 个月。体外触发器由患者佩戴,可以手动启动记录心律失常事件,也可自动触发记录缓慢心律、快速心律、停搏等事件。程控随访仪可通过程控探头与体内植入部分通信,显示每次随访记录的心电图,可对心电图进行分析,生成心率直方图、房颤发生率、房室同步性、异位起搏发生率等数据。

动态心电图的适应证包括不明原因的晕厥或晕厥先兆、发作性头晕、不明原因反复发作的心悸、癫痫和惊厥等。以下是一例植入式 Holter 使用患者的情况:男性,80 岁,反复晕厥,多次住院未查出病因。植入 Holter 两个月后,因晕厥发作到医院随访。Holter 记录心电图发现晕厥发作系室速(VT)所致,于是进行植入式除颤仪(ICD)治疗。图 7 - 3 所示该患者的植入式 Holter 记录结果。

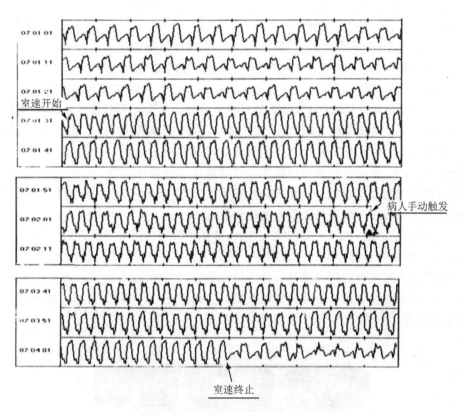

图 7 - 3　VT 患者的植入式 Holter 记录结果

动态心电图具有重要的临床诊断意义。2001 年出版的《心脏病学精要》中已包含了植入式 Holter 的临床应用。动态心电图可为临床诊断提供大量心电图信息,可以捕捉到一过性心律失常和短暂的心肌缺血;可以纵观 24 h 心率变化趋势、心律失常类型和频次、ST 段和 QT 间期的变化等。动态心电图的应用还衍生出心电图的一些新概念,帮助揭示心律失常发生的机制,如心率变异性、QT 间期离散度等。从动态心电图开始,随着技术发展,许多动态技术,如动态血压等层出不穷。

7.3 心电图的自动识别技术

由于心电图突出的诊断意义,利用计算机对心电图进行自动化识别和诊断,可以大大节省医师的精力,提高诊断效率。目前计算机在心电图中的应用主要分为两类:对心电信号特征波的识别和对心律失常的分类。

常用的心电图自动识别方法大致包含以下几个步骤:首先对心电信号进行预处理,主要作用是去除心电信号中的噪声,提高信噪比;其次对主要特征波进行定位,重点是对 R 波的定位,但在诊断不同疾病时可能需要对不同的特征波进行定位;最后是对心电波形的特征提取与分类,通过提取不同心律失常的显著特征,比如,根据 R 波检测结果计算 RR 间期或心率变异性参数等,利用阈值法等模式识别方法对心律失常进行分类。传统的分类方法(启发式阈值等方法)在某些心律失常的识别中(特别是房颤)已经取得了很好的效果,并成功实现了产业化和临床应用。但是由于心律失常患者的心电信号个体间差异显著,仍然存在一些误判和漏诊,而且心律失常种类繁多,病人有时候会发生不止一种心律失常。虽然已有多种方法针对单一种类的心律失常识别取得了巨大进展,但仍然很难对多种心律失常同时检测。此外,远程医疗和数字医疗通常需要处理海量的心电数据,传统算法在应对未知数据时,有效性和泛化能力均不够理想。近年来,人工智能技术和计算机图形处理器的飞速发展,不但使深度学习在语音识别、图像分割与分类、自动驾驶和目标检测等领域取得了突破性进展,也使深度学习成为心律失常自动分类的主流技术和重点研究方向。它不仅可以同时区分多种心律失常,而且进行基于大量数据的训练后可使模型具备较好的泛化能力。

对于 ECG 自动诊断,目前有多种实现方法,如基于数字信号处理的方法、基于人工神经网络的方法、基于模糊逻辑的专家系统方法等。但是无论哪种方法,其流程基本类似,如图 7-4 所示。首先都需要对信号进行去噪和去伪迹的预处理,其次提取疾病相关的特征,最后根据特征来判断是否出现心律失常及心律失常的类型。在最后一步,不同的方法可能有不同的处理算法,以对特征进行分析,从而用于诊断。

图 7-4 ECG 自动诊断系统实现方法基本流程

人工智能方法是当下应用最多的方法之一。图 7-5 为利用人工智能方法进行心律失常判断分类示意图[1]。采集到的 ECG 信号首先经过信号预处理去噪,然后进行心跳分段。在一次心跳的 ECG 信号中进行特征提取,再通过特征工程进行降维等处理形成特征矩阵。使用数据集中训练集样本的特征矩阵对人工智能算法进行训练,得到分类模型。使用分类模型对测试集进行测试,得到最终的心律失常分类结果。特征提取之前需要根据心跳对 ECG 信号进行分段。下面介绍信号分段方法,步骤如下:

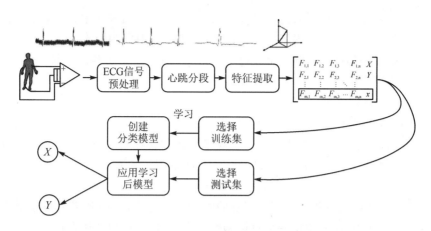

图 7 - 5　利用人工智能方法进行心律失常判断分类示意图

1. 信号分段：QRS 波群的识别

想要对 ECG 信号进行分段，提取每次心搏的 ECG 信号，就需要先提取 QRS 波群。因此，ECG 信号中 QRS 波群的检测是其他波形检测及心律失常自动识别的基础。通常情况下，只有识别出 R 波，才能对 QRS 波群的起点和终点进行定位识别。依据 QRS 波群的起点和终点信息，可以计算出 QRS 波群时长、ST 段等重要的波形特征和时间信息，根据 QRS 波群的形态可以计算一些心律失常的特征，如阵发性心动过速、左右束支阻滞等。因此，QRS 波群的识别有助于计算机自动诊断心律失常。一般将 R 波前 200 ms 到后 600 ms 作为一次完整的心搏，这样进行分段后的心搏 ECG 信号通常可以包含完整的 P 波、QRS 波群和 T 波。

常见的 QRS 波识别方法主要有小波变换等时频变换法、基于心电信号包络的方法，以及基于 ECG 信号波形形状的方法。基于小波变换的方法是将心电信号进行小波变换及展开，通过一系列阈值和模极值识别出 QRS 波群的起点和终点。基于心电信号包络的方法，整体流程是先计算 QRS 波群的包络，然后求取包络信号中的突变点，进而确定 QRS 波群的起点和终点。基于 ECG 信号波形形状的方法，是利用 QRS 波群的斜率、幅度或角度等信息实现对起点和终点的检测。在这一方法中，通常会通过差分来计算信号的变化梯度，利用 R 波的变化梯度幅值大的特点来识别 R 波。图 7 - 6 展示了 ECG 信号，以及它的一阶差分信号和二阶差分信号，通过这些差分信号可以识别 R 波位置。

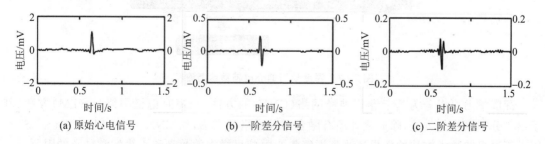

图 7 - 6　心电 R 波和一阶、二阶差分信号

2. 特征提取

在完成 ECG 信号的分段后，可以提取 P 波、QRS 波群、T 波的形态特征，包括 QRS 波长、QRS 幅度、RR 间期、P 波宽度、P 波幅度、PR 间期、QT 间期、T 波幅度、ST 高度等；还可以通

过归一化处理,去除波形以外因素对信号波形特征的影响,包括采样率、电源电压等,得到归一化后的波形特征。另外,还可以得到一些统计特征,如一段时间内形态特征的均值、标准差、最大值、最小值、峰度、偏移度等。除了上述时域特征外,还可以关注频谱能量特征、自相关性分析特征、小波特征等。

3. 特征筛选和特征降维

常见的特征筛选方法有过滤法、包装法、嵌入法。

过滤法是通过衡量数据集内特征的分布规律来推测特征对于分类问题的贡献度,从而进行特征筛选的一种方法。过滤法还可以分为方差选择法、相关系数法、卡方检验法、互信息熵法。

包装法是一种特征选择和分类算法训练同时进行的方法,它的效果依赖于分类算法本身的选择。在分类算法中,通常使用一个目标函数来训练算法,而包装法在初始特征集上训练分类器,并根据目标函数来获得每个特征的重要性,从而筛选出重要的特征。最典型的包装法就是递归特征消除法。

嵌入法与包装法类似,也是将特征选择和算法训练同时进行,区别是嵌入法选择特征的原则不是基于目标函数,而是基于训练后的模型评价指标。常见的嵌入法包括惩罚项、树模型和遗传算法。

可用于特征降维的方法包括主成分分析(PCA)、线性判别分析(LDA)、独立成分分析(ICA)以及谱回归、模糊 C 均值聚类(FCM)等其他降维方法。

4. 分类算法

目前常用于心律失常分类的分类算法包括人工神经网络(ANN)、线性判别分析(LDA)、K 最近邻法(KNN)、支持向量机(SVM)、决策树(DT)、贝叶斯分类器,以及模糊逻辑分类器、遗传模糊分类器、线性回归、逻辑回归等其他方法。

深度学习的方法因其具备的较强泛化能力,是近年来研究的热点之一,广泛应用于心律失常的自动识别和诊断。相比于传统方法,它的基本流程略有不同,如图 7-7 所示。它的优势是可以将特征提取与分析融为一体,加深神经网络的深度,这不仅有助于提取更加抽象的特征,还有助于增加非线性,提高对复杂问题的判别能力。

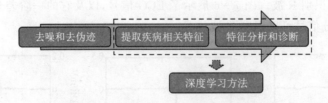

图 7-7 深度学习的心电辅助诊断流程

深度学习可以分为基于卷积神经网络(CNN)的方法、长短时记忆网络(LSTM)方法、基于语义分割网络的方法,除此之外还有融合多种网络的方法,如 CNN-LSTM、UNet-LSTM等。不过目前这类方法的效果还受到训练集心电信号样本的数量和心律失常种类的限制。

深度学习方法应用于 ECG 的自动诊断还面临以下挑战。首先深度学习方法缺乏明确的、可解释的病理生理机制,导致其分类原理难以被人们理解和接受。其次深度学习效果总是依赖于数据集质量,一般来说临床数据的分析效果较好,但日常心电数据的分析效果较差。不同类型的心律失常在数据集中的占比极不平衡,也会影响训练效果。

深度学习方法在实际应用过程中也存在一些挑战。首先大规模数据库的建立是目前的难点,这个数据库需要专家的诊断共识,还需要进行维护。其次还存在一些社会伦理问题,如数据来源是否合理,诊断效果能否被认同。当医师与 AI 的诊断结果出现分歧时,如何进行判定;如果 AI 出现误诊,责任如何划分;医生过度依赖 AI,是否会影响医疗水平;未来心电图从业人员如何发展;大规模数据库是否会造成个人隐私泄露等,这些问题都是深度学习在实际应用中所面临的具体问题。

7.4　其他心律失常诊断方法

7.4.1　电生理检查

除了临床上常用的 12 导联心电图、动态心电图外,临床心电生理检查也是重要的心律失常诊断方法。它的基本原理是通过记录心内膜多部位心电信号,根据其出现时相的差别,探测心脏内激动顺序,从而明确某些异位心律的发生机制,寻找心律失常最早起源点,确定心律失常射频消融的靶点。自从 1969 年经静脉记录希氏束电图的导管技术应用于临床以来,有创性心脏电生理检查迅速发展。电生理检查的基本内容是在自身心律或起搏心律条件下,记录心内电活动,分析其表现和特征,加以推理,做出综合判断,为临床医生提供关于心律失常的正确诊断、发生机制的研究、治疗方法的选择和预后判断等方面重要的、决定性的依据。仅就心律失常的治疗来说,电生理检查非常有助于筛选有效的抗心律失常药,对介入性治疗方法,如永久性心脏起搏器、抗心动过速起搏器、植入型心动过速的外科手术治疗和对室上性、房室折返性和室性心动过速,术前和术中的电生理检查更是必需的。通过心内膜/心外膜标测,对心动过速的起源处或房室旁路做出精确定位,是手术成功的关键。

电生理检查以三维电生理标测技术为基础,在术中需要采集的信息包括心脏的几何形状、标测电极与心脏的相对位置、心电信号等。其中,准确获取心脏几何形状、标测电极位置都依赖于术中的 X 射线成像,这大大增加了患者和手术医生遭受的辐射剂量。为了减少辐射,最新的三维电生理标测技术使用了三维电磁定位技术,通过一套三维电磁定位系统在空间形成经过编码的磁场,并在标测电极顶端埋置磁场感应器,从而使标测电极在三维空间的位置可以通过磁场感应器测量结果的解码获得。只需要在术前进行 X 射线成像确定心脏与三维电磁定位系统的相对位置,就可以在术中确定标测电极与心脏的相对位置。这一技术大大减少了术中 X 射线成像的次数,从而减少辐射剂量。常见的三维电生理标测的临床应用包括揭示心室内的激动顺序,确定心律失常的局灶性机制,确定心动过速的大折返机制,确定局部折返性房速的机制,证实特殊的心律失常类型,揭示器质性心脏病心电功能的病理改变,最终指导消融治疗。

但是三维电生理标测技术仍然存在一定的局限性,最主要的局限性来源于它的有创性,且存在一些合并症。三维电生理标测系统仪器昂贵;只能针对心脏的局部电活动进行记录和分析,如果要获取全心的电活动,则需要较长的手术时间;难以完全避免术中的 X 射线的放射性危害。针对上述局限,一项电生理检查领域新的里程碑——无创三维标测技术(见图 7-8)应运而生。它使用一件电极背心来采集体表心电信号,上面包含 224~256 个电极,且带有 CT 标记。患者穿上电极背心后进行胸部 CT 成像,建立心外膜几何与电极导联的位置关系,然后以 1～2 kHz 的采样率记录心电活动,通过求解心电反问题就可以获得三维心脏电活动的标测结果[2]。

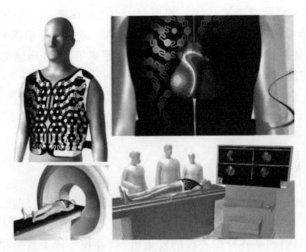

图 7 - 8   无创三维标测技术[3]

7.4.2   心音检查

虽然较复杂的心律失常须借助心电图或电生理检查才能明确诊断,但是许多心律失常应用心音的听诊,结合临床经验也可以做出初步诊断或为进一步检查和治疗提供明确方向和依据。在临床尤其缺乏诊断设备的基层,心音检查是不可缺少的基本功。

心音检查主要适用于以下几种情况。

(1) 窦性心律失常。心动过缓、心动过速、心律不齐均可以通过心音来识别。窦性心律中心率变快或变慢都有一个逐渐发生的过程,凡心动过速骤然恢复到正常心率均不符合窦速的特点。由非心脏疾病引起的窦速常伴有心音亢强;而由严重心脏病引起的常伴有心音低钝。

(2) 早搏。听诊心律不规则,有提早出现的心搏,其后可出现较长间歇。提前出现的心搏即为早搏,其中第一心音多增强,第二心音多减弱或不清。室性早搏常因两个心室收缩不同步而引起第一心音和第二心音分裂。

(3) 阵发性心动过速。室上性阵发性心动过速的发生与停止都非常突然,心率一般在160～220 次/min,心率特别规则,第一心音强度无明显改变。刺激迷走神经常可使发作突然停止而恢复正常窦性心律。室性阵发性心动过速停止的突然性不如室上性明显,心率多在160～200 次/min,心律不如室上性那样规整,第一心音强度常有改变,时有第一心音或第二心音分裂,第三心音和第四心音奔马律。刺激迷走神经对室性阵发性心动过速无影响。

(4) 扑动和颤动。房颤时,心脏听诊的特点是心律特别不规则,心跳间隔不一致,快慢不均,心音强弱不一致。心室颤动或颤动时,心室已不具备完成整体有效收缩的能力,此时心音基本消失。

(5) 心脏传导阻滞。一度房室传导阻滞时可发现第一心音减弱。二度房室传导阻滞中心脏在大体规则的搏动若干次后会发生一次脱漏。三度房室传导阻滞心脏听诊心律缓慢、规则,偶尔因心室夺获可略不规则,第一心音强弱不等,有时出现特别响的"大炮音"。

将心音信号定量化和可视化,即可生成心音图。传统的心音图可以客观地反映出心音信号,具有诊断多种心血管疾病的潜力。现代心音图技术(acoustic cardiography,ACG)与传统的心音图截然不同,ACG 通过对每例患者进行 10 s 或更长时间的检测,同步记录心音、心电信号,在心力衰竭、冠状动脉粥样硬化性心脏病(冠心病)、心律失常等疾病的诊断中取得了卓越的成效。

7.5 人工心脏起搏器

7.5.1 人工心脏起搏器的发展历史

1958 年,第一台永久全埋藏式人工心脏起搏器植入人体后,起搏器技术不断发展、提高,起搏器的临床应用范围及适应证也在不断拓宽。现代心脏起搏器已成为心脏病学诊断与治疗越来越重要的技术。从首台心脏起搏器植入至今,经过 60 多年的发展,心脏起搏器已从治疗缓慢心律失常扩展到快速心律失常,从治疗到诊断,目前已发展成为心律管理系统和心脏疾病管理系统。在当前的起搏器适应证中,除了心律失常外,还包括心衰,心脏起搏器可通过检测肺部液体量用于心衰的治疗、预警和监测。此外,心脏起搏器还可用于心肌缺血和梗死的预警和监测。

人工起搏器是医学与工程学深度交叉融合的典范。首例人工心脏起搏器植入手术完成于 1958 年,在此之前,缓慢性心律失常,包括窦性心动过缓、心脏停搏和三度房室传导阻滞,因心率无法维持人体代谢与生存的基本需要,常会威胁到人的生命。至今,仍有 30% 或更多的心脏性猝死因致命的缓慢性心律失常引起。而心脏起搏技术问世前的时代,发生三度房室传导阻滞的患者第一年死亡率高达 50%。

1958 年,治愈缓慢心律失常的梦想终于神话般实现。患者是瑞典 43 岁的 Arne Larsson,他因三度房室传导阻滞、心率太慢而每天发生几十次晕厥,生不如死。就在危难时刻,卡洛琳斯卡医院的心外科医生 Ake Senning 和工程师 Rune Elmquist 为 Arne 开胸后植入了心脏起搏器。该装置能规律发放固定频率的起搏脉冲,Arne 的心率从 20~30 次/min 迅速提高并稳定在 60 次/min,他反复晕厥、摔倒的情况也消失了,并迅速恢复了健康。但其实,当年的手术并不一帆风顺,第一台起搏器植入后仅几小时就出现了功能故障,备用的第二个起搏器立即又被植入,几周后这种故障再次发生。医生、工程师和患者这"三剑客"凭借着坚毅与刚强,以及创造奇迹的决心,克服一个个困难,最终人工心脏起搏器这种心脏病的新疗法诞生了。

下面对起搏方式的命名规则做一些介绍,如表 7-1 所列。第一个字母表示起搏心腔,如 V 表示心室,A 表示心房,D 表示双腔起搏;第二个字母表示感知部位;第三个字母表示对感知的反应,如 T 表示触发,I 表示抑制,D 表示两种功能均有;第 4 个字母表示频率调节,如 R 表示频率调整;第 5 个字母表示抗快速心律失常的起搏部位。

从起搏部位上来分类,可以将人工起搏器分为单腔起搏器、双腔起搏器、三腔起搏器和四腔起搏器。其中,单腔起搏器的起搏位置可以在心室心尖部,称为心室起搏器(VVI);也可以在右心耳,称为心房起搏器(AAI)。双腔起搏器可以依次在右心耳和右心室心尖部起搏,可看作 AAI+VVI(DDD)。三腔起搏器可以在双心房和右心室依次起搏,使双房电活动同步,用于治疗房颤,称为双房右室起搏器(DDTA);也可以在双心室和右心房依次起搏,使双室电活动同步,用于治疗重症心衰,称为双室右房起搏器(DDTV)。四腔起搏器则是在双心房和双心室依次起搏,可看成 DDTA＋DDTV,可同时治疗房颤和心衰。

表 7 - 1　起搏方式命名规则

Ⅰ	Ⅱ	Ⅲ	Ⅳ	Ⅴ
起搏心腔	感知部位	对感知的反映	频率调节	起搏部位
V:心室	V:心室	T:触发		V:心室
A:心房	A:心房	I:抑制	R:频率调整	
D:双(A+V)	D:双(A+V)	D:双(T+I)		D:双(A+V)
O:无	O:无	O:无	O:无	O:无

从起搏器的功能可以对起搏器进行分代,如表 7 - 2 所列。第一代起搏器称为固律型,它只能按照固定的频率来起搏心脏,因此当患者的窦房结功能未完全丧失时,会带来竞争性心律失常。第二代起搏器称为按需型,它可以感知窦房结发出的动作电位,从而在需要起搏的情况下发出起搏刺激;但是由于其起搏频率仍然无法按生理需求进行调节,可能会产生起搏器综合征[4]。第三代起搏器称为生理型,可以按照生理需求调整起搏频率;但是由于起搏位置不同于生理性的窦性起搏,可能引起 AAI 综合征等起搏器综合征。第四代起搏器称为自动型,在起搏阈值电压调整、生理性窦性起搏信号感知阈值调整、随访等功能上都实现了智能化,但是价格昂贵[5]。

表 7 - 2　心脏起搏器的分代

分　代	类　型	时　间	功　能	缺　点
第一代	固律型	1958 年起	起搏	竞争性心律失常
第二代	按需型	1968 年起	感知	起搏器综合征
第三代	生理型	1977 年起	生理性	AAI 综合征等
第四代	自动型	1992 年起	自动化调整	价格昂贵

传统起搏器的适应证是用于克服心电活动的衰竭,即治疗缓慢性心律失常,如病态窦房结综合征、三度房室传导阻滞。但是现在发现,人工心脏起搏器还可用于一些新的适应证,主要用于克服心电活动的紊乱,治疗快速性心律失常,如房颤、长 QT 间期综合征(LQTS)。另外还有一些非心电因素引起的心功能异常,也可以用人工心脏起搏器来治疗,比如重症心力衰竭、肥厚性梗阻型心肌病、神经介导性晕厥。图 7 - 9 展示了一例重症心力衰竭导致心室肥大,通过人工起搏器治疗三个月后,心室肥大得到缓解。

全球目前有 300 万以上人工心脏起搏器用户,每年还新增 40 多万人。中国人工心脏起搏器用户在 2017 年约 5.7 万人,而且增长很快,年均增长率为 15％。根据《2017—2023 年中国心脏起搏器市场分析预测及发展趋势研究报告》,我国起搏器的普及率达到每百万人 44 台,目前还远低于美国、新西兰等国。据统计,我国只有 2％～3％有适应证的患者得到了起搏器治疗。更重要的是,我国只有 21.1％的起搏器携带者植入了较为先进的、副作用较小的双腔起搏器,而在美国这个比例在 86％以上。由此可见,在我国起搏器治疗还需要进一步普及。

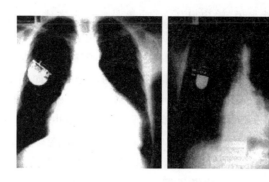

图 7-9　心脏起搏器治疗心室肥大

7.5.2　心脏起搏器的电路设计

最简单的心脏起搏器可以看成是一个按照固定频率发出电脉冲的电路。当然,人们可能要求电脉冲的幅度是可控,要求电脉冲的能量是较为恒定的,不因心脏的阻抗变化而发生改变,要求电刺激频率也是可控的。根据这些需求,可以使用如图 7-10 所示的心脏起搏器电路。

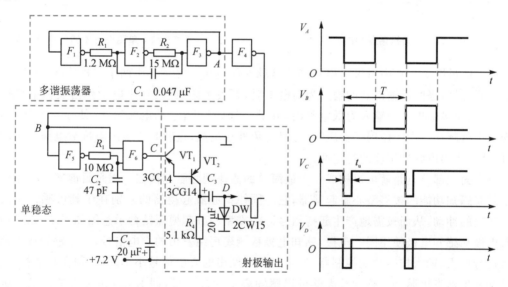

图 7-10　心脏起搏器电路示意图

该电路由三部分构成:多谐振荡器负责生成固定频率的方波,单稳态触发器根据方波频率产生一定脉冲宽度的电脉冲,射极输出将电脉冲转为特定幅度的、稳定的脉冲输出。其中,多谐振荡器通常可以由如图 7-11 所示的非门电路组成。

这一类多谐振荡器会自发产生振荡输出,因此没有稳态,只有两个暂稳态。假设在暂稳态 I,u_o 处于高电平,那么 u_{o1} 就处于低电平,u_{o2} 处于高电平。由于 u_{o2} 和 u_{o1} 之间通过电阻电容相连,因此 u_{o2} 高电平会给电容 C 充电,使 A 点电压逐渐上升。当 u_A 上升超过非门 3 的阈值电压时,u_o 发生跳变,转为低电平,于是 u_{o1} 变为高电平,u_{o2} 变为低电平,即进入暂稳态 II。此时电容 C 通过电阻向 u_{o2} 放电,u_A 电压逐渐下降。当 u_A 低于非门 3 的阈值电压时,u_o 跳变为高电平,回到暂稳态 I。由于电容 C 充电过程与放电过程所经过的路径和电压值均一致,所以充放电时间相同,也就是说,输出电压 u_o 应该是一个占空比为 0.5 的方波。想要调节方波的频率,只需要调整电容 C 或者充放电电阻中的 R 即可。

多谐振荡器输出的电压波形还不能满足起搏器刺激心脏的要求,因为还需要控制它的脉冲宽度和幅度。这里使用单稳态触发器来控制脉宽,它的电路形式如图 7-12 所示。顾名思义,单稳态触发器具有一个稳态。图 7-12 所示的电路稳态时,输出电压 u_{o2} 为高电平,此时 u_i 为低电平。u_i 为低电平时,非门输出 u_{o1} 为高电平,A 点电压也为高电平。而当 u_i 出现高电平时,u_{o1} 变为低电平,但是 A 点电压由于被电容 C 所钳制,不能马上降为低电平,而是通过电阻 R 缓慢向 u_{o1} 放电,所以在一段时间内,u_A 仍将维持高电平,因此与非门的输出 u_{o2} 变为低电平。随着电容 C 的放电,u_A 电压逐渐下降,直至低于与非门 2 的阈值电压,与非门输出 u_{o2} 才会翻转至高电平。在此过程中,存在一个暂稳态,即 u_{o2} 为低电平的状态,这一状态持续的时间受放电电路中 R 和 C 的控制,因此可以通过调整 R 和 C 的值来调整单稳态触发器输出脉冲的脉宽。

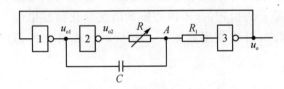

图 7-11　多谐振荡器的电路组成　　　　图 7-12　单稳态触发器的电路组成

可以通过图 7-10 中射极输出器来调整脉冲的电压。注意其中两个三极管 VT1 和 VT2 构成的开关管,当射极输出器的输入为高电平时,开关关闭,此时输出电压就由反偏的稳压管控制;而当射极输出器的输入为低电平时,开关导通,经过 R_4 的电流增大,使输出电压下降,出现一个负脉冲。由于使用了稳压管,可以避免外接负载,也就是心脏的阻抗对电路输出的影响,保持了输出电脉冲幅度的稳定性。

有上面三部分电路就可以构成一个最简单的固律型心脏起搏器。但是目前实际使用的大多是具有感知功能的按需型心脏起搏器,它与固律型心脏起搏器的差别在于其可感知窦房结自发产生的冲动,从而按需地产生起搏信号。按需型心脏起搏器结构示意图如图 7-13 所示。刺激电极和感知电极使用同一电极,感知电极检测窦房结发出的心电信号,通过感知放大器对信号进行放大,输入按需功能控制器,如果窦房结发出的心电信号小于阈值,则会激活控制器,使脉冲发生器发出脉冲。感知放大器可以感知心室除极信号,即 R 波,并辨认是否是心脏自发产生的;它能够双向感知,即包括正负脉冲感知,放大倍数一般为 800~1 000 倍。按需功能控制器可以克服固律型心脏起搏器输出脉冲与窦房结自发心电的冲突,即竞争心律;在未检测到窦房结发出的 R 波信号时,控制器会发出起搏脉冲。脉冲发生器类似于一个单稳态触发器,可以产生刺激脉冲,频率在 30~120 次/min,脉宽为 1.1~1.5 ms。

图 7-13　按需型心脏起搏器结构示意图

7.5.3　心脏起搏器的设计要点

1. 心脏电刺激理论

人工心脏起搏的基本原理是给心肌某一部分施加一个强度、形式适宜的电脉冲,使这部分心肌产生动作电位,成为心脏的兴奋源,从而导致心腔乃至整个心脏的兴奋活动。如果刺激某一部分心肌可以导致整个心脏的兴奋活动,则称该刺激可以夺获心脏;反之,如果刺激某一部分心肌只能导致局部心脏组织的兴奋,而无法使兴奋活动传播至整个心脏,则称该刺激无法夺获心脏。这里有一个关键问题,就是什么样的电脉冲是适宜的,可以夺获心脏。这个电脉冲幅度不能过小,否则不能夺获心脏,即无法达到起搏效果;也不能太大,否则可能会损伤心肌,或者导致过于费电,降低人工心脏起搏器的经济性和可接受度。此外,如果起搏器需要频繁更换电池,将增加起搏器治疗的成本,使患者难以接受。

出于人工心脏起搏器的有效性、安全性和经济性要求,刺激心脏的电脉冲必须是适宜的,主要体现在刺激电流、电量、能量和脉冲宽度几个指标上。近 100 多年来,大量科学家针对心脏电刺激脉冲的这些指标开展了大量研究,研究出了心脏电刺激理论。1892 年,Hoorweg 用大小不同的电容器刺激神经,并测定了所需的阈值电压,得到了类似于双曲线的阈电压-电容曲线(电流-持续时间曲线),实际上阐明了可使组织兴奋的电刺激脉冲阈值电流及持续时间的关系。10 年后,Weiss 用恒定的矩形脉冲刺激神经和肌肉,测量了刺激电量的阈值,总结出 Weiss 电量兴奋定律,描述了可使心肌组织兴奋的电刺激脉冲阈值电量及持续时间的关系。该定律的表达式为

$$Q = K + bt \tag{7-1}$$

式中,Q 为刺激电量;t 为刺激持续时间;K 和 b 为常数。该定律表明,为了使心肌组织产生兴奋,刺激时间需要足够长,才能使刺激电量足够大。1909 年,Lapicque 用电容放电刺激多种组织,测定了峰值电流阈值,获得了类似双曲线的峰值电流阈值-持续时间曲线,称为 Lapicque 刺激电流定律,表达式为

$$I = b + \frac{K}{t} \tag{7-2}$$

式中,I 为刺激电流。该定律说明刺激电流越小,引起兴奋所需的刺激时间越长;但是当刺激电流小于 b(基电流强度)时,无论多长时间都无法引起组织兴奋。

Lapicque 定义了两倍于基电流强度 b 的持续时间 t 为组织的兴奋时值 c。兴奋时值表明了组织的可兴奋性,是组织的固有属性。根据这一定义可得

$$2b = b + \frac{K}{c} \tag{7-3a}$$

$$K = bc \tag{7-3b}$$

由于刺激电量等于刺激电流乘以刺激时间,所以

$$It = bc + bt \tag{7-4}$$

由此可见,Lapicque 刺激定律和 Weiss 定律是等效的。图 7-14 所示为用单电极刺激犬心室获得的阈值强度-时间曲线,表明阈值与刺激能量、阈值电势(电压)、阈值电荷(电量)与刺激时间的关系。

刺激能量 E 和刺激电流 I 的平方、阻抗 r 和时间 t 成正比,因此

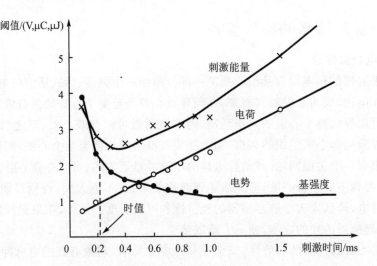

图 7 - 14　阈值与刺激能量、电荷及电势的关系

$$E = I^2 rt = \left(b + \frac{bc}{t}\right)^2 rt = b^2 \left(1 + \frac{c}{t}\right)^2 rt \tag{7-5}$$

由式(7-5)可知,当 $t = c$ 时,E 可取得极小值。出于人工心脏起搏器的经济性考虑,刺激能量越小越好,因此刺激时间 t 应接近心肌的兴奋时值 c。兴奋时值 c 的测定可以通过 Weiss 电量兴奋定律获得,因为使心肌组织兴奋的刺激电量和刺激时间呈线性关系,而截距 K 和斜率 b 的比值就是组织兴奋时值 c,即

$$c = \frac{K}{b} \tag{7-6}$$

根据这一方法,已经测得心房的平均兴奋时值为 (0.24 ± 0.07) ms,心室的平均兴奋时值为 (0.25 ± 0.07) ms。需要注意的是,虽然刺激电脉冲的宽度等于组织时值时,可以获得最优的经济性。但是出于安全性考虑,为了确保电脉冲可以夺获心脏,人工心脏起搏器厂家通常会将默认的脉冲宽度设置为 $0.45 \sim 0.50$ ms。

在人工心脏起搏器的设计中,人们总是希望刺激电脉冲的能量最小、电量最低、电流最弱。能量小有助于降低能耗,提高人工心脏起搏器的经济性;电量低有助于减小电刺激对心肌组织的影响,确保安全性;电流小有助于减小电极极化效应,提高电刺激的有效性。但是在电刺激中,电脉冲的能量、电量和电流三个强度参数不可能同时取得最小值,如图 7-15 所示的强度-持续时间经验曲线。临床使用人工心脏起搏器时,常令刺激脉宽等于或略大于兴奋时值 c;在此基础上,根据患者情况调整刺激电流或电压,确保起搏夺获,并实现刺激电量的最小化。

当电脉冲施加在心肌细胞上时,流经细胞膜的电流一部分以离子电流的形式存在(引起细胞内的离子流动),另一部分以位移电流的形式存在(引起细胞膜跨膜电位的变化),符合基尔霍夫电流定律。因此

$$i = i_R + i_C = \frac{q}{C_m R_m} + \frac{\mathrm{d}q}{\mathrm{d}t} \tag{7-7}$$

式中,i 为刺激电流;i_R 和 i_C 分别为位移电流和离子电流;q 为刺激电量;C_m 和 R_m 分别为细胞膜的等效电容和等效电阻。由此可以得到刺激电量、刺激电流和刺激时间的关系,即

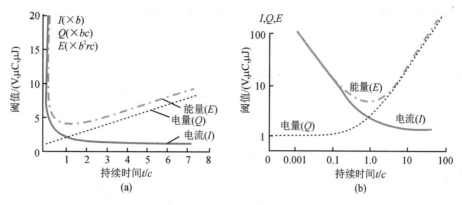

注:c 表示兴奋时值。

图 7 - 15 电量、电流和能量的强度-持续时间经验曲线

$$q = iC_{\mathrm{m}}R_{\mathrm{m}}\left(1 - \mathrm{e}^{-\frac{t}{C_{\mathrm{m}}R_{\mathrm{m}}}}\right) \tag{7-8}$$

令 $\tau = C_{\mathrm{m}}R_{\mathrm{m}}$,称为组织的时间常数,则

$$q = i\tau\left(1 - \mathrm{e}^{-\frac{t}{\tau}}\right) \tag{7-9}$$

式中,当 $t \to \infty$,$i \to \dfrac{q}{\tau} = b$,即当刺激时间趋向无穷时,$i = \dfrac{q}{\tau}$。根据 Lapicque 刺激电流定律,阈值电流为基电流强度 b 时,刺激时间趋向无穷,由此可知 $b = \dfrac{q}{\tau}$。上述推导过程说明,当刺激电量和被刺激的组织一定时,基电流强度是常数。

根据式(7-9)可知

$$i = \frac{b}{1 - \mathrm{e}^{-t/\tau}} \tag{7-10}$$

对 $i(t)$ 在 $t = 0$ 附近做泰勒展开,当 t 很小时,可得

$$i \approx \frac{b\tau}{t} \tag{7-11}$$

式(7-11)说明,当 $t \to 0$ 时,$Q = K + bt$ 变为 $K \approx Q \approx b\tau$。

根据兴奋时值的测量方法,已经知道 K 和 b 的比值等于组织的兴奋时值 c,由此可以推导出组织的兴奋时值就是组织的时间常数。这说明组织的兴奋时值等于组织等效电容和等效电阻的乘积。

2. 夺获和失夺获

已经知道组织的兴奋时值会对电刺激夺获心脏的效果起到重要影响,事实上,还有很多因素也会决定电刺激能否夺获心脏,如基强度(包括电流基强度和电压基强度)和强度阈值。除此之外,电极材料、电极大小、刺激电流的模式(交流或直流)、刺激电流脉冲的形状等都会影响夺获效果。即使使用相同的电刺激条件,夺获效果也会因人而异,一般会受到年龄,以及多种生化因子的影响。

临床研究表明,起搏器植入儿童及成人后数月到数年,起搏阈值可能显著变化,从而导致失夺获。在植入人工心脏起搏器后,可能会出现阈值的急性升高,43%的患者在 8 年后阈值较

为稳定;17%缓慢降低,降幅约为每年5%;19%逐渐升高,每年升幅14%;另有20%在稳定值上下浮动。这些研究表明,起搏器设置电刺激强度时,需要留有一定的余度,防止失夺获的发生。

根据强度-时间曲线图可以看出,在强度-时间曲线上兴奋时值的左侧,曲线比较陡,说明强度阈值随刺激脉宽(电刺激持续时间)变化显著;而在强度-时间曲线上兴奋时值的右侧,曲线比较平坦,说明阈值随刺激脉宽变化不显著。所以将刺激脉宽固定在兴奋时值或略大于兴奋时值,有助于减少失夺获。但是提高安全性的代价是增加能耗,降低电池寿命。

为了提高人工心脏起搏器夺获心脏的安全性,可以提高电刺激强度(电流或电压)或者刺激脉宽,具体参数设置需要根据具体电刺激参数来确定,如图7-16所示。在强度-时间曲线上,如果电刺激参数设置在 A 点,则正好可以夺获心脏,因为夺获心脏的必要条件是电刺激参数在强度-时间曲线图上位于曲线的上方。若要提高夺获安全性,一般将 A 点对应的脉宽增加1倍,变为 B 点;或者将 A 点对应的电压增加1倍,变为 E 点。但是从夺获安全性来考虑,E 点的安全性要高于 B 点,因为 E 点到强度-时间曲线的距离更大。同理,如果初始的电刺激参数位于 C 点,要提高夺获安全性,则增加脉宽的效果要好于提高刺激电压。

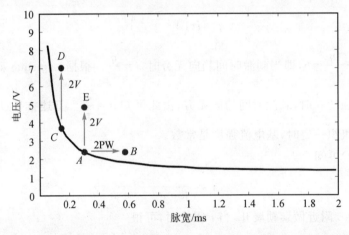

图 7 - 16 电刺激参数的不同调整方法

3. 人工心脏起搏器的电极

电流流过刺激电极时会产生极化效应。极化效应会提高负载电阻,且负载电阻会随着刺激时间的延长持续增大。由于电极刺激组织时会在电极界面上形成双电层,类似一个电容,所以电极的等效电路可以看成电容并联漏电电阻,再串联导线电阻的结果,如图7-17(a)所示。若电刺激电流保持不变,则电压将逐渐提高。用示波器测量刺激电极前后的电压,可以得到图7-17(b)所示波形,说明电极极化效应对刺激电压的影响会随着刺激时间的延长而逐渐增大。由此可知,为了克服极化效应,刺激脉宽越短越好。但是从夺获组织的有效性考虑,刺激脉宽需要大于组织时值,因此刺激脉宽需要控制在大于组织时值的一定范围内。为了减小电极的极化效应,人工心脏起搏器电极还可以选择极化效应较小的材料。

电极大小对电刺激阈值也会有明显的影响。电刺激阈值会随着电极表面积的大小而变化。以球形电极为例,当球形电极几何表面积减少时,刺激阈值会下降,这可能是因为电极面积减小可以增大电极表面的电流密度,相当于增加了单位面积上的刺激强度。但是当面积进

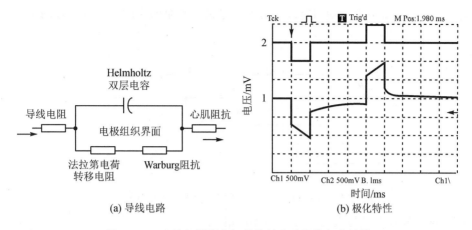

(a) 导线电路 (b) 极化特性

图 7 - 17 心脏起搏器电极的等效电路及其极化特性

一步减小,刺激阈值又开始升高,这可能是因为电位传播波面曲率太大会影响电位传播。电极植入心肌组织后会使得心肌组织在电极接触面上生成一层纤维帽。纤维帽的兴奋性比正常的心肌组织低,相当于增大了电极表面积,因而提高了刺激阈值。Irinch 通过实验研究,阐明了纤维帽厚度和刺激阈值变化的关系,即

$$E = \frac{V}{r}\left(\frac{r}{r+d}\right)^2 \tag{7-12}$$

式中,E 为组织的刺激阈值;r 为球形电极的半径;d 为纤维帽厚度;V 为刺激电压。根据式(7-12)推导可知,当 $r=d$ 时,刺激电压 V 最小。心肌组织在电刺激下形成的纤维帽厚度 d 相对固定,与刺激电极大小无关。当使用抛光电极刺激心肌时,纤维帽厚度大约为 0.72 mm。因此,最佳的抛光球形电极的半径也应等于 0.72 mm。

对于球形电极,假设心肌是电导率为 σ 的均匀介质,则球形电极引起周围的电场分布如图 7-18 所示。电极周围介质的等效电阻为

$$R = \int_{r_0}^{\infty} \frac{\mathrm{d}r}{4\pi r^2 \sigma} = \frac{1}{4\pi r_0 \sigma} \tag{7-13}$$

当施加电压 U 时,流经的电流为

$$I = \frac{U}{R} = 4\pi r_0 \sigma U \tag{7-14}$$

距离电极中心 d 处的电流密度为

$$j_d = \frac{I}{4\pi d^2} = \frac{4\pi r_0 \sigma U}{4\pi d^2} = \frac{U\sigma}{r_0}\left(\frac{r_0}{d}\right)^2 \tag{7-15}$$

根据欧姆定律,有

$$E_d = \frac{j_d}{\sigma} = \frac{U}{r_0}\left(\frac{r_0}{d}\right)^2 \tag{7-16}$$

距离电极中心越远,电场越弱,说明电极半径越大,需要的刺激电压越大。

人工心脏起搏器刺激心肌组织时,电流首先从电极流入心内膜,然后到达心肌组织,经过整个心脏后,又从电极流回起搏器。在这一路径上,电流流入心肌一端的电极称

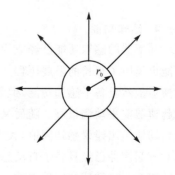

图 7 - 18 球形电极示意图

为刺激电极;电流流出心肌一端的电极称为无关电极。整个回路的等效电路如图 7-19 所示,其中最大的阻抗来自心内膜。

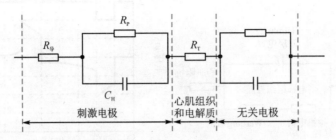

图 7-19　人工心脏起搏器及心肌组织构成的等效电路

如果将这一等效电路与人工心脏起搏器的电源相连,并且将电极的等效电路进行简化,可以得到如图 7-20 所示的简化等效电路。其中,将两个电极的电阻等效为 R_T;两个电极的电容等效为 C_H;其他电阻等效为 R_P;其他电容等效为 C_P;其他电阻、电容的来源包括人工心脏起搏器导线、心内膜、心肌组织。电路的总等效电阻为

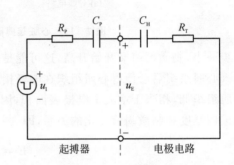

图 7-20　人工心脏起搏器及心肌组织构成的简化等效电路

$$R = R_P + R_T \qquad (7-17)$$

总等效电容为

$$C = \frac{C_P C_H}{C_P + C_H} \qquad (7-18)$$

因此输出电流为

$$i = \frac{u_I}{R} e^{-\frac{t}{RC}} \qquad (7-19)$$

从电极端测量所得的输出电压 u_E 可以表示为

$$u_E(t) = \frac{R_T}{R} u_I \left(\left(1 - \frac{CR}{C_H R_T} \right) e^{-\frac{t}{RC}} + \frac{CR}{C_H R_T} \right) \qquad (7-20)$$

由此可以计算出电极阻抗(电极端测得的负载阻抗)为

$$Z = \frac{u_E}{i} = R_T \left(\frac{CR}{C_H R_T} e^{\frac{t}{RC}} + 1 - \frac{CR}{C_H R_T} \right) \qquad (7-21)$$

4. 感知功能

起搏器的感知功能已经成为新一代人工心脏起搏器的重要功能。事实上,起搏器的感知功能也经历了很长的发展历程。最早的人工心脏起搏器是不具备感知功能的,随后发展出的起搏器虽然具备了感知功能,但是感知阈值一般是人为设定的常数,需要心内科医生在手术植入起搏器前手动调整好。随后又研究出了具有建议感知值功能的起搏器,即起搏器植入后可以自动地给出建议感知阈值,大大方便了心内科医生对感知阈值的设置过程。最新一代的人工心脏起搏器已经具备了自动感知功能,即可以自适应地调整感知阈值,避免起搏器植入后心脏功能变化导致感知阈值失效的问题。Medtronic 公司的 Kappa 700 型起搏器率先开创了自动感知功能,可以自动检测房速的开始和结束,并智能切换工作模式。

感知敏感度是起搏器感知设置的感知水平。不同感知敏感度产生不同的感知效果。如果感知敏感度设置过大,则会引起起搏器感知不足。相反,如果感知敏感度设置过小,则会引起起搏器过度感知。过度感知可能是肌电干扰引起的,可导致心室和心房长时间的停搏,所以应该尽量避免。

感知敏感度的设置还需要考虑感知安全度。这里需要介绍一个概念——感知阈值,简称感知阈,指的是能被感知器持续而稳定感知的最小心房或心室电活动信号的幅值。感知安全度的计算式为

$$感知安全度＝(感知阈-感知敏感度)/感知敏感度$$

如感知阈值,即最小的心房电活动幅值为 2 mV,则当感知敏感度设置为 1 mV 时,感知安全度为 200％。一般将感知安全度设置为 200％～300％,以确保感知功能有效。

自动感知功能是指人工心脏起搏器可以根据感知到的心电信号自适应地调整感知敏感度。一般的实现方法是在检测到连续若干个 QRS 波幅值引起的感知安全度较低时(一般小于200％),下调感知敏感度;反之,在检测到连续若干个 QRS 波幅值引起的感知安全度较高时(一般大于 500％),上调感知敏感度。

5. 生理性或半生理性起搏

心脏起搏器引起的血流动力学变化与正常窦性心律时相似,是永久性心脏起搏器的设计工程师和临床医师追求的目标。生理性起搏必须克服心室起搏固有的弊端,模仿窦性心律时多种生理状态下(休息、工作、运动等)的频率反应,保持房室同步性,并消除或减少室-房传导的机会。在实现了心房起搏、双腔起搏,以及给起搏电极增加了感知功能之后,生理性起搏成为可能,也就是根据感知机体运动和代谢增高时的生理指标变化,改变起搏器的脉冲释放频率,实现频率反应性(即频率适应性)。这种起搏器在 20 世纪 80 年代中期已开始应用于临床,但是要完全实现模拟正常窦性心律,包括结间传导、房室结和希氏-浦肯野系统功能,仍是今后起搏器研制发展和继续努力的方向。目前,生理性或半生理性起搏器有心房起搏器(AAI)、双腔起搏器 DDD、频率适应性单腔起搏器(AAIR、VVIR)、频率适应性双腔起搏器(DDDR)。

心房起搏保留了房室同步性,能间接增加心输出量,防止室-房传导。同时因心房起搏近似窦性心律的方法,可以抑制异位起搏点的活动,在一定程度上减少了室上性心律失常的发生。这些特点对左室功能不全的患者尤其有益。心房起搏器的适应证是窦房结疾病,如窦性心动过缓、窦房传导阻滞及慢-快综合征,但不能用于有房室传导阻滞的患者。

双腔起搏可分为以下几种模式,即 DVI、VAT、VDD 和 DDD。

DVI 起搏方式(房室顺序起搏)是指在心房和心室分别放置电极,每次激动起搏器发出一对脉冲,分别刺激心房和心室,两者之间有 0.12～0.20 s 的延迟时间,保持房室收缩的生理顺序。起搏器能感知心室的自身激动而抑制脉冲释放。DVI 起搏方式的优点是可以保持房室同步性,防止窦性心动过缓,以及消除因室-房传导所致的不良血流动力学影响;缺点是没有心房感知,无法实现心房同步性,也不能随生理需求提高起搏频率,心房起搏的电脉冲还会与自身窦性心律冲动发生竞争,引起房性快速心律失常。

VAT 起搏方式(心房感知心室起搏)是指在感知心房 P 波后,根据预设的 AV 间期(模拟生理的 PR 间期)发出一个刺激起搏心室。

VDD 起搏方式(双腔感知心室起搏)是指心房、心室均具有感知功能,但仅有心室具备起搏功能。当未感知到自身 P 波时,按固定频率发放心室起搏脉冲;若自身 P 波被感知并经过

预设的 AV 间期后,则起动心室起搏;若在预设的 AV 间期内,心室电极感知到自身 R 波,则起搏器不发放心室刺激脉冲。

以上这两种起搏方式都属于心房同步房室按需型起搏方式,最适用于窦房结功能正常的房室传导阻滞患者。它们最大的优点是能够跟随增快的心房率按 1:1 的方式和正常的房室间期起搏心室,在休息或运动时都能保持房室同步性,因此可以增加心输出量,改善血流动力学状态,可被认为是双腔起搏器工作时对血流动力学益处最大的起搏方式。

DDD 起搏方式(双腔感知双腔起搏)也称全自动起搏器。因它可随自身心律的状况而自动改变为 AAI、VAT、DVI、DDD 等起搏状态,也可以程控为上述模式,因此它是较全面的双腔起搏器,适用于房室传导阻滞,也可用于病窦综合征患者。DDD 起搏方式在静息或运动时都能保持房室同步性,但也有一定的局限性,例如,若窦房结的变率性功能受损,DDD 起搏器就不能实现生理性起搏;起搏器功能多、程控参数多、脉冲发生器线路复杂;DDD 和 VDD 起搏方式都有可能出现因室-房传导产生的 PMT(起搏器介导的心动过速),但较先进的 DDD 和 VDD 都可以通过延长心房不应期等方式预防或自动终止心动过速;上限频率可能不合适,运动时起搏器可以 2:1 阻滞的方式来限制上限频率,此时患者可能感觉明显不适;DDD 起搏器价格昂贵。

频率适应性起搏器可为窦房结变率功能低下患者提供运动时所需的心率增加及心输出量的增大。心输出量取决于每搏量和心率二者的乘积。静息状态或轻度运动时,每搏量增加是心输出量增大的主要因素,但在中、重度运动时,心率加快是使心输出量大幅度增高的主要因素,每搏量可能不变或有所减低。现有起搏器可以通过感知体动、QT 间期、呼吸频率或通气量、中心静脉血温度、中心静脉血氧饱和度、右心室 $\mathrm{d}p/\mathrm{d}t$ 等多种指标来实现频率适应性。频率适应性起搏器也可分为单腔起搏器(AAIR、VVIR)和双腔起搏器(DDDR、VDDR)。

频率适应性单腔起搏器将电极置于心房或心室,可以感知某项生理指标来识别代谢增高或运动,从而调整起搏脉冲的发放频率。AAIR 用于窦房结功能低下的患者,但房室传导功能必须正常。VVIR 可用于房室传导阻滞,也可用于病窦综合征患者,但会丧失房室同步性,有可能产生室-房传导,因此 VVIR 只是半生理性的起搏。

频率适应性双腔起搏器适用于窦房结、房室结功能均有障碍,伴有阵发性房性快速心律失常的患者。这类起搏器既可以使患者从房室同步中受益,也可满足频率增加的需求,可以满足在各种不同状态下心输出量增加的需求。DDDR 是当前最近似模拟正常窦房结和房室传导功能的起搏方式,其价格也最昂贵。AAIR 与 DDDR 相比,改善血液动力学的作用显著优于DDDR,这可能是因为 AAIR 保持了心室激动的正常顺序。

20 世纪 90 年代,荷兰 Vitatron 公司生产了双传感频率适应性起搏器并应用于临床。两种传感器分别是体动传感器(反应快)和 QT 间期传感器(反应慢),二者互相制约,使频率适应性较真实地反映代谢需求增高或运动所引起的频率适应性需求,使频率适应的程度和速度尽可能准确地适应患者需求。另外还有 Medtronic 公司的双传感器 VVIR 起搏器(Legend Plus)也已在临床应用。其他应用于临床的双传感起搏器,包括测定电阻抗来评定右心室每搏输出量和射血前间期等多种传感功能的组合,也可以较好地实现频率适应性。其他传感器组合的频率适应性起搏正在进一步研制和临床试验中。

7.6　其他电治疗方法

7.6.1　电除颤

　　第一次成功的人心脏电除颤发生在 1947 年。虽然之前已在理论和动物实验上证明,合适的电击可以消除室颤,但是在 1947 年之前,从未在人体上成功过。1947 年,一名外科医生为一名 14 岁的男孩进行心外科手术后,男孩出现室颤,外科医生进行了电除颤,并且成功消除了男孩的室颤,使他脱离了危险。

　　1980 年 2 月,第一台体内自动心脏复律器被植入人体。

　　正常状态下,心室总是同步地进行除极和复极,即同步地进行收缩和舒张。室颤时,心室电活动的同步性被破坏,严重影响射血能力,危及生命。室颤发生的区域内,心室肌细胞动作电位的相位各不相同。想要终止室颤,就需要使得心室肌细胞的动作电位相位同步化。电除颤的目标就是要施加一个电脉冲刺激整个心脏,使心室肌细胞的动作电位重新一致,并回到静息态等待下一个窦房结刺激(重启相位)。电除颤设备如图 7-21 所示。

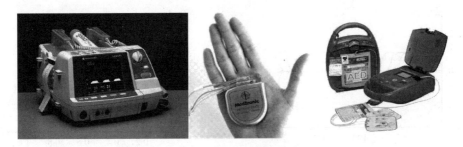

图 7-21　电除颤设备

　　对于电除颤是如何工作的,如果采用之前介绍的传输线方程,即

$$p\left(C_{\mathrm{m}}\frac{\partial V}{\partial t}+I_{\mathrm{ion}}\right)=\frac{1}{r_{\mathrm{c}}+r_{\mathrm{e}}}\cdot\frac{\partial^2 V}{\partial x^2} \qquad (7-22)$$

来理解电除颤中外加的电压或电流是如何传导至整个心脏使心脏相位重启的,会发现很难理解其工作原理。如果考虑传输线方程中的 r_{c} 和 r_{e} 是常数,即对细胞内、外分别有均一的电阻率,此时施加一电流刺激

$$I_{\mathrm{ion}}=-\frac{f(V)}{R_{\mathrm{m}}} \qquad (7-23)$$

其仿真结果如图 7-22 所示。其中,左侧会产生一个波向右移动,而右侧的波会向左移动,最终在两侧的波交汇处,右侧波妨碍了左侧波的右移,这说明电除颤产生的波不可能流遍整个心脏。

　　使用之前的传输线模型是无法解释电除颤的工作原理的。需要检查一下之前的传输线模型是否忽略了一些因素,导致了过度简化。通过检查发现,之前假设了细胞内外的电导率都是均一的,这一点可能与实际的情况不符。如果认为细胞内外的电导率都是非均一的,那么传输线方程就变为

$$\chi \left(C_{\mathrm{m}} \frac{\partial V}{\partial t} + I_{\mathrm{ion}} \right) = \nabla \cdot (\sigma_{\mathrm{i}} \nabla V_{\mathrm{i}})$$

$$i_{\mathrm{t}} = i_{\mathrm{i}} + i_{\mathrm{e}} = -\sigma_{\mathrm{i}} \nabla V_{\mathrm{i}} - \sigma_{\mathrm{e}} \nabla V_{\mathrm{e}} = -\sigma_{\mathrm{i}} \nabla V_{\mathrm{i}} - \sigma_{\mathrm{e}} \nabla (V_{\mathrm{i}} - V) = -(\sigma_{\mathrm{i}} + \sigma_{\mathrm{e}}) \nabla V_{\mathrm{i}} + \sigma_{\mathrm{e}} \nabla V$$

$$\nabla V_{\mathrm{i}} = (\sigma_{\mathrm{i}} + \sigma_{\mathrm{e}})^{-1} (\sigma_{\mathrm{e}} \nabla V - i_{\mathrm{t}})$$

$$\chi \left(C_{\mathrm{m}} \frac{\partial V}{\partial t} + I_{\mathrm{ion}} \right) = \nabla \cdot (\sigma_{\mathrm{i}} (\sigma_{\mathrm{i}} + \sigma_{\mathrm{e}})^{-1} \sigma_{\mathrm{e}} \nabla V) - \nabla \cdot (\sigma_{\mathrm{i}} (\sigma_{\mathrm{i}} + \sigma_{\mathrm{e}})^{-1} i_{\mathrm{t}})$$

$$(7-24)$$

如果把上面的方程写成一维的形式,并且施加的电流刺激仍为 $I_{\mathrm{ion}} = -\dfrac{f(V)}{R_{\mathrm{m}}}$,则方程形式变为

$$p \left(C_{\mathrm{m}} \frac{\partial V}{\partial t} - \frac{f(V)}{R_{\mathrm{m}}} \right) = \frac{\partial}{\partial x} \left(\frac{\sigma_{\mathrm{i}} \sigma_{\mathrm{e}}}{\sigma_{\mathrm{i}} + \sigma_{\mathrm{e}}} \cdot \frac{\partial V}{\partial x} \right) - \frac{\partial}{\partial x} \left(\frac{\sigma_{\mathrm{i}}}{\sigma_{\mathrm{i}} + \sigma_{\mathrm{e}}} \right) I(t) \qquad (7-25)$$

通过推导可以发现,由于电导率的非均一性,方程相比于先前的传输线方程,变得更为复杂,主要表现是多出了一个包含 $I(t)$ 的源项。这一源项是由于假设介质电导率不均一导致的。对这一方程进行计算,可以得到如图 7-23 所示的波形。

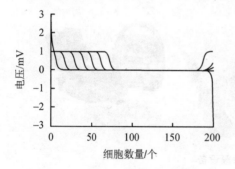
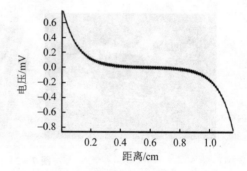

图 7-22　介质电导率均一情况下
电除颤引起的心电传播仿真结果

图 7-23　介质电导率不均一情况下
电除颤引起的心电传播仿真结果

该波形说明,在假定的传播路径上,从施加电压的位置开始,电压传导遍及了整个传导路径。这可以解释电除颤时,外加的刺激电压是如何传遍整个心脏的。

事实上,心肌电导率的非均一性是比较普遍的,很多层面都表现出了电导率的非均一性。在细胞层面,缝隙连接和其他细胞结构,如细胞膜,就存在明显的电导率的差别,而缝隙连接的分布是存在明显方向性的,所以在细胞层面上就存在电导率的各向异性。在细胞外空间,毛细血管、胶原纤维、结缔组织的分布也呈现非均一性。在组织层面,心肌组织的纹理、纤维的分叉和锥度、纤维方向等都使心肌组织的电导率呈现非均一性。

但是电除颤并不一定能够成功扭转室颤,无论是临床观察,还是仿真研究都证实了这一点。图 7-24 展示了两种二维心肌组织电除颤的仿真结果,黑色表示兴奋的细胞,灰色表示不应期内的细胞,白色是从不应期恢复的可兴奋细胞。图 7-24(a)表示了正在发生室颤的心肌组织,黑色和白色的部分挨在一起,说明可能出现了折返。在这种情况下,施加一次电除颤,心肌组织的兴奋相位图变为图 7-24(b),即都变成了兴奋期或不应期内的细胞,此时兴奋不会向周围传播,因为没有细胞处于可兴奋状态。再经过一段时间后,相位为图 7-24(c),即出现

了可兴奋细胞,这时如果出现窦性的心电刺激,这些心肌组织可以正常地传导并产生兴奋,标志着心肌组织从室颤中恢复了正常。但是另一种情况就比较糟糕,在图 7 - 24(d)所示的心肌组织上施加电除颤电压刺激后,相位变为图 7 - 24(e),电除颤并没有使心肌组织同步地进入不可兴奋的状态。过一段时间后,相位变为图 7 - 24(f),可见黑色部分和白色部分挨在一起,说明出现折返,这预示着电除颤后室颤依然存在。临床统计表明,一次电除颤的成功率一般在75%~90%,所以有时候需要 2~3 次除颤才能使室颤终止。

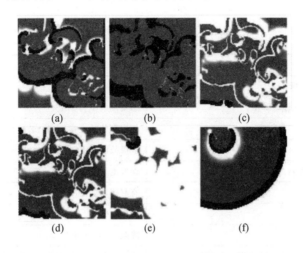

图 7 - 24　电除颤之后的心肌动作相位示意图

总的来看,目前电除颤的主要机理还不完全清楚,虽然已经从理论上分析了可能的机理,但是还不能解释电除颤中的所有电生理过程。心肌电导率的非均一性在除颤中扮演了重要角色,但这也只是基于一定假设的模型研究结论,尚缺乏直接的证据证实电导率在电除颤中的决定性作用。另外,还有很多角度可以来研究和理解电除颤原理,但都只能在某一个层面或某一些方面来解释电除颤的工作原理。虽然工作原理不完全清楚,但这并不妨碍电除颤设备作为一种急救设备,广泛应用于很多公共场合。

7.6.2　植入式电转复除颤仪

对于一些已经有室颤风险的病人来说,植入式心律转复除颤器(implantable cardioverter defibrillator,ICD)是更为明智的治疗手段。因为室颤发生时可引起猝死,一般在症状出现后1 h 内死亡。已经有证据表明猝死与心律失常密切相关,比如,室速和室颤都会引发猝死。另外,心肌炎、心肌病、急性肺动脉栓塞、动脉瘤破裂、肺动脉高压、冠心病等都可能引发猝死。最新的研究表明,非心律失常相关性猝死也可能引发潜在的室速或室颤,从而导致猝死。所以,在已知室颤风险较高的患者体内植入 ICD 是非常必要的。

对于猝死高危患者,ICD 可以有效降低死亡率。ICD 的结构包括心腔内电极和皮下脉冲发生器,类似于人工心脏起搏器。事实上,ICD 可以提供除颤和起搏两种功能,也可以看成具有除颤功能的起搏器。在除颤时,ICD 发出的能量一般在 5~42 J,最小可在 0.2~6 J,使用寿命可达 10 年左右。

ICD 的临床推广面临一些困境,有研究表明,对于猝死低风险的人群,植入 ICD 获益明显,未植入 ICD 的患者的 8 年生存率相比于 ICD 植入者降低了 48%;而对于高风险人群,ICD

植入后,获益并不明显。另外,ICD植入术是有风险的,可能出现感染、电极穿孔等问题。最严重的问题还是误放电,即ICD误认为心脏发生室颤,从而放电进行电除颤。这对于病人来说是非常恐怖的体验,相当于以几秒一次的频率被马踢中胸口。这种误放电的发生率在4%~18%之间。

为了解决这些困境,提高ICD设备的可接受度,皮下植入式心律转复除颤器(subcutaneous implantable cardioverter defibrillator,SICD)应运而生[6]。SICD和ICD的对比如表7-3所列。

表7-3 SICD和ICD的对比

SICD	ICD
皮下电极,位于胸骨左缘	心腔内电极
感染发病率为5.5%,并逐渐降低	感染发病率为3.1%
植入部位并发症很少	植入部位并发症(血肿、装置外露)较多
电极故障几乎没有	电极故障10年发生率为20%
误放电发生率为7%左右*	误放电发生率为4%~18%
无起搏功能	有起搏功能
使用年限:7.3年	使用年限:10年
除颤能量:36.6 J	除颤能量:11.1 J
采取双区计数,心律失常鉴别准确率接近或低于ICD	可以区分窦性心动过速、室上性心动过速、室速
单次除颤转复成功率:90.1%	单次除颤转复成功率:83%~90%
多次除颤转复成功率:98.2%	多次除颤转复成功率:97.3%~99.6%

注:* 有8%的患者由于T波过感知,无法植入SICD。

由于SICD不具备起搏功能,所以有的病人在安装SICD后又出现了需要起搏的心律失常,此时只能移除SICD,重新安装ICD。如果安装SICD,同时安装人工心脏起搏器,可能引起交叉感知,安全性目前还未知。

7.6.3 电消融

在不开胸的情况下,应用心导管将引起心律失常的病灶进行电消融,由此可以达到治疗心律失常的目的。其中,经导管进行的射频消融术是目前使用较多的,被认为是最有前途的心律失常非药物治疗方法。这项技术最早可以追溯到1985年,Huang等引入射频能量作为治疗心律失常的方法。21世纪以来,电消融已经成为心脏电生理学领域最广泛使用的治疗方法之一。导管射频消融具有高效性和安全性,其适应证也在不断扩大,导管射频消融组织加热的红外热成像结果如图7-25所示。

导管射频消融可以治疗快速性心律失常,把参与形成和维持心动过速的心脏某个部位的心肌或传导组织作为靶点,经导管电极施加射频电流,使之变性、损伤或坏死,从而达到根治心动过速的目的。例如,症状明显的房室结折返性心动过速可用此方法治疗。心导管射频消融可以融断折返环路或消除异常病灶,从而治疗心律失常,是一种可以达到根治心律失常的方法。

射频电流是一种交流电流,通过对心肌电加热产生损伤,从而破坏心律失常组织。射频电

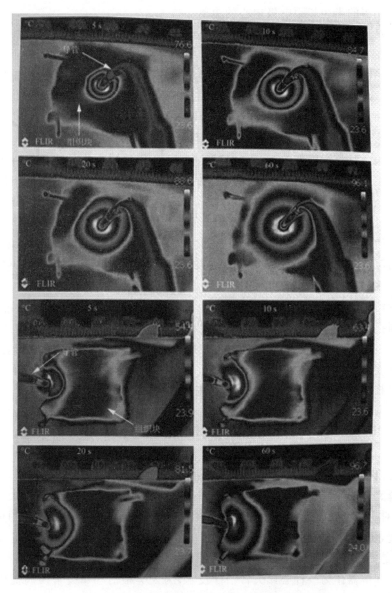

图 7 - 25 导管射频消融组织加热的红外热成像结果

流通常以单极的方式施加于心肌组织,并且通过在皮肤上放置的离散电极完成电流回路,其振荡频率通常选择 $500 \sim 750 \text{ kHz}$。组织内电阻热的产生与射频功率成正比,射频功率与电流密度的平方成正比。当射频能量以单极方式传递时,放射出辐射状电流。电流的密度与射频源距离的平方成反比。组织产生热量与距离的 4 次方成反比,即距离射频电极越远,组织产生的热量越低。因此,在与导管电极紧密接触的组织中($2 \sim 3 \text{ mm}$),只有狭窄的电极边缘的组织被直接加热。而其他部位的温度上升则是被动地由组织热传导产生的。热传导导致的组织温度和其与电极距离的关系为

$$\frac{t_r - T}{t_0 - T} = \frac{r_i}{r} \tag{7-26}$$

其中,t_r 表示距离为 r 处的组织温度;t_0 为电极与组织界面处的温度;T 为基础组织温度;r_i

和 r 分别表示热源的半径和距电极中心的距离。

在导管射频消融产生损伤的过程中,大部分组织加热是由直接的电阻热源产生的热传导引起的,通过组织的热量传递,遵循基本的热学原理,可由生物热传递方程表示。随着热源距离增加而产生的组织温度变化称为径向温度梯度。在射频能量传输开始时,温度在加热源处非常高,并且在短距离内迅速下降。随着时间的推移,更多的热能通过热传导转移到更深层的组织;随着消融时间增加,在与热源任何给定距离处的组织温度都会呈单指数增加。靠近热源部位的温度迅速升高,而远离热源的部位升温则较为缓慢。

由于射频消融对组织损伤的机制主要是热效应,所以消融损伤的边界区域最终峰值温度应该是相对恒定的。实验研究预测,高温消融的温度约为 50 ℃,称为不可逆组织损伤的等温线,尽管其他方法认为这一临界温度可能更高。从热源到 50 ℃ 等温线的距离定义了该维度的损伤半径。通过热力学建模分析,可以预测三维温度梯度,并通过 50 ℃ 等温线来预测组织损伤的大小和几何形状。这种预测可以被实验证实,在无对流的情况下,电极组织界面的温度可以预测损伤的深度和直径。然而,在临床环境中,循环血流的对流冷却降低了电极顶端温度的预测准确性,从而影响了对损伤范围的评估。

通过导管消融组织加热预测的理想化热动力学模型的研究,发现损伤的半径与热源的半径成正比。当把虚拟热源半径看作与组织接触的电极外壳的半径时,更大的电极半径和接触面积都会导致更大的热源半径和更大的损伤范围,从而增加手术成功率。增加射频功率,也可以增加热源温度,并增加直接加热组织的半径,从而也可以增加损伤范围。以上两种方法均可以增加导管射频消融的有效性,并已经在临床应用中得以实现。

7.7 本章总结和学习要点

心电图是当今最主要的心律失常诊断手段,它已经经历了 100 多年的发展,但是仍然具有广阔的基础研究和临床应用研究前景。基于心电图的心律失常自动诊断技术大幅提升了心电图诊断效率,对于心律失常诊断技术的临床应用具有重要意义,这是本章学习的重点。人工智能技术的出现,使自动化的心电图诊断技术进一步发展;它大大节省了人力,提高了诊断准确性和稳定性,是最具有潜力的人工智能临床应用的领域之一。

人工心脏起搏器作为一种心律失常治疗技术,为人类根治心律失常疾病提供了可能。本章简要介绍了这种治疗技术的基本原理,希望读者可以对人工心脏起搏器有一个初步的认识。目前人工心脏起搏器正向着智能化、微创化、小型化的方向发展,功能正从单一的起搏功能转变为智能化的心律管理系统,其未来的技术发展趋势和临床应用前景值得长期关注。

习 题

1. 试判断以下 Ⅱ 导联心电图(见图 7 - 26)中的心律类型及心率。

2. 在心房扑动中,最常见的心室率为 150 次/min,请根据房扑波的知识分析出现这种现象的原因是什么?图 7 - 27 是房扑吗?试说明你是如何判断的。

3. 如图 7 - 28 所示,两个 ECG 均为二度房室传导阻滞,试判断哪个是 Ⅰ 型(Wenckebach型),哪个是 Ⅱ 型(Mobitz 型)?

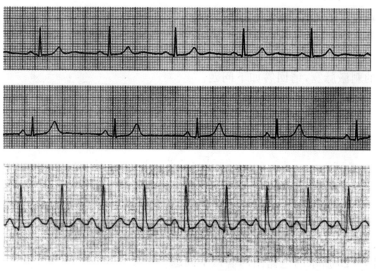

图 7-26　第 1 题图

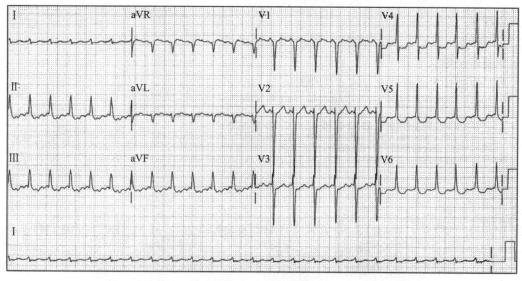

图 7-27　第 2 题图

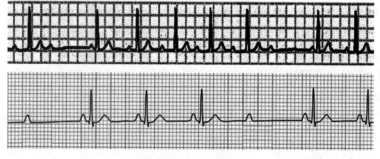

图 7-28　第 3 题图

4. 试根据 Luz 的文献中所提供的方法[1]或其他方法,设计一个 R 波定位算法,并在一段 ECG 数据上进行测试,实现对 ECG 信号的分割。

5. 证明当刺激时间等于组织的兴奋时值时,刺激的能量阈值可以取得最小值,并推导此时能量阈值的表达式。

6. 如果心脏组织的基电流强度为 0.5 mA,刺激电极的阻抗为 500 Ω。对于两种电刺激方案 A 和 B,方案 A 使用 1 mA 的刺激电流和 10 ms 的刺激脉宽;方案 B 使用 0.4 mA 的刺激电流和 70 ms 的刺激脉宽,请回答如下问题。

(1) 两种刺激方案消耗的能量分别是多少?

(2) 哪种方案可以夺获心脏?

7. 纤维帽厚度和阈值变化的关系可表示为

$$E = \frac{V}{r} \left(\frac{r}{r+d} \right)^2$$

(1) 若刺激阈值 E 是常数,试证明当 $r=d$ 时,刺激电压 V 最小。

(2) 若定义此时的刺激电压 V 为阈值电压,试推导阈值电压的表达式,并说明阈值电压和哪些因素有关?

8. 根据图 7-29 所示的电路图回答以下问题。

(1) 试推导起搏器电极等效电路中的输出电流 i,输出电压 u_E 和电极阻抗 E 的表达式。

(2) 根据电极阻抗 E 的表达式,说明刺激脉宽对电极阻抗的影响。

(3) 刺激脉宽是越小越好吗?为什么?

9. 请结合心脏的电生理学和血流动力学知识,分析至少一种起搏器综合征导致晕厥或充血性心衰的可能的机理[4]。

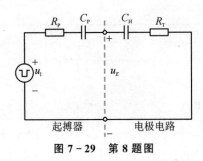

图 7-29 第 8 题图

参考文献

[1] LUZ E J S,SCHWARTZ W R,CAMARA-CHAVEZ G,et al. ECG-based Heartbeat Classification for Arrhythmia Detection:A Survey[J]. Computer Methods and Programs in Biomedicine,2016,127:144-164.

[2] 郭继鸿. 体表三维标测:心电学的又一里程碑[J]. 临床心电学杂志,2014,23:219-232.

[3] SHAH A J,HOCINI M, PASCALE P, et al. Body Surface Electrocardiographic Mapping for Non-invasive Identification of Arrhythmic Sources[J]. Arrythmia&Electrophysiology Review, 2012,2(1):16-22.

[4] TRAVILL C,SUTTON R. Pacemaker Syndrome:an Iatrogenic Condition[J]. British Heart Journal, 1992, 68(2):163-166.

[5] MULPURU S K,MADHAVAN M,MCLEOD C J,et al. Cardiac Pacemakers:Function,Troubleshooting,and Management[J]. Journal of the American College of Cardiology,2017,69(2):189-210.

[6] CHANG P M,DOSHI R,SAXON L A. Subcutaneous Implantable Cardioverter-defibrillator[J]. Circulation,2014,129(23):644-646.

第8章 微循环与物质输运

吸入肺的氧气和经肠道吸收的营养物质,通过血液循环运输到各个器官,在每个器官的微循环中,这些分子从微血管的腔内透过内皮细胞层,进入间质空间,然后通过扩散和对流作用到达每一个细胞。细胞释放出来的代谢产物(如激素)和废物通过相反方向的途径或淋巴系统进入微血管。血液和间质之间的分子交换主要发生在毛细血管和后毛细血管静脉中,这些血管的渗透性高。微血管壁的运输速率由溶质的水力传导系数和微血管渗透系数表征,取决于溶质的物理和化学特性,以及血管壁的微结构,而这些结构又受到组织中化学、物理和生物微环境的调节。本章将介绍微循环的传质功能,微循环的压力、流动和物质输运特征和定量规律,以氧气为例,重点介绍氧气的传输分析和医学检测技术。

8.1 微循环的结构和传质功能

8.1.1 微循环途径及其作用

由于肉眼无法直接观察到微循环的血管,早期人们认为血液通过一般的渗透方式犹如沙子的渗透过程在组织中传输。哈维(Harvey)在 1628 年提出不同的观点,认为身体里面存在一些空洞,即血液通过微观通道从动脉循环到静脉。马尔皮基(Malpighi)在 1661 年通过单透镜显微镜观察到在乌龟肺部存在连接动脉和静脉的离散毛细血管。列文虎克(Leeuwenhoek)在 1674 年观测了鳗鱼尾鳍微循环血管的大小和空间密度的数量,并测量了这些血管中红细胞的速度。两位研究者对哈维的假设提供了重要支持。随着显微镜的进一步发展,微循环的结构和功能逐渐被人们认识。

微循环由三个主要部分组成(见 2.1.2 小节):小动脉、毛细血管和小静脉,每个部分都具有独特的结构和功能。小动脉具有丰富的血管平滑肌,主要负责将血液输送到局部组织区域并调节输送速率。毛细血管壁非常薄,主要负责血液和组织之间的交换。小静脉从毛细血管引流血液返回心脏,并在组织构造上与小动脉平行。它们对大分子交换、毛细血管后阻力和免疫防御都非常重要。

1. 小动脉系统

如图 8-1 所示,小动脉在进入毛细血管网之前首先分为后微动脉(metarteriole),单个小动脉能够在其长度上分支出多个后微动脉,进一步沿其路径生成了许多毛细血管。后微动脉与母体小动脉之间的角度依赖于不同组织的血管床,在肠系膜中,呈 $30° \sim 60°$ 分支,而在骨骼肌中它们经常呈直角分支。小动脉的直径约为 $50 \sim 100 \ \mu m$;通过逐渐分叉,起始后微动脉约为 $30 \ \mu m$,并且沿小动脉以大约 $600 \ \mu m$ 的间隔出现。据计算,在猫的细长肌中,从较大的小动脉到毛细血管网的典型距离为 $1 \sim 2 \ mm$。随着直径的减小,血管壁厚度也会减小。直径约 $100 \ \mu m$ 的小动脉壁厚约为 $20 \ \mu m$,直径为 $20 \ \mu m$ 的小动脉壁厚约为 $6 \ \mu m$,因此,在此范围内直径与壁厚的比率从约 0.2 增加到 0.3。

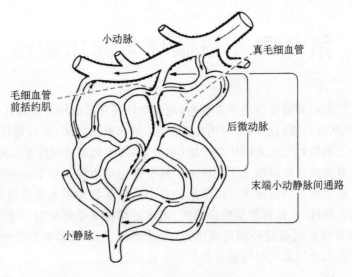

图 8-1　微循环的结构

小动脉

真毛细血管

毛细血管
前括约肌

后微动脉

末端小动静脉间通路

小静脉

2. 毛细血管系统

毛细血管系统中的分支模式在不同的组织中及同一区域内变化很大,后微动脉壁中的平滑肌细胞逐渐变稀疏,直到血管分成多条真正的毛细血管,其中一些在起始处具有前毛细血管括约肌。前毛细血管括约肌由一到两个平滑肌细胞包裹在小动脉-毛细血管结合处。松弛时,

由于括约肌的内径与毛细血管本身相同,因此并不是所有微血管床都能观察到这样的括约肌,也不是所有观察到这种括约肌的血管网络中的每个毛细血管入口都有括约肌。在青蛙的舌头和肠系膜中存在这样的括约肌,但在骨骼肌中是否有该括约肌还有待观测。在许多组织中,毛细血管网络呈蜿蜒曲折状,具有多个交叉连接,然而在骨骼肌中,结构要均匀得多。图 8-2 显示了大鼠肌肉中的毛细血管网络。动脉和静脉相互平行,小动脉分支垂直于它们,毛细血管平行于肌纤维。动脉端的毛细血管是循环中最窄的部分,毛细血管沿着其长度逐渐扩大,使得在静脉端的直径比在动脉端大,但始终小于红细胞直径。比如,猫的细长肌毛细血管在其长度上从约 $4.7\ \mu m$ 增加到 $5.9\ \mu m$,而猫的红细胞直径为 $6.0\ \mu m$。

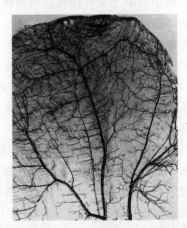

图 8-2　大鼠肌肉中的毛细血管网络

3. 静脉系统

在下游端,毛细血管通常成对汇合,首先形成毛细血管后微静脉(postcapillary venule),然后是集合微静脉(collecting venule),这些静脉逐渐合并形成较大的静脉,最终形成静脉。

4. 淋巴系统

除了血液循环之外,还存在一个独立但相关的系统,即淋巴循环系统(见 2.1.2 小节),其功能是排出间质空间的液体。液体首先在毛细血管系统的动脉端流出,然后在静脉端部分被

重新吸收,未被重新吸收的多余液体通过淋巴的薄壁盲囊进入淋巴毛细血管。这些淋巴盲囊分布在间质空间中,特别是在集合微静脉周围。淋巴毛细血管汇合形成收集淋巴管(collecting lymphatics),这些管又汇合形成更大的淋巴管,进一步形成主要的淋巴干,然后主要通过胸导管流入颈部的锁骨下静脉,将淋巴液返回全身循环。淋巴系统(除了毛细血管)中有大量的瓣膜,指向胸导管,使流动朝向胸导管定向传输。猫和兔肠系膜中的淋巴毛细血管为扁平囊状,宽度为 $40\sim60\ \mu m$,深度为 $5\sim6\ \mu m$。淋巴总流量取决于运动水平、饮食和液体摄入以及许多其他因素,正常成年男性生成量大约为 $150\ mL/h$。

5. 微循环血管的结构

以上三种微循环血管最里层的细胞层都是内皮细胞,除毛细血管以外的所有血管中都有平滑肌细胞。小动脉可以视为非常小的动脉,其血管壁结构类似于 3.1.1 小节中描述的动脉,但它们没有血管外膜。随着血管大小的减小,所有小动脉的分层壁结构相似,但各成分的相对比例会发生逐渐变化。小动脉壁内的平滑肌细胞呈环状或螺旋状排列;与动脉中的情况类似,平滑肌细胞呈梭形,长 $30\sim40\ \mu m$,宽 $5\ \mu m$,较大的小动脉($50\sim100\ \mu m$)有两层平滑肌,但在直径小于 $50\ \mu m$ 的血管则只有一层,在更小的小动脉中,单层平滑肌的数量进一步减少,在毛细血管周围变得稀疏。中层平滑肌层可以沿着毛细血管延伸形成环绕,如果清晰可辨,则称为前毛细血管括约肌。胶原纤维往往在肌细胞之间纵向排列,纤维数量随着平滑肌数量的减少而减少。

毛细血管壁由单层内皮细胞和基底膜组成,该基底膜会分裂以包裹偶尔出现的周细胞,周细胞被认为具有成为平滑肌细胞的潜力。毛细血管壁的内皮细胞排列在一起,其边缘紧密贴合并具有可变的重叠程度。在任何交叉处,通常有 $1\sim2$ 个内皮细胞包围毛细血管。

在静脉中,毛细血管后微静脉的半径比连接它们的毛细血管的半径大,但结构基本相同,唯一的显著区别是内皮细胞周围有一层完整的外周细胞。在直径为 $30\sim50\ \mu m$ 的集合微静脉中,外周细胞层完整,且有一层成纤维细胞。直径为 $50\sim100\ \mu m$ 的静脉中,内皮和基底膜被 1 层或 2 层肌细胞包围,形成连续的结构。

淋巴毛细管的结构在许多方面类似于全身毛细血管。它们由 1 层内皮细胞和基底膜组成,在壁中缺乏平滑肌,相邻内皮细胞相互重叠几微米,并不都接触,非接触区域的间距约 $0.5\ \mu m$。淋巴毛细管的显著特点是基底膜不完整,其中有从间质空间的胶原和弹性纤维穿过到内皮细胞膜的细丝,这些锚定纤维可能会影响液体进入淋巴毛细管的运输;锚定纤维的收缩可以导致内皮细胞间隙变宽。如果内皮细胞质内的微丝收缩打开间隙,锚定纤维则有助于稳定管壁。收集淋巴管具有单层内皮细胞,周围是连续的基底膜,内皮细胞之间几乎无间隙,缝隙小于 $5\ nm$。

8.1.2　血液和组织液之间物质交换的主要方式

1. 细胞连接

内皮细胞是调节血液与组织液之间物质输运的关键结构,同时还会影响血小板聚集和白细胞黏附等血液细胞的行为。内皮细胞的详细结构和功能见 4.1.1 小节。内皮细胞之间会形成不同的连接,从而影响物质的传输特性,其有三种类型的连接:紧密连接、通信连接和锚定连接。

(1) 紧密连接是内皮细胞间控制小分子传输的主要途径。紧密连接的膜之间包含跨膜蛋白，在细胞间形成连续的连接，连接的数量影响跨细胞膜传输的性能。很多刺激因素能够改变细胞骨架与紧密连接蛋白的相互作用，从而影响紧密连接的通透率。

(2) 通信连接有两种形式：间隙连接和突触连接。间隙连接在两个细胞之间形成 2～4 nm 宽的孔洞，这个孔洞由一些蛋白复合物连接蛋白（connexon）形成，使得两个细胞连通，允许电流和分子量小于 1 000 Da[①] 的分子跨细胞传输。连接蛋白结构的变化就会影响细胞间间隙连接，比如，在少量的钙离子和高 pH 的条件下，形成连接蛋白复合物的蛋白能够在孔周围旋转。

(3) 锚定连接将连接细胞与细胞外基质或其他细胞，当涉及与细胞骨架相连的跨膜蛋白时，如在细胞与细胞间的黏稠带和细胞与细胞基质的黏着斑中，锚定连接与细胞骨架蛋白微丝相连。

2. 毛细血管壁结构和物质交换

毛细血管壁有糖萼、内皮细胞和基底膜三层结构，以及一个不完整的周细胞层。糖萼是由带负电的糖蛋白组成的细胞外基质层，其成分和结构在 4.1.1 小节中进行了详细描述。糖萼可以作为分子筛，抵抗跨微血管壁的大分子转运。内皮细胞上的黏附分子嵌入糖萼中，因此糖萼还可能影响白细胞在内皮细胞上的黏附。基底膜是一层电子致密的纤维-基质层（即在电子显微镜下观察时呈现为黑色层），含有 IV 型胶原、蛋白聚糖（如珠蛋白）、层粘连蛋白、纤维连接蛋白和糖蛋白。基底膜对小分子的传输阻力很小，在研究大分子或纳米粒子穿过微血管壁的传输时则需要考虑。

内皮细胞通过连接蛋白互相连接形成包裹糖萼的单细胞管，细胞连接处的具体结构因存在的连接蛋白类型而异。基于内皮细胞的连续性主要可以分为三类（见图 8 - 3），连续内皮（continuous endothelium）（见图 8 - 3（a）和（b））、开窗内皮（fenestrated endothelium）（见图 8 - 3（c）和（d））、不连续内皮（discontinuous endothelium）（见图 8 - 3（e）和（f））。

连续内皮存在于脑、肌肉、心脏和肺等大多数正常器官的大血管和毛细血管中，这些内皮之间相互通过缝隙和紧密连接进行连接。除了脑组织中毛细血管内皮外，连续内皮细胞连接允许通过的分子最大半径为 2 nm。这些细胞通过形成锚定连接，实现连续内皮细胞与细胞外基质连接，从而铺展在细胞外基质，也就是基底膜上面。此外，内皮细胞间通常紧密连接，具有较长的接触长度。连续内皮细胞一个显著的特点是存在大量的囊泡。

连续内皮包括 4 种被动物质输运机制：通过内皮细胞层的直接扩散、通过内皮细胞间隙的扩散和对流、细胞膜上的扩散和囊泡介导的运输。疏水小分子或非常小的气体分子（如氧气）采用直接扩散。大多数亲水分子依赖于内皮细胞间隙的扩散和对流。大型亲水分子则主要采用细胞膜上的扩散。溶质的跨内皮细胞层采用囊泡运输。囊泡的大小为 50～70 nm，囊泡介导的传输比其他三种机制更为复杂。囊泡可以通过三种方式促进传输（见图 8 - 4）：一些囊泡可以作为溶质传输的穿梭器，一些囊泡可以通过融合和分裂运输溶质，另一些囊泡则可以形成穿过内皮细胞层的通道。大多数囊泡不能在内皮细胞的管腔面和非管腔面之间自由移动，因此，穿梭机制在穿过内皮细胞层的传输中很少发生。

---

① Da＝道尔顿，是道尔顿（Dalton）的缩写，是分子量的单位。

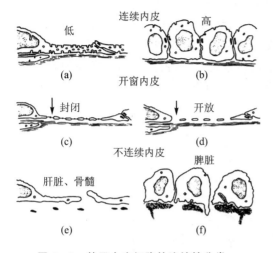

图 8-3 基于内皮细胞的连续性分类

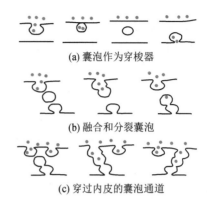

图 8-4 内皮细胞的囊泡运输

　　开窗内皮细胞非常薄,形成小圆形的窗孔,厚度约 25 nm,直径约 0.1 μm。相邻的内皮细胞通常仍然紧密连接,细胞膜仍然是连续的,在毛细血管内腔和基底膜之间会形成开孔。这些结构不是一个临时结构,在一些情况下,多孔细胞膜下会包含一个隔膜,该隔膜可以作为一个分子筛。在肝脏、肾脏和肿瘤中发现了许多有开窗结构特征的毛细血管,开口存在于内皮细胞内部,一些开窗被膜隔覆盖,一些则完全敞开,允许大分子物质,甚至允许血液细胞通过内皮层。除了开窗相关的传输机制外,连续性毛细血管的传输机制也存在于有孔内皮层中。

　　不连续内皮细胞层的内皮之间不相互连接,存在明显的细胞间隙,而且基底膜也是不连续的,出现在肝脏、脾脏和骨髓中,以及新形成的血管中。由于血管生成发生在创伤愈合、胚胎发育、肿瘤生长和各种血管疾病的进展过程中,因此不连续内皮会出现生理和病理过程中,溶质可以通过这些开放间隙进行传输。

8.1.3 物质传输

　　物质传输的基本过程包括扩散和对流,扩散是由于分子热运动引起的输运过程,物质会从高浓度向低浓度区域运动,对流是物质随着血液或者组织液一起运动的过程。当距离较短时,扩散非常迅速,随着距离的增加,扩散的时间快速增加,这样扩散的作用越来越小。在生物系统中,对流能够使分子进行长距离传输,在这种情况下,扩展过程相对缓慢,比如血液通过人体的对流传输将氧气运到身体的远端。在毛细血管中,血流速度则非常缓慢,氧气通过扩散过程传输到局部的组织中。两者的相对大小可以使用无量纲参数佩克莱数(Peclet number,Pe数)进行描述,Pe 表示物质传输的对流速率与扩散速率之比,即

$$Pe = \frac{物质传输的对流}{物质传输的扩散} = \frac{\dfrac{1}{对流时间}}{\dfrac{1}{扩散时间}} = \frac{t_d}{t_c} = \frac{L^2/D}{L/v} = \frac{vL}{D} \tag{8-1}$$

式中,v 是特征速度;L 是特征长度;D 是物质的扩散系数。

　　当 Pe 远远小于 1 时,扩散占主导,相反,当 Pe 非常大时,对流在传输过程中起主要作用。当长度和速度较小时,扩散对于小分子来说是最重要的,如氧气;对流对于大分子的传输是关

键的,如蛋白质和细胞。Pe 同时也等于扩散时间 $t_d (t_d = L^2/D)$ 与对流时间 $t_c (t_c = L/v)$ 之比。图 8-5 显示了扩散时间和对流时间随着传输距离的变化情况。扩散时间随着距离成二次方增长,而对流则是线性变化,因此对于短距离来说,扩散时间比对流时间短;但是对于长距离来说,扩散时间则比对流时间长。对于蛋白质来说,扩散占主导的尺度为细胞尺度或者更小,对于小分子,如气体、葡萄糖、尿素等有效的扩散距离是 $100~\mu m$ 左右,与毛细血管之间的正常间距相当。

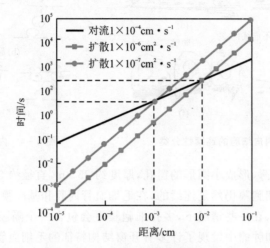

图 8-5 扩散时间和对流时间随着传输距离的变化情况

根据物质守恒定律,在稀释溶液中,不可压缩流体中的物质浓度 c 的控制方程为

$$\frac{\partial c}{\partial t} + \boldsymbol{v} \cdot \boldsymbol{\nabla} c = D \boldsymbol{\nabla}^2 c + R \tag{8-2}$$

式中,R 为单位体积物质的生成量,式(8-2)也是微循环中物质传输的常用形式。式(8-2)在直角坐标系(x, y, z)下为

$$\frac{\partial c}{\partial t} + v_x \frac{\partial c}{\partial x} + v_y \frac{\partial c}{\partial y} + v_z \frac{\partial c}{\partial z} = D\left(\frac{\partial^2 c}{\partial x^2} + \frac{\partial^2 c}{\partial y^2} + \frac{\partial^2 c}{\partial z^2}\right) + R \tag{8-3}$$

在柱坐标系(r, θ, z)下为

$$\frac{\partial c}{\partial t} + v_r \frac{\partial c}{\partial r} + \frac{v_\theta}{r} \cdot \frac{\partial c}{\partial \theta} + v_z \frac{\partial c}{\partial z} = D\left(\frac{\partial^2 c}{\partial r^2} + \frac{1}{r} \cdot \frac{\partial c}{\partial r} + \frac{1}{r^2} \cdot \frac{\partial^2 c}{\partial \theta^2} + \frac{\partial^2 c}{\partial z^2}\right) + R$$
$$\tag{8-4}$$

在球坐标系(r, θ, ϕ)下为

$$\frac{\partial c}{\partial t} + v_r \frac{\partial c}{\partial r} + \frac{v_\theta}{r} \cdot \frac{\partial c}{\partial \theta} + \frac{v_\phi}{r\sin\theta} \cdot \frac{\partial c}{\partial \phi} =$$
$$\frac{D}{r^2}\left(\frac{\partial}{\partial r}\left(r^2 \cdot \frac{\partial c}{\partial r}\right) + \frac{1}{\sin\theta} \cdot \frac{\partial}{\partial \theta}\left(\sin\theta \frac{\partial c}{\partial \theta}\right) + \frac{1}{\sin^2\theta} \cdot \frac{\partial^2 c}{\partial \phi^2}\right) + R \tag{8-5}$$

当 v 为零,且没有反应项 R 时,式(8-2)为

$$\frac{\partial c}{\partial t} = D \boldsymbol{\nabla}^2 c \tag{8-6}$$

式(8-6)就是著名的菲克第二定律,又称扩散方程。

接下来对式(8-2)进行无量纲分析,选择初始浓度(c_0)为特征浓度,特征长度为 L,平均

速度(v_0)为特征速度,扩散时间(L^2/D)为特征时间,则相关的无量纲量为

$$c^* = \frac{c}{c_0}, \quad \boldsymbol{x}^* = \frac{\boldsymbol{x}}{L}, \quad \boldsymbol{v}^* = \frac{\boldsymbol{v}}{\boldsymbol{v}_0}, \quad t^* = \frac{tD}{L^2} \tag{8-7}$$

式中,$\boldsymbol{x}^*$ 为无量纲位置矢量;$\boldsymbol{v}^*$ 为无量纲速度矢量;t^* 为无量纲参数傅里叶数(Fourier number),将这些无量纲参数代入式(8-2)可得

$$\frac{\partial c^*}{\partial t^*} + \frac{v_0 L}{D} \boldsymbol{v}^* \cdot \nabla c^* = \nabla^2 c^* + \frac{RL^2}{c_0 D} \tag{8-8}$$

式(8-8)中有两个无量纲参数,第一个是左边第二项$\left(\dfrac{v_0 L}{D}\right)$,也就是前面描述的 Pe。

$$Pe = \frac{\boldsymbol{v}_0 L}{D} \tag{8-9}$$

对 Pe 进行适当变形,可以发现,Pe 等于 Re 和施密特数(Schmidt number,Sc)的乘积,即

$$Pe = \frac{V_0 L}{\nu} \cdot \frac{\nu}{D} = Re \cdot Sc \tag{8-10}$$

式中,ν 为运动黏度,等于动力黏度与密度之比($\nu = \eta/\rho$)。

由此可以看出 Pe 和 Re 的形式很类似,因此 Pe 也称传质中的 Re,Sc 为黏性传输与扩散传输之比,表征了溶液和溶质的关系,对于气体 Sc 接近于 1,对于水溶液中的小分子 Sc 量级为千,对于蛋白质等大分子,扩散系数小,Sc 可以上万,因此就算在小 Re 下,Pe 仍然可能较大。

式(8-8)中的第二个无量纲参数是方程中右边的第二项,即

$$R^* = \frac{RL^2}{c_0 D} \tag{8-11}$$

该无量纲参数等于扩散时间 L^2/D 与反应时间 c_0/R 之比,如果扩散时间远大于反应时间,则反应项不会影响物质的浓度分布,该项可以忽略;相反,如果扩散时间小于反应时间,则反应项会促进浓度梯度的形成。

求解以上传输方程需要在感兴趣区域的边界设置合适的条件,即边界条件,不同的传输过程和生物学过程边界条件不同,如氧气的传输和一氧化氮的传输边界条件完全不同,一氧化氮是内皮细胞产生的,而氧气是内皮细胞消耗的。如果物质的浓度随着时间变化,还必须知道感兴趣区域的初始浓度分布,即确定初始条件,在很多时候初始的浓度是均匀的,或者初始浓度为零。根据物质守恒定律,在边界面处单位时间通过垂直于截面的单位面积的物质总量等于生成量,以 x 方向为例,有

$$n \, \mathrm{d}s = -D \frac{\mathrm{d}c}{\mathrm{d}x} + c v_x = R \, \mathrm{d}x \, \mathrm{d}y \, \mathrm{d}z \tag{8-12}$$

接下来介绍几种物质传输的常见边界条件。

1. 边界处的浓度为恒定值

如果物质在边界处可以快速传输,达到平衡,远大于物质在流体中的传输速率,在这种情况下,$c v_x$ 和 R 项可以忽略,则浓度为均匀浓度,可以设定为恒定浓度。如果界面处反应速率 R 很大,则边界处的浓度可以设置为零。

2. 物质通量为零

如果物质无法通过边界,或者在对称边界处,则物质的通量可以设置为零,即

$$-D \left. \frac{\mathrm{d}c}{\mathrm{d}x} \right|_{x=0} = 0 \qquad (8-13)$$

3. 边界处的对流传输

物质传输的通量与边界处的浓度差异成正比：

$$-D \left. \frac{\mathrm{d}c}{\mathrm{d}x} \right|_{x=0} = k(c|_{x=0} - c_{\text{bulk}}) \qquad (8-14)$$

式中，比例系数 k 称为物质传输系数；$c|_{x=0}$ 为边界处的浓度；c_{bulk} 为本体中的浓度。

4. 有反应的边界条件

$$-D \left. \frac{\mathrm{d}c}{\mathrm{d}x} \right|_{x=0} = r_{\text{a}} \qquad (8-15)$$

当物质为消耗时，反应速率 r_{a} 为正；当物质为生成时，r_{a} 为负。

对应物质传输方程（式(8-2)）和特定边界条件下方程的求解，由于篇幅有限，本章将在后续结合具体的物质，讨论物质方程的求解，相关内容也可以参考相关专著。

8.2 微循环的压力和流动

8.2.1 管腔内的压力和流动

在 3.2.3 小节中，对于动脉管道中的流动，血管被假设为具有圆形横截面的均匀管道，流动假设为稳态和层流，血流是牛顿流体，可以得到血流和血压的关系满足 Poiseuille 定律。

$$Q = \frac{\pi r^4 \Delta p}{8 \eta l} \qquad (8-16)$$

式中，Q 为圆柱形管道中的流量；ΔP 为沿管道的驱动压力差；r 管道半径；l 为长度；η 为动力黏度。在第 3 章中，已知血液具有显著的非牛顿性质，血液的黏度随着切变率的增加而减小，即剪切稀化。当血液流经微血管时，血细胞的尺寸与血管直径相当，血液不能被视为连续体。红细胞的变形和聚集并不一定会产生与大血管剪切流中相同的剪切稀化，而是会出现更为复杂的运动规律。红细胞的双凹圆盘状在压力作用下会形变，其形状和变形能力均会影响红细胞的运动。

1. 红细胞的运动

首先考虑单个球形、棒状或盘状颗粒在 Re 小于 1 的长直管中的运动（见图 8-6），探讨形状对运动的影响。颗粒悬浮在密度相同的牛顿流体中以极慢的速度流动，粒子之间不发生相互作用和碰撞。当没有颗粒存在时，根据第 3 章的结果可知，速度呈抛物线剖面，速度梯度在壁面最大，沿着轴向逐渐减小为零。假如加入不可变形球状颗粒，小球会随着流体流动而运动，并且由于流体速度梯度的存在，在横向轴周围以恒定的角速度旋转。沿着管子的平移速度略低于流体在球心的速度 u；随着小球尺寸的增加，差异也会增加。对于垂直于球体表面，一部分表面受到压缩，而其余部分则受到拉伸。在非常低流速下，刚性球只会沿流向移动，不会横向移动。对于柔软的小球（如液滴），垂直的压力会使其变形成椭球状，液滴旋转的方向与不可变形球状旋转的方向相同；但是，内部流体也发生旋转，而且还会向管轴径向移动，径向迁移速度在靠近壁时最大，随着轴向逐渐减小。径向迁移是由于滴液的变形、流体剪切率分布和壁面共同引起的。随着可变形性减少，迁移速度也会减少，液滴的尺寸相对于管半径增加和流量增加,滴液的迁移速度则会增加。刚性棒和圆盘颗粒在管道中也会旋转,旋转不再是恒定角速度的,而是随它们与流动角度的增加而增加,因此棒和圆盘在沿管道移动时会翻滚。柔性棒和圆盘也会受到变形的影响,产生交替的压缩和拉伸。可变形颗粒也会向管道轴线迁移。在低流量下,刚性棒和圆盘不会出现轴向迁移。

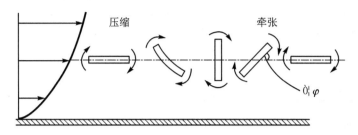

图 8-6　颗粒在剪切场中的变形和旋转

在较高的 Re(大于 1)下,惯性力开始起作用,可变形颗粒仍会向管道轴线迁移。在这种情况下,刚性颗粒也会迁移,但是迁移方向并不总是从壁面向轴线。初始位置靠近壁面的颗粒朝轴线移动,而靠近轴线的颗粒朝壁面移动;它们都向径向平衡位置移动,该位置距轴线约为 $0.6a$,其中 a 是管道半径。刚性颗粒的这种运动称为管状挤压(tubular pinch)效应或塞格雷-西尔伯格(Segré-Silberberg)效应。迁移速度取决于径向位置,越接近平衡位置迁移速度越小;随着 Re 的增加和颗粒尺寸的增大迁移速度越大。在非常低和稍高的流速下,刚性和可变形颗粒的运动情况如图 8-7 所示,除了非常缓慢流速下的刚性颗粒外,颗粒总是迁离管道壁。

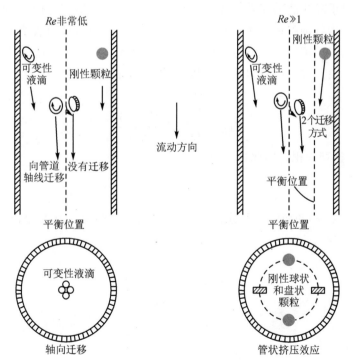

注:左侧 Re 非常低,右侧 $Re \gg 1$,上半部分为纵切面;下半部分为横切面。

图 8-7　刚性和可变形颗粒迁移差异的示意图

单个红细胞在血浆中的运动是刚性和可变形粒子的综合效果。当管道流速足够低,使细胞周围的局部剪切率小于 20 s^{-1} 时,红细胞像刚性圆盘一样旋转,保持其双凹形状。在大约 50% 的时间内细胞的主轴与流动方向的夹角小于 ±20°,没有径向迁移。当剪切率大于 20 s^{-1} 时,正常红细胞的行为逐渐从刚性圆盘转变,更多的时间处于平行于轴向的状态。在剪切率超过 100 s^{-1} 时,绝大多数细胞处于平行于轴向的状态,细胞膜发生变形,仍保持双凹形状。在这些更高的剪切率下,红细胞从壁向径向迁移,并且迁移速度随着剪切速率的增加而增加。在剪切率非常高,约 5 000 s^{-1} 时,单个红细胞出现管状挤压效应,但与刚性圆盘相比,平衡位置更接近轴线。

当红细胞的悬浮液浓度增加到 5% 以上时,粒子间发生相互作用或碰撞,从而逐渐改变粒子的运动和速度剖面。此外,红细胞在浓缩悬浮液中的变形比在稀释悬浮液中更大。

2. Fåhraeus 效应

血液的粒子非连续性质带来的一个重要结果是血管壁附近出现无细胞或低细胞区域。对该现象的观察和分析可以追溯到 19 世纪甚至更早。由于红细胞有一定的大小,每个细胞的质心无法靠近壁面,均会小于一定距离。根据红细胞的未受应力形状(大约 2 μm 厚的圆盘)估算,该最小距离大约为 1 μm。然而,观察结果表明,这一层通常比这个距离更宽,意味着细胞有远离血管壁,并朝向中心线的趋势,这种趋势取决于可变形红细胞和周围非线性流场之间的相互作用。在极低流量或增加聚集趋势的条件下,在血管中央会形成聚集的核心区域,可以显著增加无细胞区域的宽度。

红细胞的这种横向迁移会减少其毗邻血管壁缓慢移动区域中的浓度。此时,红细胞的平均速度(v_c)相对于悬浮液的平均速度(即血流速度(v_b))会增加。Fåhraeus 认识到这种速度不一致导致了管内红细胞体积浓度(管内血细胞比容,H_T)与进出管道流体中的体积浓度(排放血细胞比容,H_D)不同,当血液从直径大的管道进入直径小的管道时,红细胞的压积会减小,即 Fåhraeus 现象。该效应可以用数学描述,排出血细胞比容等于红细胞的流速与血液流量比值,即

$$H_D = \frac{Q_c}{Q_b} = \frac{H_T v_c A}{v_b A} \tag{8-17}$$

式中,A 为管道的横截面积。因此,

$$\frac{H_T}{H_D} = \frac{v_c}{v_b} \tag{8-18}$$

如果速度分布 $v(r)$ 和血液压积分布 $H(r)$ 作为径向位置 r 的函数给出,则平均血液流速和平均红细胞速度为

$$v_b = \frac{\int_0^a v(r) r \, dr}{\int_0^a r \, dr} \tag{8-19}$$

$$v_c = \frac{\int_0^a v(r) H(r) r \, dr}{\int_0^a H(r) r \, dr} \tag{8-20}$$

式中,a 为管道半径。将式(8-19)、式(8-20)代入式(8-18)可得到

$$\frac{H_{\mathrm{T}}}{H_{\mathrm{D}}}=\frac{\int_0^a v(r)r\,\mathrm{d}r \cdot \int_0^a II(r)r\,\mathrm{d}r}{\int_0^a v(r)H(r)r\,\mathrm{d}r \cdot \int_0^a r\,\mathrm{d}r} \qquad (8-21)$$

基于实验数据，Fåhraeus 效应与管道或血管直径与 H_{D} 的关系为

$$\frac{H_{\mathrm{T}}}{H_{\mathrm{D}}}=H_{\mathrm{D}}+(1-H_{\mathrm{D}})(1+1.7\mathrm{e}^{-0.415D}-0.6\mathrm{e}^{-0.011D}) \qquad (8-22)$$

式中，D 为管道直径，$D=2r$，假设人平均红细胞体积约为 92 fL(femtoliter，飞升，为 10^{-15} L)。

对于其他物种，例如，大鼠和小鼠，其平均红细胞体积不同，方程中的直径 D 需要乘以因子(人平均红细胞体积/其他物种平均红细胞体积)1/3，如对于大鼠，其平均红细胞体积为 55 fL，因子为 1.187。

通过实验测量可以估算红细胞的平均速度，如在活体显微镜下，对管道内给定横截面中所有细胞的速度进行平均即可。与式(8-20)定义的值相比，该平均值会有所高估，因为流动速度较高的细胞通过横截面的概率比较慢的细胞更高。因此，估计红细胞的平均速度 v_{c} 可以测量速度 v_{i} 的调和平均值：

$$\frac{1}{v_{\mathrm{c}}}=\frac{1}{n}\sum_{i=1}^{n}\frac{1}{v_{\mathrm{i}}} \qquad (8-23)$$

3. Fåhraeus-Lindqvist 效应

为了考虑这种行为对微血管中的阻力产生的影响，定义了血液的表观或有效黏度，即给定的管道几何形状和驱动压力产生相同体积流量的牛顿流体黏度。表观黏度定义为

$$\eta_{\mathrm{app}}=\frac{\pi r^4 \Delta p}{8lQ} \qquad (8-24)$$

血液在微血管中的表观黏度不仅取决于血液的材料特性，还取决于其他因素，如流通道的尺寸和流速。相对表观黏度被定义为表观黏度除以悬浮介质黏度。图 8-8 描述了人类红细胞悬浮液的相对表观黏度与管径和血细胞比容的关系，即

$$\eta_{\mathrm{vitro}}=1+(\mu_{0.45}-1)\frac{(1-H_{\mathrm{D}})^C-1}{(1-0.45)^C-1} \qquad (8-25)$$

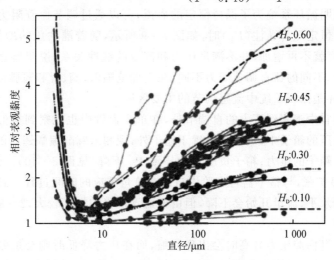

图 8-8　不同压积红细胞悬液的表观黏度

式中，H_D 为 0.45 时的相对表观血液黏度 $\eta_{0.45}$ 为

$$\eta_{0.45} = 220e^{-1.3D} + 3.2 - 2.44e^{-0.06D^{0.645}} \qquad (8-26)$$

式中，D 为管腔的直径；C 为黏度依赖的血细胞比容，即

$$C = (0.8 + e^{-0.075D})\left(-1 + \frac{1}{1+10^{-11}D^{12}}\right) + \frac{1}{1+10^{-11}D^{12}} \qquad (8-27)$$

大量结果表明，当管道直径低于 300 μm 时，表观黏度会显著下降。这种现象通常被称为 Fåhraeus - Lindqvist 效应。对于直径为 5～7 μm 的管道，表观黏度达到最小值，随着管道直径的进一步减小而增加。使用高于或低于正常范围的血液悬浮液时，观察到类似的趋势。在任何给定直径下，表观黏度随着血细胞比容的增加而增加。但是，在 5～7 μm 的范围内，即使在高血细胞比容水平下，相对表观黏度也低于 1.5，表明在此范围内的玻璃管道，悬浮的红细胞对流阻影响非常小，红细胞的存在仅会增加约 50% 的黏度。

8.2.2 管腔内压力和流动的调控

小动脉是循环系统中血压下降最大的区域，也是调节血流最重要的区域。在某些刺激下，小动脉的直径可能增加 50% 以上，由于半径与阻力之间的 4 次方关系，小动脉网络的阻力将降至极低水平，此时其他部分的网络对流量增加的实际影响将决定其流量的大小。相反，小动脉具有强烈的收缩能力，远端小动脉在最大刺激下可能完全关闭。当压力减小时，远端的毛细血管和小静脉会发生一定程度的坍塌，血管直径减小，阻力增大，同时改变红细胞的运动，使得黏度增加，总体阻力增加，但是该过程会与小动脉的调节过程耦合实现总体的压力和流量调节。

小动脉在调节流量和血管内压方面发挥着主要作用，不仅因为它们能够在直径上发生大的变化，还因为它们能够对各种刺激做出反应。灌注血流和血压的调节包括压力自调节、肌源性调节、代谢性调节、神经调控等。本章不涉及肾脏处的管球反馈系统等特殊的压力和流动调控机理。

当灌注压力在一定生理范围内波动时，大多数血管网络均会表现出一定程度的血流自调节功能。该现象表明循环系统为了保持恒定的血流，可以通过调节血管阻力来实现。当对整个器官或组织进行恒定压力灌注（P_p）时，如图 8-9 所示，随着灌注压的增加，流量会逐渐增加，但是到一定程度就不再增加，并不满足压力和流量的线性关系，说明器官的血流会根据灌注压进行自我调节，不同的器官调节能力不同，在生理范围内，脑、肾和冠脉循环可以进行非常有效的调节，微循环是循环系统中流阻调节的主要区域。

除了在整个器官中观测到压力的自调节外，在单个血管中也观察到类似的现象。将蝙蝠包裹在可以形成负压的箱子中，蝙蝠翅膀置于箱子外，观测未麻醉蝙蝠翅膀的微循环，P_p 表示供血动脉压力加上箱子的压力；箱子负压力会导致 P_p 下降（见图 8-10）。作为响应，毛细动脉在约 90 s 内明显扩张，与整个器官实验中自调节流量响应的时间过程一致。尽管红细胞速度下降并保持较低水平，流量开始会下降，但由于血管扩张的幅度较大，2～3 min 后仍然可以恢复到初始的水平。

许多血管在血管内腔压力升高时会出现收缩，而在压力降低时则会扩张。这种行为被称为"肌原性反应"，它是平滑肌固有的，独立于神经、代谢和激素的影响。这种反应在小动脉中最为明显，在某些条件下也可以在动脉、小静脉、静脉和淋巴管及内脏平滑肌中显现出来。

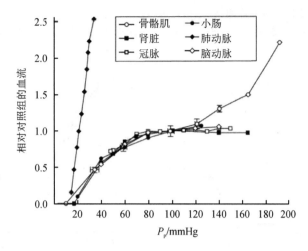

注:肺动脉的压力通过 21 mmHg 标准化处理,其他器官都使用 100 mmHg 标准化处理。

图 8 - 9   整个器官中压力和流量的关系

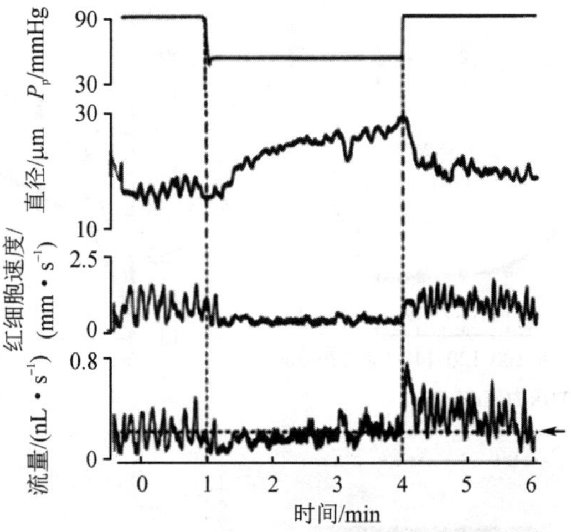

图 8 - 10   压力下降后,血管直径、红细胞速度和流量的响应

早在 1902 年,Bayliss 就发现了肌原性反应,在释放短暂阻塞的主动脉后,狗后肢的体积大量增加,而且在高压作用下,分离的动脉发生收缩。在血管中至少发现了 5 种类型的"肌原性行为"。

(1) 在管腔内压力升高时,初始小动脉首先会被动性扩张,然后出现收缩,而压力下降首先会导致暂时管径坍塌,然后扩张。这是典型的小动脉"肌原性反应"(见图 8 - 11(a))。

(2) 在正常血管内压下,小动脉具有一定程度主动力,能够抵抗一定程度血管舒张剂或血管收缩剂的刺激。这种现象通常称为基础紧张度(basal tone)或肌源性紧张度(myogenic tone),其生物学机制与(1)相同(见图 8 - 11(b))。

(3) 在高压下血管没有明显收缩,不满足一般的力作用下直径(D)和压力(P)的被动关系,但是具有一定的主动作用。被动血管具有正的 $P - D$ 斜率;肌原性血管在一定压力范围内具有零或负的 $P - D$ 斜率(见图 8 - 11(c)和(d))。

(4) 在自发收缩的管道(如淋巴管或静脉)中,肌原性活动与拉伸相关,在拉伸增加时会出现收缩频率和/或幅度的增加(见图 8 - 11(e))。

(5) 在等长内脏和平滑肌中,初始拉伸出现二次收缩力,然后应力松弛(见图 8 - 11(f))。

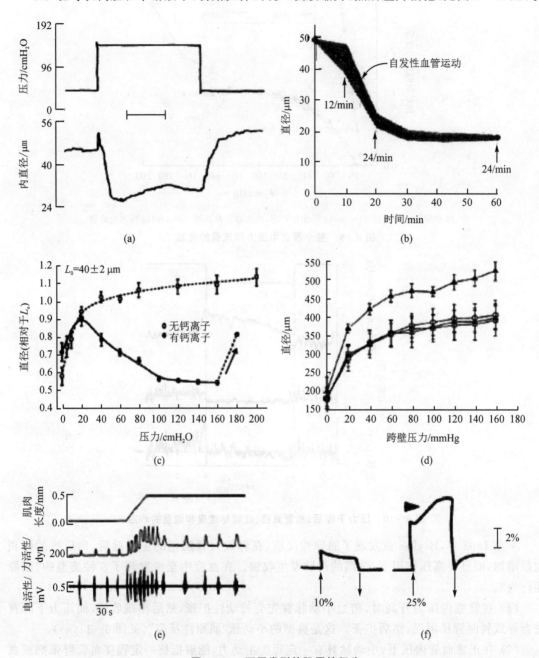

图 8 - 11 不同类型的肌原性行为

血管肌源性行为的主要功能似乎是建立和维持基础血管紧张度,部分程度的收缩对于血管舒张剂发挥作用是必需的。然而,这种收缩(通常到最大被动直径的 $20\%\sim40\%$)并不足以阻止神经或体液因素或压力增加引起的进一步收缩。直径约为 $150~\mu m$ 的小动脉几乎都有自发的紧张。如果没有加压,分离的小动脉很少或几乎不会产生明显的紧张。淋巴管和静脉则不然,可以在完全没有跨壁压差的情况下持续产生自发收缩,可能这些管路具备调节节律的机制,具有大多数血管没有的收缩蛋白亚型。

血管肌源性反应的第二个功能可能是参与局部血流/压力调节。如前文和后续章节所讨论的,血管肌源性反应在毛细血管压调节、流量调节、反应性充血和功能性充血中起着不同程度的作用。关于反应性充血,在体内生理条件下,机械性阻塞/疏通有可能是引起小动脉压力变化更为直接和重要的原因。在上游供血动脉阻塞时,小动脉将扩张,以补偿阻塞性血流的影响。至于毛细血管压力调节,比起抵抗灌注压下降,血管肌原性反应在防止灌注压增高方面可能更显著,可能更加活跃。小动脉的压力-直径关系的分析也表明,在相同压力变化下,小动脉更能收缩而不是扩张。

肌源性反应主要是平滑肌细胞起作用,内皮细胞在其中的作用不大。图 8 - 12 展示了在压力增加下,细胞内的信号响应过程。管腔内压力增加,首先通过拉伸平滑肌细胞膜或细胞骨架,或壁张力的改变刺激细胞,可以在细胞膜上直接感受刺激,也可以导致细胞外基质-整合素相互作用改变。随后,离子通道机制导致膜去极化,电压门控的 Ca^{2+} 通道的电导增加,细胞内 Ca^{2+} 水平增加,Ca^{2+} 介导的收缩蛋白的激活引发收缩。这种基本机制也可能受到各种第二信使的作用,以进一步增强收缩的程度;也可能启动负反馈机制以限制收缩的程度,从而防止不稳定的正馈系统(虚线)。

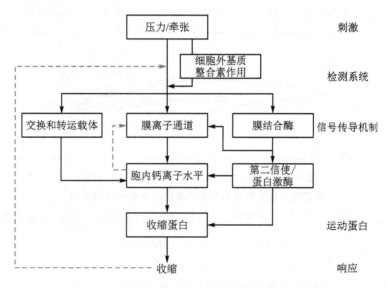

图 8 - 12　在压力增加下,细胞内的信号响应过程

除了上述信号通路在肌源性反应中的作用,另一个重要的考虑因素是由管腔内压力变化引起的机械刺激可能引发多种机制,并不一定都是急性血管舒缩反应。图 8 - 13 展示了管腔内压力变化激活的一些信号通路/事件。这些事件可粗略地分为即时/短期、中期和长期反应,是从最初的急性收缩状态到血管壁明显结构重塑的过程。

很多代谢相关的物质也会参与调节微血管灌注,如氧气、钾离子、氢离子、乳酸、腺苷、无机磷酸盐、渗透压、前列腺素、花生四烯酸及活性氧物质。在不同组织中,参与局部流量调节的代谢物种类可能会有所不同,这取决于组织代谢、器官的血流量等因素。另一个重要的决定因素是刺激的性质,如改变灌注压、阻塞动脉/静脉、增加代谢,就会激活相应的生理反应,包括流量自动调节、反应性充血和功能性充血(见图 8 - 14)。

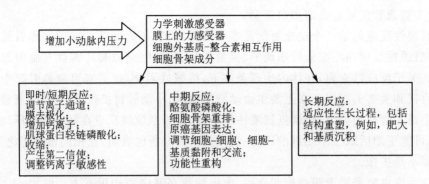

图 8 - 13 小动脉压力增加后随着时间发生的信号传导事件

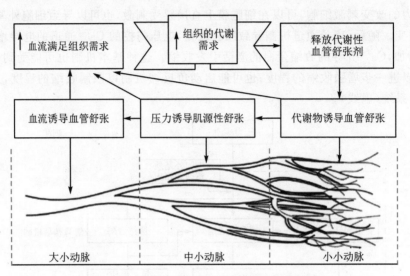

**图 8 - 14 代谢刺激增加下,引起连续的代谢性、
肌源性、压力诱导和流量诱导的响应等一系列反应**

以氧气为代表,建立一个简单的模型,描述氧气消耗、血流和压力的变化趋势,即

$$([O_2]_a - [O_2]_v)Q = M \tag{8-28}$$

$$P_a - P_v = RQ \tag{8-29}$$

式中,$[O_2]_a$ 和 $[O_2]_v$ 分别为动脉和静脉的氧气浓度,假设 $[O_2]_a$ 是常数,$[O_2]_v$ 是可变的;M 为单位时间消耗的氧气速率;P_a 和 P_v 分别为动脉和静脉的压力;R 为流阻;Q 为流量。假设流阻 R 与 $[O_2]_v$ 呈线性关系,即

$$R = R_0(1 + A[O_2]_v) \tag{8-30}$$

式中,A 表示对氧气浓度的调节系数,A 大于零,当静脉的氧气浓度增加时,阻力增大。进一步假设 P_v 为零,可得

$$Q = \frac{1}{1 + A[O_2]_a}\left(MA + \frac{P_a}{R_0}\right) \tag{8-31}$$

从式(8-31)可以看出,当动脉氧气 $[O_2]_a$ 浓度降低时,流量增加时,此外,当代谢率 M 增加时,血流量也会增加。

8.2.3　跨内皮的流动

微血管壁是一种层状结构,大多数运输理论将微血管壁视为均匀的膜。斯特林(Stirling)于 1896 年提出,毛细血管壁的流体交换是由毛细血管和间质液的静水压和胶体渗透压力的平衡决定的。斯特林观测的跨内皮流动定量描述如下:

$$J_v = L_p S(\Delta p - \Delta \pi) \tag{8-32}$$

式中,J_v 为液体的流速;S 为内皮面积;L_p 为血管壁的水力传导率;Δp 为跨毛细血管壁的静水压力差;$\Delta \pi$ 为渗透压差。式(8-32)称为 Starling 定律。

Kedem 和 Katchalsky 基于不可逆热力学分析,提出微血管壁对那些对维持微血管壁渗透压差起重要作用的溶质(如白蛋白)是渗透性的,因此需要修正 Starling 定律为

$$J_v = L_p S(\Delta p - \sigma_s \Delta \pi) \tag{8-33}$$

式中,σ_s 为渗透反射系数,其值在 0 和 1 之间,具体取决于溶质的性质和微血管壁的结构。当 σ_s 等于 1 时,血管壁对溶质是不渗透的,也就是 Starling 定律。如果微血管壁的渗透性极高,则 σ_s 趋近于零。在人体内,微血管壁的渗透压差由血浆蛋白维持,对于连续毛细血管,σ_s 在 0.7~0.9 之间。

对于宏观结构均匀的膜,Starling 定律可以准确预测液体的通量。因为毛细血管壁厚度比血管的周长小一个数量级,毛细血管壁可以近似为膜结构。然而,微血管壁的结构是不均匀的,包含三个阻碍液体传输的屏障,即糖萼层、内皮和基底膜,这些微血管壁上的不均匀结构会导致 Starling 定律与一些实验数据不一致。

考虑在毛细血管内的血液,动脉端的静水压 p_B 为 43 mmHg,渗透压 π_B 为 28 mmHg。在间质空间中,液体压 p_i 为 -2 mmHg,渗透压 π_i 为 1 mmHg。渗透反射系数 σ 为 0.9。跨越毛细血管壁的净压力差为

$$p_{net} = (p_B - p_i) - \sigma_s(\pi_B - \pi_i) = 20.7 \text{ mmHg} \tag{8-34}$$

这是液体跨过血管壁的驱动力。根据 Starling 定律,管腔内的水应该通过血管壁过滤进入间质空间。在毛细血管的静脉端,血压 p_B 降至 15 mmHg,其他压力保持不变。因此,毛细血管壁的净压力差变为

$$p_{net} = (p_B - p_i) - \sigma_s(\pi_B - \pi_i) = -7.3 \text{ mmHg} \tag{8-35}$$

在这种情况下,间质空间中的水应被重吸收到管腔内(见图 8-15),但是一些实验结果与 Starling 定律模型不一致。首先用牛血清白蛋白溶液(50 mg/mL)灌注青蛙肠系膜中的微血管,灌注后,阻塞血管,同时维持压力,然后通过测量血管内红细胞的移动量来量化血管壁上的水通量 f_v/A。在此实验中,跨越毛细血管壁的渗透压差保持在 22 cmH_2O[①],而静水压差 Δp 从 10 cmH_2O 到 50 cmH_2O 不等。J_v/A 与 Δp 的结果如图 8-16 所示,Starling 定律只在瞬态实验中成立,其中 J_v/A 是 Δp 的线性函数。在稳态实验中,J_v/A 与 Δp 之间的关系是非线性的,即使 Δp 小于 $\Delta \pi$($\Delta \pi = 22 \text{ cmH}_2\text{O}$),也没有吸收水分(即 J_v/A 始终大于零);此外,最近的实验表明,J_v/A 与 $\Delta \pi$ 无关。这些数据与 Starling 定律的预测相矛盾。

为了解释 Starling 定律与实验之间的矛盾,Hu 和 Weinbaum 提出了一个非线性、三维的液体和溶质通过微血管壁的传输模型。该模型考虑了血管壁和周围组织中的 4 个不同区域,

---

① 1 cmH_2O = 98.0665 Pa。

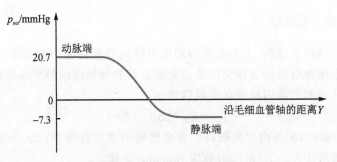

注：根据经典 Starling 定律，液体在毛细血管的
动脉端被过滤，而在静脉端被重新吸收。

图 8 – 15　基于经典 Starling 定理计算的渗透压

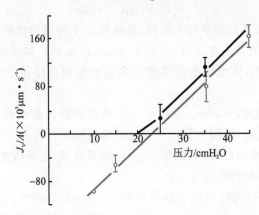

注：一个毛细血管被白蛋白溶液（浓度为 50 mg · mL^{-1}）灌注。在瞬态实验（空心圆圈）中，
血管被灌注 3～5 s。在稳态实验（实心圆圈）中，血管被灌注 2～5 min。J_v/A 是液体通量。

图 8 – 16　单血管灌注实验

即糖萼、内皮细胞之间的微小裂隙、裂缝出口的半圆形区域、半圆形区域与两个微血管中平面之间的血管外空间。该模型预测，在微血管壁中，流体和蛋白质转运的主要障碍是糖萼层和交界处的蛋白。需要注意的是，Hu 和 Weinbaum 的分析并不表示 Starling 定律不能应用于跨膜输运的液体；它表明 Starling 定律可能不能直接应用于非均匀结构的膜，如在毛细血管壁中。在非均匀膜中，渗透压分布是非线性的，并且取决于溶质通过膜的传输。

8.2.4　组织间隙中的压力和流动

　　生物组织有三个腔室，血管、淋巴管和间质。毛细血管中的物质通过内皮细胞层进入间质空间，部分成分被淋巴管重新吸收。三种腔室的体积分数在不同组织中不同，血管的体积分数一般小于 10%，另外两种腔体体积分数会更小一些。间质空间包括细胞外基质和间隙液体。血管外的空间可以认为是一种多孔介质，孔隙中充满了间质液。

　　生物组织中存在两种不同类型的孔隙，一种存在于细胞之间，作为颗粒结构的一部分；另一种存在于细胞外的纤维分子之间，作为纤维基质的一部分。纤维基质结构嵌入颗粒结构中形成复合结构（见图 8 – 17）。间质孔隙要么是孤立的，要么是连接在一起形成亲水通道，这些通道对于运输营养物质、代谢产物、生长因子、抑制剂、调节因子和其他信号分子至关重要。

　　细胞外基质是一种蛋白质和多糖大分子构成的网络结构，这些成分由周围细胞合成或来

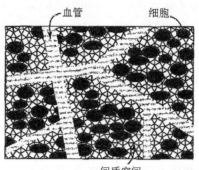

图 8 - 17 生物组织的间隙空间

自血液。基质的分子包括蛋白聚糖、胶原蛋白、弹性蛋白、纤维连接蛋白和层粘连蛋白等。细胞外基质的功能丰富,可以作为组织的力学支架(如胶原蛋白)、细胞黏附和迁移的底物(如纤维连接蛋白)、存储生长因子的库(如纤维连接蛋白),或存水的基质(如糖胺聚糖)。在生物学上,细胞与基质的相互作用调节细胞的生理、增殖、分化和凋亡。

描述多孔介质的形状和性质的参数有特异性面积、孔隙率、可用体积分数、分配系数、排除体积等,这些多孔介质的参数会影响组织间隙中的流动,下面将详细介绍这些参数。特异性面积(s)和孔隙率(ε)定义如下:

$$s = \frac{界面的总面积}{总体积} \qquad (8-36)$$

$$\varepsilon = \frac{空隙体积}{总体积} \qquad (8-37)$$

式(8-36)和式(8-37)中,s 的单位是长度,ε 无量纲。空隙体积是多孔介质中空隙空间的总体积;界面是固体和空隙空间之间的边界,s 和 ε 都取决于孔隙的结构。生物组织在力学加载下是可变形的,材料变形可以改变孔隙的空间分布,因此,局部孔隙率可能在空间和时间上变化。如果多孔材料是均质的,则其孔隙率可以很容易地计算;生物组织是不均匀的,其中孔隙率等于局部间质流体的体积分数。如果式(8-37)中的总体积基于间隙空间,则 ε 一般大于0.9。如果需要考虑细胞和血管(即如果总体积基于整个组织),则 ε 变化较大,大脑为 0.06,皮肤为 0.30,某些肿瘤组织的 ε 可能高达 0.60。

孔隙率只能表征多孔介质特定区域平均空隙体积分数,它不提供有关不同孔隙如何相连或有多少孔隙可用于水和溶质运输的任何信息。孔隙率可以由三部分组成,即

$$\varepsilon = \varepsilon_i + \varepsilon_p + \varepsilon_n \qquad (8-38)$$

式中,ε_i,ε_p 和 ε_n 分别为孤立、穿透和非穿透孔的孔隙率。外部溶剂和溶质无法进入孤立孔,在传输分析中,它们有时可以被视为固体相的一部分,此时,空隙体积为可渗透孔的总体积。

溶质是否能进入可穿透的孔隙,取决于溶质的分子特性。例如,如果溶质分子比孔隙大或者孔隙被其他比溶质分子小的孔隙包围,溶质不能进入该孔隙。可被溶质占据的可访问体积称为可用体积。对于溶质而言,可用体积与总体积之比被定义为

$$K_{AV} = \frac{可用体积}{总体积} \qquad (8-39)$$

按照定义,K_{AV} 取决于分子,并且始终小于孔隙率 ε。可能有三种情况导致 K_{AV} 小于 ε:

①溶质分子有一定大小,其中心不能到达空隙空间中的固体表面;②某些空隙空间小于溶质分子;③大孔被比溶质小的孔所包围,导致大孔无法访问。一般来说,K_{AV}随溶质增大而减小。这种分子大小依赖性可能受到溶质和固体表面电荷及多孔介质结构的影响。可用体积与空隙体积之比称为溶质的分配系数Φ,即

$$\Phi = \frac{K_{AV}}{\varepsilon} \tag{8-40}$$

分配系数用于衡量溶质在外部溶液和多孔介质的空隙空间之间达到平衡时的分配情况。一些多孔介质,如聚合物凝胶或组织间隙,是纤维基质。因此,纤维内部和附近的空间对溶质是不可用的(换句话说,溶质被排除在这个空间之外,见图8-18)。这个空间的大小被称为排除体积。在单个纤维周围,排除体积可以通过公式估算,即

$$排出体积 = \pi(r_f + r_s)^2 L \tag{8-41}$$

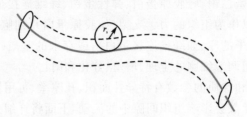

图8-18 纤维的排出体积

如果一个纤维基质中的纤维最小间距大于$2(r_f + r_s)$,则可以很容易地推导出排除体积的表达式。当纤维密度很低或纤维排列呈平行方式时,即满足该要求,此时排除体积分数为

$$排出体积分数 = \frac{\pi(r_f + r_s)^2 LN}{V} = \theta\left(\frac{r_s}{r_f} + 1\right)^2 \tag{8-42}$$

式中,θ是纤维的体积分数,根据定义:

$$K_{AV} = 1 - 排出体积分数 = 1 - \theta\left(\frac{r_s}{r_f} + 1\right)^2 \tag{8-43}$$

如果矩阵中纤维之间的最小距离小于$2(r_f + r_s)$,则K_{AV}的计算会变得复杂。Ogston开发了一个统计模型来研究随机定向纤维基质中的分子排除。基于这个模型,可用的体积分数为

$$K_{AV} = \exp\left(-\theta\left(1 + \frac{r_s}{r_f}\right)^2\right) \tag{8-44}$$

式(8-44)称为Ogston方程。当$\theta(1 + r_s/r_f)^2 \ll 1$时,式(8-44)可以简化为式(8-43)。纤维基质的空隙体积分数或孔隙率ε可以通过令$r_s = 0$从式(8-44)中推导出,即

$$\varepsilon = \exp(-\theta) \tag{8-45}$$

当$\theta \ll 1$时,有

$$\varepsilon = 1 - \theta \tag{8-46}$$

在式(8-43)中,假设$r_s = 0$,可以得到以上结果。

按定义,溶质在纤维基质材料的液相中的分配系数是

$$\Phi = \frac{\exp\left(-\theta\left(1 + \left(\frac{r_s}{r_f}\right)\right)^2\right)}{1 - \theta} \tag{8-47}$$

式(8-43)、式(8-46)和式(8-47)表明,如果知道纤维和溶质的半径以及纤维浓度,则可以理论预测纤维基质中的分配系数、孔隙率和可用体积分数。请注意,即使 $\theta \ll 1$,$\theta(1+r_s/r_f)^2$ 的值也不一定小于 1,这是因为 r_s/r_f 可以远大于 1。上述讨论仅限于纤维基质中稀溶液中的中性溶质。

在生物组织中,细胞的存在,以及不同溶质之间或溶质与纤维之间的电荷-电荷相互作用,使溶质排斥的理论分析更加复杂。身体不同器官中的分配系数可以通过测量每个器官间质液和血液之间的平衡浓度比来估算。对于白蛋白,其分配系数在肝脏为 0.50,在皮肤为 0.61,在肠道为 0.90。组织的孔隙度可以通过测量间质液的体积分数来估算,在肝脏、皮肤和肠道中,孔隙度分别为 0.163、0.302 和 0.094。一旦知道分配系数和孔隙度,就可以根据公式(8-39)计算白蛋白的可利用体积分数。在肝脏、皮肤和肠道中,可利用体积分数分别为 0.082、0.184 和 0.085。通过这个计算,可以看出肠道中白蛋白的可利用体积分数与肝脏相似,尽管肠道中白蛋白的分配系数高于肝脏。

1856 年,达西(Darcy)在研究水渗透过沙子时,发现流速与压力梯度成正比。这种经验关系称为达西定律,许多多孔介质均满足该定律,Darcy 定律忽略了流体内部的摩擦力和流体与固体相之间的动量交换,因此 Darcy 定律对于非牛顿流体、高速牛顿液体以及极低和极高速度的气体都是无效的。由于这些特殊情况在生物组织的间质中很少,因此,Darcy 定律在间质液流分析中广泛使用。

多孔介质中流体分子沿着空隙中的弯曲路径运动(见图 8-19)。为了描述多孔介质中的流体流动,可以使用两种方法。一种方法是在已知孔网络结构的情况下,数值求解单个孔中流体流动的控制方程。另一种方法是假设多孔介质是一个均匀的连续材料。在这种所谓的连续介质方法中,Darcy 提出,有三个长度尺度,第一个是孔隙的平均尺寸 δ,第二个是宏观物理量(如流体速度和压力)发生宏观变化所需的距离 L。在大多数情况下,L 为多孔介质的特征线性尺度(如组织的尺寸或相邻血管之间的距离)。

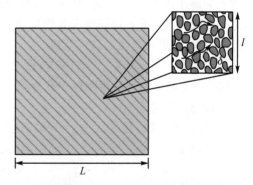

注:介质为白色,固相为蓝色,流体和溶质可以在固体颗粒之间移动,弯曲箭头表示传输路径。

图 8-19　多孔介质中的流体和溶质传输

连续介质方法要求 L 至少比 δ 大两个数量级。在 δ 和 L 之间存在第三个长度尺度 l。为了定义 l,在多孔介质中考虑一个尺度为 l 的体积 V_i。空隙空间的体积分数为体积孔隙率 ε,固体相的体积分数等于 $1-\varepsilon$。当 l 接近 δ 时,孔隙率 ε 对 l 的值非常敏感。当逐渐增加 l 时,ε 的波动会减小。存在一个 l_0 的值,使得在体积 V_i 中孔径大小的随机分布仍会引起波动,但是在 l_0 之外,ε 成为 l 的平滑函数。连续介质方法要求 $\delta \ll l_0 \ll L$。在生物组织中,$\delta < 0.1\ \mu m$,l_0 约为 $1\ \mu m$,L 一般为 $100\ \mu m \sim 10\ cm$。因此,可以使用连续介质方法研究生物组织中的传输。

具有 l_0 尺寸的体积称为代表性体积元。在多孔介质中,体积元可以被视为一个点,称为物质点。在这种情况下,孔隙结构的细节被忽略,每个空间点同时包含两个相:空隙相和固体相,相体积分数分别为 ε 和 $1-\varepsilon$。在每个物质点,可以将任何物理量定义为体积平均值,与纯介质中做相同的定义。有两种不同的体积平均方法,一种是基于每个相的体积(即流体相和固体相);另一种是基于代表性体积元的总体积。例如,在物质点处,可以将流体速度 v_f 定义为流体相中每个流体粒子的速度,该速度在流体相体积上进行平均。或者,可以将物质点处的流体速度 v 定义为在代表性体积元上对流体相中每个流体粒子的速度进行平均。根据这些定义, $v = \varepsilon v_f$。

多孔介质中的流体运输必须满足质量守恒定律,在生物组织中经常存在流体产生(称为源)或流体消耗(称为汇)。例如,液体在间质空间和血管或淋巴管之间交换。因此,质量平衡方程需要通过添加源项和汇项进行修改,即

$$\nabla v = \phi_B - \phi_L \tag{8-48}$$

式中, v 为在代表性体积元中平均的流体速度。质量平衡方程也可以写为

$$\nabla(\varepsilon v_f) = \phi_B - \phi_L \tag{8-49}$$

式中, v_f 为在流体相体积中的平均流体速度。在式(8-48)和式(8-49)中, ϕ_B 和 ϕ_L 分别为多孔介质单位体积中源和汇的体积流率。在生物组织中,它们分别为从血管流入间质空间和从间质空间流入淋巴管的单位体积流体流速。 ϕ_B 和 ϕ_L 的值可以由前描述的 Starling 定律或修正方程确定。在没有功能性淋巴管的实体肿瘤中, $\phi_L = 0$。在死亡组织中,血管或淋巴管中没有流动, $\phi_B = \phi_L = 0$。多孔介质中动量平衡的方程是达西定律,前面已经介绍过。在均质和各向同性介质中,达西定律可以写为

$$v = -K\nabla p \tag{8-50}$$

式中, ∇p 为静水压力的梯度; K 为一个常数,称为水力传导率。注意, p 为代表性体积元中流体相的平均量。对于非各向同性和非均质介质, K 为一个张量,它取决于介质中的位置。

将式(8-50)代入式(8-48),得到

$$-\nabla(K\nabla p) = \phi_B - \phi_L \tag{8-51}$$

式(8-49)和式(8-50)是刚性多孔介质中流体流动的控制方程,这些方程式也适用于可变形组织的稳态流动。

当 K 是一个常数,且 $\phi_B = \phi_L = 0$ 时,这种情况下间质液体压力受到拉普拉斯方程的控制,式(8-51)为

$$\nabla^2 p = 0 \tag{8-52}$$

如果重力作用不可忽略,则达西定律必须修改为

$$v = -K(\nabla p - \rho g) \tag{8-53}$$

式中, ρ 为流体密度; g 为重力加速度。式(8-53)表明,只有当 $\Delta p/L \gg \rho g$ 时,才可以忽略重力。液体的黏度(μ)与水力传导率成反比, K 和 μ 的乘积被定义为特定的水力渗透率 k, k 仅取决于多孔介质的微观结构。对于结构简单的多孔介质,可以理论预测 K 或 k 的值。

对于纤维-基质材料,有

$$K = \frac{r_f^2 \varepsilon^3}{4G\mu(1-\varepsilon)^2} \tag{8-54}$$

式中, ε 为孔隙率; G 为 Kozeny 常数, G 的值取决于孔隙率。当纤维是随机定向的时,有

$$G(\varepsilon) = \frac{2\varepsilon^3}{3(1-\varepsilon)} \cdot$$

$$\left(\frac{1}{-2\ln(1-\varepsilon) - 3 + 4(1-\varepsilon) - (1-\varepsilon)^2} + \frac{2}{-\ln(1-\varepsilon) - (1-(1-\varepsilon)^2)/(1+(1-\varepsilon)^2)} \right)$$

$$\tag{8-55}$$

式(8-55)预测,当 $\varepsilon < 0.7$ 时,G 约等于 5;当 $\varepsilon \to 1$ 时,G 趋近于 $-5/(3(1-\varepsilon)\ln(1-\varepsilon))$。经验性地观测,聚合物凝胶中的 K 是聚合物纤维体积分数 θ 的幂函数,即

$$K = \frac{m}{\mu}\theta^n \tag{8-56}$$

式中,m 和 n 为常数,取决于纤维的类型、大小和交联密度,以及 θ 的范围。对于琼脂糖凝胶,$K\mu = k = 0.0244\theta^{-2.45}\ \text{nm}^2$。

间隙空间可以被视为充满多孔介质的通道网络。这些通道中的流体流动通过达西定律有时候不准确。达西模型中的流体速度未满足通道壁的无滑移边界条件,达西定律假定在流体固体界面处的黏性阻力要比流体内部的阻力大得多。只有在多孔介质的渗透率 K 较低时,该假设才是有效的,这种情况意味着纤维基质中具有高纤维浓度。当 K 很大时,流体内的黏性应力可能不可忽略,在这种情况下,必须重新推导动量方程,得到 Brinkman 方程式,即

$$\mu\,\nabla^2 v - \frac{1}{K}v - \nabla p = 0 \tag{8-57}$$

达西定律,即式(8-50)可以被认为是 Brinkman 方程式的特殊情况,其中第一项可以被忽略。在这种情况下,多孔介质的渗透率 K 远小于宏观流体速度变化必须考虑的特征长度 L 的平方。

8.3　微循环的物质传输

8.3.1　氧传输与代谢的定量分析

氧气在人体的整个传输过程包括几个关键步骤。

(1) 氧气呼入鼻腔,首先通过对流运输到喉部和肺,然后在肺泡中与毛细血管中的血液之间进行氧气交换。

(2) 在血液中传输,氧气溶解在血浆中,与血红蛋白结合。血红蛋白是一种载氧蛋白,位于红细胞内。由于氧气在血浆中溶解性低,血液中大量的氧与血红蛋白结合,通过血液的对流,将氧运输到组织。

(3) 在组织中,血液中的氧气分压较高,氧会从血红蛋白中解离出来,从毛细血管的血液中传输到组织和细胞中。在细胞中,氧气参与将葡萄糖中的化学能以 ATP 的形式释放出来。这些反应还会产生二氧化碳,产生的二氧化碳会从组织扩散到血液。

本节将就以上传输过程的关键步骤进行定量描述。

1. 肺泡与毛细血管间的氧气传输

肺是一个高效的气体交换系统。成熟的肺包含了 3 亿个肺泡,其面积为 130 m^2。毛细血管的面积稍微小一些,大约为 115 m^2,毛细血管的体积是 194 mL。肺泡和毛细血管之间形成功能结构,肺泡侧包括表面活性膜,上皮细胞层和细胞外基质。氧气从肺泡传输到血液必须扩散过这些结构。氧气和二氧化碳跨过这些细胞层和细胞基质的速度非常快,因为这些层很薄,而且气体溶于细胞膜的脂质。除非疾病状况,一般情况下,氧气通过肺泡的传输不会影响氧气在血液中的传输(见图 8-20)。在静息状态下,血红蛋白在肺泡毛细血管长度的 1/3 处就会被完全氧化。在运动状况下,由于心输出量的增加,血流速度增加,氧气在肺泡中传输较长距

离能被完全氧化(见图 8 - 21)。

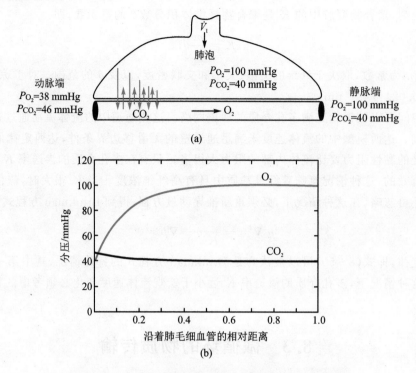

图 8 - 20　氧气和二氧化碳在肺泡和毛细血管间的传输

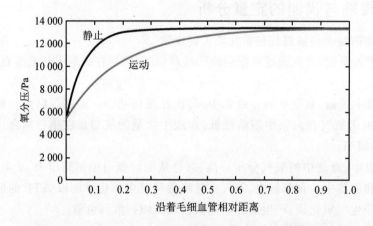

图 8 - 21　静息和运动状态下血液氧化沿毛细血管距离的变化

　　血管和肺之间的净气体传输量可以通过肺泡和毛细血管之间的物质传输平衡得到。进入肺泡的净气流量称为通气,毛细血管的动脉端与静脉端之间的气体净流量称为灌注。物质平衡方程如下:

$$\dot{V}_{ALV}(C_I - C_{alv}) = Q(C_v - C_a) \tag{8 - 58}$$

式中, $\dot{V}_{ALV}$ 为肺泡通气速率,也就是呼入肺泡中的气体的体积;流率 Q 是通过肺的血流量,血流速率等于心输出率;浓度 C_I, C_{alv}, C_v 和 C_a ,分别为呼入气体的浓度、肺泡的气体浓度、静脉血和动脉血中气体的浓度。基于理想气体方程,通过分压可以得到气体的浓度。肺泡的体积等于呼入气体的体积与死体积之差。$\dot{V}_{ALV}$ 等于呼吸频率与肺泡体积的乘积。肺泡氧分压约为 100 mmHg(13.33 kPa)。血液进入肺循环时,氧分压为 40 mmHg(5 333 Pa),对应于血红蛋白的 74% 饱和度,而从肺中流出的血液与肺泡氧气达到平衡,对应于 87% 饱和度。式(8-58)可以用于氧气、二氧化碳以及其他气体等的定量灌注和通气。

当血液进入肺,气体的浓度梯度利于气体的传输,氧气浓度在肺泡中较高,可促进氧气从肺泡传入血液,而二氧化碳则是从血液传输到肺泡。血浆中的碳酸氢盐会与水快速反应,形成二氧化碳。肺毛细血管内皮的碳酸苷酶可加速这个交换过程,防止碳酸氢盐流回到红细胞。尽管二氧化碳的净变化浓度是 6 mmHg,由于二氧化碳在血浆中有更高的溶解度,形成碳酸盐,因此二氧化碳在血液中的释放能力是氧气的 2 倍。因此,在肺部,很小的分压就能够释放较高的二氧化碳。

肺泡和周围毛细血管的解剖结构如图 8-22 所示。毛细血管环绕肺泡表面,形成连续的网络,允许高效的气体交换。在静息状态下,红细胞通过肺毛细血管的传输时间约为 1 s,氧合作用发生在 0.33 s 时。血液氧合发生时出现以下事件,即肺泡气相扩散、肺泡上皮和毛细血管内皮扩散、血浆中的扩散和对流、红细胞膜扩散、红细胞胞浆中的扩散和结合血红蛋白。

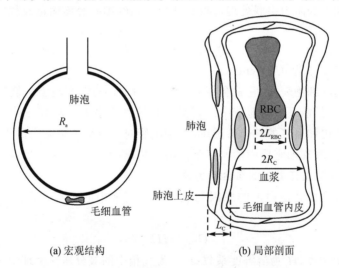

(a) 宏观结构　　　　(b) 局部剖面

图 8-22　肺泡和周围毛细血管的解剖结构

下面定量分析肺泡气相扩散过程(见图 8-22(a))。由于扩散是肺泡中氧气传输的主要手段,并且肺泡可以被视为一个球体,因此扩散的特征时间大约为

$$t_a = \frac{R_a^2}{D_a} \tag{8-59}$$

肺泡半径 R_a 通常为 120 μm,氧气在气相中的扩散系数 D_a 为 0.2 cm^2/s。肺泡中的扩散时间特征为 7.2×10^{-4} s。由于这个时间远小于红细胞变成氧化血红蛋白所需的时间,因此肺泡气体的浓度是均匀的,并且与肺泡膜接触的气体浓度不随位置变化。

肺泡上皮和毛细血管内皮之间的扩散可以用有效渗透率来描述。如图 8-22 所示,细胞的形状是可变的。平均厚度为 2.22 μm,但几何平均值 L_c 仅为 0.62 μm。氧通过毛细血管内皮和肺泡上皮的渗透性为

$$P_{ce} = \frac{D_{ce}}{L_c} \qquad\qquad (8-60)$$

氧的分配系数假定为 1。毛细血管内皮上氧的扩散系数 D_{ce} 约为 2.4×10^{-5} cm²/s，渗透率为 0.387 cm/s。式 (8-60) 中，使用的气体单位是摩尔浓度。如果以分压为单位，则渗透率为 $P_{ce}^* = HP_{ce}$。一旦氧气离开毛细血管内皮，气体分子将在达到红细胞之前穿过一层薄的血浆。扩散垂直于内皮表面，对流平行于表面。血浆层的厚度在 $0.35 \sim 1.5$ μm 之间，氧气在血浆中的扩散系数假设为 2.4×10^{-5} cm²/s。对流传输的作用使用物质传输系数进行定量。对于血液运输，物质传输系数 (k_{pl}) 通常定义为肺泡内皮细胞表面的氧气浓度与红细胞中的平均氧气浓度之差。使用无量纲参数谢尔伍德数 $Sh = k_{pl}L/D_{O_2}$ 表征物质传输率，L 是特征长度，k_{pl} 依赖于血细胞比容 H_{ct}，谢尔伍德数取决于血细胞比容量，当血细胞比容量为 0.25 时，毛细血管的谢尔伍德数为 1.3。根据式 (8-61) 可计算其他红细胞比容下的谢尔伍德数，即

$$Sh(H_{ct}) = Sh_{H_{ct}=0.25} + 0.84(H_{ct} - 0.25) \qquad\qquad (8-61)$$

在正常的血细胞比容量为 0.45 时，$Sh = 1.468$，这表明对于氧的流相传输，对流和扩散的贡献接近。当流相厚度为 0.80 μm 时，流相的物质传输系数为 0.44 cm/s。

将细胞和流相作为阻力串联处理可得到从肺泡到红细胞表面输运氧气的整体渗透率，即

$$\frac{1}{P_{ce+pl}} = \frac{1}{P_{ce}} + \frac{1}{k_{pl}} \qquad\qquad (8-62)$$

基于前面的结果，P_{ce+pl} 为 0.21 cm/s。

一旦氧气到达红细胞表面，它就会穿过厚度为 10 nm 的红细胞膜。氧气在膜中的溶解度约为血浆中的 2 倍，扩散系数与血液中的相似。膜的渗透率 P_m 为 48 cm/s。因此，红细胞膜的渗透率远大于内皮和血浆的综合渗透率，红细胞膜对总物质传输阻力的贡献可以忽略不计。一旦进入红细胞，氧气在细胞质中的血红蛋白溶液传输，并与血红蛋白反应。

2. 血液中氧气与血红蛋白的结合动力学

氧气必须结合到血红蛋白上的原因是氧气在水溶液中的溶解度很低。氧气的溶解度定义为

$$C_{O_2} = HP_{O_2} \qquad\qquad (8-63)$$

式中，C_{O_2} 为溶解氧浓度；H 为溶解度系数；P_{O_2} 为气相中的氧分压。生理学家将这种分压称为氧张力。在正常条件下，空气中氧气的最大分压是 159.6 mmHg（21 mol%）。在 37 ℃ 条件下，氧气在血浆中的溶解度是 1.4×10^{-6} mol·L⁻¹·mmHg⁻¹。在标准温度和压力下（0 ℃，1.013×10^5 Pa 和 0% 湿度），血浆中氧气的溶解度为 1.005×10^{-11} mol·cm⁻³·Pa⁻¹。因此，肺中氧气的分压约为 13 328.9 Pa（或 100 mmHg），而血浆中氧气的浓度为 1.34×10^{-4} mol/L。氧气在红细胞中的溶解度系数在标准温度和压力下表示为 H_{Hb}，等于 1.125×10^{-6} mol·cm⁻³·Pa⁻¹，略高于血浆的值。

血红蛋白是一种含有 4 个亚单位（四聚体）的氧结合分子，每个亚单位可以结合 1 个氧分子。在血细胞比容为 0.45 的血液中，血红蛋白的浓度为 2.3×10^{-3} mol/L。当所有 4 个血红素基团都与氧结合时，与血总容积相比，结合到血红蛋白的氧的浓度为 9.2×10^{-3} mol/L，几乎是血浆中溶解氧浓度的 70 倍。当血红蛋白完全饱和时，溶解氧仅占血液中所有氧的 1.5%。

氧结合到血红蛋白的平衡曲线称为氧饱和曲线（见图 8-23）。一个血红素基团（肌球蛋

白)与氧结合的曲线形状是一个双曲线，氧血红蛋白结合曲线的形状是 S 形。在低浓度下，氧的结合效率很低，如图 8 - 23 中曲线的初斜率所示。当氧分压升高时，斜率增加，表明氧结合到血红蛋白上变得更容易。当大多数血红蛋白结合位点都被氧占据时，斜率会降低。血红蛋白结合氧气具有协同作用，即一个氧气分子结合到一个血红蛋白亚基上有利于后续氧气分子结合到分子的其他血红蛋白亚基上。

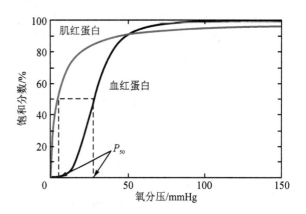

图 8 - 23 氧饱和曲线

描述氧血红蛋白的饱和分数 S 使用希尔(Hill)方程：

$$S = \frac{(P/P_{50})^n}{1+(P/P_{50})^n} \tag{8-64}$$

式中，P 为氧分压；P_{50} 为当 50% 的血红蛋白与氧气结合时的氧分压。

图 8 - 23 所示在正常条件下，氧结合血红蛋白的 P_{50} 为 26 mmHg，n 为 2.7；只结合一个氧分子的肌红蛋白，P_{50} 为 5.3 mmHg，n 为 1。动脉血压的范围是 95～100 mmHg，因此 P_{50} 大概是 95%～97% 的饱和度。组织中的氧分压大概为 40 mmHg，肺动脉的氧分压大概为 38 mmHg。在这些氧分压情况下，血红蛋白饱和度大概为 70%。

氧解离曲线对于环境因素十分敏感，例如，pH，CO_2，2,3-二磷酸甘油酸(DPG)和温度等。P_{50} 增加表明需要更高浓度的氧与血红蛋白结合以达到相同的分子饱和度。更高的 P_{50} 使氧在组织毛细血管中脱离血红蛋白更容易，CO_2 浓度的增加、pH 的降低、有机磷酸盐(如 DPG)的增加或温度的升高均可增加 P_{50}。相反，P_{50} 降低可以由 CO_2 浓度降低和 pH 升高产生。该现象称为波尔效应(bohr effect)。

因为氧气与血红蛋白结合后发生构象变化，所以描述结合的动力学比较复杂。氧气和血红蛋白的初始结合可以建模为双分子反应，即

$$O_2 + Hb \underset{k'_{-1}}{\overset{k'_1}{\rightleftharpoons}} HbO_2 \tag{8-65}$$

形成氧合血红蛋白的速率表达式为

$$\frac{dC_{HbO_2}}{dt} = k'_1 C_{O_2} C_{Hb} - k'_{-1} C_{HbO_2} \tag{8-66}$$

在 37 ℃ 和 pH 为 7.1 的条件下，氧气结合到人血红蛋白的速率系数为 $k'_1 = 3.5 \times 10^6$ mol·L^{-1}·s^{-1} 和 $k'_{-1} = 44$ s^{-1}。对于肺中的氧浓度，氧合半衰期为 2 ms。虽然该模型很简单，但它不产生类似于式(8-64)的平衡关系。

通过考虑 4 个血红蛋白血红素基团的顺序氧合，可以建立更详细的模型：

$$O_2 + Hb_4(O_2)_{i-1} \underset{k'_{-i}}{\overset{k'_i}{\rightleftharpoons}} Hb_4(O_2)_i, \quad i=1,2,3,4 \tag{8-67}$$

$$\frac{dC_{Hb_4(O_2)_i}}{dt} = k'_i C_{O_2} C_{Hb_4(O_2)_{i-1}} - k'_{-i} C_{Hb_4(O_2)_i} \tag{8-68}$$

注意，$i-1=0$ 的情况指的是脱氧血红蛋白。在 21.5 ℃ 和 pH 为 7.0 的条件下，人血红蛋白的相应速率系数为 $k'_1=17.7\times10^4$ mol·L^{-1}·s^{-1}，$k'_{-1}=1\,900$ s^{-1}，$k'_2=33.2\times10^4$ mol·L^{-1}·s^{-1}，$k'_{-2}=158$ s^{-1}，$k'_3=4.89\times10^4$ mol·L^{-1}·s^{-1}，$k'_{-3}=539$ s^{-1}，$k'_4=33.0\times10^4$ mol·L^{-1}·s^{-1}，$k'_{-4}=50$ s^{-1}。

第三种方法通常在运输模型中使用，它使用式(8-67)表示的模型，但将 k'_1 表示为饱和度的函数。

$$k'_1=\frac{k'_{-1}}{C_{50}}\left(\frac{S}{1-S}\right)^{1-1/n} \tag{8-69}$$

式中，$C_{50}=HP_{50}$，$n=2.7$。

使用式(8-69)代替 k'_1 可以确保式(8-68)在稳态下归约为式(8-64)。提供的速率系数适用于正常条件。如果血红蛋白被 pH 或 DPG 修改，则需要不同的速率系数值。

3. 氧从毛细血管的血液传输到组织

当氧气到达组织时，由于组织内的氧气水平较低且二氧化碳水平较高，故有利于将氧气从血红蛋白中解离出来。从氧合红细胞向组织输送氧气的过程，不是简单地与肺部的传出过程相反，这是因为解离的动力学过程与结合不同，而且组织的厚度远大于肺泡上皮和毛细血管内皮的厚度。

氧气输送到组织的问题分为两部分。① 假设血液中氧气浓度均匀的情况下氧气进入组织的输运问题。这个问题最早由丹麦生理学家奥古斯特·克罗格在 20 世纪早期研究，对微循环的研究使克罗格获得了 1920 年的诺贝尔生理学或医学奖。② 假设血液中氧气浓度并非均匀，研究沿着毛细血管长度的浓度变化。

组织氧输送涉及氧从血红蛋白中解离、氧通过血浆的扩散和对流、通过内皮的扩散、通过组织和细胞的扩散，氧在线粒体中作为有氧代谢的一部分进行反应。为了建立氧输送到组织的模型，需要对毛细血管网络简化建模。在许多组织中，特别是骨骼肌组织中，毛细血管间距均匀，并具有特定的间距。这种对称性通常导致毛细血管位于围绕中央毛细血管的顶点上。基于间距的规律，Krogh 建立了毛细血管供应每个毛细血管周围组织的圆柱形区域的理想化模型（见图 8-24）。每个毛细血管的半径为 R_c，组织半径 R_0 表示两个毛细血管中心距离的一半或者为单位面积内毛细血管数的平方根的倒数。虽然这是一个合理的一阶近似，但该模型未能考虑两个毛细血管之间的某些区域。此外，该模型不适用于脑组织等毛细血管组织结构不符合这种简单模式的组织。

该模型由两部分组成，即血液中的氧传输、组织中的氧传输和反应。首先考虑组织中的氧传输和反应。假定处于稳态、组织中无对流且轴向扩散可忽略，在组织中的一维氧扩散和反应中进行质量平衡，通过式(8-4)也可以简化得到以下关系：

$$\frac{D_{O_2}}{r}\cdot\frac{d}{dr}\left(r\frac{dC_{O_2}}{dr}\right)=R_{O_2} \tag{8-70}$$

氧消耗通常遵循米氏-门特恩动力学，将反应速率假定为零级反应，假设为常数。在毛细血管表面，组织浓度与血浆中的氧浓度达到平衡，即

$$r=R_c, \qquad C_{O_2}=C_{R_c} \tag{8-71}$$

毛细血管中的氧浓度一般是沿毛细血管轴向距离的函数（见图 8-24）。然而，在 R_0 处，两个圆柱体之间存在对称面。因此，通量为零，即

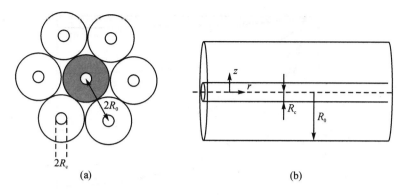

图 8 - 24　克罗格圆柱模型

$$r = R_0, \quad -D_{O_2} \frac{dC_{O_2}}{dr} = 0 \qquad (8-72)$$

式(8-70)的解为

$$C_{O_2} = \frac{R_{O_2} r^2}{4D_{O_2}} + A\ln r + B \qquad (8-73)$$

应用边界条件(式(8-71)和式(8-72))后,组织中的浓度剖面为

$$\frac{C_{O_2}}{C_{R_c}} = 1 + \frac{R_{O_2} R_0^2}{4C_{R_c} D_{O_2}}\left(\left(\frac{r^2}{R_0^2} - \frac{R_c^2}{R_0^2}\right) - 2\ln\frac{r}{R_c}\right) \qquad (8-74)$$

式中,$R_{O_2} R_0^2/(4C_{R_c} D_{O_2})$为无量纲反应速率,由符号 Φ 表示。使用此定义,并且 $r^* = r/R_0$ 和 $R^* = R_c/R_0$,式(8-74)变为

$$\frac{C_{O_2}}{C_{R_c}} = 1 + \Phi\left((r^{*2} - R^{*2}) - 2\ln\frac{r^*}{R^*}\right) \qquad (8-75)$$

图 8-25 显示了 Φ 对浓度剖面的影响。当 Φ 小于或等于 0.01 时,代谢作用导致毛细血管之间的氧浓度小幅下降。随着 Φ 值增加,浓度下降。当 $r = R_0$(或 $r^* = 1$)时,浓度降至零时,

$$\Phi = \frac{1}{R^{*2} - 1 - 2\ln R^*} \qquad (8-76)$$

对于 $R' = R_c/R_0 = 0.05$,当 $\Phi = 0.20$ 时,$r = R_0$(或 $r' = 1$)处的浓度为零。这表示两个毛细血管之间可达到的最大距离,而不会导致细胞缺氧。

如式(8-76)所示,浓度降至零的 R_0 值随着毛细血管半径 R_c 的变化而变化;随着 R_c 的增加,浓度降至零的值增加。对于更大的 Φ 值,存在一个组织区域,其中氧气浓度消失。如果这样的区域(称为缺氧区)持续时间很长,细胞将死亡,形成坏死组织。虽然正常组织通常不会坏死,但在肿瘤中,由于其高代谢率,可能会出现坏死区域。

虽然 Krogh 的原始模型中并没有考虑沿着毛细管长度方向的氧气的浓度梯度,但是考虑血氧的稳定物质平衡,可以研究该因素的影响。这个平衡类似于肺中的平衡,假设轴向的通量等于组织消耗氧气的速率:

$$\pi R_c^2 v_z \frac{dC_{B_T}}{dz} = -\pi (R_0^2 - R_c^2) R_{O_2} \qquad (8-77)$$

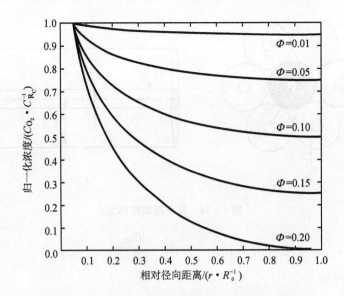

图 8 - 25 无量纲反应速率对氧气浓度剖面的影响

对式(8 - 77)从入口到出口积分可得

$$C_{B_T} = C_{B_a} - \frac{R_0^2 - R_c^2}{R_c^2 v_z} R_{O_2} z \tag{8-78}$$

C_{B_a} 是 C_{B_T} 在 $z = 0$ 处动脉的浓度。根据式(8 - 78),浓度沿着毛细血管线性下降,降到零的长度为

$$L = \frac{C_{B_a} R_c^2 v_z}{(R_0^2 - R_c^2) R_{O_2}} \tag{8-79}$$

由于浓度沿着毛细血管的轴向下降,而且沿着组织的径向下降,对于代谢旺盛的静脉,在静脉的末端靠近 R_0 的区域(z 约等于 L),会出现缺氧。

在厚组织中,氧气局部浓度很难测量,理论分析氧气传输是实验研究的重要补充,因此有很多关于氧气传输的理论研究。两个重要问题是,Krogh 模型的准确性,以及最真实的氧气传输模型。Krogh 模型的假设如下:

(1)毛细血管排列成有序的一片,毛细血管处于圆柱组织的中间。

(2)氧气-血红蛋白解离反应处于平衡状态,而且在整个血液中呈均匀状态。

(3)血浆中的氧释放均匀进行,而红细胞的离散性被忽略。

(4)毛细血管中的无细胞层和内皮提供的物质传输阻力被忽略。

(5)血液中的轴向扩散忽略不计。

(6)组织中的轴向扩散忽略不计。

(7)组织中的氧摄取用零级动力学表示,且摄取速率在整个组织中均匀。

(8)组织中氧的其他反应忽略不计。

接下来检查每个假设的意义。

假设(1):将毛细血管包围在组织圆柱体中是一种理想化模型,最适用于骨骼肌。然而,环绕中心毛细血管的组织在模型中没有完全覆盖,Krogh 模型低估了氧气的消耗。已经有研究人员考虑其他几何形状的影响,包括六边形、矩形、三角形和圆柱体等。总体而言,不同的几何形状在组织中产生不同的氧气浓度，但对氧气的分布影响很小。除了毛细血管的空间排列外，毗邻毛细血管的小动脉和静脉末梢的组织排列也会影响组织中的氧气浓度。

假设（2）：比较结合于血红蛋白的氧溶解到溶液中达到平衡状态，以及非平衡的解离动力学模型时，表明红细胞中的氧结合到血红蛋白中接近于平衡。由于氧在红细胞中扩散的时间比从血红蛋白中解离的时间快得多，因此平衡假设适用，氧浓度在大部分红细胞中是均匀的，并与血红蛋白达到平衡。然而，在靠近红细胞膜的区域，脱氧血红蛋白不能通过膜扩散，会产生氧浓度梯度。在这个边界层区域，氧与血红蛋白达不到平衡。在假设这些条件的情况下，假设饱和度分数 $S = C_{HbO_2}/(C_{Hb} + C_{HbO_2})$ 是毛细血管中的接触时间 $t = L/v_z$ 的函数：

$$\frac{dS}{dt} = -\left(\frac{2nS^{(n+1)/n}}{t_u(n+1)(1-S)^{1/n}}\right)^{1/2} \tag{8-80}$$

在式（8-80）中，特征释放时间为

$$t_u = \frac{V_{RBC}}{SA_{RBC}}\left(\frac{C_{Hb} + C_{HbO_2}}{D_{O_2} k'_{-1} C_{50}}\right)^{1/2} \tag{8-81}$$

式中，V_{RBC} 为红细胞体积；SA_{RBC} 为红细胞表面积；$V_{RBC}/(SA_{RBC})$ 为 $0.696~\mu m$。使用此值和 $k'_{-1} = 44~s^{-1}$，可得 $t_u = 0.053$。这个时间比红细胞的经过时间短得多，因此快速释放并不会形成氧气的输运屏障。

假设（3）和假设（4）：Krogh 模型没有考虑红细胞的离散性质，无法考虑氧的不均匀释放，考虑红细胞三维形状中的扩散和对流是一个复杂的问题，必须通过数值方法来解决。作为近似，忽略红细胞之间浓度的下降，并假设细胞和内皮之间存在径向一层液体间隙，在红细胞和内皮之间添加额外的无细胞层。因此有三个区域：毛细血管中的红细胞区域（$0 < r < R_{RBC}$），在这个区域中适用式（8-78）；无细胞区域（$R_{RBC} < r < R_c$）；组织区域（$R_c < r < R_0$），适用式（8-70）。在无细胞区域中，氧以径向扩散的方式传输，但没有反应项。使用物质传输系数也可以建立该层的扩散方程（Groebe，1995）。在没有反应的情况下，氧在血浆层中的稳定径向扩散为

$$\frac{D_{O_2}}{r} \cdot \frac{d}{dr}\left(r\frac{dC'_{pl}}{dr}\right) = 0 \tag{8-82}$$

式中，C'_{pl} 表示浓度是无细胞区域中的氧浓度。边界条件是

$$C'_{pl} = C_{pl}, \qquad r = R_{RBC} \tag{8-83}$$

和

$$-2\pi R_c l_{RBC} D_{O_2,pl} \frac{dC'_{pl}}{dr}\Big|_{r=R_c} = R_{O_2}(\pi R_0^2 - \pi R_c^2) \tag{8-84}$$

式中，l_{RBC} 为毛细血管长度由红细胞占据的比例，约为 0.5。在无细胞层中，氧的浓度解为

$$C'_{pl} = C_{pl} - \frac{R_{O_2}(R_0^2 - R_c^2)}{2D_{pl}l_{RBC}}\ln\left(\frac{r}{R_{RBC}}\right) \tag{8-85}$$

现在，毛细血管和组织中的氧输运由以下三个式子描述：适用于具有半径 R_{RBC} 的富含红细胞的血液部分的方程式（8-78），适用于 R_{RBC} 和 R_0 之间的无细胞层的方程式（8-85）和适用于组织的方程式（8-74），其中在 $R = R_c$ 处 $C_{Rc} = C'_{pl}$。无细胞层提供了额外的氧输运阻力。对于半径为 $1.5~\mu m$ 的毛细血管和半径为 $1.35~\mu m$ 的红细胞，R 处的氧浓度降低了 $3.2\times10^{-9}~mol/cm^3$。这个数字代表入口处表面浓度降低 1% 和出口处降低 10%。

假设（5）和假设（6）：忽略血液中氧气轴向扩散的理由是基于 $Pe(Pe = \langle v\rangle 2R_c/D_{O_2})$，$Pe$

值约为 19.50,表明对流比扩散更为重要,然而在毛细血管入口附近,由于浓度的大幅变化,扩散可能很重要。组织中的轴向扩散被忽略,因为相对于毛细血管长度,组织通常非常薄($R_0 - R_c \ll L$)。

假设(7):通常,氧代谢可以很好地用 Michaelis - Menten 动力学描述。McGuire 和 Secomb 在组织中使用了更详细的氧气消耗模型,并将零级动力学和 Michaelis - Menten 动力学的氧气浓度和摄取进行了比较(McGuire and Secomb,2001)。零级动力学的氧气消耗速率高于 Michaelis - Menten 动力学,因为只有当氧气浓度达到零时,摄取才会发生变化。在最大运动期间,零级动力学和 Michaelis - Menten 动力学之间的氧摄取差异仅为 3%。

假设(8):假设组织中的氧气摄取速率均匀有时候是不准确的,这种不均匀性可能来自于给定组织中多种类型的细胞,例如,大脑中神经胶质细胞和神经细胞或骨髓中造血细胞等。由于复杂的细胞几何形状,需要使用数值模型来考虑存在的不同类型的细胞。在某些情况下,可以将组织视为具有不同特性的同心环,并且可以获得简单的分析解。

8.3.2 一氧化氮的传输

早在 1933 年,研究者就发现,血液流动能够调节血管的管径。1977 年,Katsuki 和 Murad 发现,通过硝酸盐释放的一氧化氮(NO)能够使平滑肌细胞舒张,从而导致血管的扩张。1980 年 Furchgott 等首先发现,只有当内皮细胞存在并且完整时,乙酰胆碱才会使体外的血管扩张。后来发现除了乙酰胆碱,其他刺激物(血管舒缓激肽,组胺,5 羟色胺)都会使内皮细胞释放一种可转移因子(内皮细胞衍生松弛因子 EDRF),该因子不稳定,通过刺激可溶性鸟苷酸环化酶使平滑肌细胞松弛,可以被血红素和亚甲基兰抑制。1987 年研究者发现 EDRF 即为 NO。除引起血管舒张外,内皮细胞产生的 NO 还会抑制白细胞在血管内皮细胞上的黏附,从而减少炎症反应,NO 还会减少内皮细胞的渗透率,抑制平滑肌细胞的增殖和迁移,抑制血小板在内皮细胞上的黏附等重要生理功能。

由于 NO 在组织中的快速反应,会出现显著的浓度梯度。已经开发出运输和反应模型来估计各种组织中 NO 的浓度,并确定 NO 功能活跃的距离。在简要介绍 NO 形成和分解反应之后,将研究组织中 NO 产生、运输和分解的模型。

NO 是一种内源性产物,在一氧化氮合成酶(NOS)的作用下产生(见图 8-26)。到目前为止发现有三种 NOS 同工酶。NOS Ⅰ(n NOS),主要存在于中枢和周围神经细胞中。NOS Ⅱ(i NOS),最开始发现存在于巨噬细胞中,后来发现也存在于很多其他细胞中,比如平滑肌细胞。NOS Ⅲ(eNOS),主要存在于内皮细胞中。在辅助因子(烟酰胺腺嘌呤二核苷酸磷酸(NADPH),黄素腺嘌呤二核苷酸(FAD),黄素单核甘酸(FAD)和四氢生物蝶呤(BH4))作用下,三种同工酶都可以将底物 L-精氨酸和氧气催化生成 NO。

$$\text{L-精氨酸} + \text{NADPH} + O_2 \xrightarrow{\text{一氧化氮合成酶}} \text{L-瓜氨酸} + \text{NO} \tag{8-86}$$

底物 L-精氨酸的 K_M 值在 $2 \sim 5\ \mu mol$ 之间。

NO 可以与蛋白质中的血红素复合物反应,这些血红素存在于血红蛋白、可溶性鸟苷酸环化酶(sGC)、肌红蛋白和细胞色素 P450 等中。此外,NO 可不可逆地与氧反应,可逆地与巯基(-SH)反应。在血管松弛中,NO 由内皮细胞合成并扩散到介质中,与存在于 sGC 中的血红素基团反应,过程如下:

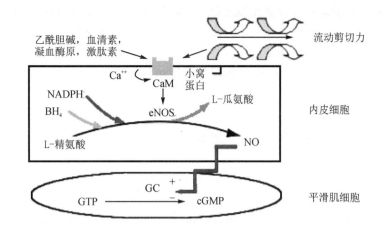

图 8-26 流动和生化因子刺激 NO 的释放和激活平滑肌细胞的舒展

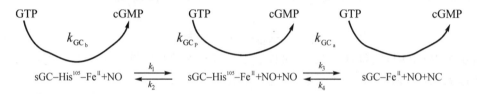

这个反应是一个两步骤的过程,最终激活 sGC。每个中间形式都能够从鸟嘌呤三磷酸(GTP)中产生 cGMP,但在与 NO 反应后活性增加($k_{GCa} > k_{GCp} > k_{GCb}$)。反过来,cGMP 激活环状鸟苷激酶,一个 cGMP 依赖性激酶,降低肌球蛋白轻链激酶的活性,导致平滑肌细胞松弛。

在 4 ℃下测量 NO 与 sGC 反应的速率系数,得到的值为 $k_1 = 1.55 \times 10^8 \, mol \cdot L^{-1} \cdot s^{-1}$,$k_2 = 0.01 \, s^{-1}$,$k_3 = 1.3 \times 10^5 \, mol \cdot L^{-1} \cdot s^{-1}$,$k_4 = 0.001 \, s^{-1}$ 和 $k_5 = 5 \times 10^{-4} \, s^{-1}$。整体产生 cGMP 的有效米氏常数为 23 nmol·L。这个值对于决定 NO 的功能距离很重要。

除了在组织中与 sGC 反应外,NO 还与氧气反应。反应化学计量比为

$$4NO + O_2 + 2H_2O \longrightarrow 4H^+ + 4NO_2^- \tag{8-87}$$

观察到的速率表达式为

$$-\frac{dC_{NO}}{dt} = 4kC_{NO}^2 C_{O_2} \tag{8-88}$$

速率系数 k 在 25 ℃时为 $2 \times 10^6 \, mol^2 \cdot L^{-2} \cdot s^{-1}$。

NO 以一种复杂的方式与血红蛋白反应。首先,NO 与脱氧血红蛋白的血红素基团反应,形成与铁稳定的复合物。该反应在 NO 和血红蛋白中均为一级反应,k_1 在 20 ℃时为 $1 \times 10^7 \, mol \cdot L^{-1} \cdot s^{-1}$。该反应基本上是不可逆的。此外,NO 还不可逆地与血红蛋白中与铁结合的氧反应,形成亚硝酸盐,即

$$NO + Hb(Fe^{2+})O_2 \xrightarrow{k_{Hb}} NO^{3-} + Hb(Fe^{2+}) \tag{8-89}$$

在 25 ℃时,反应的联合速率系数为 $k_{Hb} = 8.9 \times 10^7 \, mol \cdot L^{-1} \cdot s^{-1}$。在红细胞中,该反应是扩散限制的。NO 还与血红蛋白和其他蛋白质中的游离巯基反应,形成亚硝基硫醇(SNOHb)。虽然尚未确定反应机制,但在 6 min 内,氧合血红蛋白与 NO 反应后形成的 SNOHb 量是形成亚硝酸盐量的 100 倍。

氧气和一氧化氮的运输有许多相似之处,例如,气体分子与血红蛋白的相互作用、在血液中的扩散和对流以及在组织中的反应。NO 的反应和传输途径有几个重要的差异,导致了不同的 NO 传输和代谢模型。最重要的差异在于 NO 是在内皮表面产生的,而且 NO 的产生随着流动剪切力的增加而增加。NO 会扩散到血液或组织中。由于内皮细胞的均一产生,对流运输常常被忽略。

本节建立了一个简单的模型,用于评估内皮细胞产生 NO、在血管腔和小至中型动脉(半径 R_c 一般为 25~75 μm)内和血管壁中扩散和反应的距离。基于稳态径向扩散和反应方程(8 -70),忽略对流作用,可得

$$\frac{D_{NO,i}}{r} \cdot \frac{d}{dr}\left(r\frac{dC_{NO,i}}{dr}\right) - R_{NO,i} = 0 \tag{8-90}$$

式中,下标 i 取 B 为毛细血管腔($0 < r < R_c$)的值,取 T 表示 $r > R_c$ 的值。

在血液中的红细胞中,NO 与血红蛋白的反应是主要的反应。由于血红蛋白容量(5.1 mmol·L)远高于 NO 容量(0.002 mmol·L),反应可以被近似看作是 NO 的一级反应,即

$$R_{NO,B} = k_{Hb}C_{Hb}C_{NO} = k_B C_{NO} \tag{8-91}$$

在组织中,NO 与氧和 sGC 反应,可以假定一级动力学和假设二级动力学模型进行拟合。为简单起见,假设该反应是一级反应,其速率系数为 $k_T = 0.01 \text{ s}^{-1}$。由于 NO 在血液和组织中的反应均被建模为一级反应,因此可以将式(8-90)重新写成

$$\frac{D_{NO,i}}{r} \cdot \frac{d}{dr}\left(r\frac{dC_{NO,i}}{dr}\right) - k_i C_{NO,i} = 0 \tag{8-92}$$

边界条件如下。在 $r = 0$ 处,由于径向对称性,NO 通量为零,即

$$\frac{dC_{NO,B}}{dr} = 0 \tag{8-93}$$

在内皮细胞表面($r = R_c$)处,假设 NO 产生速率是恒定的,等于血液和组织中 NO 通量之差,即

$$\dot{q}_{NO} = D_{NO,B}\frac{dC_{NO,B}}{dr} - D_{NO,T}\frac{dC_{NO,T}}{dr} \tag{8-94}$$

在 $r = R_c$ 处的第二个边界条件是,NO 在血液和组织中的浓度相同,即

$$C_{NO,B}(r = R_c) = C_{NO,T}(r = R_c) \tag{8-95}$$

远离内皮的边界条件没有很好地描述。如果血管相距很远并均匀分布,则远离表面的通量应为零,以确保对称性,即

$$\frac{dC_{NO,T}}{dr} = 0, \quad r \to \infty \tag{8-96}$$

可以应用的其他边界条件是,当 r 趋于无穷大时,$C_{NO,T} = 0$,并且通量在距离 $r = R_0$ 处为零,代表着两个血管之间的一半距离。

为了解决这些方程将式(8-92)改写成

$$r\frac{d}{dr}\left(r\frac{dC_{NO,i}}{dr}\right) - r^2\frac{k_i}{D_{NO,i}}C_{NO,i} = 0 \tag{8-97}$$

式(8-97)具有 Bessel 方程的形式 $\left(x \dfrac{d}{dx}\left(x \dfrac{dy}{dx}\right)+(m^2 x^2-\chi^2)y=0\right)$，其中 $\chi^2=0$，$m_i^2=k_i/D_{NO,i}$。由于 m_i 是虚数，所以解用修正 Bessel 函数 $I_\chi(m_i r)$ 和 $K_\chi(m_i r)$ 表示。图 8-27 显示了 χ 等于 0 和 1 时，修正 Bessel 函数的值。

修订后的 Bessel 函数 $I_0(mr)$ 在 $mr=0$ 时为 1，在 mr 变大时趋近于无穷大。$I_1(mr)$ 在 $mr=0$ 时为 0，在 mr 变大时也趋近于无穷大。相反，$K_0(mr)$ 和 $K_1(mr)$ 在 $mr=0$ 时为无穷大，在 mr 变大时趋近于 0。修订 Bessel 函数的 $I_0(mr)$ 和 $K_0(mr)$ 的一阶导数的关系式，即

$$\frac{d(I_0(mr))}{dr}=mI_1(mr) \tag{8-98}$$

$$\frac{d(K_0(mr))}{dr}=-mK_1(mr) \tag{8-99}$$

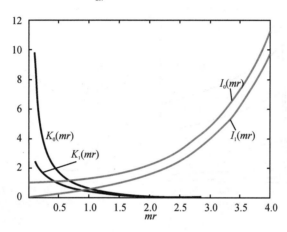

图 8-27　修正 Bessel 函数

定义以下无量纲参数：

$$r^*=\frac{r}{R_c}, \quad \phi_B=R_c\sqrt{\frac{k_B}{D_{NO,B}}}, \quad \phi_T=R_c\sqrt{\frac{k_B}{D_{NO,T}}} \tag{8-100}$$

因此，可以将 m_i 重写为 $\phi_i r^*$。

式(8-97)的解具有以下形式：

$$C_{NO,i}=A_i I_0(\phi_i r^*)+B_i K_0(\phi_i r^*) \tag{8-101}$$

应用边界条件来评估常数得到以下关于 $C_{NO,B}$ 和 $C_{NO,T}$ 的表达式：

$$C_{NO,B}=\frac{\dot{q}_{NO}R_c I_0(\phi_B r^*)K_0(\phi_T)}{D_{NO,B}\phi_B I_1(\phi_B)K_0(\phi_T)+D_{NO,T}\phi_T I_0(\phi_B)K_1(\phi_T)} \tag{8-102}$$

$$C_{NO,T}=\frac{\dot{q}_{NO}R_c I_0(\phi_B)K_0(\phi_T r^*)}{D_{NO,B}\phi_B I_1(\phi_B)K_0(\phi_T)+D_{NO,T}\phi_T I_0(\phi_B)K_1(\phi_T)} \tag{8-103}$$

表 8-1 列出了表达式中相关参数值，测量不同位置 NO 的浓度，拟合曲线可以得到 k_T 的值。k_B 受到红细胞内扩散限制，以及血细胞比容的影响。Fahreus 效应会使 k_B 降低。然后使用参数，假设不同的 k_B 值，可以确定 NO 的浓度分布（见图 8-28）。

表 8 - 1   NO 在血液和组织中的传输参数

参　数	取　值	参　数	取　值
$\dot{q}_{NO}$	$5.5\times10^{-12}\,mol\cdot cm^{-2}\cdot s^{-1}$	R_c	$(25\sim75)\times10^{-4}\,cm$
k_B	$(4.54\sim454)\times10^5\,s^{-1}$	k_T	$0.01\,s^{-1}$
$D_{NO,B}$	$4.5\times10^{-5}\,cm^2\cdot s^{-1}$	$D_{NO,T}$	$3.3\times10^{-5}\,cm^2\cdot s^{-1}$
ϕ_B	$7.9\sim251$	ϕ_T	$0.043\,5\sim0.130$

系数 k_B 的大小影响血液和组织中 NO 的浓度(见图 8 - 28)。随着 NO 在血液中的消耗增加,组织中 NO 的浓度降低。由于 ϕ_B 远大于 ϕ_T,系数 k_B 的值可以有效地控制血管内皮细胞表面的浓度。组织中浓度分布的形状则受 k_T 的影响。

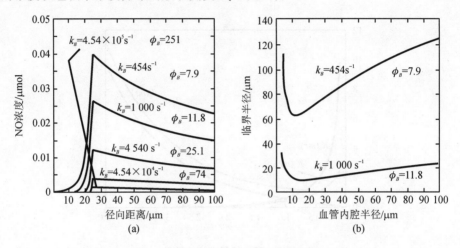

图 8 - 28   血管半径和 k_B 对 NO 浓度分布的影响

NO 与 sGC 的最大结合率所需要的 NO 浓度的一半,定义为 NO 的临界浓度(23 nmol/L),当 k_B 小于 1 000 s^{-1} 时,才会达到该临界浓度。对于确定的 k_B,临界浓度是血管腔半径的函数。对于半径在 2～10 μm 之间的小血管,随着血管半径的增加,临界半径会下降。增加血管半径会导致血液中的 NO 消耗增加,降低最大 NO 浓度,导致临界半径随着血管半径的增加而下降。然而,血液中的 NO 浓度在距内皮细胞表面 5～8 μm 的距离内降为 0。对于大于此尺寸的血管,血液中没有进一步消耗 NO,最大 NO 浓度不随血管半径的增加而改变。对于大于 1.0 μm 半径的血管,由于释放 NO 的表面积更大,临界半径增加。因此,在达到临界半径之前,更多的 NO 可用于输运到组织中,导致扩散距离更长。

在以上模型中,并未考虑血液流动对 NO 浓度分布的影响,NO 的产生受血液流动壁面剪切力(WSS)的影响(见图 8 - 26),当 WSS 增加时,NO 的生成量也会增加。通过 NO 调节血管管径是一种保持血管血流动力学环境稳定的有效方式。当剪切力增加时,相应增加的 NO 会使血管舒张,最终使得血管内壁所受的剪切力调整到正常水平。相反,如果血流量减少或血液黏度降低引起了血管内壁剪切力下降,NO 的量也会减小,血管内径就会逐渐变小以保证剪切力的值恢复到原来的正常值范围。这种由血管内皮细胞产生的、NO 介导的反馈调节机制,使壁面剪切力保持在 1.5～2.0 Pa。但是,这种血流剪切力的稳定过程依赖于血管内皮层细胞功能的完整性。如果血管内皮层受到破坏,这种调节功能就会失效。同时,这种调节作用能力有限,如果剪切力过高或过低,超出了血管自身的调节能力范围,就会失效,进而引发病变。

8.3.3　跨内皮的大分子传输

内皮细胞层常常简化成膜结构,Kedem 和 Katchalsky 还对膜上的溶质传输建立了模型,他们发现

$$J_s = J_v(1-\sigma_f)\bar{C}_s + PS\Delta C \tag{8-104}$$

式中,J_s 为溶质的物质通量;ΔC 为膜两侧浓度差;σ_f,P 和 $\bar{C}_s$ 为表观常数,σ_f 为过滤反射系数,通常不等于 σ_s,P 为微血管通透性系数,$\bar{C}_s$ 为膜中溶质的平均摩尔浓度。对于稀溶液,该方程等号右边第一项是对流项,第二项是扩散项。

$$\bar{C}_s = \frac{\Delta C}{\ln(C_L/C_i)} \tag{8-105}$$

式中,C_L 为血管腔内溶质浓度;C_i 为临近微血管壁外侧的浓度。$\ln x$ 的 Taylor 展开式为

$$\ln x = 2\left(\frac{x-1}{x+1} + \frac{1}{3}\left(\frac{x-1}{x+1}\right)^3 + \cdots + \frac{1}{2n+1}\left(\frac{x-1}{x+1}\right)^{2n+1}\right) \tag{8-106}$$

如果 $1 < C_L/C_i < 3$,则可以用 Taylor 展开式的第一项近似(误差为 10%)来表示 $\ln(C_L/C_i)$,即

$$\ln(C_L/C_i) \approx 2\frac{C_L/C_i - 1}{C_L/C_i + 1} = \frac{\Delta C}{(C_L + C_i)/2} \tag{8-107}$$

膜中的平均浓度为

$$\bar{C}_s = \frac{C_L + C_i}{2} \tag{8-108}$$

微血管壁被假定为有一定厚度的均匀多孔膜。在稳态下:

$$J_s = J_v(1-\sigma_f)C_m - D_{eff}S\frac{\partial C_m}{\partial x} = a_1 \tag{8-109}$$

式中,C_m 为膜内溶质浓度;D_{eff} 为有效扩散系数;a_1 为一个常数。注意,在有限厚度的多孔介质中无法定义反射系数。因此,式(8-109)中的 $1-\sigma_f$ 应被解释为阻滞系数 f(见式(8-121))。将式(8-109)进行积分,得到

$$C_m = \frac{a_1}{J_v(1-\sigma_f)} + a_2\exp\left(Pe\frac{x}{h}\right) \tag{8-110}$$

式中,h 为膜的厚度;a_2 为一个常数;Pe 为佩克莱数,定义为

$$Pe = \frac{J_v(1-\sigma_f)}{PS} \tag{8-111}$$

它描述了微血管壁上对流和扩散的比例。这里,$P = D_{eff}/h$,是溶质的微血管通透性系数。常数 a_1 和 a_2 可以通过边界条件来确定:

$$x=0,\quad C_m = C_L,\quad x=b,\quad C_m = C_i \tag{8-112}$$

将式(8-112)代入式(8-109)中,得到

$$a_1 = \frac{C_i - C_L\exp(Pe)}{1 - \exp(Pe)}J_v(1-\sigma_f) \tag{8-113}$$

$$a_2 = \frac{C_L - C_i}{1 - \exp(Pe)} \tag{8-114}$$

$$C_{\mathrm{m}} = \frac{C_{\mathrm{L}}\Big(\exp\big(Pe \cdot \frac{x}{h}\big) - \exp(Pe)\Big) + C_{\mathrm{i}}\Big(1 - \exp\big(Pe \cdot \frac{x}{h}\big)\Big)}{1 - \exp(Pe)} \qquad (8-115)$$

将式(8-111)代入式(8-109)中,得到

$$J_{\mathrm{s}} = J_{\mathrm{v}}(1-\sigma_{\mathrm{f}})\frac{C_{\mathrm{i}} - C_{\mathrm{L}}\exp(Pe)}{1 - \exp(Pe)} \qquad (8-116)$$

式(8-116)被称为 Patlak 方程,文献中还使用了其他三种形式:

$$J_{\mathrm{s}} = J_{\mathrm{v}}(1-\sigma_{\mathrm{f}})\Big(C_{\mathrm{L}} - \frac{\Delta C}{1 - \exp(Pe)}\Big) \qquad (8-117)$$

$$J_{\mathrm{s}} = J_{\mathrm{v}}(1-\sigma_{\mathrm{f}})C_{\mathrm{L}} + PS\Delta C\,\frac{Pe}{\exp(Pe)-1} \qquad (8-118)$$

$$J_{\mathrm{s}} = J_{\mathrm{v}}(1-\sigma_{\mathrm{f}})\frac{C_{\mathrm{L}}+C_{\mathrm{i}}}{2} + \frac{1}{2}\Big(\frac{J_{\mathrm{v}}(1-\sigma_{\mathrm{f}})(\exp(Pe)+1)\Delta C}{\exp(Pe)-1}\Big) \qquad (8-119)$$

在这些方程中,$\Delta C = C_{\mathrm{L}} - C_{\mathrm{i}}$。这三个方程可以通过重新排列方程(8-116)中的项来推导得到。式(8-116)~式(8-119)中的一个特殊情况是当 $\sigma_{\mathrm{f}}=0$ 时。当对流比扩散慢时(即 $Pe<1$),Patlak 方程简化为 Kedem-Katchalsky 方程:

$$J_{\mathrm{s}} = J_{\mathrm{v}}(1-\sigma_{\mathrm{f}})\bar{C}_{\mathrm{s}} + PS\Delta C \qquad (8-120)$$

式中,$\bar{C}_{\mathrm{s}} = (C_{\mathrm{L}}+C_{\mathrm{i}})/2$。方程(8-120)中等号右边的第一项与方程(8-119)中等号右边的第一项相同;如果 $Pe<1.2$,则方程(8-119)和(8-120)中等号右边的第二项之间的差异小于 10%。

8.3.4 组织间隙中的物质传输

组织间隙中的物质输运过程常常使用多孔介质模型。而多孔介质中物质的传输遵循与溶液中传输相同的原理,液相中的扩散仍遵循菲克定律。但是,如果使用连续介质的方法面临的挑战包括以下几方面:

(1)溶质的扩散由孔隙中的有效扩散系数 D_{eff} 表征。D_{eff} 的绝对值小于溶液中的值,该系数与相同溶质在溶液中的扩散系数、可用的溶质体积分数、流体动力学效应、溶质与孔壁的结合以及扩散通路的弯曲程度有关。

(2)溶质的对流速度不一定等于溶剂速度,因为溶质受到多孔结构的阻碍比溶剂更严重。将溶质速度 v_{s} 与溶剂速度 v_{f} 的比值定义为阻滞系数,即

$$f = \frac{v_{\mathrm{s}}}{v_{\mathrm{f}}} \qquad (8-121)$$

式中,f 的值介于 0~1 之间。定义 $1-f$ 为反射系数 σ,它是表征膜上对流输运阻碍的表观参数。生物组织中的阻滞系数取决于流体速度、溶质大小和孔隙结构。溶质的对流传输通量 n_{s} 与溶质速度 v_{s} 和局部浓度 C 成正比:

$$n_{\mathrm{s}} = v_{\mathrm{s}}C = f v_{\mathrm{f}} C \qquad (8-122)$$

在稀溶液体系中,流体速度与溶质浓度无关,可以独立求解。需要注意的是,这里的 C 为整个体积元上定义的平均浓度,v_{f} 为仅在体积元的流体相中定义的平均速度。

(3)根据连续介质方法,流体流动不仅会导致溶质沿流体速度方向移动,还会导致溶质在

多孔介质中的其他方向上发生弥散。溶质弥散由弥散系数表征,该系数取决于溶质的扩散系数、达西定律定义的平均流速以及孔隙的平均尺寸。在本章中,始终忽略弥散现象。

(4) 根据连续介质方法,溶质在溶液和多孔介质之间或不同多孔介质之间的界面处的浓度可能是不连续的。因此,任何两个区域(如用下标表示的区域 1 和区域 2)之间的界面的边界条件应进行修改。

$$n_1 = n_2, \quad \frac{C_1}{K_{AA_1}} = \frac{C_2}{K_{AA_2}} \tag{8-123}$$

式中,n 为溶质通量;C 为溶质浓度;K_{AA} 为界面上可用于溶质传输的面积分数。

考虑了所有这些问题后,控制中性分子传输的方程为

$$\frac{\partial C}{\partial t} + \nabla \cdot (fv_f C) = D_{eff} \nabla^2 C + \Phi_B - \Phi_L + Q \tag{8-124}$$

式中,Q 为单位体积溶质生成的速率;Φ_B 和 Φ_L 分别为从血管进入间质空间和从间质空间进入淋巴管的单位体积溶质输送速率。血管和淋巴管不仅在液体输送方面是源和汇,如先前所述,它们在生物组织中的溶质输送中也起这种作用。溶质输送速率 Φ_B 和 Φ_L 由 Kedem-Kachalsky 方程控制,假定有效扩散系数 D_{eff} 是各向同性和均匀的,并且弥散系数远小于 D_{eff},C,Φ_B,Φ_L 和 Q 定义为单位组织体积的平均量,而 f,v_f 和 D_{eff} 定义为组织中流体相的单位体积平均量(即间质液体空间)。对于可以自由扩散通过细胞的分子,D_{eff} 为组织中的细胞外空间体积的平均。

8.4　脑血流和氧代谢检测技术

脑作为中枢神经系统的核心器官,是人体代谢最活跃的器官之一。成人脑质量约占体重 2%,但脑血流量(CBF)约占心输出量的 13%～15%,耗氧量约为全身耗氧量的 20%。脑循环具有复杂血管系统,为脑提供氧气和营养物质,运走不需要的蛋白质和代谢产物,传递激素等,保持脑的稳态平衡和生理功能。脑血流供应不足会很快严重影响脑的功能,大脑皮层对脑循环缺血和血中缺氧非常敏感,脑循环血中缺氧 30 s 或完全阻断脑血流 10 s 即会导致昏迷,缺氧 3 min 可能造成脑神经细胞的不能恢复的损伤,缺氧 6 min 可以致死。因此,脑循环中充足的血流量是维持脑生理功能的前提条件。

生理情况下,当大脑处于静息状态时,CBF 与脑区域的能量消耗成比例变化,在能量消耗较高的区域(如下丘)血流量较高;在能量消耗较低的区域(如白质)血流量较低;当神经活动增强时,相应激活区域的 CBF 增加。从 19 世纪末 Angelo Mosso 等人的研究显示大脑活动增加可能导致大脑血流量增加,20 世纪 60—70 年代研究者通过测量人脑局部 CBF 显示手部运动在对侧感觉运动皮层和辅助运动区产生的 CBF 增加,不断深入的研究使人们逐步认识到:大脑的血流供应会随其功能活动的局部变化而进行局部响应。神经活动和相关血流动力学响应之间足够精确的空间和时间对应关系为通过血流动力学信息映射大脑活动、进行脑功能成像进而绘制大脑功能图谱等奠定了基础。

大脑区域神经活动增加时会导致局部氧耗量的增加,此时大脑的代偿机制是通过局部小动脉的扩张来增加血源性能源物质以满足代谢所需并清除代谢废物,这种神经与血管之间的动态信息交流及功能性充血的机制被称为神经血管耦合(neurovascular coupling,NVC)。

研究认为,神经血管单元(neurovascular unit,NVU)是实现 NVC 功能的基本结构。从大脑动脉环发出的丰富的脑动脉分支绕行于软脑膜表面构成脑膜动脉。在深入脑实质的过程中,脑膜动脉与软脑膜形成 Virchow - Robin 间隙。一旦完全进入脑实质,小动脉管壁与软脑膜逐渐融合,Virchow - Robin 间隙形成盲端,小动脉进一步分支成为终末毛细血管。脑实质小动脉主要通过平滑肌细胞实现血管的舒缩功能,而毛细血管的舒缩功能更多依赖于周细胞。二者被星形胶质细胞终足包裹,且周围存在丰富的神经元突触,这一系列复杂结构通过协同或拮抗作用参与基本 NVC 功能的维持与调节。因此认为,NVU 包括血管壁组分(内皮细胞(EC)、周细胞、血管平滑肌细胞(VSMC)、基底膜)和胶质细胞(星形胶质细胞、小胶质细胞、少突胶质细胞),以及神经元、细胞外基质和 Virchow - Robin 间隙。NVU 功能异常可导致:脑血流量减少,引起脑组织缺氧;血脑屏障异常,打乱脑内稳态;营养不良,使细胞易损;代谢物清除不畅,使有害蛋白质堆积。

NVU 的最初引入是为了强调脑细胞和微血管之间密切的发育、结构和功能联系以及它们对损伤的协调反应,它有助于加深对神经元和胶质细胞与局部微血管连接的信号机制和包括神经退行性疾病在内的脑部疾病的认识,以及对功能磁共振成像(fMRI)信号进行解释。然而,NVU 不能阐释脑内微血管事件与上游较大动脉和源于外周的血管调节信号的协同作用,于是研究者又提出了神经血管复合体(neuralvascular complex)的概念,该复合体由包括整个脑血管树的不同功能模块组成,并受大脑内外因素的调节。

8.4.1 脑血流的检测技术

可以从宏观和微观空间尺度测量脑血流量(CBF)。宏观 CBF 评估灌注流,通常使用放射性示踪剂或微球进行测量,基于指示剂稀释原理或颗粒分数原理确定 CBF,并在测量过程中假定 CBF 处于稳态。因此,宏观 CBF 代表一定空间和时间范围内的平均 CBF。微观 CBF 评估整体流动(bulk flow),通常使用实时显微镜进行测量。该方法评估微血管的动力学,即血管尺寸以及荧光标记或未标记的红细胞和血浆标记物的流速。微观 CBF 在时间和空间上不断波动,平滑这种时空变化可能会低估宏观 CBF。下面将就宏观和微观空间尺度测量脑血流进行介绍。

Kety 和 Schmidt 最初使用 N_2O 作为惰性气体示踪剂测量 CBF,N_2O 可以自由地通过血脑屏障扩散到脑组织中。被试持续吸入 N_2O 10 min,示踪剂浓缩并达到饱和水平。在吸入过程中,采集外周动脉血和颈静脉血,并监测 N_2O 浓度。利用动脉-静脉 N_2O 浓度差,基于 Fick 原理计算出 N_2O 的平均通过时间(MTT)。他们将 MTT 的倒数作为表征全脑 CBF 的指标。此外,Lassen 使用溶于生理盐水的放射性同位素(RI)气体(133Xe)代替 N_2O 作为示踪剂,使用 RI 示踪剂区域性地估计 CBF。此外,正电子发射断层扫描(PET)技术中使用 ^{15}O(半衰期 $T_1/2$ 为 2 min)标记气体以测量脑循环和氧代谢。由于 PET 需要使用环形加速器和化学合成系统等大规模设施,在大多数临床情况下,单光子发射计算机断层扫描(SPECT)应用更为广泛,并且有几种 RI 示踪剂可用于 CBF 测量。可扩散的 133Xe 气体被用于绝对定量 CBF,多种化学微球示踪剂标记 $^{99m}T_c$($T_1/2$,6 h)和 ^{123}I($T_1/2$,13 h)用于相对定量 CBF。

磁共振成像(MRI)也可用于脑血流的测量。其中一个广泛使用的技术是由 Ogawa 发现的血氧水平依赖性(BOLD)成像,BOLD 信号取决于血容量、血流和氧代谢的平衡,可以用作反映神经活动的工具。首先研究出称为动脉血自旋标记技术的磁共振成像技术来测量灌注流量,对进入大脑的动脉血液中的水分子标记自旋;然后,自旋标记的水以可扩散的示踪剂形式扩散到脑组织中。使用有/无质子自旋水的两个图像计算定量的 CBF。这种技术的优点在于使用内源示踪剂,不像 PET 中使用外源性 RI 示踪剂。

CBF 的定量描述常用整体流动和灌注流动(perfusion flow)两种方式。流经血管的血流称为整体流量,由单位时间内流动的血容积决定。血容积等于流速和血管横截面积的乘积,整体流动的量纲为 $L^3 T^{-1}$。灌注流量为在单位脑组织体积内的整体流量的积分。脑组织的体积被定义为质量,灌注流量的量纲定义为 $L^3 T^{-1} M^{-1}$。当使用可扩散示踪剂时,血容积(L^3)被假定等于脑组织质量(M),然后 $L^3 T^{-1} M^{-1}$ 变为 T^{-1}。灌注流量最初是根据指示剂稀释原理定量确定的,作为 MTT 的倒数,灌注流量也可以基于颗粒分数原理确定。

1. 宏观方法

有三种类型的 RI 示踪剂,可扩散性的、不可扩散性的和(化学)微球示踪剂用于宏观方法确定感兴趣区域的平均血流量(见图 8-29)。前两种示踪剂的动力学通过指示剂稀释原理分析,最后一种通过颗粒分数原理分析。

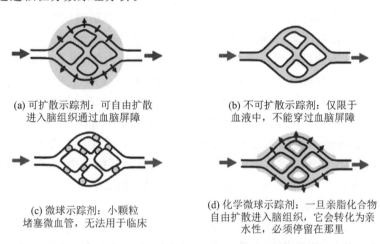

(a) 可扩散示踪剂:可自由扩散进入脑组织通过血脑屏障

(b) 不可扩散示踪剂:仅限于血液中,不能穿过血脑屏障

(c) 微球示踪剂:小颗粒堵塞微血管,无法用于临床

(d) 化学微球示踪剂:一旦亲脂化合物自由扩散进入脑组织,它会转化为亲水性,必须停留在那里

图 8-29　用于测量脑血流的示踪剂

可扩散示踪剂在通过毛细血管时自由扩散进入脑组织。由于毛细血管分布于整个脑部,当示踪剂进入脑部时,它会扩散到整个脑部,随后可扩散示踪剂被新鲜血液冲洗和稀释,基于指示剂稀释原理,可以计算 MTT。实际上,当可扩散示踪剂静脉注射后,它在数十秒内到达脑部,示踪剂浓度在几分钟内达到峰值,并在接下来的 5~10 min 内被冲洗出去。示踪剂的动力学取决于血液流速(见图 8-30)。因此,通过跟随这些过程,可以确定区域 MTT,从而确定区域 CBF。

当将可扩散示踪剂的一次性注入闭合容积为 v 的室内,其中有恒定的流量 f 并立即混合,示踪剂浓度会迅速达到峰值,按指数衰减被清除。指数衰减的斜率与流量成正比,与容积成反比。

另一种分析方法基于一个分室模型(见图 8-31)。假设血液和脑部有两个腔室,示踪剂浓度的微分方程使用注入速率常数(K_1)和流出速率常数(K_2)进行描述。微分方程基于对脑部和血液中示踪剂浓度的动态测量进行求解。一旦 K_1 和 K_1/K_2 确定,CBF 和分配系数就可求出。分配系数是示踪剂在脑部和血液之间的溶解度比,并且在灰质和白质之间不同,为了简化通常假定其在整个脑部中是恒定的,并且对于 H_2O 近似为1。值得提醒的是,在这种示踪剂动力学中,空间平滑会导致在空间分辨率限制内相邻异质组织的系统性被低估。在临床阶段,通过示踪剂浓度的动脉输入函数,计算 CBF 和示踪剂动力学积分之间的关系并将此关系绘制成表格。然后,通过查找此关系的表格来确定 CBF。大多数 PET 确定 CBF 方法采用这种方法。

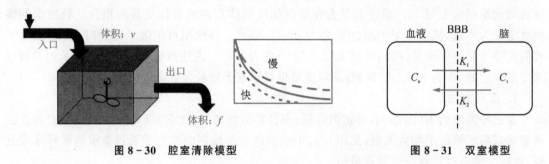

图 8 - 30　腔室清除模型　　　　　　　　　图 8 - 31　双室模型

血液中的示踪剂浓度(C_a)和脑组织中的示踪剂浓度(C_t)随时间变化。示踪剂在血脑屏障(BBB)两个室之间自由转移,其输注速率常数为 K_1,流出速率常数为 K_2。

不可扩散示踪剂不能扩散到脑组织中,而是停留在血管内(见图 8 - 29(b))。该示踪剂动力学的计算仍基于指示剂稀释原理。然而,由于血管空间仅占脑空间的 3%～5%,所以非扩散示踪剂的 MTT 也仅占扩散示踪剂的 3%～5%,即几十秒。在临床阶段,CT 或 MRI 中的造影剂用作非扩散示踪剂。由于这些技术不需要 RI 的重型设备,因此常用于评估 CT 或 MRI "灌注图像"的 CBF,相关模型和原理本节不展开,有兴趣的读者可参考相关文献(Konstas et al.,2009)。然而,由于非扩散示踪剂中 MTT 很短,在脑血管疾病中,几秒钟的侧枝流延迟也会导致 CBF 的严重误差,常常导致左右半球的误判。因此,必须仔细检查卒中患者的 CT 或 MRI "灌注图像"定性和定量数据。

微球示踪剂会按照血流的大小成比例地堵塞微血管(见图 8 - 29(c))。因此,可以根据示踪剂分布的测量来估计 CBF,即利用粒子分数原理计算 CBF。在临床情况下,因为这种堵塞微球不可用于人体研究,所以开发出了一种精密的微球,即化学微球(CMS)。CMS 在血液中具有亲脂性,可以轻松地穿过血脑屏障进入脑组织。一旦 CMS 扩散到脑组织中,CMS 就会被酶代谢并转化为亲水性。代谢后的 CMS 无法回到血液中,而是留在脑组织中。因此,CMS 会以与 CBF 成比例的方式被困住,呈现出流量依赖性分布(见图 8 - 29(d))。目前商业上已有标记为 [99mTc] 和 [132I] 的几种 CMS。由于通常需要测量 CMS 的动脉浓度,因此绝对定量 CBF 比较困难,可以相对定量 CBF,如左右比率和/或患健比率,可供临床使用。由于 SEPCT 设备的广泛分布,基于 CMS 的 CBF 在临床中已得到了广泛应用。

宏观方法在组织的空间和时间分辨率方面具有一定的局限性。如果使用 RI 示踪剂,该技术的空间分辨率不会很高,无法检测单个毛细血管的循环信息。RI 示踪剂提供的是一个几毫米立方体的平均 CBF,该尺度仍然包含了几百个微血管,几千个神经元和几万个胶质细胞,这种分辨率不足以用单个函数表示。因此,在宏观方法中,该单元体积内的空间异质性被假定为单一的均匀函数,这种假设将显著低估 CBF。关于时间异质性,指示剂稀释法要求在测量过程中血管系统达到稳态条件才能评估 MTT。对于可扩散的示踪剂,需要几分钟,而对于不可扩散的示踪剂则需要几十秒。如果在测量过程中无法保证稳态条件,数学方程式对示踪剂动力学的描述就不再有效,平均时间异质性通常会略微低于测量值。

2. 微观方法

微观方法测量的血管尺寸和血浆/细胞流速是决定 CBF 的唯一可测参数。将测得的平均速度和血管横截面积相乘,得到毛细血管和/或微血管中的整体流量(即体积流量)。

用于测量组织中微观血流的探针包括,带有荧光共轭生物相容大分子的血浆标记物和内源性荧光标记的血液细胞。可以使用具有高速摄像功能的活体荧光显微镜和共聚焦/双光子激光扫描荧光显微镜等常见设备进行数据采集,还可以使用多普勒光学相干断层扫描、多普勒光声断层扫描和高分辨率超声设备,能够从微观到介观(几毫米)的视野下测量三维大脑微循环的容积流量。虽然激光多普勒血流仪和激光散斑流成像广泛用于实验动物神经血管耦合的基础研究,这些仪器仅提供与流量相关的指标,而不是流量或速度的绝对值。可使用这些技术,比较在受控条件下与 CBF 相关的流量模式的相对变化,但仅限于受试者之间或位置之间的这些流量指数的定量比较。微观方法测量血流的重要优势在于能够捕捉单个微血管的实时参数,可以通过同时测量这些流动、血管细胞的运动和周围细胞的活动,来阐明血流变化与脑细胞功能活动之间的因果关系。因此,在自然条件下(无任务或刺激)实时成像空间和时间变化的血流动力学本身就为寻找维持脑循环和代谢稳态的决定因素提供了线索。

荧光红细胞技术是将从供体动物中收集的红细胞与生物相容性荧光染料(如异硫氰酸四甲基罗丹明)进行孵育,并将其应用于宿主动物的全身循环中。标记的细胞在灌注中能够直接测量任何器官中的流量参数,如红细胞速度、通量、血细胞比容和通过血管网络的通行时间。该技术得到了广泛应用,并被改良以使用各种荧光染料,包括基因荧光红细胞。这种标记的红细胞技术证明了尽管小鼠和大鼠的体积相差 10 倍,但是它们的脑微循环平均毛细血管速度相等。通过注射少量炭黑染料标记血浆流动,每个像素位置上 MTT 的倒数的空间分布表征 CBF 的时空变化,该技术可以用于缺血性小鼠脑中血流动力学变化的长期评估。该流动测量方法允许跨区域和受试者进行定量比较,但不能产生 CBF 的绝对值。因此,在任何有可视化血管和测量染料传输的情况下,都可以绘制出血浆流速的图像。

宏观方法测量封闭血管网络系统中的灌注流量,假定该血管网络组织具有单一的入口和出口,该方法可以测量 CBF 的绝对值。相比之下,微观方法测量的是未限定的开放系统中的流量。为了将这些宏观和微观流量数据联系起来,需要引入一个对两种方法都可测量的公共参数,在定义的组织体积中测量的 MTT 可以作为这种比较的公共参数。首先通过数学方法将微观确定的流量参数积分到组织体积中,用以表示一定体积的 CBF,然后与宏观方法测量的 CBF 进行比较。

8.4.2 脑氧代谢模型及功能磁共振检测(fMRI)

在 1890 年,Roy 和 Sherrington 就提出大脑区域灌注的血流能够反映神经元的活动,这一概念是今天所有基于血流动力学的脑成像技术的基础。因为葡萄糖代谢和 CBF 的变化密切耦合,假定氧代谢率和 CBF 变化也是耦合的,所以局部 CBF 的增加就与神经元活动直接有关。因此,通过刺激诱发的 CBF 变化就可以用于测量脑功能。1990 年 Ogawa 等提出可以使用静脉血氧水平依赖(BOLD)的磁共振成像(MRI)对比进行脑功能检测。BOLD 对比度依赖于脱氧血红蛋白(dHb)的变化,其可作为内源性顺磁性对比剂,通过磁共振图像信号强度的改变,反映大脑中局部 dHb 浓度的变化,用于人类功能性脑成像。经过多年的发展,功能磁共振成像(fMRI)已成为可视化人脑神经活动的首选工具。fMRI 已广泛用于研究各种脑功能,包括视觉、运动、语言和认知。BOLD 成像技术由于其高灵敏度和易于实施而被广泛使用。需要注意的是,由于 BOLD 信号依赖于各种解剖学、生理学和成像参数,其相对于生理参数的解释是定性或半定量的,因此,难以比较不同脑区域、不同成像实验室和/或不同磁场下的 BOLD 信号变化;相反,可以使用 MRI 测量 CBF 的变化。功能性磁共振成像具有较高的空间和时间分辨率,是描述脑功能的重要方法。接下来讨论 BOLD 信号的来源以及 BOLD fMRI 技术。

由于 fMRI 测量的是神经活动引起的血流动力学响应,在被试进行任务和/或刺激下,在脑局部区域引起突触和电活动,触发 CBF、脑血容量(CBV)、脑氧代谢率和脑葡萄糖代谢率的增加。尽管神经活动与血管生理学变化之间的确切关系尚不清楚,但广泛认为脑葡萄糖代谢率的变化是神经活动的良好指标。由于脑葡萄糖代谢率变化与 CBF 变化成线性相关,因此 CBF 的变化可以较好地间接反映神经的活动。

脑血流和 CBV 变化是相关的,因为 CBF 的变化是 CBV 和速度变化的倍数。在二氧化碳刺激期间,通过对猴脑的研究得出 CBF 和 CBV 之间的关系为

$$\Delta CBV/CBV = (\Delta CBF/CBF + 1)^{0.38} - 1 \tag{8-125}$$

$\Delta CBV/CBV$ 和 $\Delta CBF/CBF$ 是相对总 CBV 和 CBF 变化。同样对于大鼠脑部,以及视觉刺激下,人视觉皮层的相对 CBF 和 CBV 变化,上述关系可适用。因此,总血容量的变化可以成为 CBF 变化的良好指标。因为对比剂分布在所有血管系统中,所以使用对比剂可以测量总血容量的变化。

在 BOLD 对比的情况下,静脉血含有脱氧血红蛋白,只有静脉血可以在激活下产生磁敏感性变化。静脉血的氧合水平取决于血流供氧和组织氧利用之间的平衡。假设动脉血氧饱和度为 1.0,则静脉氧合水平的相对变化(Υ)、相对 CBF 和脑氧代谢率(CMR_{O_2})的变化之间的关系为

$$\frac{\Delta \Upsilon}{1-\Upsilon} = 1 - \frac{\Delta CMR_{O_2}/CMR_{O_2} + 1}{\Delta CBF/CBF + 1} \tag{8-126}$$

由式(8-126)可知,可以通过相对 CBF 和 Υ 变化,获取脑氧代谢率相对的变化。还需要注意的是,氧合变化和血流变化之间的关系在低 CBF 变化时是线性的,但在非常高的 CBF 变化时是非线性的。

下面讨论核磁共振功能成像信号与血流的关系。给定体素的磁共振成像信号为来自不同组分的信号的矢量和,其权重是 T_1 和 T_2 函数。因此,MRI 信号强度为

$$S = \sum S_{0i} fn(T_{1i}^*) fn(T_{2i}^*) \tag{8-127}$$

式中,S_{0i} 为给定体素中组分 i 的自旋密度;T_{1i}^* 和 T_{2i}^* 分别为组分 i 的表观纵向弛豫时间和横向弛豫时间。因此,信号变化可以由自旋密度、T_1^* 和/或 T_2^* 的变化引起。CBF 变化可以引起 T_1^* 的变化,而顺磁性物质的调节可以引起 T_2^* 的变化。

感兴趣区域内的入流效应会缩短表观 T_1,利用这一性质可以获得飞行时间(TOF)血管成像图像。当入流时间相对较长时,如 1 s,入流效应不仅存在于动脉血管中,还存在于毛细血管和周围组织中。因此,可以使用动脉中的水分子作为灌注示踪剂,通过无创方式测量脑血流量。动脉自旋标记(ASL)技术的一般原理是区分流入感兴趣区域的内源性动脉水分子的净磁化与组织的净磁化。在成像切片中,被无线电频率(RF)脉冲标记的自旋分子进入毛细血管,

并与组织水自旋进行交换。在 ASL 相关技术中,流动敏感交互式反转恢复(FAIR)磁共振灌注成像技术目前应用较为广泛。FAIR 获取两个反转恢复(IR)图像:一个是非切片选择性反转脉冲,另一个是切片选择性反转脉冲。非切片选择性反转脉冲和切片选择性反转脉冲之后的纵向磁化分别通过 $R_1(=1/T_1)$ 和 $R_1^*(=1/T_1^*)$ 恢复,其中,R_1^* 等于 $R_1+\text{CBF}/\lambda$,λ 为组织-血液分配系数([g(水)/g(组织)]/[g(水)/mL(血液)])。图 8-32 显示了翻转脉冲之后的松弛恢复曲线示意图,包括入流效应和非入流效应。可以通过确定 T_1 和 T_1^* 来估算脑血流。在适用 fMRI 进行功能激活研究时,对两个 IR 图像在对照期间和刺激间进行交替和重复采集,计算对照期间(ΔS_{cont})和刺激期间(ΔS_{st})每对切片选择性和非选择性 IR 图像之间的差异。相对 CBF 变化可以描述为 $\text{CBF}_{\text{st}}/\text{CBF}_{\text{cont}}=\Delta S_{\text{st}}/\Delta S_{\text{cont}}$,其中 CBF_{st} 和 CBF_{cont} 分别是刺激期间和对照期间的 CBF 值。功能性脑成像已经成功地应用于运动、视觉和认知任务中(见图 8-33)。由于小动脉和毛细血管非常接近神经元活跃的组织,因此组织特异性的 CBF 信号将提高功能性图像的空间特异性。

虽然基于灌注的方法可以用于 fMRI 研究,但存在许多缺点。首先,存在大血管贡献,这是因为标记的血液在进入毛细血管之前会充满动脉血管。虽然可以通过一些方法降低或去掉该影响,但是往往会降低灌注加权图像的信噪比(SNK)。其次,只有标记的动脉自旋进入感兴趣区域并与组织自旋进行足够长时间的交换,才能实现适当的灌注对比度,这使得难以检测到时间分辨率大于动脉血液 T_1 的 CBF 变化,导致信号平均无效。再次,在多层应用中,到不同层的传递时间是不同的,这可能会导致相对 CBF 变化的定量误差。

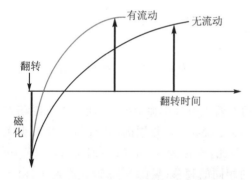

注:流入效应使自旋更快地弛豫。

图 8-32　翻转脉冲之后的松弛恢复曲线示意图

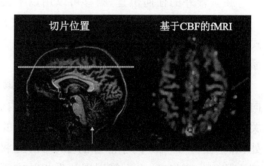

图 8-33　左手指运动期间的脑血流加权功能图像

在典型的 fMRI 采集参数下,因为 BOLD 效应对基线静脉血容量和血管大小敏感,所以在大型引流的静脉及其周围区域 BOLD 响应特别敏感。由去氧血红蛋白引起的 BOLD 对比度来源于血管内(IV)和血管外(EV)两个组分,与成像时间(回波时间小于 100 mm)相比,这两个组分之间的水分子交换速度(毛细血管中的典型寿命大于 500 mm)相对较慢,可视为两个独立的 MRI 信号。

在 fMRI 测量期间,红细胞(RBC)和血浆之间迅速交换水分子,水在 RBC 中的平均驻留时间约为 5 ms,并通过扩散沿空间移动。因此,dHb 会引起许多不同场的动态平均发生。在管内的所有水分子都会经历类似的动态平均,导致静脉中的水分子 T_2 减少。血液中水分子的横向弛豫率受到水分子的交换和扩散的影响。在这两种情况下,血液的 T_2 信号可以写为

$$1/T_2 = A_0 + K(1-\Upsilon)^2 \tag{8-128}$$

式中，A_0 为一个与磁场无关的常数项；K 会随磁场的平方增加，并且也依赖于自旋回波测量中使用的回波时间。实验测量表明在 1.5 T 时，血液中水分子的 T_2 值约为 127 ms，Υ 值为 0.638；而在 7 T 和 9.4 T 时，T_2 分别为 12～15 ms 和 5 ms。这些实验值与式(8-128)的预测相一致。1.5 T、7 T 和 9.4 T 下灰质中水分子的 T_2 值分别为 90 ms、55 ms 和 40 ms。当自旋回波时间设置为灰质的 T_2 值时，可以明显看到，当磁场增加时，血液对 MRI 信号的贡献显著降低。

除了脱氧血红蛋白引起的 T_2 变化外，还观察到频率偏移。当血管被认为是一个无限长的圆柱体时，脱氧血红蛋白在血管内外产生的频移 $\Delta\omega$ 如图 8-34 所示。值得注意的是，因为 $\omega = \gamma B$，频率和磁场是可互换的。其中，γ 为旋磁比；B 为磁场。在血管内部，频率偏移为

$$\Delta\omega_{in} = 2\pi\Delta\chi_0(1-\Upsilon)\omega_0(\cos^2\theta - 1/3) \tag{8-129}$$

式中，$\Delta\chi_0$ 为全氧合血和全脱氧血之间最大磁化率差；Υ 为静脉血氧合分数；ω_0 为应用的磁体中的磁场，以频率单位表示（$\omega_0 = \gamma B_0$）；θ 是应用磁场(B_0)和血管方向之间的夹角，$\Delta\chi_0$ 取决于血液比容。

假设血液比容为 0.38，100% 氧合血红蛋白和 100% 脱氧血红蛋白之间的磁化率差为 0.27 ppm[①]，则全血中的 $\Delta\chi_0$ 为 0.1 ppm。在给定的体素中，存在许多具有不同方向的血管，随机方向不会引起净相移，而会导致相位分散，因此会使 T_2^* 降低。然而，一个非常大的血管将具有其自身的相位，频移取决于其氧合水平和方向。利用这个性质，可以确定垂直于 B_0 的血管的静脉氧合水平。

在血管外的任何位置，频移可以用以下公式描述：

$$\Delta\omega_{out} = 2\pi\Delta\chi_0(1-\Upsilon)\omega_0(a/r)^2(\sin^2\theta)(\cos 2\phi) \tag{8-130}$$

式中，a 为血管的半径；r 为从感兴趣点到血管中心的距离；ϕ 为 r 与由 B_0 和血管轴定义的平面之间的夹角。

失相效应取决于血管的方向，平行于磁场方向的血管没有外部血氧效应，而垂直于磁场方向的血管具有最大的外部效应。在血管的内腔($r=a$)处，$\Delta\omega_{out}$ 是相同的，并且与血管大小无关。在 $r=5a$ 处，磁化率效应是最大 $\Delta\omega_{out}$ 的 1/4。因此，半径为 3 μm 的毛细血管的 15 μm 处，和半径为 30 μm 的小静脉的 150 μm 处将观察到相同的频移（见图 8-35）。这表明，由于较小的磁化率梯度，大血管周围的失相效应更具有空间延伸性。无论磁场强度如何，大血管对常规 BOLD 信号的外部血氧效应都比较明显。在 fMRI 的回波时间（约 50 ms）内，水分子扩散约 17 mm，这涵盖了 3 mm 半径毛细血管周围许多不同磁场的空间范围，但是在 30 mm 半径小静脉周围只有很小范围的静态磁化率。因此，在毛细血管周围组织中的水分子，在不同场的作用下会被动态平均（即没有净相移）。然而，由于在回波时间内，大血管周围组织中的水分子具有一定的局部平均，因此静态失相效应占主导（如图 8-35 中具有失相信息的小圆圈所示）。大血管周围的失相效应可以通过 180° 射频脉冲来重新聚焦。因此，使用自旋回波技术可以减少大血管的外部效应。

---

① 1 ppm $= 1\times10^{-6}$。

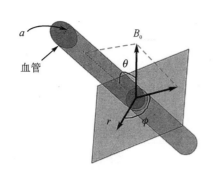

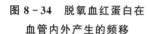

图 8-34 脱氧血红蛋白在
血管内外产生的频移

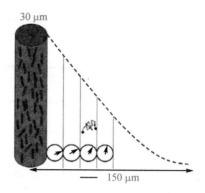

图 8-35 3 mm 半径毛细血管和 30 mm
半径静脉的血管外相效应

在一个给定的体素中,由众多血管引起的失相效应(即频率偏移)将被求和,导致 T_2^* 减少和 MRI 信号降低,即

$$S(\text{TE}) = \sum_i S_{0i} e^{-\text{TE}/T_{2i}} e^{-i\omega_i \text{TE}} \tag{8-131}$$

式中,对参数 i 执行求和,该参数指定体素内的小体积元素(如理论上具有小圆形和相移的体积);$\omega_i \text{TE}$ 为回波时间 TE 时位置 i 的相移。由于静态平均,此信号将会损失掉。如果体素内 ω_i 的变化相对较大,则信号将近似衰减为单个指数时间常数 T_2^*。可以将体素内的失相效应简化为 R_2',即

$$R_2' = \alpha \cdot \text{CBV} \{\Delta\chi_0 \omega_0 (1-Y)\}^\gamma \tag{8-132}$$

式中,α 和 γ 为常数。功率项 γ 在静态平均域中为 1.0,在时间不可逆平均域中为 2.0。所有静脉血管的功率项均为 1.0~2.0;梯度回波序列 γ 为 1.0~2.0,自旋回波序列为 1.5~2.0。如果在回波时间内,水分子的扩散距离足以有效平均频率偏移(也与磁场有关),则 γ 将为 2.0。因此,较长的回波时间(即较长的扩散距离)和较高的磁场(即较大的磁化率梯度)将减小可以进行动态平均的血管的尺寸。图 8-36 显示 R_2' 依赖于血管大小和频率偏移。比如,在 1.5 T 和 4 T 下,$Y=0$ 处的频率偏移分别为 40 Hz 和 107 Hz。对于半径为 3 μm 和 30 μm 的血管,当频率偏移从 32 Hz 增加到 64 Hz 时(由于磁场增加和/或氧合水平降低),半径为 3 μm 的血管的 R_2^* 值分别从 1.2 s^{-1} 变为 3.5 s^{-1},而 30 μm 的血管从 2.8 s^{-1} 变为 6.0 s^{-1}。3 μm 的血管的 γ 为 1.5,而 30 μm 的血管的 γ 为 1.1,表明较小尺寸的血管更容易受到频移(如由磁场引起)的影响。图 8-36 显示了血管大小与自旋回波和梯度回波 BOLD 信号变化的函数关系。在毛细血管处,R_2^* 的变化与 R_2 的变化相似。然而,当血管尺寸增加到 5~8 μm 以上(这与扩散时间和磁敏感梯度有关)时,R_2 的变化减少,但 R_2^* 的变化仍然很大。因此,自旋回波 BOLD 信号主要起源于包括毛细血管在内的小尺寸血管,而梯度回波 BOLD 信号则主要来自大静脉。

如前所述,无论血管大小,梯度回波 BOLD 信号均由静脉血管的血管内和血管外两部分信号组成。自旋回波可消除大血管周围的失相效应,因此自旋回波 BOLD 图像包含具有时间不可逆扩散效应的血管(即小血管)的血管外信号和所有大小血管的血管内信号。因为包括大静脉在内的静脉血管可能远离神经元活跃区,区分实质信号和大血管信号很重要。尽管来自非活跃区域流出的血液会稀释血液,最终会减弱这种非特异性的静脉效应,但在此之前,会产

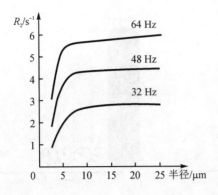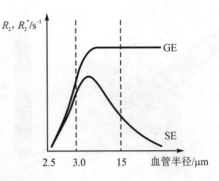

图 8 - 36 R_2^* 与 R_2 随着管径的变化

生相当大的非特异性激活。因此,对于高分辨率研究来说,减少从血管内和血管外的引流静脉信号非常重要。

fMRI 的一个重要考虑因素是对比噪声比(神经活动引起的信号变化相对于信号波动的比率)。增加神经活动引起的 MRI 信号和减少噪声是高分辨率 fMRI 的重要方面。神经活动引起的信号取决于用于 fMRI 的图像对比度和成像技术。在基于 T_2^* 的测量中,神经活动引起的信号变化为

$$\Delta S = \rho S_{\text{cont}} (e^{-\text{TE} \cdot \Delta R_2'} - 1) \tag{8 - 133}$$

式中,ρ 为处于活跃状态的体素的分数;S_{cont} 为控制期间的信号强度;TE 为回波时间;ΔR_2^* 为处于活性部分的体积中表观横向弛豫率的变化。当梯度回波时间设定为组织在静息条件下的 T_2^* 时,信号变化最大化。当使用自旋回波成像技术时,ΔR_2^* 被 ΔR_2 替换。ΔR_2^* 等于 $\Delta R_2 + \Delta R_2'$,其中,$\Delta R_2'$ 为由于局部非均匀磁场引起的弛豫速率。在将回波时间设定为组织的 T_2 时,自旋回波 BOLD fMRI 的 ΔS 将最大化。在基于 CBF 的技术中,$\text{TE}\Delta R_2^*$ 被替换为 $\text{TI}\Delta R_1^*$,其中,TI 为自旋标记时间(即脉冲标记方法中时间的倒数),ΔR_1^* 为表观纵向弛豫率的变化。通过将 TI 设定为组织的 T_1,ΔS 可以最大化。在任何技术中,大血管都会增加 ΔS。根据每项测量的空间特异性的限制,应选择 ΔS 最高的技术。由于小皮层静脉的贡献可能仅局限于激活区域的 1.5 mm 内,小静脉的贡献可以提高亚毫米空间分辨率的信噪比。因此,在具有亚毫米空间分辨率的 fMRI 研究中,仅需要去除大型表面动脉和静脉,不用考虑较小皮层静脉的影响。

噪声源包括随机白噪声、生理波动、头部运动和系统不稳定。随机噪声在体素之间是独立的,而其他噪声源可能在体素之间是相干的,这种相关性导致空间和时间上具有相关性。在 fMRI 中,相干噪声是信号波动的主要来源。头部运动可以通过头架消除。生理运动主要是由呼吸和心脏搏动引起的,可以通过门控数据采集和/或后处理来处理。

高分辨率 fMRI 的空间分辨率取决于信噪比(SNR)和内在血流动力学反应。基于血流动力学的 fMRI 的空间特异性极限取决于 CBF 的精细调节程度。在可用的血流动力学 fMRI 方法中,CBF 为基础的信号对于确定神经活性区域最具特异性,因为 BOLD 信号大多数来自组织和毛细血管,在不考虑大血管贡献时,该信号具有与 CBF 加权信号相似的空间特异性。

由于血流动力学反应迟缓,即使可以快速获取图像,也很难获得非常高的时间分辨率。通

常在神经刺激开始后的 1~2 s 内观察到血流动力学信号变化,该变化在 4~8 s 达到最大值(见图 8-37)。因为血流动力学反应会因血管结构而异,所以从血流动力学反应中获得神经活动的确切时间并不容易。如果所有区域和所有受试者的血流动力学反应时间相同,则可以直接从 fMRI 时间序列推断神经活动。然而,这可能并不适用于所有区域和所有受试者,因此,fMRI 时间序列的差异可能仅与固有血流动力学反应时间差异有关,从而妨碍了时间研究。为了区分固有血流动力学差异和神经活动差异,可以使用时间分辨事件相关 fMRI 技术。通过测量多个行为,可以确定 fMRI 参数如何随行为进行相关变化。随后,可以将 fMRI 反应的时间特征与行为数据(如反应时间)相关联,从而可以区分神经活动的潜在时间行为差异,和受试者和脑区之间的血流动力学反应时间差异。该方法使实验者能够获得更高的时间分辨率,可以使用标准梯度回波 BOLD fMRI 进行动态 fMRI 研究。

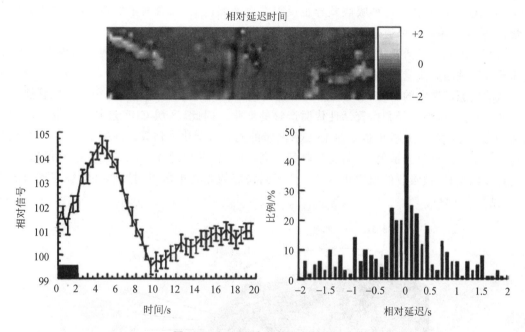

图 8-37 血流动力学反应的异质性

8.4.3 脑氧代谢近红外光谱检测

功能性近红外光谱(functional near-infrared spectroscopy,fNIRS)技术是一种光学非侵入性神经影像技术,可以测量神经元活动后脑组织中含氧血红蛋白(HbO_2)和脱氧血红蛋白(HbR)浓度的变化。该技术将近红外光线(650~950 nm)照射到头部,并要求该近红外光学窗口内的生物组织相对透明,使光线能够到达脑组织。

发现近红外光窗口存在于我们的身体中可追溯至 1977 年,当时 Fransis Jobsis 用肉眼观察牛排时,发现红光能够穿透 4 mm 厚的牛排骨头,这表明红光甚至更长波长的近红外光能够穿透我们的头皮和颅骨到达下层组织。fNIRS 技术利用皮肤和骨头对近红外光的透明性,已被广泛应用于许多不同的领域,包括肌肉生理学的研究,以及脑皮层病理生理学的临床监测等。fNIRS 经过不同的发展阶段,世纪 90 年代初,使用单点(或单通道)记录 fNIRS,后来开发了第一批多通道系统,允许监测头部更大的部分并收集 HbO_2 和 HbR 的拓扑特性。随后进行了进一步的原理性研究,同时在更多的位置探索脑血流动力学变化的基本功能需求(如手指敲击任务、语言流畅性任务),并验证了 fNIRS 可以作为可靠的功能性神经影像学工具。

在到达大脑之前,近红外光必须通过多层不同的组织(如头皮皮肤、颅骨、脑脊液),每个层次具有不同的光学特性。因为不同层组织是各向异性和非均匀的,所以近红外光与人体组织的相互作用非常复杂。然而,该过程可以通过近红外光被吸收和散射来简化。吸收是光子能量转化为介质内部能量的过程,取决于物质的分子特性。在人体组织中,有多种物质,如水、脂肪、血红蛋白等,每种物质在不同波长下都具有不同的吸收特性。特别是人体约由 70% 的水组成,在近红外光窗口中,其吸收最小,使得近红外光可以穿过组织。近红外光窗口内最显著且与生理相关的吸收色素是血红蛋白。特别是含氧血红蛋白(HbO_2)和脱氧血红蛋白(HbR)以不同的方式吸收近红外光,在 $X > 800$ nm 处,HbO_2 吸收系数更高;相反,$X < 800$ nm 处,HbR 的吸收系数更高。这种吸收差异也反映在血液颜色上,氧合血液颜色更红,脱氧血颜色更紫,这种颜色差异可以通过光谱测量来量化。

当大脑区域处于活跃状态并参与执行某项任务时,大脑对氧气和葡萄糖的代谢需求增加,从而导致区域脑血流量(cerebral blood flow,CBF)过剩以满足大脑代谢需求的增加。对于神经元活动增加而导致的 CBF 增加称为功能性高代谢,该功能性高代谢由几种神经血管偶联机制介导,如毛细血管直径和血管活性代谢产物的变化。因此,区域 CBF 过剩会产生 HbO_2 增加和 HbR 浓度降低,这些可以通过 fNIRS 测量的光衰减变化来估算。除吸收外,NIR 光线在生物组织中行进时也会散射,散射比吸收频率高 100 倍,并导致光衰减。光子散射得越多,行进的路径就越长,被吸收的概率也越大。照射到头部的光将被散射、扩散,并能够穿透组织数厘米(见图 8 - 38)。

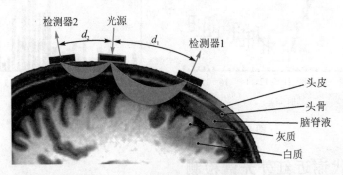

图 8 - 38   蓝色表示光子从光源到探测器穿过头部不同层次的路径

光的穿透深度与光源和探测器之间的距离成正比(d_1:深层通道;d_2:浅层通道)。一个通道由光源和探测器组成,位于光源和探测器之间的中点,并且在一个约等于光源和探测器之间距离 1/2 的深度处。

因此,如果将光探测器放置在距离近红外光源一定距离的地方,就能够收集到反射光,并测量光的衰减变化。由于近红外光窗口内的吸收主要是由 HbO_2 和 HbR 引起的,所以在给定波长下,光的衰减变化可以表示为 HbO_2 和 HbR 浓度变化的线性组合。如图 8 - 39 所示,大多数商业系统采用连续波(CW),使用持续发射的近红外光,通常用两个或三个波长,通过估计输入(I_{IN})到输出(I_{OUT})光的比率来测量由组织散射和吸收引起的光衰减(ΔA)。将第一个衰减测量值从后续的衰减测量值中减去,可以估计出衰减(ΔA)的变化,并用于推导 HbO_2

和 HbR 的浓度变化。这种方法假定 ΔA 仅取决于氧依赖性血红蛋白色团的吸收变化,因此排除了其他因素,如散射、黑色素和水的浓度等在测量期间不太可能发生显著变化的因素。这种方法常被称为改进的 Beer-Lambert 定律或差分光谱法,并广泛应用于 fNIRS。

改良 Beer – Lambert 定律(MBL)的表达式为

$$A = -\lg(I/I_0) = \varepsilon C \beta \rho + S \qquad (8-134)$$

式中,A 为以 OD(光密度)测量的衰减;I 和 I_0 为检测到的和照射的光的强度;ε 为摩尔吸收系数($\mathrm{mol}^{-1} \cdot \mathrm{cm}^{-1}$);$C$ 为色团(如 Hb)的浓度,mol;$\beta\rho$ 为光学路径的长度,cm,又称总路径长度($t-PL$);S 为主要由散射引起的光学衰减(见图 8-39)。然而,仪器无法测量光学路径长度,不能提供浓度变化的绝对值,这里 NIRS 信号为浓度变化和光学路径长度的乘积,单位为 mol·cm。

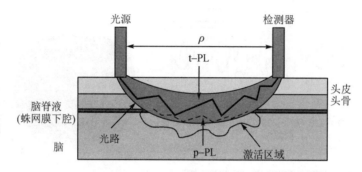

图 8-39　近红外光通过头部的示意图和改良的 Beer – Lambert 定律示意图

由于散射,$t-PL$ 为光源-探测器距离(ρ)的 β 倍。光学路径中的实线和虚线分别为平均总路程长度和局部路程长度。

连续波 fNIRS 可以提供 HbO_2 和 HbR 浓度变化的信息,但无法确定绝对基线浓度,因为它们无法分离和量化吸收和散射的贡献。然而,这些系统非常适合用于认知神经科学,因为绝对浓度并非必要,功能活动通常相对于基线进行评估。

除了基于 CW 技术的 fNIRS 系统外,fNIRS 仪器还可以分为其他两类,即时域(TD)和频域(FD)设备。这些设备可以分离光的吸收和散射贡献,从而获得绝对的 HbO_2 和 HbR 浓度。FD 设备使用强度调制的近红外光照射大脑,而 TD 系统更加复杂,包含几皮秒脉冲的近红外光源和一个快速时间分辨探测器,可以恢复再发射光子的飞行时间(时间传播函数)。时间传播函数提供了散射和吸收光的信息,也提供了光子在大脑内到达的深度信息(即光子在大脑内停留的时间越长,到达的距离就越大)。

组织中被近红外光照射的部位称为通道,位于光源和探测器之间的中点处,深度约为光源-探测器距离的 1/2 左右。光的穿透深度与光源-探测器距离有关,即光源-探测器距离越长,穿透深度越深。然而,将光源-探测器距离增加以达到更深的结构会导致信噪比(SNR)恶化,因为光吸收的概率增加,探测器接收到的光减少。因此,光源-探测器距离必须在深度、灵敏度和 SNR 之间进行权衡,综合考虑一般成人研究的光源-探测器距离为 30~35 mm,婴儿研究的光源-探测器距离为 20~25 mm。

通常,fNIRS 技术可以根据通道数量和其配置方式分为两种。一种配置方式是 fNIRS 源和探测器光纤(或光电极)独特地分布在头部的各个位置,并且固定光源-探测器间距。每个光源-探测器间距代表一个测量通道,提供了 HbO_2 和 HbR 浓度变化在皮层表面分布的拓扑形式。这种方式简单,也是目前最常见和商业可用的形式。另一种配置方式需要应用多个光源-探测器间距在头部重叠的通道,以获取 HbO_2 和 HbR 浓度变化在皮层表面分布的层析成像表示。后一种 fNIRS 配置被称为扩散光学层析成像(DOT),其中使用更密集的通道阵列,以重叠的脑体积进行采样。近年来,可穿戴和/或无光纤的 fNIRS 仪器得到了发展。

神经活动与局部动脉扩张的增加、随后的 CBF 过度供应和 CBV 增加有关,即功能性充血,以支持神经元对营养物质(即葡萄糖和氧气)需求的增加,到达活化脑区的氧气量比消耗速率高,导致 HbO_2 的增加和 HbR 的降低(见图 8-40(a)),也就是前述的血流动力学反应。该反应可以通过 fNIRS 在大脑皮层的多个位置(见图 8-40(c))进行测量(见图 8-40(b))。

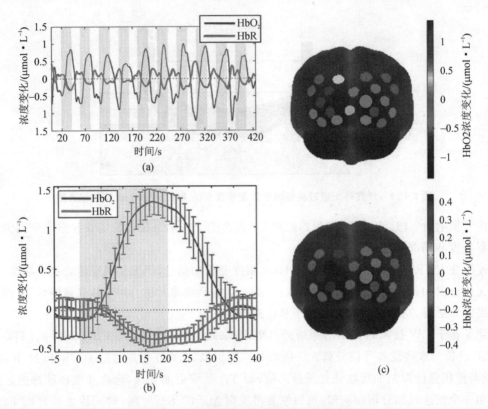

图 8-40 双侧刺激枕叶皮层,闪烁棋盘实验

一般而言,在刺激事件期间,血流动力学响应在刺激开始后 5 s 左右达到峰值,经过大概 16 s 返回到基线。这些反应的动力学特征,如峰值和下降延迟、持续时间等,可能因不同的脑区、任务类型和设计以及参与者年龄而异。通过 fNIRS 测量的神经活动的代谢相关物(即 HbO_2 增加和 HbR 降低),与前述 fMRI 测量的黄金标准(血氧水平依赖性(BOLD)响应)进行比较,发现 BOLD 信号与 HbO_2 呈正相关,与 HbR 呈反相关。

除了任务驱动的功能实验外,fNIRS 还广泛用于评估大脑不同区域之间的静息状态功能连接。功能连接关注的是不同部位之间慢速信号变化(<0.1 Hz)的相关性研究。典型 fNIRS 系统的采样率为 10 Hz,为减少较高频率(如心率(~1 Hz))的活动被混淆进较低频率(<0.1 Hz)提供了理想的数据连接性测量。

对 fNIRS、fMRI、脑电图（EEG）/脑磁图（MEG）和正电子发射断层扫描（PET）这些影像技术测量脑功能做一个比较（见表 8-2）。这些方法的实用性可以从多个方面进行评估，包括空间和时间分辨率、数据的稳定性、潜在的伪影源、高级分析的潜力以及方法对不同参与者的易用性等。在此，回顾 fNIRS 用于神经影像研究的优缺点（见表 8-2），以提供 fNIRS 与其他可用神经影像技术之间更为关注的比较。

fNIRS 系统从两种血流动力学信号——HbO_2 和 HbR 的大脑表面提供测量值，其空间分辨率为 2～3 cm。通过分析这两个信号之间的相互关系可以更加精确地研究功能性脑活动。与 fMRI 类似，fNIRS 记录血液动力响应，该响应在大约 6 s 后达到峰值。然而，fNIRS 系统的时间采样率通常高达 10 Hz，这使血液动力响应函数（HRF）的采样更加充分，从而更好地跟踪HRF 的形状。

其中一个推动 fNIRS 研究增长的主要因素是该方法对运动伪影具有良好的容忍度。fNIRS 系统在关注参与者安全和舒适的情况下有许多优点。总之，fNIRS 可以在各种背景和人群中提供高时序采样的血流动力学信号。由于光学组件不会干扰电磁场，因此 fNIRS 非常适合进行多模态成像（如 fNIRS-fMRI，fNIRS-EEG），以收集与神经血管耦合相关的更完整的信息，并在使用有植入治疗装置的个体（如耳蜗植入术）时不会造成任何伤害。值得一提的是，系统性血流变化对血流动力学信号的影响是 fMRI 和 fNIRS 数据的一个潜在问题，尽管它在记录自由移动的人的数据时可能更明显。测得的 fNIRS 信号是由神经活动和系统性来源的组成部分的组合，这可能导致在功能活动的统计推断中出现误报或误漏。

其他可用于研究人类认知的技术包括基于神经血管耦合的 fMRI 和正电子发射断层扫描，以及检测大脑电磁活动的脑电图和脑磁图。这些技术通常基于每种技术的时间和空间分辨率进行比较，还有其他重要因素，如运动的鲁棒性，可以研究的参与者样本的广泛性和多样性等。

表 8-2 神经影像技术的优缺点

技术特征 ＼ 技术类型	fNIRS	fMRI	脑电图/脑磁图	正电子发射断层扫描
信号	HbO_2，HbR	BOLD(HbR)	电磁信号	脑血流、葡萄糖代谢
空间分辨率	2～3 cm	0.3 mm 体素	5～9 cm	4 mm
穿透深度	大脑皮层	全脑	脑电图为大脑皮层；脑磁图为深层结构	全脑
时间采样率	可达 10 Hz	1～3 Hz	>1 000 Hz	<0.1 Hz
任务的种类	多样	有限	有限	有限
运动下的鲁棒性	很好	有限	有限	有限
受试者范围	所有人	有限	所有人	有限
噪声	安静	嘈杂	安静	安静
易携带性	可携带	不可携带	可携带	不可携带
花费	低	高	脑电图低；脑磁图高	高

8.4.4　Balloo 模型

在对脑区神经活动致局部血流量变化的氧代谢进行理论分析时,不考虑血管外的流动,血液从毛细血管进入静脉。脱氧血红蛋白成分主要存在于静脉、微静脉中,而动脉及组织中含量甚微,因此忽略毛细血管中的脱氧血红蛋白量,所有的脱氧血红蛋白均在静脉中。将毛细血管后的静脉简化为一个 Balloon 模型,如图 8-41 所示。

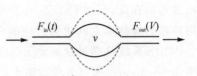

图 8-41　Balloon 模型

与弹性腔模型类似,假设 $F_{out}(t)$ 是体积 $V(t)$ 的函数,可得

$$\frac{dV(t)}{dt} = F_{in}(t) - F_{out}(V)$$

式中,$F_{in}(t)$ 为流入静脉的血液体积流量;$F_{out}(t)$ 为流出静脉的血液体积流量;$V(t)$ 为静脉(血液)体积。血液体积的变化率=单位时间内流入的血液体积-单位时间内流出的血液体积。

类似地,血红蛋量的变化率=单位时间内流入的脱氧血红蛋白量-单位时间内流出的血红蛋白量。进入静脉单元的脱氧血红蛋白变化率为

$$F_{in}(t) \cdot E \cdot C_a(CMRO_2)$$

其中,E 为氧摄取分数,血液流过毛细血管床时组织吸收 O_2 占输入氧的比例;$CMRO_2$ 为全氧合血红蛋白浓度。

视 Balloon 为充分混合的单元,从组织析出的脱氧血红蛋白的流出率为

$$F_{out}(t) \cdot 静脉中脱氧血红蛋白的平均浓度 = F_{out}(t) \cdot [Q(t)/V(t)]$$

式中,$Q(t)$ 为静脉中脱氧血红蛋白总量。则 $Q(t)$ 和 $V(t)$ 耦合的方程为

$$\frac{dQ(t)}{dt} = F_{in}(t) \cdot E \cdot C_a - F_{out}(V) \cdot \left(\frac{Q(t)}{V(t)} \right)$$

$$\frac{dV(t)}{dt} = F_{in}(t) - F_{out}(V)$$

以静息状态 $t=0$ 为参考,进行无量纲化,有

$$q(t) = \frac{Q(t)}{Q_0}, \quad v(t) = \frac{V(t)}{V_0}, \quad f_{in}(t) = \frac{F_{in}(t)}{F_0}, \quad f_{out}(V) = \frac{F_{out}(V)}{F_0}$$

式中,Q_0, V_0, F_0 分别为静息状态的脱氧血红蛋白量、静脉体积和静脉血流量。

$$\frac{dq(t)}{dt} = \frac{1}{\tau_0} \left(f_{in}(t) \frac{E(t)}{E_0} - f_{out}(v) \frac{q(t)}{v(t)} \right)$$

$$\frac{dv(t)}{dt} = \frac{1}{\tau_0} (f_{in}(t) - f_{out}(v))$$

式中,τ_0 为静息状态下传输时间常数,$\tau_0 = \dfrac{V_0}{F_0}$;$E_0$ 为静息状态下的毛细血管中氧气摄取分数;$t=0, q(0)=v(0)=f_{in}(0)=f_{out}(v(0))=1, E(0)=E_0$。

为了求解,还需要确定 $E(t)$ 和 $f_{out}(v)$ 两个关系式。研究认为,在一定假设下,$E(f)$ 可表示为 $1-(1-E_0)^{1/f}$,其中,$f = f_{in}(t)$;$v = (f_{out})^\alpha$ 或 $f_{out}(v) = v^{\frac{1}{\alpha}} + \tau \dfrac{dv}{dt}$,分析中常取

$\alpha = 0.4$。

8.5　本章总结与学习要点

本章主要介绍微循环系统的结构和物质传输这个主题,简要介绍了微循环系统的结构,包括小动脉系统、毛细血管系统、静脉系统;其中内皮细胞层结构以及细胞连接都是影响物质交换的关键因素。物质传输的基本过程包括扩散和对流,两者的相对大小可以使用无量纲参数(Pe)进行描述,Pe 也等于 Re 和 Sc 的乘积。此外,物质反应也会影响物质传输过程,在不同的情况下需要确定相应的物质传输边界条件。微循环的压力和流动在管腔、跨内皮和组织间隙这些区域内规律不同。微血管管腔内压力和流动的调控具有重要的生理功能,调控具有包括压力自调节、肌源性调节、代谢性调节、神经调控等多种形式。微循环的血流也将影响其中氧气和一氧化氮等物质的传输。

氧气在人体的整个传输过程包括几个关键步骤。①氧气从鼻子呼入,在肺泡与毛细血管中的血液之间进行氧气传输。②氧气溶解在血浆中,与血红蛋白结合,通过血液的对流,运输到组织。③氧气从毛细血管的血液中传输到组织和细胞中。氧气和一氧化氮的运输有许多相似之处,例如,气体分子与血红蛋白的相互作用、在血液中的扩散和对流,以及在组织中的反应。NO 的反应和传输途径的几个重要差异,导致了不同的 NO 传输和代谢模型。最重要的差异在于 NO 是在内皮表面产生的,而且 NO 的产生随着流动剪切力的增加而增加。跨内皮和组织间隙的流动对大分子物质传输具有较大的影响。

冠脉微循环和脑微循环是人体内重要的微循环系统,具有微循环的共同属性,还有一些特性,比如,微循环中心肌的高耗氧性、脑循环中的血脑屏障功能等。医学中已开发出检测脑血流和氧代谢的技术,主要分为从宏观和微观空间尺度测量脑血流,本章主要介绍了功能磁共振检测(fMRI)和近红外光谱检测(fNIRS)这两个测量脑血流和代谢相关技术的原理、数据形式和优缺点。

习　题

1. 血液以 0.35 mL $\cdot$ min^{-1} $\cdot$ cm^{-3} 的流速灌注组织区域。进入血液的氧分压为 95 mmHg,离开血液的氧分压为 20 mmHg。计算组织的氧消耗速率,单位为 μmol $\cdot$ s^{-1}。

2. 氧气在组织中的扩散系数为 2.0×10^{-5} cm^2 $\cdot$ s^{-1},在血浆中的浓度是 4.0×10^{-8} mol $\cdot$ cm^{-3}。假设骨骼肌和脑组织中的毛细血管半径为 4 μm,组织对氧气的消耗速率分别约为 1×10^{-7} mol $\cdot$ cm^{-3} $\cdot$ s^{-1} 和 5×10^{-8} mol $\cdot$ cm^{-3} $\cdot$ s^{-1},根据 Krogh 模型,计算在骨骼肌和脑组织中两个毛细血管中心间距离的最大值是多少?如果考虑沿着毛细血管氧气浓度下降,假设肌肉组织中血流速度为 0.2 cm/s,该最大值是多少?

3. 半径为 4 μm 的毛细血管,设氧对血浆的扩散系数为 2×10^{-5} cm^2 $\cdot$ s^{-1},血浆中的氧浓度为 4×10^{-8} mol $\cdot$ cm^{-3},氧的消耗率(reaction rate)为 5×10^{-8} mol $\cdot$ cm^3 $\cdot$ s^{-1}。

(1) 若 Krogh 半径(Krogh radius)为 35 μm,利用 Krogh-Cylinder 模型的结果,计算离开毛细血管中心线 10 μm 和 20 μm 的氧的浓度。

(2) 画出横轴为离开毛细血管中心线的距离(r,单位为 μm)、纵轴为氧浓度($\times 10^{-8}$

$mol \cdot cm^{-3}$），Krogh 半径（Krogh radius）分别为 25 μm 和 35 μm 的曲线图（坐标系如图 8-42 所示，距离 0 为毛细血管的中轴线。两条曲线画在同一张图上。可用 Excel 或 MATLAB 完成）。

4. 在构建的工程血管化组织中，血管平行排列，测得毛细血管之间的平均距离（中心到中心）为 130 μm。毛细血管直径为 7 μm，使用氧敏荧光染料表征氧气浓度，在离毛细血管等距离的区域，近似于 Krogh 组织柱的半径处，氧分压为 10 mmHg，而毛细血管中血液中氧气的平均浓度为 100 μmol。估计周围细胞对氧气的摄取速率为 30 μmol $\cdot$ s^{-1}。估算氧气在毛细血管周围组织中的扩散系数为多少？

5. 将血管壁假设为均匀的膜，Kedem - Katchalsky 传输方程不考虑渗流作用，血管的渗透系数定义为 $P = J_s/(S\Delta C)$。假设一种物质 A 的有效扩散系数为 D_A，血管壁的厚度是 L，并且血管壁中 A 的可用体积分数是 K_A，则根据 D_A，K_A 和 L 的确定分子 A 的渗透系数。

6. 对于一维多孔介质，其厚度为 h，两侧的压力由 p_1 降到 p_2，使用达西定律描述其传输过程，假设该多孔介质的水力传导率为 K，试求多孔介质内部的压力和流速。

7. 毛细血管壁的内皮细胞之间的裂缝结构如图 8-43 图所示，血浆可以裂缝穿过内皮细胞层，假设裂隙在内皮表面上的面积分数为 A_p，孔道的长度为 L，假设孔道截面为圆形，孔道中纤维的平均半径为 r_f，裂缝中单位体积的纤维长度为 l，纤维在裂缝中随机排列。计算裂缝区域的孔隙率，使用 Kozeny - Cannan 模型方程计算水力传导率，如果内皮层厚度为 delatax，跨膜压差为 delap，计算毛细血管的流体通量。

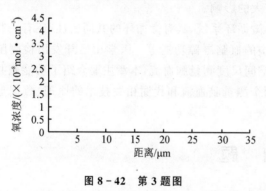

图 8-42　第 3 题图

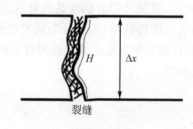

图 8-43　第 7 题图

参考文献

[1] BAYLISS W M. On the Local Reactions of the Arterial Wall to Changes of Internal Pressure[J]. The Journal of Physiolopy, 1902,28：220.

[2] CARO C G,PEDLEY T J, SCHROTER R C, et al. The Mechanics of the Circulation [M]. Cambridge：Cambridge University Press,2012.

[3] CRANK J. The Mathematics of Diffusion[M]. Oxford：Oxford University Press,1979.

[4] DRINKER C. August Krogh：1874—1949[J]. Science 1950,112：105-107.

[5] FARO S H, MOHAMED F B. Bold Fmri：A Guide to Functional Imaging for Neuroscientists[M]. New York：Springer, 2010.

［6］ FOURNIER R L. Basic Transport Phenomena in Biomedical Engineering［M］. Parkway NW：CRC Press,2017.

［7］ GROEBE K. An Easy-to-use Model for O2 Supply to Red Muscle. Validity of Assumptions,Sensitivity to Errors in Data［J］. Biophysical Joumal,1995,68：1246-1269.

［8］ HU X, WEINBAUM S. A New View of Starling's Hypothesis at the Microstructural Level［J］. Micravascular research，1999,58：281-304.

［9］ KANNO I, MASAMOTO K. Bridging Macroscopic and Microscopic Methods for the Measurements of Cerebral Blood Flow：Toward Finding the Determinants in Maintaining the CBF Homeostasis［J］. Progress in Brain Research，2016,225：77-97.

［10］ KEENER J, SNEYD J. Mathematical Physiology：Ⅱ：Systems Physiology［M］. 2nd ed. New York：Springer,2009.

［11］ KONSTAS A,GOLDMAKHER G,LEE T,et al. Theoretic Basis and Technical Implementations of CT Perfusion in Acute Ischemic Stroke,Part 1：Theoretic Basis［J］. American Journal of Neroradiology，2009,30：662-668.

［12］ MCGUIRE B, SECOMB T. A Theoretical Model for Oxygen Transport in Skeletal Muscle Under Conditions of High Oxygen Demand［J］. Journal of Applied Physiology,2001,91：2255-2265.

［13］ PINTI P,TACHTSIDIS I,HAMILTON A,et al. The Present and Future Use of Functional Near-infrared Spectroscopy（fNIRS）for Cognitive Neuroscience［J］. Annals of the New York Academy of Sciences,2020,1464：5-29.

［14］ TRUSKEY G A,YUAN F,KATZ D F. Transport Phenomena in Biological Systems ［M］. New York:Pearson, 2010.

［15］ TUMA R F,DURáN W N, LEY K. Microcirculation［M］. New York：Academic Press,2011.

［16］ 钱德兰,里特杰斯.生物流体力学［M］. 邓小燕,孙安强,刘肖,译. 北京：机械工业出版社,2014.

第9章　血液循环系统建模与定量分析

　　血液循环系统的数值模型是对其进行定量分析的重要方法,相比实验研究,具有方便易行、成本低廉、可重复性好、参数便于调整等优势,对于研究心血管系统生理机制、理解其病理过程、设计优化心血管疾病的诊断治疗方法等都具有重要作用。本章将介绍血液循环系统的多种建模方法及其应用,包括集中参数模型、分布参数模型、多尺度耦合模型等。从建模的对象来看,本章既包含了对血管系统的建模,也包含了心室与动脉的耦合分析,为深入理解心血管系统提供了工程学视角。

9.1　集中参数模型与仿真

9.1.1　单元模型

1. 二单元模型

　　研究者 Hales 在 1735 年首次测量了血压,并注意到动脉系统中的血压并不是恒定的,而是随着心脏的搏动而变化的。他认为血压的变化与大动脉的弹性有关。Weber 等研究者则很有可能是第一批将大动脉的弹性比拟为消防水管弹性腔的人。

　　消防水管中的空气腔和大动脉都可以比拟为弹性腔,如图 9-1 所示。弹性腔的顺应性和动脉瓣膜、外周流阻共同维持了外周血流的稳定。

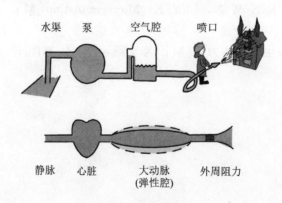

图 9-1　弹性腔示意图

　　Frank 提出了量化血管弹性腔,将之描述为包含一个流阻和一个弹性元件的二单元集中参数模型。根据泊肃叶原理,流阻与血管半径的 4 次方成反比。动脉系统的流阻主要出现在阻力血管中,如小动脉和外周动脉。当所有微循环的流阻叠加在一起时,可以把整个血管床的系统阻力描述为外周阻力 R,计算方式如下:

$$R = \frac{P_{\text{ao,mean}} - P_{\text{ven,mean}}}{\text{CO}} \approx \frac{P_{\text{ao,mean}}}{\text{CO}} \tag{9-1}$$

式中，$P_{\text{ao,mean}}$ 和 $P_{\text{ven,mean}}$ 为平均动脉压和平均静脉压；CO 为心输出量。弹性元件主要由大动脉的弹性决定。总的动脉顺应性 C 可以认为是体积变化量 ΔV 与其导致的血压变化量 ΔP 的比值，即

$$C = \Delta V / \Delta P \tag{9-2}$$

　　然而，要测得总的动脉顺应性 C 是有困难的，因为将一定体积的血液射入动脉系统时，总会在外周引起一定的体积损失。因此，有研究者提出了一些方法来获得总的动脉顺应性，它们都是基于一定的弹性腔假设。事实上，大动脉的集中参数模型，或者称为弹性腔模型，就是把动脉系统看成是由动脉流阻元件和顺应性元件组成的。要严格区分弹性动脉和阻力动脉（小动脉和外周动脉）是不可能的，因为弹性动脉也有流阻，而阻力动脉又有一定的顺应性。当把整个动脉系统简化为 R 和 C 的组合时，就称为二单元弹性腔模型，其控制方程可以写为

$$C \frac{\mathrm{d}P}{\mathrm{d}t} = Q_{\text{i}} - (P - P_{\text{v}})/R \tag{9-3}$$

式中，P 为动脉血压；P_{v} 为静脉内的血压；Q_{i} 为主动脉的血流量，应该是一个时变的函数。

　　二单元弹性腔模型指出在舒张期，动脉瓣关闭，动脉压会以 RC 为延时特征值的指数衰减。Frank 使用这一集中参数模型的目标是预测心输出量。通过舒张期的动脉压，可以计算延时特征值 RC，并进一步分别计算出总的动脉顺应性 C 和外周阻力 R。平均血流量，包括心输出量，能够通过平均动脉压除以外周阻力计算得到。Frank 通过主动脉中的脉搏波波速来估计总的动脉顺应性。这说明弹性腔模型可以反映主动脉血压波传播中的绝大部分信息。

　　弹性腔模型也称为集中参数模型，因为这一模型通过引入两个具有生理意义的参数，将整个动脉系统描述为入口处血压和血流的关系。但是仅靠这一模型无法研究动脉树内的血流现象，如脉搏波的传播与反射。

　　过去的高血压研究大多集中在外周阻力，而总的动脉顺应性的作用经常会被忽略。然而在 1997 年，有研究表明脉搏血压是心血管疾病致死和致残的主要预测因子。这一观察使得研究者意识到，动脉顺应性也具有重要的临床意义，特别是在老年人的高血压疾病中。二单元的弹性腔模型表明心脏的后负荷由外周阻力和总的动脉顺应性组成，它们都具有重要的临床意义。

2. 三单元模型

　　Frank 通过二单元弹性腔模型获得了动脉压。主动脉近心端的舒张期血压 $P_{\text{dia}}(t)$ 呈现指数型衰减，二单元弹性腔能够预测出这一衰减：

$$P_{\text{dia}}(t) = P_{\text{es}} \mathrm{e}^{-t/(RC)} \tag{9-4}$$

其中，P_{es} 为收缩末期的主动脉压。

　　20 世纪 30—40 年代，大量研究者试图通过增加阻力项或惯性项，并考虑反射波的影响，改进二单元弹性腔模型。然而，这些模型仍缺少良好的生理学基础。

　　随着电磁流量计的发展及其在主动脉血流测量中的应用，人们逐渐发现，二单元弹性腔模型预测的收缩期内血压和血流的关系并不准确。Wetterer 在 1940 年就已经注意到了二单元弹性腔模型的缺点，但是没有量化。他甚至定量展示了实际测量与模型预测的收缩期动脉压之间的差别，但他并没有意识到导致这种差别的决定性因素是什么。

　　主动脉血流的测量及计算能力的发展，使得血压和血流信号的傅里叶分析变得可行，从而可以计算出血管的阻抗。从输入阻抗可以清晰地看出二单元弹性腔模型的缺陷，因为二单元

弹性腔模型中,阻抗的高频幅值逐渐衰减至可忽略的水平,其相位角达到−90°,而哺乳动物主动脉测得的输入阻抗显示,高频部分的阻抗幅值衰减到一个平台值,相位角则稳定在 0°附近(见图 9-2)。高频部分的输入阻抗幅值的常数水平被发现与近心端主动脉的阻抗特征值是相等的。这一信息可以推导出二单元弹性腔的另一个主动脉特征阻抗(见图 9-3)。所以三单元弹性腔的特征阻抗可以看成连接集中参数模型和动脉系统波传播特性的桥梁。

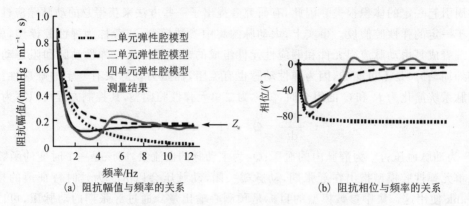

(a) 阻抗幅值与频率的关系   (b) 阻抗相位与频率的关系

图 9-2　测量的主动脉输入阻抗以及弹性腔模型预测的阻抗[1]

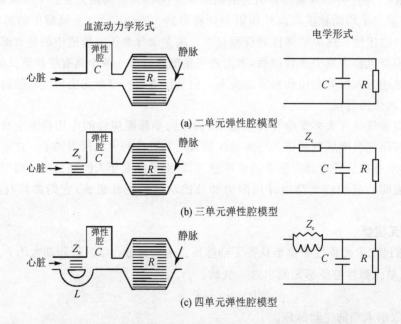

(a) 二单元弹性腔模型

(b) 三单元弹性腔模型

(c) 四单元弹性腔模型

图 9-3　二单元、三单元和四单元弹性腔模型(分别用流体力学和电路元件表示)

　　图 9-3 中,Z_c 为主动脉特征阻抗,并且等于 $PWV \cdot \rho / A$,它将 Frank 的弹性腔模型与波传播模型连接起来。PWV 为主动脉近心端的脉搏波波速;ρ 为血液密度;A 为主动脉近心端的面积。

　　三单元弹性腔模型无法体现阻抗幅值和相位的振荡,因此动脉系统的振荡特性无法通过这一模型实现模拟。这暗示了三单元弹性腔无法反映主动脉血压中的高频细节,如反射点和动脉压的放大特性。即便如此,三单元弹性腔依然可以较好地预测整体的波形,使整体的动脉压和输入阻抗与测得的情况大体一致。阻抗的相位差可能部分是血压和血流之间的时间延迟导致的,或者是测量位点及测量仪器性质引起的。例如,血压与血流之间时间延迟约为 8 ms,使得阻抗的相位大约为 $360 \times 8 \times 10^{-3} f (\approx 2.9 f)$,即在 10 Hz 处大约 30°。换句话说,这一相位并没有影响血压与血流间的波形关系,仅影响了它们之间的时间延迟。

特征阻抗与流阻具有相同的量纲,因此经常被看成一个流阻元件。但是特征阻抗并不是一个流阻,而只与振荡现象有关。这意味着平均动脉压与平均血流的比值在 0 Hz 时等于 R,而在三单元弹性腔中等于 $R+Z_c$。使用流阻替代特征阻抗也会在输入阻抗的低频部分引起误差。然而,在哺乳动物的体循环中,特征阻抗是外周流阻的 5%~7%,所以误差也很小。

近年来有以下方法可以分析主动脉压和血流。在舒张期,二单元和三单元的弹性腔表现相似(瓣膜关闭时特征阻抗作用不明显),拟合弹性腔数据从而可以得出总外周流阻和总的动脉顺应性。当这个二单元弹性腔模型应用于整个心动周期时,在收缩期会发现测得的动脉压与二单元弹性腔模型计算所得的动脉压之间会存在一个差。这个动脉压差被称为超调压,这一压强与血流流速成正比,且与测得的血流流速确实形状相似。此时的流阻与主动脉的特征阻抗相近。由此可以证实,在时域内,相比二单元弹性腔模型,三单元模型增加的特征阻抗对于描述整个心动周期内的动脉压和血流至关重要。这一证据支持把三单元弹性腔模型的第三个元件看成主动脉的特征阻抗,也有学者把它看成大动脉的流阻。这样所有大动脉的流阻都可以通过这一近心端的流阻元件表示。但这个近心端流阻和动脉顺应性分布在多个大血管内,难以区分。

通过比较具有恒定顺应性和具有可变顺应性(顺应性是动脉压的函数)的三单元弹性腔模型可以发现,非线性的三单元弹性腔并不比传统的线性版本的弹性腔模型更优。因此,三单元弹性腔可以满足大多数研究的需要。

弹性腔模型是动脉系统或其中一部分的集中参数模型,无法研究波传播的问题,血流分布及其变化也无法表现出来。只要没有引起系统性的血管变化,局部血管变化(如主动脉顺应性的变化)造成的影响就无法被弹性腔模型研究。特征阻抗远端的脉搏压测量结果并不能真实地表征血管系统更远端的脉搏压。

9.1.2　集中参数模型的力−电比拟

为了方便理解集中参数模型中的力学元件,可以将集中参数模型描述的流体力学系统比拟为电路系统,如表 9-1 所列。这样可以根据电路分析中的定律快速求解出系统的运动规律。

常使用阻抗型电路系统来比拟流体力学的集中参数模型。它具有以下特点。

(1) 电流线:流经各元件的物理量是电流 I。因此电路系统以电路线贯连各个元件。当电流线从某一元件流向另一元件时,若电流分支,则下游各分支电流线上的元件相互并联;若电流不分支,则电流线上的元件相互串联。

(2) 电位的相对性:跨越元件两端的物理量是电位差。电路系统中的 0 电位点可视为"接地"端。

(3) 节点:电路系统中的节点符合基尔霍夫电流定律 $\sum_{i=0}^{n} I_i = 0$。

表 9 - 1　电学元件与力学元件的类比

电　学		流体力学			
		阻抗型类比元件及符号		导纳型类比元件及符号	
恒压源 E	E	恒压源 P	P	恒流源 Q	Q
恒流源 I	I	恒流源 Q	Q	恒压源 P	P
流过元件的物理量		电流 I		流量 Q		压强 P
元件两端的物理量		电压 E		压强 P		流量 Q
电感 L_e	I L_e E	惯性 L_m	Q L_m P	力顺 C_m	F C_m Q
电容 C_e	I C_e E	力顺 C_m	I C_m E	惯性 L_m	F I_m Q
电阻 R_e	I R_e E	力阻 R_m	Q R_m E	力导 G_m	F G_m Q

与上述电路系统比较,可以发现流体力学系统也具有相似的特点。

(1) 流量线:在流体力学系统中,流体的流量贯穿各个元件,因此在流体力学系统中可以找到一条与电路系统中电流线类似的线,即流量线。

(2) 压强的相对性:因为流体力学系统中的压强具有相对性,力学元件两端的压强差与电路系统中电路元件两端的电压差类似。同样,流体力学系统中的零压强点相当于电路系统中的接地端。

（3）节点：流体力学系统中的任一点均应满足流量守恒 $\sum\limits_{i=0}^{n} Q_i = 0$。

显然根据上述特点，用流量线与电流线类比，画出的流量线图是阻抗型的。

例如当血流流经图 9-4 所示两段血管时，两段血管的顺应性分别为 C_{a1}，C_{a2}，血流在两段血管中的惯性和流阻分别为 L_{a1}，L_{a2}，R_{a1}，R_{a2}。血管出口的压强为 P_0。试画出等效的电路图，并推导两段血管之间的血压 P_1。

以上流体力学系统可以比拟为图 9-5 所示的电路图。

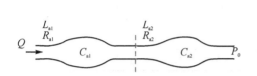

图 9-4　血流流经两段血管构成的
流体力学系统

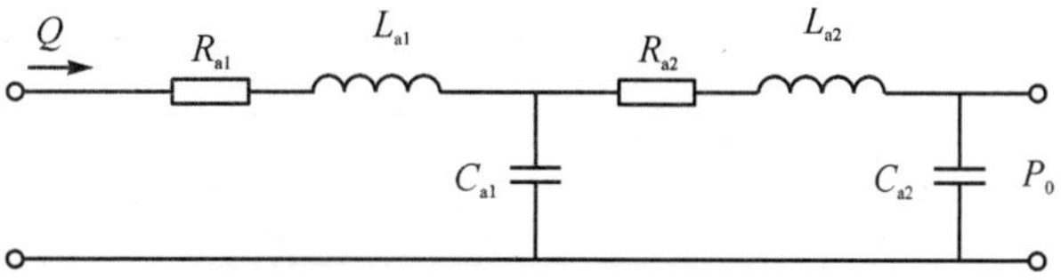

图 9-5　血流流经两段血管构成的
流体力学系统比拟的电路系统

根据图 9-5 所示的电路图，假设流经 R_{a2} 和 L_{a2} 的电流为 Q_2，C_{a1} 两端的电压为 P_1，得到

$$L_{a2} \frac{\mathrm{d}Q_2}{\mathrm{d}t} = P_1 - P_0 - Q_2 R_{a2} \qquad (9-5a)$$

$$C_{a1} \frac{\mathrm{d}P_1}{\mathrm{d}t} = Q - Q_2 \qquad (9-5b)$$

求解式（9-5），即可得到 P_1 的变化规律。

9.1.3　多单元模型与多节段模型

1. 四单元弹性腔模型

为了试图减少低频范围内由特征阻抗引起的弹性腔模型误差，Burattini 和 Gnudi 等研究者提出了弹性腔中的第四个元件。这一元件表示惯性项，相当于各血管节段中血流的惯性的总和，即总动脉血流惯性。主动脉特征阻抗只考虑了升主动脉近心端的顺应性和血流惯性，而总的动脉顺应性和总的动脉血流惯性则相当于整个动脉系统中的顺应性和血流惯性的总和。总的动脉血流惯性只影响输入阻抗的平均水平和低频表现，在这些频率范围内，三单元弹性腔模型表现得并不准确。

其他研究者则认为应该给三单元弹性腔模型中的特征阻抗串联一个惯性元件，这样不影响特征阻抗在低频段的表现，而是影响其高频特性。理论上，这个惯性元件会增加特征阻抗在高频段的幅值，但实际上这个惯性元件的影响很小。

四单元弹性腔模型已被 Segers 和 Burattini 使用。在应用中发现，这个惯性元件非常难以估计，导致人们还是倾向使用三单元弹性腔。Burattini 测试了外周动脉系统其他几种集中参数模型，其中一个集中参数模型，由一个外周流阻和一个流阻及顺应性元件串联的支路并联组成，这样的设置使输入阻抗与三单元弹性腔具有相同的形式，即 $(a+\mathrm{j}\omega b)/(1+\mathrm{j}\omega c)$，其中，$a$，$b$ 和 c 为常数。这种特殊模型的优势是在 0 Hz 时，外周流阻能够被准确地模拟出来。与顺应性元件串联的流阻反映了动脉的黏弹性特性。因此，这种模型与三单元弹性腔相比，其中的元件具有不同的含义，因而不应该看成 Frank 的二单元弹性腔的改进模型。总结来看，三单元弹性腔模型是二单元弹性腔的必要改进,可以基于生理参数反映动脉系统的总体性质;而四单元模型的元件含义则发生了较大的变化。

弹性腔模型的不同之处总结如表9-2所列。

表9-2 弹性腔模型的比较

特点及参数意义	二单元弹性腔	三单元弹性腔	四单元弹性腔
P_{diast}	RC 时间	RC 时间	RC 时间
总体波形	差	好	好
阻抗	高频成分差	低频部分有小误差	全频段好
顺应性估计	好(PP法)	高估	准确估计
惯性项	无	无	估计困难
$P_{mean}/flow_{mean}$	流阻	流阻+特征阻抗	流阻

2. 多节段模型

弹性腔模型极大简化了动脉系统。显然,实际的动脉系统是分布参数的,而非集中参数的。如果想要反映动脉系统中各段血管的血流量或压强,可以考虑引入多节段的弹性腔模型。

1982年,Sandquist等建立了一种哺乳动物全循环的集中参数模型,并使用了成年男性的数据进行模拟,结果比较符合生理测量结果。该模型将全循环系统分为三个子系统,即心脏、体循环和肺循环,其中体循环和肺循环分别采用一个单节段的集中参数模型。该模型的主要缺陷是,其状态变量均采用血流变量的时间平均值,故难以描述血流的脉动性。Avanzolini等在1988年建立了一种简单的全循环理论模型(见图9-6),并进行了计算机模拟。该模型不仅能描述系统的稳态特性,还能研究个别参数突变所带来的瞬态响应。该模型将动脉系统简化为三段集中参数模型,其中一段为二单元模型,用于模拟升主动脉;两段为三单元模型,分别用于模拟大动脉和小动脉。此后有学者将这一模型应用于脉搏波传播规律的研究。但是该模型结构过于简单,且弹性腔模型在描述脉搏波传播中具有天然的局限性,致使结果与生理状态有一定差距。

1989年,白净建立了循环系统的多元数字计算机模型,该模型考虑了静脉瓣膜的模拟,动脉系统采用多节段的集中参数模型描述。结果表明,模型主动脉根部血流压强和流量的模拟

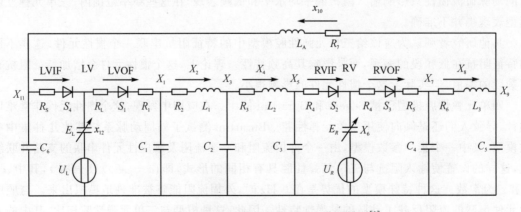

图9-6 Avanzolini 提出的全循环多节段模型[2]

结果比较接近生理状态,但是其他血管部位的模拟结果难以评价。Barnea 在 1990 年建立了结构更为接近生理全循环系统的计算机模拟模型,特点是对体动脉系统的各血管节段模拟较为细致,并引入了反射机制,并用非线性弹性腔模型(顺应性非线性)模拟主动脉、外周血管和冠状动脉,较以往模型来说是一大进展。

需要注意的是,虽然分节段模型可以通过集中参数模型实现血管系统中分布式变量的求解,但是由于集中参数模型难以反映脉搏波的传播规律,特别是在描述波的反射特性方面具有劣势,因此即使很复杂的多节段模型也很难准确描述生理性各节段间脉搏压的分布规律。事实上,集中参数模型的优势在于简化动脉系统,将其描述为少数几个具有生理意义的物理量,便于实现数值模拟和参数估计,而分节段模型则丧失了这一优势,因此将血管系统分为过细的节段进行集中参数建模并不是理想的建模方法。

9.2　分布参数模型

9.2.1　分布参数建模基础

心血管系统中的分布参数模型,一般特指 1D 的分布参数模型,即考虑血管长度维度的空间信息,将血流量、血压、血管截面积等参数描述为关于时间 t 和血管长度坐标 z 的偏微分方程,主要用于描述人体动脉系统脉搏波的传播。1D 模型的控制方程依据血管内血流的质量守恒和动量守恒得出,通常称为连续性方程和动量方程。由于实际的血管形态和血流情况较为复杂,非线性性质明显,因此在 1D 建模中需要对血管和血流进行适当的简化。例如,假设血管是长直的弹性均质圆柱形薄壁管,弹性形变只发生径向形变,即血管长度不变;假设血管截面上的压力、流速等血流动力学参数仅是关于时间和位置坐标的函数;假设管壁没有液体渗透,血流只在血管入口和出口两端进出;假设血流是不可压缩的牛顿流体。基于以上假设,可以得到如下控制方程组:

$$\frac{\partial A}{\partial t}+\frac{\partial Q}{\partial z}=0 \tag{9-6}$$

$$\frac{\partial Q}{\partial t}+\frac{\partial}{\partial z}\left(\alpha\,\frac{Q^2}{A}\right)+\frac{A}{\rho}\cdot\frac{\partial P}{\partial z}=-F_r\,\frac{Q}{A} \tag{9-7}$$

式(9-6)和式(9-7)分别依据 1D 模型的质量守恒和动量守恒得出。式中,A 为血管截面积;z 为血管轴向坐标;t 为时间;Q 为截面的体积通量;P 为截面上的平均压力;ρ 为血液密度;α,F_r 为表示血液流速场的校正参数和单位长度的摩擦力,理论推导可以分别取 $4/3$ 和 $8\pi\mu$,μ 为血液黏性。式(9-7)中有 Q,A 和 P 三个独立变量,其中 P 和 A 的关系为

$$P-P_e=\frac{Eh}{r_0(1-\sigma^2)}\left(\sqrt{\frac{A}{A_0}}-1\right)+P_0 \tag{9-8}$$

式(9-8)是描述血压与管腔内横截面积关系的状态方程。式中,P_e 为外部压力;P_0 为参考压力;E 为杨氏模量;h 为管壁厚度;r_0 为参考压力下的血管内径;A_0 为参考压力下的截面积;σ 为泊松比系数,假设管壁为各向同性的不可压缩弹性体时,σ 取 0.5。

以上公式均在一定的假设和理想条件下成立,在实际应用时可根据不同的血管和血流特征、计算需求进行适当变化,例如,Berntsson 等人就通过渐进分析和降维过程提出了基于单血

管的具有各向异性弹性壁的一维血流模型,同时分析了弹性壁与血流之间的相互作用,以便更准确地模拟血管中血液的真实流场;Lillie 等人对 1D 模型进行扩展,建立了考虑对流流体现象、弹性血管变形、径向运动和壁面惯性的非线性 1D 方程,将非线性动量方程通过对壁面轴向应变进行积分和假设导数为零等推导,得到关于经典脉搏波速(PWV)的 Moens–Korteweg 修正公式,该公式考虑心室射血时间和峰值血压的影响,并得到了射血时间与 PWV 成二次平方反比关系的结论;Liberson 进一步做了延续性研究,基于 Lillie 等人构建的非线性 1D 模型,提出了一种预测动脉段顺应性的 PWV 物理模型,通过考虑流体动力学模型中的血管弹性、各向异性壁薄的有限变形和纵向预应力,预测 PWV 和血压之间的一般关系,这是一种基于 PWV 解决血流动力学逆问题的方法,结果与实验数据良好匹配,具有应用于无创长期血压监测的潜力;San 等人提出了一维降阶模型,将动量方程的轴向分量积分到瞬态 Womersley 速度剖面上,得到一个动态动量方程,与此得到的连续性方程、压力-面积关系构成了一维流体流动的降阶模型,可为动脉系统提供精确和快速的全局计算。

9.2.2 脉搏波传播分析

脉搏波在动脉系统中传播规律,是血液循环动力学研究的重要主题之一。血管病变通常会导致血管形状和力学性质的变化,进而导致脉搏波传播特性的异常。因此,动脉血管中脉搏波隐含了大量心血管系统的信息,可用于心血管疾病的无创检测。

为了阐明脉搏波的物理性质,对于式(9-7),忽略摩擦力的影响,并将校正系数 α 设定为 1,则变为

$$\frac{\partial Q}{\partial t} + \frac{\partial}{\partial z}\left(\frac{Q}{A}\right) + \frac{A}{\rho} \cdot \frac{\partial P}{\partial z} = 0 \tag{9-9}$$

由于 $Q = uA$,并代入式(9-6),则式(9-9)可简化为

$$\frac{\partial u}{\partial t} + u\frac{\partial u}{\partial z} + \frac{1}{\rho} \cdot \frac{\partial P}{\partial z} = 0 \tag{9-10}$$

式(9-10)就是一维理想流体的欧拉方程。假设血管壁符合线弹性材料特性,并假设 $A = \pi a^2$,则

$$d(2a) = \sigma dP \tag{9-11}$$

式中,a 为血管半径;σ 为血管顺应性。现在考虑在无限长的血管中静止血液受到一小扰动的情况,由于扰动很小,可令 $u \approx 0$,故式(9-10)可线性化为

$$\frac{\partial u}{\partial t} + \frac{1}{\rho} \cdot \frac{\partial P}{\partial x} = 0 \tag{9-12}$$

将血管截面积 $A = \pi a^2$ 代入式(9-6),则有

$$\pi a^2 \frac{\partial u}{\partial x} + 2\pi u\frac{\partial a}{\partial x} + 2\pi a\frac{\partial a}{\partial t} = 0 \tag{9-13}$$

由于是小扰动,血管的振幅很小,所以 $\frac{\partial a}{\partial x} \ll 1$。又考虑到 $u \approx 0$,式(9-13)可简化为

$$\frac{\partial u}{\partial x} + \frac{2}{a} \cdot \frac{\partial a}{\partial t} = 0 \tag{9-14}$$

将式(9-11)代入式(9-14),则可以得到

$$\frac{\partial u}{\partial x} + \frac{\sigma}{a} \cdot \frac{\partial P}{\partial t} = 0 \tag{9-15}$$

将式(9-12)代入式(9-10)，且考虑若血流速度相对于血管长度可忽略，即 $u \approx 0$，则

$$\frac{\partial u}{\partial t} + \frac{1}{\rho} \cdot \frac{\partial P}{\partial x} = 0 \tag{9-16}$$

式(9-15)和式(9-16)进行交叉微分，从而得到

$$\frac{\partial^2 P}{\partial x^2} - \frac{1}{c^2} \cdot \frac{\partial^2 P}{\partial t^2} = 0 \tag{9-17}$$

式中，$c = \sqrt{\dfrac{a}{\rho\sigma}}$，表示波速。式(9-17)就是著名的一维波动方程。

需要注意的是，一维波动方程的推导过程进行了相当的简化，所以血管中波动方程的推导要比以上过程更复杂。如果考虑血管为薄壁胡克弹性管，对于管径 a 的一个微小变化 $\mathrm{d}a$，若弹性模量为 E，则周向应力变化为 $E\dfrac{\mathrm{d}a}{a}$。若壁厚为 h，则张力 T 的变化为 $Eh\dfrac{\mathrm{d}a}{a}$。这一周向张力的变化应与压强的变化平衡，即

$$Eh\frac{\mathrm{d}a}{a} = a\,\mathrm{d}P \tag{9-18}$$

将式(9-18)与式(9-11)对比，可得

$$\frac{\sigma}{2} = \frac{a^2}{Eh} \tag{9-19}$$

根据前述推导，波速 $c = \sqrt{\dfrac{a_i}{\rho\sigma}}$，于是可知在薄壁弹性管中的波速为

$$c = \sqrt{\frac{Eh}{2\rho a}} \tag{9-20}$$

需要注意的是，上述推导中假设血管为薄壁管，若考虑血管的厚度，则血管的平均周向应变应该表示为 $\dfrac{\mathrm{d}a}{a + \dfrac{h}{2}}$，则波速应该修正为

$$c = \sqrt{\frac{Eh}{2\rho\left(a + \dfrac{h}{2}\right)}} \tag{9-21}$$

为了求解波动方程(9-17)，可令 $P = f(z,t)$，其中

$$f(z,t) = z \pm ct \tag{9-22}$$

式中，c 为上述推导的脉搏波波速。通过求偏导可以发现，式(9-22)是波动方程的两个特征解。这两个解分别表示从原点开始脉搏波向前和向后的传播。

上面推导了假设血液是静止的波动方程，若血液在流动，波的传播又是什么样的呢？假设血液是理想的无黏性流体，流动为定常流，由于无黏性，所以壁面无滑移条件不能满足。因此，管内流动的速度剖面应该是一匀速剖面，即可以假设流速为常数 U。现在需要证明，前面推导的所有波动方程对这一具有匀速流动的体系也是完全适用的。

设血液的平均流速为 U，小扰动为 u，且 $u \ll U$，由流体的运动方程：

$$\frac{\partial V}{\partial t} + V \frac{\partial V}{\partial x} + \frac{1}{\rho} \cdot \frac{\partial P}{\partial x} = 0 \qquad (9-23)$$

这里 $V = U + u$，可得

$$\frac{\partial u}{\partial t} + U \frac{\partial u}{\partial x} = -\frac{1}{\rho} \cdot \frac{\partial P}{\partial x} \qquad (9-24)$$

由于 $u \ll U$，因此略去了 $u \frac{\partial u}{\partial x}$ 项。现在移动坐标系，将参考坐标系选在流动的血液上，令

$$x' = x - Ut, \quad t' = t \qquad (9-25)$$

可得

$$\frac{\partial}{\partial t} = \frac{\partial}{\partial t'} \cdot \frac{\partial t'}{\partial t} + \frac{\partial}{\partial x'} \cdot \frac{\partial x'}{\partial t} = \frac{\partial}{\partial t'} - U \frac{\partial}{\partial x'} \qquad (9-26a)$$

$$\frac{\partial}{\partial x} = \frac{\partial}{\partial t'} \cdot \frac{\partial t'}{\partial x} + \frac{\partial}{\partial x'} \cdot \frac{\partial x'}{\partial x} = \frac{\partial}{\partial x'} \qquad (9-26b)$$

将式(9-26)代入式(9-24)，可得

$$\frac{\partial u}{\partial t'} = -\frac{1}{\rho} \cdot \frac{\partial P}{\partial x'} \qquad (9-27)$$

式(9-27)与前面推导出的流体小扰动方程式(9-12)是完全一致的，只是换了一个坐标系。

再来看连续性方程：

$$\frac{\partial A}{\partial t} + \frac{\partial}{\partial x}(VA) = 0 \qquad (9-28)$$

式(9-28)又可写为

$$2\pi a_i \frac{\partial a_i}{\partial t} + (U+u) 2\pi a_i \frac{\partial a_i}{\partial x} + \pi a_i^2 \frac{\partial U}{\partial x} + \pi a_i^2 \frac{\partial u}{\partial x} = 0 \qquad (9-29)$$

式(9-29)等号左边的第3项，即 $\frac{\partial U}{\partial x}$ 为0，并考虑 $u \ll U$，可知

$$\frac{\partial a_i}{\partial t} + U \frac{\partial a_i}{\partial x} + \frac{a_i}{2} \cdot \frac{\partial u}{\partial x} = 0 \qquad (9-30)$$

按前面同样的方法进行坐标变换，在新坐标下式(9-30)可写为

$$\frac{\partial a_i}{\partial t'} + \frac{a_i}{2} \cdot \frac{\partial u}{\partial x'} = 0 \qquad (9-31)$$

式(9-31)与前面推导出的连续性方程(9-14)也是完全一致的，只是坐标系发生了变化。

上述推导结果说明，血管的流速-半径关系与坐标系的选择无关，只受血管材料性质的影响，这与通常的认知是相符合的。同样，血管的压强-半径关系也与坐标系无关，于是前述讨论的波动方程在具有匀速流动的体系中也是完全适用的。

上述关于波动方程的推导是在理想流体的假设下做出的，它是否适用于有黏性的血液流动呢？因为在大动脉中 Re 和 Womersley 数 $\gg 1$，所以血管中的边界层 δ 很薄，在边界层 δ 以外的大部分区域，血液可以看作是理想流体（即 U 为均匀剖面）。因此讨论的波传播是大血管中波传播的一个很好的近似。但在小血管中则不一定适用，因为 Re 约为 1，甚至小于 1，这时必须考虑血液黏性的影响。

1D 模型利用欧拉方程，为分析波在脉管系统中的传播现象提供了一个有力工具，但是这些模型中仍然保留了空间依赖性，因此只适用于大动脉树系统，限制了它们对整个血管系统的

使用。例如,要跟踪整个毛细管网络的几何细节是不可行的,1D 模型的终端通常需要结合其他模型(比如,集中参数模型提供终端阻抗);此外 1D 模型并不能反映局部血管内的详细流场信息,显然如果要研究狭窄、动脉瘤等局部复杂环境下的血流动力学特征,还是要依赖 2D 或 3D 模型。

9.2.3　心血管系统中的 3D 模型

近年来,计算机数值方法和三维成像技术的进步,使心血管系统在局部解剖结构的精确量化成为可能,利用计算流体力学(CFD)的方法研究心血管系统疾病越来越受到人们重视,CFD 建模也成了心血管医学的一个新领域,在血管疾病的诊断评估、临床试验模拟、医疗设备的参数设计等方面发挥了重要作用。基于图像血流模拟的技术开始于 20 世纪 90 年代末,利用该技术可研究闭塞性和动脉瘤性血管疾病的发病机制,包括颈动脉、冠状动脉、主动脉和脑循环。目前,三维血管局部血流动力学的模拟通常包含以下几个步骤。

(1)获取临床医学影像,医学图像包括 CT、MRI、超声、X 线血管造影图像等,图像需要有适当的格式和质量要求,即保证提供足够的解剖和生理细节,实现图像的分割和数据提取。

(2)分割与重建,将图像中的感兴趣区域提取出来并重建图像,构建三维模型。

(3)离散化处理,空间离散将几何体划分为许多离散的体积元素,又称"网格划分",时间离散将计算的解分为离散的时间步长,时空离散影响模型计算的准确性和数值稳定性。

(4)边界条件设置,由于三维模型不可能分离整个心血管系统,分析的区域至少有一个人口和一个出口以及壁面条件,这些可来源于特定病人的数据、一般人口数据、物理模型或直接假设。

(5)仿真模拟,除了以上几何信息、离散化和边界数据,还必须定义模型的属性,如血液密度和黏度(流体模型)、系统的初始条件(如液体初始是静态或移动)、时间离散信息(时间步长和数值近似方法)和所需的输出数据(如血流、血压等参数)。这些信息使求解器能够求解 Navier - Stokes 方程和连续性方程,并最终收敛。但由于每个离散单元都要在所有的时间步骤中计算非线性的偏微分方程,因此三维 CFD 建模耗时且对计算要求高。

(6)后处理,CFD 求解器在每个时间步长下生成所有单元的压力和速度场,但通常只需要提取和显示部分感兴趣的数据进行可视化等处理。

(7)模型验证,为了验证模型的准确性和可靠性,最好进行体外模拟实验或其他方法进行评估。

三维模型的建立和计算通常基于一定的假设,例如,将血流假设为牛顿黏性流体。研究表明,在大动脉中血流可以近似为牛顿流体,而在小血管及毛细血管中的血流受流变学效应表现为非牛顿流体特点。将血流运动视为不可压缩的层流,血液在血管中流动的三维模型用如下 N - S 方程和连续性方程描述:

$$\begin{cases} \rho \dfrac{\partial u}{\partial t} - \nabla \cdot (\mu \nabla u) + \rho (u \cdot \nabla) u + \nabla p = 0 \\ \nabla \cdot u = 0 \end{cases} \qquad (9-32)$$

除此之外还有壁面假设,为了便于计算,多数模型将血管壁面假设为无黏弹性、无滑移、不可穿透、各向同性的刚性壁,但是实际人体的动脉血管会随着血流的脉动而进行收缩和舒张运动,因此考虑血液和血管壁之间的相互作用的流固耦合模拟(fluid structure interaction,FSI)可以使血管模型更符合实际的生理特征。Lopes、Bazilevs、Ziervogel 等研究者利用 FSI 模型分别在颈动脉、脑动脉瘤、全腔静脉连接术作了针对性研究,研究结果均表明考虑 FSI 能够提高模型的准确性。但是考虑血液与血管壁的流固耦合作用会大大增加模型的复杂程度且计算耗时,因此在实际应用中要根据研究的需求做出合理假设。

3D 模型在心血管系统中的应用非常广泛,结合近年来的发展可总结为以下几方面,如表 9-3 所列。

表 9-3 心血管系统中 3D 模型的主要应用方向

区域或疾病	模型应用	局限性
心脏瓣膜、心力衰竭等心脏相关疾病	从血流动力学角度评估和优化人工瓣膜设计,最大限度地降低血栓形成风险;基于 CT 和 MR 建立模型预测心肌应力/应变的时空分布,有助于疾病的诊断和严重程度分类;借助模型进行手术模拟,预测对器械的治疗反应	心脏瓣膜主要涉及机械瓣,生物瓣的模拟依然存在挑战;图像与重建的分辨率要求较高;多数模型类型有 FSI 要求;个性化的数据获取和边界条件
冠状动脉	基于冠状动脉造影(CT/侵入式检测)建立三维模型,计算生理性冠状动脉病变意义;用于血流储备分数评估	精确的血管重建和患者特异性边界条件的调整
主动脉瘤及主动脉夹层	通过模型预测动脉瘤进展和破裂风险;手术治疗效果的预测;通过主动脉夹层模型分析真腔和假腔的生理病理特征;模拟和预测治疗后的生理效应;指导(半)侵入性治疗手段的压力和流量条件	主动脉瘤的图像对比度低;壁面运动的影响有待进一步评估;主动脉夹层早期和晚期显著的解剖学差异增加了模型重建的难度;血流通路复杂导致计算的复杂性;CFD 自身局限性,如 FSI 因素
血管狭窄	通过模型建立血管狭窄模型(包括颈动脉、椎动脉、大脑动脉、腹主动脉等易狭窄血管段),评估狭窄对局部血流动力学的影响	边界条件的准确获取存在一定难度从而影响模型的准确性
支架设计	预测支架植入导致的血流动力学环境变化对内皮功能和内膜增生的影响;个性化血管建模有利于最优支架的设计	在高分辨率成像、血管重建和边界条件方面具有挑战性;CFD 模拟需要精细的计算网格,即使高性能计算,运行时间也较长
脑动脉瘤	个性化瘤体结构的血流动力学分析,预测动脉瘤破裂的潜在风险	难以解释复杂的 WSS(壁面剪切应力)结果以及将结果转化为破裂风险;预测动脉瘤破裂的验证较难
肺动脉高压	基于图像建立的肺动脉血流动力学模型可以减少对侵入式右心导管的需求;通过模型研究低 WSS、结构变化与肺动脉高压指标之间的联系	依赖高空间分辨率成像与分割方法;采用压力代替的措施;存在多出口,需要多测量来确定出口边界条件
心室辅助装置	结合模型调整泵的参数,以确保主动脉瓣的定期开启、闭合;设计个性化的导管放置计划,预测和避免血栓形成	装置置入后的图像限制了建模的准确建立;性能优化需要平衡多方面因素;对于所有的心脏电机械模型,因为数据的稀疏性,所以选择合适的患者特定参数比较困难

3D 模型能够提供血管局部详细的血流动力学信息,例如,壁面剪切应力(WSS)、振荡剪切指数(OSI)、壁面剪切应力梯度(WSSG)、流线分布、速度分布、二次流等,通过数值模拟的方法针对性地研究动脉血流动力学因素与狭窄、动脉粥样硬化、动脉瘤等动脉疾病之间的关系,为疾病的诊断和预测提供了重要研究方法,同时也可以作为一种辅助工具用于心脏相关手术模拟及医疗器械的设计。但是高昂的计算成本也使它们只能在空间尺度为几厘米至几十厘米的血管区域内使用,且模型的边界条件难以准确获得,这很大程度上限制了 3D 模型的准确性。

9.3　多尺度耦合与多生理系统耦合建模

9.3.1　1D 和 0D 模型的耦合

血液循环系统的 1D 模型经常用来描述血流在动脉树中的传播规律,但是会简化心血管系统的其余部分,包括外周血管、与血液循环密切相关的脏器等。1D 模型通常会将这些部分作为模型的边界条件,常用的边界条件包括在动脉入口施加一个血流波形,在血管末端施加恒定的压强或时变的压强函数。但上述边界条件的施加方式在某些条件下会面临很大的限制。例如,主动脉入口的血流波形是由心脏与动脉系统之间的血流动力学相互作用而产生的,并非固定的,因此在主动脉入口施加一个正常的血流波形可能会导致特殊情况下(如严重动脉狭窄疾病或心功能不全),体内波形与模拟的压力波形有相当大的偏差。虽然通过医学影像可以准确地测量主动脉根部的血流波形,但基于测量数据确定出口符合真实的具有个性化分布模式的边界条件,仍然是非常具有挑战性的工作。加之人体中末端血管网络复杂,通常包含小动脉、毛细血管网、小静脉等结构,采取单一压强函数的方法与血管实际结构偏差较大,参数难以确定,降低了 1D 模型计算脉搏波传播的准确性。为了克服这种局限性,1D - 0D 多尺度耦合建模的概念被提出。

Formiagga 等人在 1999 年发表的文章中提出了一种 1D - 0D 的耦合模型,其结构如图 9-7 所示,其中 OD,即集中参数模型描述了心血管系统,包括左右心室、左右房室瓣、主动脉瓣、肺动脉瓣、体动脉树和肺动脉树结构,而将体动脉树中的降主动脉描述为 1D 圆柱管模型。在耦合界面处,边界条件设置为两侧截面积相同,两侧流速相同,接口处 1D 模型与 0D 网络进行压力和流量的双向传输实现模型的耦合。其中,1D 模型数学上表示为一系列偏微分方程组,采用两步 Lax-Wendroff 方法求解;0D 模型数学上表示为一系列常微分方程组,采用四阶 Runge-Kutta 方法求解。

其耦合算法采用特征变量法,将一维控制方程转化为一组特征方程,若忽略黏性阻力,其方程描述如下:

$$\frac{\partial \boldsymbol{W}}{\partial t} + \boldsymbol{\Lambda}\,\frac{\partial \boldsymbol{W}}{\partial x} = 0 \tag{9-33}$$

式中,$\boldsymbol{W} = \begin{pmatrix} W_f \\ W_b \end{pmatrix}$,$\boldsymbol{\Lambda} = \begin{pmatrix} \lambda_f \\ \lambda_b \end{pmatrix}$,$W_{f,b} = u \pm \int_{A_0}^{A} \frac{c(\tau)}{\tau}\,\mathrm{d}\tau$ 描述了系统的特征不变量,$\lambda_{f,b} = u \pm c$ 描述了特征不变量的传播速度,f 和 b 分别为流体域和边界。其中,第一个节点和最后一个节点(即 1D 模型的两端节点)在某一时刻的值可以由上一时刻的值迭代而来:

$$W_b(t^{n+1}, x_1) = W_b(t^n, x_1 - \lambda_b^n \cdot \Delta t) \tag{9-34}$$

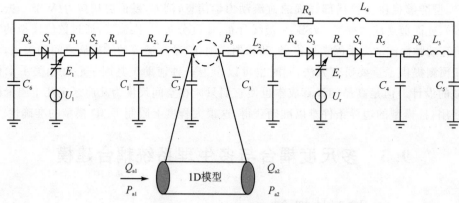

图 9-7　1D-0D 耦合模型[3]

$$W_f(t^{n+1}, x_m) = W_f(t^n, x_m - \lambda_f^n \cdot \Delta t) \tag{9-35}$$

式(9-34)、式(9-35)中，x_1，x_m 分别为第一个节点和最后一个节点坐标，Δt 为时间步长。这种特征变量法为 1D-0D 模型的研究奠定了基础。Alastruey 等人利用 1D-0D 模型探究特定患者的输出端 0D 模型参数设计，Zhang 等人基于单光子发射计算机断层扫描（SPECT）数据用 1D 大脑动脉环模型与 0D 体循环网络耦合研究个性化参数设计，其 1D-0D 模型耦合算法均采用这种特征变量法。

除了特征变量法，1D-0D 模型的常用耦合算法还有 ghost-point 方法，在 1D 模型和 0D 模型的耦合界面，假设最后一个网格点为 m，第一个网格点为 1，连续性方程在 $m-1/2$ 的 ghost-point 点处可做以下离散化：

$$\frac{\dfrac{A_{m-1}^{n+1}+A_m^{n+1}}{2}-\dfrac{A_{m-1}^n+A_m^n}{2}}{\Delta t}+\frac{Q_m^{n+1}-Q_{m-1}^{n+1}}{\Delta x}=0 \tag{9-36}$$

则血流速度 Q^{n+1} 可以用血管截面积 A^{n+1} 来表示：

$$Q_m^{n+1}=Q_{m-1}^{n+1}-\frac{\Delta x}{2\Delta t}(A_{m-1}^{n+1}+A_m^{n+1}-A_{m-1}^n-A_m^n) \tag{9-37}$$

式(9-36)和式(9-37)表示的是 1D 血管段的末端点 m 处的离散方法。Liang 等人在利用 1D-0D 模型研究主动脉瓣和动脉狭窄、冠脉循环、心室-动脉耦合系统时，均采用 ghost-point 法。Zhang 等人还将特征变量法和 ghost-point 法做了对比（见表 9-4），比较了两种 1D-0D 数值模拟方法应用于站姿时上腔静脉中的血流压强预测，两种算法的差别如图 9-8 所示，结果如图 9-9 所示。从图中可以看出两种算法的结果并没有显著差异，但 Zhang 等人强调，特征变量法仅在亚临界状态下有效，而 ghost-point 法还适用于超临界状态，因此整体上 ghost-point 法的鲁棒性更高，但一般情况下两种算法均能得到有效的数值解。

表 9-4　1D-0D 模型的两种耦合数值算法的比较

方法	特征变量法	ghost-point 法
原理	基于偏微分方程对特征不变量进行迭代计算	通过 Lax-Wendroff 法求解连续性方程
应用范围	相对简单的 1D 动脉树结构；流体域亚临界状态	结构复杂的 1D 动脉树；流体域亚临界和超临界状态
优势	原理简单，计算方便，可描述波的传播方向和速度	网格正交，程序实现，鲁棒性高；可用于大形变的流固耦合问题

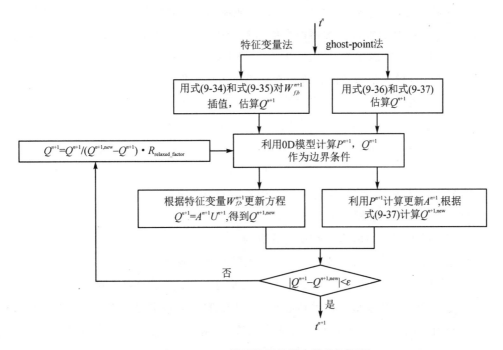

图 9 - 8　1D - 0D 模型的两种耦合算法流程图

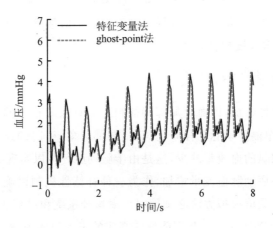

图 9 - 9　两种耦合算法在上腔静脉压力预测中的比较

　　1D - 0D 耦合模型,大多用于研究压强脉搏波在动脉系统中的传播规律。1D 模型探究压力波在传播时,若血管终端 0D 模型参数不匹配将导致人工反射波,从而对 1D 模型计算的准确性带来很大影响。然而,不同患者的参数差异很大,必须通过个性化的 0D 模型参数来获得准确的 1D 模型结果。这正是 1D - 0D 耦合模型中常见的问题,即个性化参数设置问题。针对此问题,Alastruey 等人利用 1D - 0D 多尺度模型研究了一维模型动脉中 0D 输出参数对脉冲波传播的影响,并提出一种策略,基于在体数据测量,为特定患者提供合适参数的 0D 外周血管模型,并验证了该模型的有效性。通过对比 1D - 0D 耦合模型结果与在体数据发现:只有在 1D 模型的前端与后端阻抗相匹配时,才能避免非生理反射波;大动脉中,周期平均血压和流量分布取决于动脉阻力和外周阻力,动脉顺应性和血流惯性只影响瞬时血压和流量波形;在正常情况下外周血管中的血流惯性对脉搏波形的影响很小;若忽略动脉系统中黏性耗散,舒张压衰减时间常数在 1D 模型动脉中都是相同的,且依赖于系统的所有外围血管顺应性和流动阻力。以上这些结论为 0D 模型中参数的合理设置提供了重要依据。

除了个性化参数调整,1D-0D 耦合模型大量运用于心血管系统中常见疾病的数值模拟,如动脉狭窄、动脉几何结构变异等,或者探究不同因素对心血管系统脉搏波传播的影响。下面介绍 1D-0D 模型的常用的几个应用。

(1) 探究狭窄对整个动脉系统压力波传播的影响。

(2) 探究心血管疾病、老化、重力环境等因素对心血管系统整体血流动力学的影响。

(3) 研究大脑血流调控机制和影响因素。

(4) 研究冠脉循环中的影响因素和调节机制。

(5) 优化左心室辅助植入装置(LVAD)植入后的血流响应。

1D-0D 多尺度模型的设计较为灵活,应用方向多。1D 模型的研究对象和复杂程度可根据研究需求适当选择,0D 模型可以模拟心脏、外周血管阻力、静脉系统等不同结构。由于两种模型维度较低,因此相比于高维模型计算速度较快,且基于平均值的参数传递降低了对耦合算法的要求,因此在研究压力波在血管系统传播时 1D-0D 模型通常优先考虑。但 1D-0D 模型对参数设置要求较高,参数值不匹配将大大降低模型的准确性,且 1D-0D 模型依然无法描述详细的局部流场信息,如果需要同时研究局部血流动力学信息细节和整体血流情况,还是要依赖 3D-0D 或 3D-1D 多尺度耦合模型。

9.3.2 3D 和 0D 模型的耦合

循环系统具有多尺度特征,即血流局部特征和心血管系统整体的血流情况和临床现象之间有密切联系。例如,单侧颈动脉粥样硬化斑块(局部现象)引起的颈动脉分叉的管腔缩小并不会导致下游区域有明显的血流量减少,这是由于脑动脉环可以实现脑血流的再分配,在这种情况下对侧颈动脉和基底动脉血流量增加,作为一种补偿性机制以确保向大脑提供基本稳定的血流量。因此合理的数值模拟方法必须同时考虑这种系统和局部的联系。在传统的局部血管 3D 建模中,单一边界条件的设置并不能反映真实的出入口血流信息,这大大降低了模型计算的准确性。但实现整个循环系统几何形态和血流动力学行为的 3D 尺度的精确描述是不可能的,因此采用多维度的耦合模型可以有效解决这个问题。在上例中,可以在需要精确描述的颈动脉分叉血管处建立 3D 子模型,用不可压缩牛顿流体下的 N-S 方程描述流体的运动;在系统循环和脑部循环的血管网络采用集中参数子模型,用一系列的常微分方程组描述。将两个不同维度的模型耦合,这样既可以探究系统的血流分配对血管局部流场的影响,也可以探究局部的血管构型对系统血流分布的作用。

Quarteroni 等人针对 3D-0D 模型的耦合和计算求解问题做了大量研究,他们采用有限元方法对空间变量进行 N-S 方程的离散化,用半隐式格式进行时间离散化。为了便于模型的耦合,设定以下界面关系(Neumann 条件,见式(9-38),并采用变分形式的 N-S 方程。

$$\begin{cases} p\,\boldsymbol{n}-\mu\,\nabla\boldsymbol{u}\cdot\boldsymbol{n}=p_{\text{up},i}\boldsymbol{n}, & \text{对所有 } \Gamma_{\text{up},i}\text{ 域} \\ p\,\boldsymbol{n}-\mu\,\nabla\boldsymbol{u}\cdot\boldsymbol{n}=p_{\text{dw},j}\boldsymbol{n}, & \text{对所有 } \Gamma_{\text{dw},j}\text{ 域} \end{cases} \tag{9-38}$$

他使用 3D 的颈动脉模型和体循环的 0D 模型进行耦合,两个方程分别表示颈动脉上游入口边界和下游出口界面,其中,$\boldsymbol{u}$ 为速度矢量;$\boldsymbol{n}$ 为在血管边界处每个离散单元的向外的法向单位矢量;μ 表示血液黏度;i、j 分别为上游入口、下游出口处 3D 模型界面的空间离散节点。

将剩余的系统血管网络描述为集中参数模型,其简化电路如图 9-10 所示,图中电压源 U 为心脏提供的压力,其中 p_{up}、p_{dw} 和 F_{up}、F_{dw} 分别为颈动脉上游入口、下游出口处的平均压力和流量。

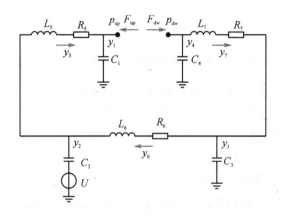

图 9-10　心血管系统的简化集中参数电路模型[4]

集中参数模型描述为

$$\begin{cases} \dfrac{\mathrm{d}\boldsymbol{y}}{\mathrm{d}t}=\boldsymbol{A}(\boldsymbol{y},t)\,\boldsymbol{y}+\boldsymbol{r}(\boldsymbol{y},t)+\boldsymbol{b}(F_{\text{up}}(t),F_{\text{dw}}(t)) \\ \boldsymbol{y}(0)=\boldsymbol{y}_0 \end{cases} \tag{9-39}$$

其中,$\boldsymbol{y}=(y_1,y_2,\cdots,y_7)^T$;$\boldsymbol{A}$ 为参数矩阵;$\boldsymbol{r}(\boldsymbol{y},t)$ 为心脏压力源 $U(t)$ 的作用;$\boldsymbol{b}(F_{\text{up}},F_{\text{dw}})$ 为出入口边界条件。界面处接口条件的设置为

$$\begin{cases} y_1(t)=\displaystyle\int_{\Gamma_{\text{up}}} p(\boldsymbol{x},t)\mathrm{d}\gamma \\ y_4(t)=\displaystyle\int_{\Gamma_{\text{dw}}} p(\boldsymbol{x},t)\mathrm{d}\gamma \end{cases} \tag{9-40}$$

$$\begin{cases} F_{\text{up}}(t)=\displaystyle\int_{\Gamma_{\text{up}}} \boldsymbol{u}\cdot\boldsymbol{n}\mathrm{d}\gamma \\ F_{\text{dw}}(t)=\displaystyle\int_{\Gamma_{\text{dw}}} \boldsymbol{u}\cdot\boldsymbol{n}\mathrm{d}\gamma \end{cases} \tag{9-41}$$

根据实际需要还可以构建更详细的集中参数模型,如图 9-11 中将冠状动脉树模型也考虑在循环系统中。

在完成上述离散化和模型边界条件的预处理后,将三维的局部模型和集中参数系统模型

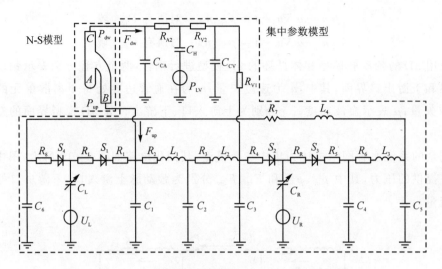

图 9-11　包含冠脉树结构的集中参数模型电路[5]

分别迭代求解,再进行参数传输,具体传输迭代过程为 0D 模型求解时,其界面流量由上一时刻的 3D 模型提供;相应地,3D 模型求解时,其界面压力由上一时间步长的 0D 模型提供,经过不断地迭代计算,实现模型的耦合,以上述颈动脉分叉的三维模型与整体血管系统的 0D 模型耦合为例,迭代过程如图 9-12 所示,n 表示时间步长。

3D-0D 耦合模型最早在临床的应用出现在心脏外科手术规划当中,由于心脏的泵血是整个循环系统血液流动的动力来源,心脏及相关血管结构的改变不仅改变了局部的血流特

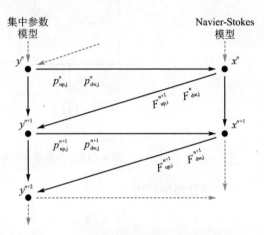

图 9-12　集中参数模型与三维模型耦合接口处的迭代过程[4]

征,同时会对整体的心血管系统也产生影响,严重的会引起术中或术后的不良并发症。因此对于心脏血管相关的外科手术,术前的手术规划至关重要,采用 3D-0D 耦合模型可以很好地满足以上需求。目前,3D-0D 耦合模型已应用在新生儿左心发育不良综合征(HLHS)的治疗术式的选择和优化、冠状动脉的手术规划等。

此外,近年来一些学者还设计了 3D-0D 耦合的心脏闭环模型,用来估计心脏相关的力学参数,这种耦合模型可以作为一种预测工具,用于人工心脏、人工瓣膜等介入医疗器械的参数设计,也是实验手段的重要补充。上述研究均表明,3D-0D 耦合模型在心脏及循环系统相关手术中具有巨大的发展潜力。3D-0D 模型还被运用于研究口腔癌动脉化疗中抗癌药物的分布,将边界条件表示为外周血管网络的 0D 结构树模型,结合 3D 模型精确计算出肿瘤累及区域内动脉的血流分布从而确定患者的最佳抗癌药物剂量,达到最佳化疗效果。3D-0D 耦合模型的应用从最初的模拟心脏相关手术,扩展到动脉粥样硬化、动脉瘤等更多心血管疾病的研

究,再延伸至神经系统作用、介入医疗器械设计,以及麻醉、化疗等药物作用系统,3D-0D 耦合模型在更多应用场景中不断展现出优势。

9.3.3　3D 和 1D 模型的耦合

将动脉树的 1D 模型与局部血管段的 3D 模型耦合(见图 9-13),既能分析目标区域内复杂的流场信息和详细的血流动力学特征,又能分析压力波在整体动脉系统中的传播情况,对于研究局部流场与脉搏波传播之间的关系至关重要。在 1D 模型与 3D 模型的耦合过程中,涉及两个重要的流体力学问题:

(1) 是否涉及血流与血管壁面的耦合。目前大多数模型为了简化计算将三维血管壁假设为刚性管,但 1D-3D 耦合问题中血流-壁面的相互作用直接定义了脉搏波的传播性质,因此考虑流固耦合的弹性管更符合实际情况。

(2) 出入口边界条件问题,也就是两个模型间接口边界条件信息的匹配和传输问题。由于不同维度的模型在基本运动方程的描述上存在差异,直接耦合会导致耦合接口两端不兼容,因此需要对两个维度的模型使用不同程度的近似处理。通常为了保持界面流量的连续性,需要对两个维度的模型做一些假设并补充边界条件,而人为添加边界条件通常会导致边界流场的不稳定,这也是 1D 与 3D 模型耦合中面临的问题和挑战。

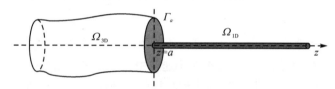

图 9-13　血管 3D 模型与 1D 模型耦合

在 3D 模型的 FSI 问题中,若考虑血流与弹性血管壁面之间的相互作用,在计算上本质是 3D 血流的 N-S 方程与管壁的运动方程通过以下流固耦合条件进行参数传输,将管壁假设为线性弹性薄壁圆柱管,且忽略纵向位移和角位移。其中,第一个方程为无滑移条件,保证壁面域 Γ_w 上的流体与壁面相对静止,两者的运动状态一致;第二个方程保证了法向界面应力的连续性。Bourgault 等人对 1D-3D FSI 模型进行了研究,重新构造了以法向总应力为自然边界条件的 N-S 方程,将血流运动方程与不同的血管壁动力学模型耦合,并基于此提出能量评估的方法对模型进行评估,结果表明在两个模型接口不强制施加连续性边界条件的情况,耦合模型与全 3D 模型的参考解一致性良好,数值结果稳定;而人为在界面处添加设定条件会导致界面面积、流量、平均压力等参数出现数值不稳定的情况。这表明耦合算法对界面处数值模拟的准确性存在影响,提示采用隐式耦合算法可能使区域的连续性加强。

$$\begin{cases} u = \dfrac{\partial \eta}{\partial t} \\ \sigma_t \cdot n_f = -\sigma_s \cdot n_s \end{cases} , \quad 对 \Gamma_w 域 \tag{9-42}$$

在 1D 与 3D 模型的耦合的出入口边界条件方面,为了保证界面连续性,需要添加接口边界条件,例如假设界面两侧截面积、平均压力、血流量等参数相同,同时假设 1D 模型入口特征变量的连续性条件等,耦合的连续性条件需要根据不同的耦合模型选取,而正确地选择连续性条件是保证模型在界面处计算稳定、收敛,并达到计算准确性的关键。Blanco 等人针对多尺度心血管模型中平均总法向应力的连续性问题进行了讨论,在现有迭代算法上进行了修改,提出了一种新迭代策略来隐耦合多维度血流模型,并通过几个实例验证了基于能量守恒的界面方程,结果表明该方法保持了平均法向应力的连续性。在两个模型选取合适的接口边界条件后,耦合模型的求解将分为两个子域的迭代问题,在 3D 模型的上游入口截面上可以施加 Dirichlet 或者 Neumann 条件,再进行空间离散化。以下是 Quarteroni 等人提出的 1D 模型与 3D 刚性壁模型耦合算法的具体步骤。

(1)初始化

设置 $k=0, u_{3D,0}^{n+1}=u_{3D}^n, p_{3D,0}^{n+1}=p_{3D}^n, P_{1D,0}^{n+1}=P_{1D}^n, A_{1D,0}=\psi^{-1}(P_{1D,0}^{n+1}), Q_{1D,0}^{n+1}=Q_{1D}$。

式中,n 为迭代步数。

(2)k 的内部循环

① 求解 1D 模型,界面边界条件为

$$P_{1D,k+1}^{n+1}=\chi P_{3D,k}^{n+1}+(1-\chi)P_{1D,k}^{n+1} \tag{9-43}$$

式中,χ 为为了提高收敛速度而设置的松弛因子;k 为满足匹配条件,在固定时间步长进行的内部迭代。求解 1D 模型,压力条件根据面积重新定义:$A_{1D,k+1}^{n+1}=\psi^{-1}(P_{1D,k+1}^{n+1})$。

② 求解 3D 模型,界面边界条件为

$$Q_{3D,k+1}=-Q_{1D,k+1}^{n+1} \tag{9-44}$$

设置 $k=k+1$。

(3)检 验

可进行不同的收敛性检验,可以检查界面的连续性,也就是在 $|P_{1D,k+1}^{n+1}-P_{3D,k+1}^{n+1}| \leqslant \varepsilon$ 时停止迭代,ε 为用户定义的误差;也可以检查在子迭代中接口变量的增量。

通过上述参数的传输不断进行迭代,直到数据收敛到误差范围内,最终可以在每个时间步骤获得全局解。其中接口两端的匹配条件在迭代中也可以表示为

$$Q_{1D,k+1}^{n+1}=-\chi Q_{3D,k}^{n+1}+(1-\chi)Q_{1D,k}^{n+1}, P_{3D,k+1}^{n+1}=P_{1D,k+1}^{n+1} \tag{9-45}$$

在上述 1D-3D 耦合模型的迭代过程中,第二类和第三类边界条件并不能使 3D 的 N-S 方程闭环,即边界条件缺失不能保证解的唯一性。这个问题可采用插值拟合等多种合理的数学方法解决。

由于三维界面一端具有完整的三维流场,而在一维界面一端只有平均值,因此通常建立基于平均量的三维边界条件,而这通常会导致三维界面流场的不连续和不稳定性。针对此问题,Blanco 等人提出了一个扩展的变分公式来处理这种人工边界上的不连续问题,运用于不同维度模型之间的耦合。后续进一步将这种统一的变分方法运用于 3D-1D-0D 模型的耦合,涉及三个不同维度的耦合区域和两个耦合界面,分别为 0D-3D 和 1D-3D,如图 9-14 所示。运用这种耦合方法实现了包含 128 条动脉血管段 1D 模型与几种不同部位 3D 模型的耦合,包括髂动脉分叉血管、椎动脉和脑动脉瘤的 3D 模型,实现了结合不同部位的局部血流动力学和整体血流情况的研究。为了研究这种 3D 与 1D 模型耦合的准确性,Formaggia 等人还讨论了这种 3D 和 1D 模型耦合的可靠性,引入一种基于能量平衡的准则来合理地选择模型间的耦合条件,还提出了一种方法将血管周围外部组织的影响包括在 1D 模型中。Dobroserdova 等人针对不可压缩流体的 1D-3D 耦合问题,提出了一种基于协调有限元法的求解器,引入了新的耦合条件以确保模型的累积能量有一个合适的边界,并通过试验证明这些耦合条件是稳定的,适用于"反向流动"的情况,如入口边界在一定时间周期内变为出口边界;并通过模拟下腔静脉

过滤器证明了这种协调有限元法和预设定耦合条件的迭代策略的可靠性。但是该方法的求解需要时间步长足够小使线性求解器能快速收敛。

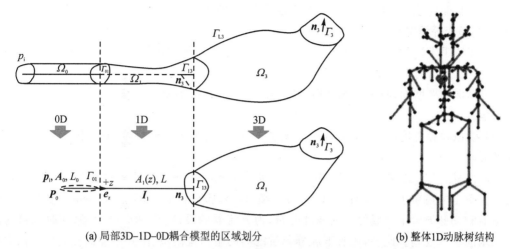

(a) 局部3D-1D-0D耦合模型的区域划分　　(b) 整体1D动脉树结构

图 9-14　局部 3D-1D-0D 耦合模型的区域划分和整体 1D 动脉树结构[6]

为了提高求解的精确性,采取合理的数学求解方法是一方面,将实际物理模型的重要因素考虑在数学模型中提高求解的准确性也是重要一方面。Passerini 等人也提出在 1D-3D 耦合过程中迫使界面上压力和流量的连续性是存在问题的,主要原因在于两个子域内壁面的数学模型不同,导致模型之间的界面出现伪波反射,严重影响数值计算结果。与 0D-3D 模型不同,在 0D-3D 耦合模型中,血管顺应性对 3D 模型的计算结果影响较小,因此在 0D-3D 模型中可以设定 3D 模型为刚性管壁;但是在 1D-3D 的耦合模型中,考虑血管顺应性却至关重要,因为血管的弹性特征是压力波传播的驱动机制,而考虑血管弹性的 3D 模型会显著增加计算成本(相比于刚性壁)。对此,他们提出在耦合界面的匹配条件中,添加一个特殊的 0D 集中参数模型(LP)模拟血管顺应性,将压力 P 表示为与血管顺应性 C 有关的微分方程,得到包含血管顺应性参数的新迭代方程组,并建立了包含双边缓冲 LP 的 1D-3D-1D 模型(见图 9-15)。这种处理方法可以在 3D 刚性壁条件下获得可靠的计算结果,既节约了计算成本,也提高了解的准确性。但是模型中的参数量化是一项繁琐的工作,如果参数量化不完整可能导致计算结果不可靠。

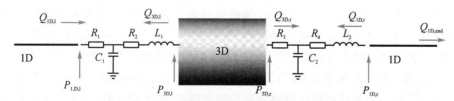

图 9-15　Passerini 包含双边缓冲 LP 的 1D-3D-1D 模型[7]

在 3D-1D 模型的耦合方法中,目前大量研究集中在流固耦合问题和边界接口条件的处理上,这也是 3D-1D 模型计算中最关键的问题。针对 3D-1D 模型的研究总体上尚处于初步阶段,主要针对人体大动脉树系统中血流模型的基础构建,对生理化学物质变化、神经调节、体液调节等更加复杂的人体生理环境因素影响考虑较少,这有赖于未来更加精细、准确、完整的 3D-1D 模型设计。

相比于传统的单维度模型,3D-1D 耦合模型可以更加准确地模拟各种生理环境变化下局部和整体的血流情况,其应用包括以下几个方面。

（1）动脉非周期生理状态下的血流动力学模拟,即血流和压力平均值随时间变化（如血管破裂、突然形变等情况）。

（2）模拟手术过程,从局部和整体血流动力学的角度研究血管改造后的结果（例如影响 Willis 环内血流动力学的血管介入手术过程）。

（3）模拟心率增加、心脏每搏输出量增加或心脏泵血波形变化时,对某一特定位置的血流循环影响。

（4）模拟动脉重构（如动脉瘤形成、动脉狭窄闭塞、几何形状改变等）对整体和局部血流动力学的影响。

除此之外,1D-3D 模型还可以运用于手术模拟和植入介入医疗器械的设计,例如,在左心室发育不全的搭桥手术中,通过 1D-3D 模型可以模拟分析 Blalock-Taussig 分流器（BTS）中分流器和动脉导管不同截面上的速度分布,为分流器的设计、选择提供参考,同时也可为医生提供术前手术规划。此外,还有下腔静脉过滤器的生物流模拟、体外循环器械的导管内血流模拟等,都可以通过构建 1D-3D 模型进行研究。近年来,分布式 1D 模型与基于图像建立的 3D 模型结合,还可以用于血流储备分数（FFR）的计算。未来随着 1D-3D 耦合方法的不断优化和准确性的提高,其应用方向将得到更加广泛的探索。

9.4 心室-动脉耦合分析

心脏的理论模拟主要是针对心室的描述,这是因为心室在射血功能中起主要作用。心室的收缩功能可以通过收缩末期的心室内压强-体积关系,以及搏出功来评价。瞬时的心室内压强-体积关系可以用一个时变的顺应性变量 $E(t)$ 表示,具体表达式如下:

$$E(t) = \frac{P(t)}{V(t) - V_d} \qquad (9-46)$$

式中,$P(t)$ 和 $V(t)$ 分别为瞬时的心室内压强和体积;V_d 为一个常数。收缩末期对应的是 $E(t)$ 达到最大值 E_{max} 的射血时相。已经证实 $E(t)$ 和 V_d 对前负荷不敏感。

搏出功（SW）则可以用每一次波动形成的压强-体积曲线环的面积计算得到,同时还可以产生 SW-EDV 关系,其中,EDV 为压强-体积曲线右下角的体积,即舒张末期的心室体积。通过实验拟合发现这一关系具有很高的线性,直线的斜率和 EDV 截距已经在很多状态和很多动物中被测量出来。因此可以将 SW 看成 EDV 的线性函数。

事实上,心室的搏出功和压强-体积关系还受到动脉系统的影响,因此有必要研究心室-动脉的耦合关系。其中,动脉系统可以使用弹性腔模型来模拟,正如前述介绍,集中参数模型可以对脉管系统的力学性质提供定量化的评价。通过力学模型与电路模型的比拟,可以很方便地求解。以图 9-16 所示的四单元弹性腔模型为例,R_1 和 R_2 分别为主动脉和外周动脉的流阻;C 为外周动脉的顺应性;L 为大动脉中血流的惯性。有效动脉顺应性 E_a 可以通过以下公式计算:

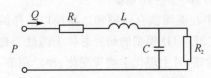

图 9-16 可用于心室-动脉耦合研究的四单元弹性腔模型

$$E_a = \frac{R_1 + R_2}{T_s + R_2 C(1 - e^{-R_2 C/T_d})} \tag{9-47}$$

式中，T_s 和 T_d 分别为收缩期和舒张期的时长。心室-动脉耦合可以用心室与动脉系统顺应性的比值 E_{es}/E_a 来评估，其中 E_{es} 为收缩末期的心室顺应性。已经证实，当 $E_{es}/E_a = 1$ 时，可以取得最大的搏出功。

当心室的每搏输出量为恒定时，心室-动脉耦合的最优化条件则转变为心室对外做功的功率最小。要分析这一最优化问题，可以将动脉系统看成三单元的弹性腔模型，其中大动脉的阻抗可以表示为 Z。如果将阻抗 Z 做余弦变换，则它的每一次谐波的模和幅角都可以表示为

$$Z_n = P_n / Q_n \tag{9-48}$$

$$\phi_n = \phi_{P_n} - \phi_{q_n} \tag{9-49}$$

其中，n 表示第 n 次谐波；P_n 和 Q_n 分别为动脉内压强 $p(t)$ 和流量 $q(t)$ 的第 n 次谐波的模；ϕ_{P_n} 和 ϕ_{q_n} 分别为 $p(t)$ 和 $q(t)$ 的第 n 次谐波的幅角。$p(t)$ 和 $q(t)$ 的余弦变换可以写为

$$p(t) = P_0 + \sum_{n=1}^{N} P_n \cos(\omega_n t + \phi_{P_n}) \tag{9-50}$$

$$q(t) = Q_0 + \sum_{n=1}^{N} Q_n \cos(\omega_n t + \phi_{q_n}) \tag{9-51}$$

式中，$\omega_n = \dfrac{2n\pi}{T}$；$T$ 为心动周期；t 为时间。

此时，心脏输出的功率可用表征左心室后负荷的血管输入阻抗 Z_n 和 ϕ_n 表示：

$$W = \frac{1}{T} \int_0^T p(t)q(t)\mathrm{d}t = P_0 Q_0 + \frac{1}{2} \sum_{n=1}^{N} Q_n^2 Z_n \cos \phi_n \tag{9-52}$$

基于以上的表达式，再来考虑左心室每搏输出量 S 为恒定的约束条件下，使得左心室输出功率最小的最优化问题，可构成目标函数：

$$f = W + \lambda \left(\int_0^{T_s} q(t)\mathrm{d}t - S \right) \tag{9-53}$$

并使

$$\frac{\partial f}{\partial Q_n} = 0, \quad \frac{\partial f}{\partial \phi_{q_n}} = 0, \quad \frac{\partial f}{\partial \lambda} = 0, \quad n = 1, 2, \cdots, N \tag{9-54}$$

式中，λ 为 Lagrange 乘子；T_s 为收缩期时长。当 P_0、Q_0、Z_n、ϕ_n，T_s 和 T 已知，上述最优化问题可以转化为 $2N+1$ 个方程组成的方程组，可以确定 $2N+1$ 个未知量，包括 Q_n、ϕ_{q_n} 及 λ，最终可以确定主动脉根部的动脉压 $p(t)$ 和流量 $q(t)$。

为了检验这一最优化方法得到的动脉压和流量的合理性，复旦大学的柳兆荣开展了狗的左心室与动脉系统匹配耦合的动物实验。通过压力探头测量主动脉根部的动脉压，并用电磁流量计测得主动脉根部的流量，得到的动脉阻抗模和幅角如图 9-17 所示。

以左心室输出功最小化准则来优化心室-动脉的匹配耦合，在已知动脉阻抗的情况下，

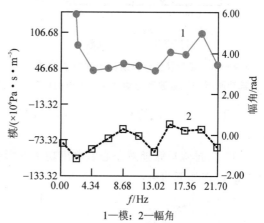

图 9-17　狗的主动脉根部阻抗模和幅角

可以计算出主动脉根部的动脉压 $p(t)$ 和流量 $q(t)$。将计算结果与动物实验结果比较，可以得到如图 9-18 所示的结果。不难发现，图中理论计算结果可以描述狗主动脉根部动脉压和流量的实测波形的主要特征，但在收缩期，两者的差异仍然较大（特别是流量波形）。

为了确定与实验波形更为一致的动脉压和流量波形，有必要对上述匹配模型进行改进，主要思路是减少流量波形的波动，引入罚函数 $\int_0^T q^2 \mathrm{d}t$ ，构成新的目标函数：

$$f = W + \alpha \int_0^T q^2 \mathrm{d}t + \lambda f_1 \tag{9-55}$$

其中，α 为一带量纲的常数，$f_1 = \int_0^{T_s} q(t)\mathrm{d}t - S$ 。在这种情况下，为使左心室输出功率最小，则有：

$$\frac{\partial f}{\partial Q_n} = 0, \quad \frac{\partial f}{\partial \phi_{q_n}} = 0, \quad \frac{\partial f}{\partial \lambda} = 0, \quad n = 1, 2, \cdots, N \tag{9-56}$$

改进后的匹配模型的求解过程与之前类似。但是由于引入了 $\int_0^T q^2 \mathrm{d}t$ 项，使得方程组变成了非线性方程组，因此需要利用"差商代替导数的牛顿法"进行数值求解。由此确定的狗的相应动脉压和流量波形如图 9-19 所示。随着系数 α 的增大，罚函数在目标函数中所起的作用增大，使得所得动脉压和流量波形变得平缓光滑，与改进前的匹配模型相比，改进后的模型所得的波形更接近实验波形。但是由于罚函数仅使得波形更趋光滑，防止流量曲线变化过大，所以其对动脉压和流量波形的修正是很有限的。在收缩期峰值期前后，模型得到的波形与实验波形的吻合度仍然难以让人满意。

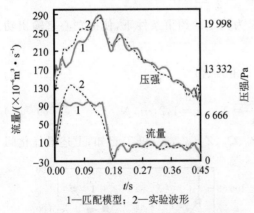

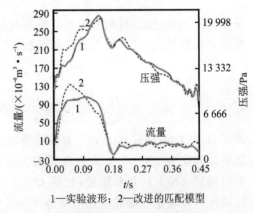

图 9-18　匹配模型计算所得的狗的主动脉根部动脉压和流量波形与动物实验波形的比较

图 9-19　改进的匹配模型所确定的狗的主动脉根部动脉压和流量波形与实验波形的比较

为了得到更合适的左心室与体动脉的匹配条件，可以在匹配模型中附加如下 2 个约束条件。

（1）为排除舒张期对左心室输出功率的影响，而又不改变血管的输入阻抗，对舒张期的血流量 $q(t)$ 作如下约束：

$$\int_{T_s}^T q^2(t)\mathrm{d}t = 0 \tag{9-57}$$

（2）考虑到动脉压 $p(t)$ 在收缩期的积分是由 P_0、T_s 和 T 表示的已知数值，即对收缩期

的动脉压 $p(t)$ 作如下约束：

$$\int_0^{T_s} p(t)\mathrm{d}t = A_s = \mathrm{const} \tag{9-58}$$

为了建立在上述 2 个约束条件下的左心室与体动脉匹配耦合条件，考虑如下目标函数：

$$f = W + k\int_{T_s}^{T} q^2(t)\mathrm{d}t + \lambda_1 f_1 + \lambda_2 f_2 \tag{9-59}$$

其中

$$f_1 = \int_0^{T_s} q(t)\mathrm{d}t - S, \quad f_2 = \int_0^{T_s} p(t)\mathrm{d}t - A_s \tag{9-60}$$

式中，k 为有量纲的常数；λ_1、λ_2 为 Lagrange 乘子。

为了使左心室输出功率最小，同时满足上述约束条件，则要求目标函数 f 满足如下方程：

$$\frac{\partial f}{\partial Q_n} = 0, \quad \frac{\partial f}{\partial \phi_{q_n}} = 0, \quad \frac{\partial f}{\partial \lambda_1} = 0, \quad \frac{\partial f}{\partial \lambda_2} = 0, \quad n = 1, 2, \cdots, N \tag{9-61}$$

当 P_0、Q_0、Z_n、ϕ_n、T_s 和 T 已知，由上述 $2N+2$ 个方程组成的方程组可以确定 $2N+2$ 个未知数，包括 Q_n、ϕ_{q_n} 及 λ_1、λ_2，从而可以推导出动脉压 $p(t)$ 和流量 $q(t)$。

为了检验二次改进的匹配模型的合理性，下面仍然以狗的体循环实验数据进行对比。同样利用"差商代替导数的牛顿法"对方程组进行数值求解，计算中取系数 $k = 2.3 \times 10^6\ \mathrm{Pa/m}$，可得出狗主动脉根部的动脉压和流量波形，如图 9-20 所示，利用二次改进的匹配模型得到的主动脉根部的动脉压和流量波形与响应的实验波形符合得相当好。这说明，二次改进的匹配模型优于前述模型，是一个左心室与体动脉较合适的匹配耦合模型。利用这个匹配模型，通过表征体动脉特性的动脉输入阻抗可以用于确定主动脉根部较满意的动脉压和流量波形。

需要注意的是，二次改进的匹配模型中，A_s 的数值是不能任意选取的，通过弹性腔模型的推导可知，动脉压波形的面积比 η 可表示为 T_s/T 的线性函数，即

$$\eta = \frac{A_s + A_d}{A_d} = a\,\frac{T_s}{T} + b \tag{9-62}$$

通过对狗的有创实验测得主动脉根部的动脉压并进行统计，发现系数 $a = 1.49$，$b = 0.91$，又考虑到式中 P_0 为平均压，因而 A_s 可进一步表示为

$$A_s = TP_0\left(1 - \frac{1}{\eta}\right) = f(P_0, T_s, T) \tag{9-63}$$

式中，P_0，T_s 和 T 已知，系数 A_s 也是确定的数值。

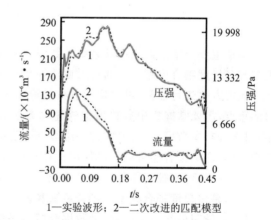

1—实验波形；2—二次改进的匹配模型

图 9-20　二次改进的匹配模型所确定的狗的主动脉根部动脉压和流量波形与实验波形的比较

二次改进的匹配模型中的系数 k 表示该罚函数 $\int_{T_s}^{T} q^2(t)\mathrm{d}t$ 在目标函数中所起作用的大小，对计算结果的影响主要体现为对舒张期流量波形波动大小的控制。一般说，k 值越大，舒

张期流量波形越平滑;但是 k 值取得过大,有可能掩盖目标函数中最重要的输出功率项的作用。正确的做法是,使所取 k 值既充分考虑该罚函数的存在,而又不影响输出功率项的主导作用。

类似的使用弹性腔模型进行心脏-动脉耦合研究的先例还有很多,这些研究还涉及模型中参数变化对血压的影响。表 9 - 5 显示了这样的一个例子。当总的动脉顺应性和外周流阻发生相似比例的变化时,流阻对动脉压的影响是动脉顺应性的 4 倍。这一结果并不是说顺应性的变化不重要,因为随着年龄变化,人的外周流阻仅增加 $10\%\sim20\%$,而顺应性的降低的比例则可能是这一数值的 $2\sim4$ 倍。大部分学者研究心室-动脉耦合问题,其中动脉系统都是用弹性腔模型来仿真的。弹性腔模型经常会被用作其他模型的负载,因为如果模型太复杂,将很难与其他模型耦合。

表 9 - 5 心室-动脉耦合模型对动脉和心脏参数的敏感性*

敏感性\n动脉和心脏参数	收缩压	舒张压	每搏输出量
特征阻抗	+9	0	0
外周流阻	+41	+90	−28
总的动脉顺应性	−10	+22	+5
心动周期	−50	−90	+28

注: * 敏感性用 $100 \cdot (\partial Y / \partial X)/(Y/X)$ 表示,其中,Y 为收缩压、舒张压或每搏输出量;X 为独立的动脉或心脏参数[8]。

9.5 本章总结和学习要点

本章主要介绍了血液循环系统的数学建模和定量分析方法,包括集中参数模型、分布参数模型和多尺度耦合模型等。通过对血液循环系统进行抽象和简化,使用集中参数的方式或分布参数的方式进行建模,可以定量分析血液循环系统中血流流量和动脉压的关系,这是本章学习的重点,需要掌握集中参数模型的建模方法和求解方法,理解流体力学与电学模型比拟关系;对于分布参数模型,需要掌握一维波动方程的推导过程,理解脉搏波在动脉系统中传播的机理,感兴趣的读者还可以尝试使用计算软件求解波动方程的解。集中参数模型由于参数量少,便于计算,经常被用作与其他模型耦合,来实现多尺度耦合模型,实现多种尺度模型优势的结合。但是多尺度耦合模型的耦合算法和求解过程复杂,要理解不同尺度模型之间的耦合算法,是本章学习的难点。心室-动脉耦合模型是耦合模型中的一种,常用于研究人工心脏与心脏后负荷的耦合性能,从而指导人工心脏的设计优化。读者学习时需要理解在不同的最优化原则下,可以通过对心室-动脉耦合模型的最优化分析,得到不同的优化参数,产生不同的主动脉根部血流及动脉压波形。

习 题

1. 二单元弹性腔模型如图 9 - 21 所示,试推导其入口处流量和压强的关系。

2. 三单元弹性腔模型中的特征阻抗一般是一复阻抗,试说明在弹性腔模型中引入这一特征阻抗,在模拟动脉系统阻抗中的优势。

3. 当两端血管并联,如图 9 - 22 所示,试将其比拟为电路图,并求解 P 和 Q 的关系。

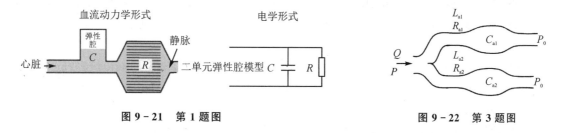

图 9 - 21　第 1 题图　　　　　　　　　　图 9 - 22　第 3 题图

4. 与三单元弹性腔模型相比,四单元弹性腔模型有什么优势?

5. 试从简化的一维分布模型的控制方程:

$$\frac{\partial A}{\partial t} + \frac{\partial Q}{\partial z} = 0$$

$$\frac{\partial Q}{\partial t} + \frac{\partial}{\partial z}\left(\frac{Q^2}{A}\right) + \frac{A}{\rho} \cdot \frac{\partial P}{\partial z} = 0$$

推导出一维波动方程:

$$\frac{\partial^2 P}{\partial z^2} - \frac{1}{c^2} \cdot \frac{\partial^2 P}{\partial t^2} = 0$$

6. 已知动脉压的波动会导致动脉直径的变化,假设两者的变化呈线性关系:

$$d(2a) = \sigma dP$$

式中,a 为血管半径;σ 为血管顺应性。考虑血管为薄壁胡克弹性管,试推导 σ 与血管弹性模量、血管壁厚度及血管半径的关系。

7. 分布式模型中若考虑血液为理想流体,描述血液流速、动脉压和血管半径之间关系的方程可写作:

$$\frac{\partial u}{\partial t} + \frac{1}{\rho} \cdot \frac{\partial P}{\partial x} = 0$$

$$\frac{\partial u}{\partial x} + \frac{2}{a} \cdot \frac{\partial a}{\partial t} = 0$$

试证明当血流几乎静止($u \approx 0$)或血流为定常流(平均流速为 U,小扰动为 u)时,上面两个方程均成立。

8. 相比 3D 的血流动力学模型,3D - 0D 耦合模型有什么优势? 可应用在哪些临床问题中?

9. 为什么在 3D - 1D 耦合模型中经常会引入 0D 模型,从而构成 3D - 1D - 0D 耦合模型?

10. 已知心室-动脉耦合模型对外周流阻的敏感性是总动脉顺应性的 4 倍以上,是否说明在心室-动脉耦合的研究中不需要考虑动脉顺应性的影响? 为什么?

11. 试分析使用集中参数模型来模拟动脉系统,应用于心室-动脉耦合分析的优势。

参考文献

[1] WESTERHOF N,STERGIOPULOS N,NOBLE M I M,et al. Snapshots of Hemody-namics：An Aid for Clinical Research and Graduate Education[M]. New York：Spring-er,2005.

[2] AVANZOLINI G,BARBINI P,CAPPELLO A,et al. CADCS Simulation of The Closed-loop Cardiovascular System[J]. International Journal of Bio-Medical Computing,1988,22：39-49.

[3] FORMAGGIA L,NOBILE F,QUARTERONI A,et al. Multiscale Modelling of the Cir-culatory System：A Preliminary Analysis[J]. Computing and Visualization in Science,1999,2：75-83.

[4] QUARTERONI A,SALERI F,VENEZIANI A. Factorization Methods for the Numeri-cal Approximation of Navier-Stokes Equations[J]. Computer Methods in Applied Me-chanics and Engineering,2000,188：505-526.

[5] QUARTERONI A,RAGNI S,VENEZIANI A. Coupling Between Lumped and Distribu-ted Models for Blood flow Problems[J]. Computing and Visualization in Science,2001,4：111-124.

[6] BLANCO P J,DEPARIS S,MALOSSI A C. On the Continuity of Mean Total Normal Stress in Geometrical Multiscale Cardiovascular Problems[J]. Journal of Computational Physics,2013,251：136-155.

[7] PASSERINI T,DE LUCA M,FORMAGGIA L,et al. A 3D/1D Geometrical Multiscale Model of Eerebral Vasculature[J]. Journal of Engineering Mathematics,2009,64：319-330.

[8] STERGIOPULOS N,MEISTER J J,WESTERHOF N. Determinants of Stroke Volume and Systolic and Diastolic Aortic Pressure[J]. American Journal of Physiology,1996,270(6)：H2050-2059.

第 10 章　血液循环系统医学与工程专题

前面章节中,我们系统性地学习了血液循环系统中心脏、动脉和毛细血管的结构、功能和相关工程分析方法及技术。本章将在这些的基础上,介绍与血液循环系统密切相关的工程专题,包括心力衰竭和心肺功能衰竭及相关医疗器械、心脏瓣膜疾病及人工心脏瓣膜、航空航天中的血液循环系统。需要说明的是,由于循环系统存在大量的工程问题,因此本章仅是抛砖引玉,希望能引导读者了解如何运用医学与工程相关思路、技术和方法解决生理和临床问题。

10.1　心力衰竭与左室辅助装置

10.1.1　左室辅助装置的原理与组成

心力衰竭(heart failure,HF)是心血管疾病最主要的死亡原因。据统计,全球有 7 000 多万心衰患者。心脏移植手术是治疗严重心衰患者的理想方法。然而,受诸多因素影响,全球每年仅进行约 5 000 例移植手术,数万名患者在等待名单上面临死亡风险。心脏辅助装置(ventricular assist device,VAD)的开发就是为了让这些患者在等待移植期间继续存活。心脏辅助装置是一种机械装置,旨在通过在体内泵送血液来辅助衰竭的心脏。在过去的 50 年中,许多不同类型的心脏辅助装置被用于支持心衰患者,如心肺旁路(CPB)、主动脉内球囊泵(IABP)和左心室辅助装置(left ventricular assist device,LVAD)等。在这些设备中,LVAD 是为衰竭的心脏,尤其是左心室,提供短期到长期支持的主要设备,可作为心功能恢复前的过渡治疗、决定方案前的过渡治疗、等待心脏移植前的过渡支持和永久治疗等。LVAD 通常是一种血泵,通过将血液从左心室抽出并通过主动脉回到循环系统,从而对衰竭的左心室提供循环辅助支持。

LVAD 随着时间的推移不断发展,可分为三代。第一代 LVAD 由一个可折叠的血室组成,具有与原生心脏相同的泵血功能。血液可以充满血室,然后通过施加外力来排空血室内的血液。这种外力可以通过气动或电动方式施加。在气动式 LVAD 中,通过对环绕血腔的气室加压来促进射血。通过负压打开血腔,促进充血。电动式 LVAD 通过电动方式启动推板,压缩血室,推板移回未压缩的位置,以方便充血。这两种驱动方式都在血室的入口和出口安装单向阀(又称瓣膜)来确保血液的单向流动。第一代 LVAD 使用的瓣膜类型有机械瓣膜(由硬质材料制成)、生物假体瓣膜或柔性聚合瓣膜(由弹性材料制成)。第一代 LVAD 有三种不同的射血模式:异步、同步和充盈到排空。在异步(或固定速率)模式下,无论患者的心跳如何,也无论充盈后血室中的血容量有多少,都会以固定频率射血。在同步模式下,射血与患者的心跳同步。在充盈到排空模式下,只有当血腔容积达到预定极限时才会进行射血。这可确保泵的射血与静脉回流相匹配。

第二代 LVAD 和第一代 LVAD 的区别在于泵的原理。第一代 VAD 是模仿心室搏动工作原理的置换泵,而第二代(以及第三代)LVAD 只取代或者辅助心室泵血,并没有直接模仿原生心室功能。第二代 LVAD 的核心部件是无阀门的血泵,血泵中的转子是系统中唯一的运动部件。更具体地说,在旋转的转子上安装有随着转子同步旋转的叶片,将驱动系统输入的机械能转化为血液流动的动能和克服人体阻力的压力能。由于取消了血室的流入和流出阀,LVAD 的效率进一步提高。第二代 LVAD 多为轴流泵,代表性产品有 HeartMate Ⅱ(Abbott,Pleasanton,CA,USA)、Jarvik 2000(Jarvik Heart,New York,NY,USA) 和 Impella 系列导管泵(Johnson, New Brunswick,NJ,USA)。第二代 LVAD 的主要特点是接触式悬浮,即至少带有一根机械轴承来维持转子在径向或者轴向上的稳定。

第三代 LVAD 与第二代 LVAD 类似,都是旋转泵,利用旋转的转子为血液提供动能和压力能。与第二代 VAD 不同,第三代 VAD 采用完全悬浮的转子,泵的旋转部分和固定部分在正常使用时没有机械接触。目前,实现悬浮转子的技术方法有液力悬浮、磁悬浮或两者的组合。第三代 LVAD 多以离心泵为主,代表性产品有液力悬浮产品 HeartWare(Medtronic/HeartWare,Framingham,MA,USA)和全磁悬浮产品 HeartMate 3(Abbott, Pleasanton,CA,USA)(见图 10 - 1)。

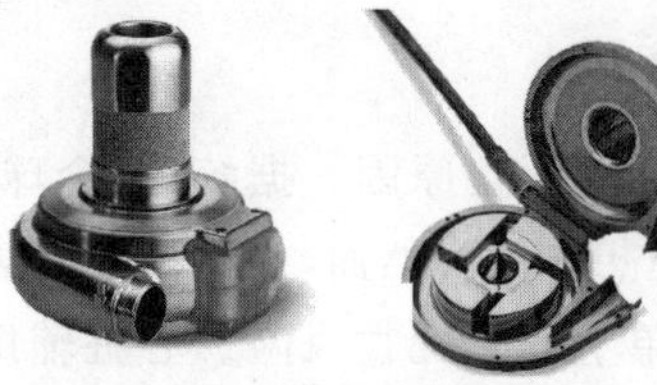

(a) 液力悬浮产品HeartWare 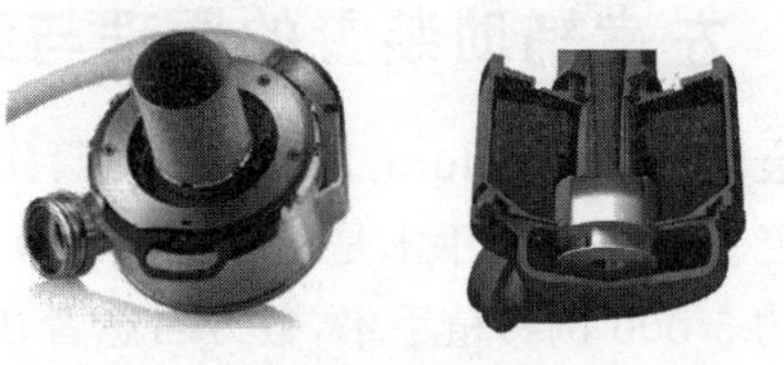　　　　　　　(b) 全磁悬浮产品HeartMate3

图 10 - 1　第三代悬浮式血泵

LVAD 主要由流入插管、流出插管、血泵和驱动装置等组成。流入插管是一根大管,将血液从心脏中吸入到泵中,流出插管则将血液送回主动脉。对于血泵,第二代和第三代 LVAD 使用的血泵通常为连续型血泵(包括轴流泵和离心泵)。轴流式 LVAD 血泵内通常设置有矫直器、转子、扩压器以及机械轴承等部件。当血液进入到轴流血泵后,首先在矫直器中规范血液流动,然后在转子中对血液进行加速,将输入血泵的机械能转化为速度能,血液进入扩压器中,在扩压器的作用下,血液会减速增压,一部分速度能会转化为压力能,输入可以克服人体阻力的压差,以促进血液循环。离心式 LVAD 通常由进液管,转子和蜗壳三部分组成,有的离心式 LVAD 还会在血泵中央位置设置导流锥,将来自进液管的轴向流动转化为贴合转子流路的径向流动。血液从进液管进入转子之后,在转子的加速作用下获得速度能,这些高速血流会进一步进入到蜗壳中,在蜗壳中减速增压,输入人体需要的流量和可以克服动脉阻力的压差[1]。在离心血泵中,转子和蜗壳之间存在间隙,这些间隙被称为二次流道。当血液从转子中流出时,一部分血液会在血泵转子前后压差的作用下,通过二次流道从转子尾部逆流到转子进口,再次进入转子中。为了避免血液在血泵中的淤积和血栓的形成,离心式血泵中不能有任何的密封形式,因此,离心式血泵中的二次流道以及产生的二次流是不可避免的。尽管二次流道的设计可以促进血泵内的血液循环,但也会加重血液损伤和降低血泵的效率[2]。

对于驱动装置,无刷直流电机最常用于 LVAD。在无刷直流电机中,定子由旋转磁场的线圈组成,转子由永久磁铁组成。大多数 LVAD 的电源由锂离子电池或镍镉电池组成,病人外出时通常会携带两块电池。电缆的设计应尽可能柔软,便于弯曲,但也须尽可能结实,不会因疲劳而断裂。由于线缆感染是一个严重的临床问题,因此线缆在穿透口处的表皮之间不能有缝隙,且电缆线包裹材料需要具有良好生物相容性和具备抗感染功能。

10.1.2 左室辅助装置的研究前沿

在过去的 20 年中,LVAD 技术的应用日益广泛,这在很大程度上得益于过去几十年来设备设计和制造技术的改进。与早期设备相关的并发症所带来的沉重生理负担已显著降低。随着 LVAD 的使用越来越广泛,我们有必要探讨 LVAD 未来可能的一些发展方向。

1. 高度保真的快速流场预测方法

计算流体力学(CFD)方法是评估 LVAD 性能的常用方法。由于 LVAD 的特殊性(如体积小,转速高)使得 LVAD 中的流动处于层流到湍流的过渡状态(Re 在 2 000~3 000)。因此,常用的雷诺时均方法(reynolds-averaged navier - stokes,RANS)对流场的预测存在不足,尤其是在一些流动分离较为严重的区域,与实验结果偏差较大。此外,LVAD 内的复杂流动会导致一些与细胞尺度相近的涡的产生,这些涡的存在被认为是导致血液损伤的原因。然而,雷诺时均方法并不能捕捉到这些细小的涡结构。虽然大涡模拟可以在一定程度上解决上述问题,但大涡模拟计算量大,计算成本高,难以大规模应用。因此,发展高速保真的快速流场模拟方法对于快速精准预测 LVAD 内血液的流动是非常重要的。

2. 多指标精准血液损伤预测模型

当前对于 LVAD 血液损伤的评估方法主要以溶血为主。首先,当前的溶血预测模型是基于剪切应力和时间构造的幂律函数,较为简单。由于忽略了许多生化因素,尤其是剪切应力作用下细胞膜的变化,因而无法与实验结果在数值上准确对应,只是一种定性的预测方法。其次,对于当代 LVAD,溶血并不是其最主要的并发症(约占 5%),对于更重要的并发症,如出血和血栓(约占 30%),则缺乏相关评估。因此,开展多指标精准血液损伤评估可以使研究者更加全面地评估 LVAD 的性能,为 LVAD 设计、优化和临床应用提供指导。

3. 脉动式 LVAD

第一代 LVAD 通过充盈-射出周期模拟原生心室,从而提供搏动性血流。由于第一代 LVAD 存在耐用性差和存活率低等问题,人们开发了基于旋转泵技术的第二代和第三代 LVAD。旋转血泵是第二代和第三代 LVAD 的核心装置,当旋转血泵以恒定的速度运行时,血流会以无搏动或弱搏动的方式输送血液。虽然与第一代 LVAD 相比,旋转血泵具有明显的优势,但恒定的血流会导致血管和主动脉瓣功能障碍,并增加 LVAD 支持的胃肠道出血等并发症的发生率。为了克服这些并发症,在 LVAD 中引入人工脉冲机制是必要的。然而,人工搏动的产生还需要进一步考虑其末端器官的作用及对血液创伤的影响。

4. 无线充电技术

目前,无论是第几代人工心脏,都必须靠外源性的电源供给能量,即由一根导线从体内引出,与体外电源连接,为体内的驱动装置提供能量。经皮导线的存在会引起多种不良事件,如电线断裂、感染等。这些问题不仅会降低使用 LVAD 的患者生活质量,严重的不良事件更有可能威胁患者生命。因此,发展适用于 LVAD 的无线充电技术对于优化设备、改善患者生活质量、提高患者存活率具有重要意义。

10.2　心肺功能衰竭与体外膜肺氧合系统

10.2.1　体外膜肺氧合的原理与组成

体外膜肺氧合(extracorporeal membrane oxygenation,ECMO)是一种体外生命支持的高端医疗装备,主要用来替代人体心脏和肺脏的功能,给心肺衰竭危重症患者提供连续的血液循环和体外呼吸支持,以维持患者生命,其可作为心脏或心肺急性衰竭急救使用,也可作为等待心肺移植供体过渡治疗时体外支持用。ECMO 代表了一个医院,甚至一个地区、一个国家的危重症急救水平。ECMO 是从体外循环(cardiopulmonary bypass,CPB)发展而来的,20 世纪50 年代体外循环的概念诞生,至今已经有 70 多年历史。到目前为止,全球有超过 15 万例患者接受 ECMO 治疗,而我国近几年有超过 1 万例患者接受 ECMO 治疗。随着 ECMO 临床运用范围的不断扩大,ECMO 还被用于新生儿心脏和呼吸功能衰竭、成人急性呼吸综合征、心脏骤停、手术中体外循环辅助、心源性或心脏手术后休克等方面的治疗。

ECMO 系统中的人工心脏(血泵)工作时,在血泵入口形成负压,通过插管将静脉血从患者体内抽出。静脉血经过血泵之后,会被管路送入人工肺(膜式氧合器)中,在人工肺中进行血氧交换和二氧化碳清除。经过氧合器之后,暗红色的静脉血变成鲜红色的动脉血,之后通过插管返回人体。目前整个临床 ECMO 系统比较庞大繁杂,如图 10-2 所示,由多个部件通过复杂的管路连接而成,部件包括血泵、膜肺/氧合器、血泵控制器、血管插管、连接管路、变温调节水箱、血氧监测仪、空氧混合仪等。系统集成度极高,临床辅助时需要部件间高度的协同、联合工作,任何一个细节出现问题都会引发"蝴蝶效应",造成医疗事故。ECMO 属于血液接触有源医疗系统,是由若干独立设备单元组成的医用系统,而非单一的医用设备。基本组成按照使

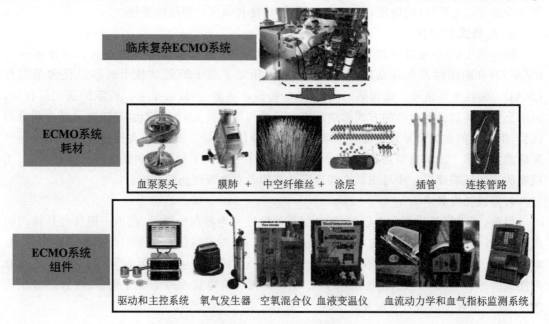

图 10-2　ECMO 系统组成

用性质可以分为非消耗品组件部分和一次性消耗品耗材部分。组件部分包括血液泵(人工心脏)的驱动装置及主控系统、空氧混合仪、变温水箱、各种监测设备(如动/静血氧饱和度、血球压积等)、供氧系统及后备电源系统等。耗材部分包括泵头、膜式氧合器(人工肺)、中空纤维膜丝和抗血栓涂层、血管内插管(用于血液引流和回输)、血液管路及各类接头等。

在复杂的 ECMO 系统组成中,血液驱动泵、膜式氧合器等是关键性核心部件,气血交换的中空纤维膜丝、血路(血液接触部分)抗凝涂层是关键核心耗材。

1. 血液驱动泵(血泵)

血泵在 ECMO 中的作用主要是推动血液循环,克服膜式氧合器和连接管路的压力以及人体静脉到动脉的压力差,产生满足患者生理血液循环需求和血氧交换需求的血流量。目前临床 ECMO 所用血泵多为离心泵。离心血泵一般由泵头和驱动装置组成,泵头通常包含转子和外壳,转子上有叶片,转子与外壳通过机械轴承相连接。血泵工作原理跟工业上的离心水泵相似,在工作时,转子外的驱动装置启动,通过磁力驱动泵头内的转子旋转,转速每分钟高达上千转。转子旋转产生负压,血液被吸入泵头中部,然后沿着泵头外壳从切线方向甩出,实现辅助血液循环的功能。

血泵中的转子高速旋转时能推动血液循环,同时也会在转子叶片尖端及附近区域产生很高流体剪切应力。剪切应力数值甚至高达几百帕斯卡,远超过人体生理剪切应力范围。这种血泵产生剪切应力容易引起血液损伤,导致相关并发症[3]。血泵轴承部位在转子高速旋转时,也容易摩擦发热,引发血液的损伤和血栓的产生。同时,由于血泵的状态直接关系患者及其体外整个 ECMO 系统的血液循环,所以研发上对泵的时效性和可靠性也要求很高。ECMO 血泵研制技术难点包括:良好的血流动力学特性,以减少高剪切应力区域,避免流动死区;良好的生物相容性,泵内部跟血液接触表面的抗血栓处理;良好的控制驱动模型建立、电机磁场定向控制技术、泵头磁悬浮技术、低温升技术等。

2. 膜式氧合器

膜式氧合器是 ECMO 系统中可对血液进行血氧交换和二氧化碳清除,将低氧静脉血变为富氧动脉血的关键。目前,ECMO 常用膜式氧合器一般由大量中空纤维丝通过一定方式排列、重叠、缠绕并与医用塑料外壳组装而成(见图 10-3)。膜肺中的中空纤维丝的制作材料一般为聚 4-甲基 1-戊烯(PMP)或聚丙烯(PP)。如图 10-4 所示,目前 PMP 中空纤维丝外径一般为 300 μm 左右,中心孔直径为 200 μm 左右,壁厚为 90 μm 左右,中空纤维丝壁面有小于 0.1 μm 的小孔(见图 10-4),能让氧气和二氧化碳等气体分子通过,而水分子则不能通过。

(a) Maquet的Quadrox 氧合器　　(b) Sorin的Inspire 氧合器　　(c) Medtronics的 AffinityNT™氧合器

图 10-3　临床 ECMO 系统中的膜肺

膜式氧合器工作时,静脉血液从入口进入并充满氧合器,中空纤维膜丝浸没在血液中。中空纤维丝内部中心孔内流过高浓度氧气,而中空纤维丝外表面与静脉血接触。由于中空纤维膜丝内部氧分压比外部的静脉血高,因此氧气分子可跨过膜丝壁扩散到血液中,并与红细胞相结合。而静脉血液中的二氧化碳分压比中空纤维丝内部高,二氧化碳分子则跨过膜丝壁扩散到中空纤维丝内腔中被带走,低氧静脉血通过膜式氧合器后变为富氧动脉血,完成气血交换。

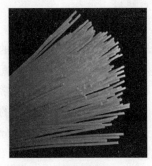
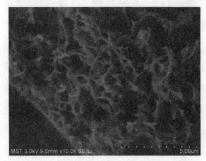

(a) 中空纤维丝　　　　　　　　(b) 中空纤维丝结构示意图

图 10 - 4　膜肺中的中空纤维丝

膜式氧合器的研制基础是中空纤维膜丝的研发,中空纤维膜丝须满足的技术指标包括均匀多孔海绵结构,PMP 分离层厚度($0.2 \sim 1.0 \ \mu m$),膜丝内外径(内径直径:$200 \ \mu m \pm 50 \ \mu m$;外径直径:$350 \ \mu m \pm 50 \ \mu m$),以及氧气分子($O_2$)渗透速率等。膜丝的研发难点在于建立 PMP 制膜体系和热致相分离法(TIPS)膜制备工艺与设备、创制具有超薄分离层($0.2 \sim 1.0 \ \mu m$)与多孔支撑层一体化 PMP 中空纤维膜。膜式氧合器研究的技术难点主要包括以下方面。

(1) 良好的血流动力学特性和气血交换能力。整个膜式氧合器需要良好的血流路径设计,在保证内部流场和压力场均匀的情况下,减少通过膜肺的助力,增加血液和中空纤维膜的接触面积,采用最少的中空纤维膜达到最大气血交换能力。同时还包括对组件附件的考虑、血液流经自然肺循环的设计和需求、右心的后负荷以及左心房和左心室充盈情况等。

(2) 改善材料的血液相容性。一方面需要减少接触活化、减少膜肺表面接触引起血小板激活以及因此而产生的凝血、血纤维蛋白溶酶原系统的激活、补体和白细胞的激活等。另一方面则须降低凝血蛋白的吸附,如降低纤维蛋白原、血管性血友病因子(vWF)、胶原蛋白等凝血蛋白在中空纤维膜上的黏附,这些蛋白一旦黏附在中空纤维膜上,就会吸引血小板等细胞黏附,从而引起血栓的生成,同时还会严重降低膜肺的血氧交换功能。

ECMO 装置属于体外生命支持的高端医疗器械,其研发涉及生物力学、血流动力学、医学、生物材料、机械、控制等多个学科,需要大量的交叉学科研究经验积累,研发难度大。同时 ECMO 系统在临床使用中也存在一系列的问题,归纳如下。

(1) 目前临床 ECMO 系统多个独立部件通过管路连接而成,体积庞大、构造复杂、插管繁多、移动困难,患者只能卧床使用,无法下床活动。肺功能严重损伤患者需要 ECMO 支持的时间从几天到几周甚至几个月都有,长期卧床造成看护困难,增加感染等并发症风险,非常不利于康复。此外,ECMO 系统的笨重和分散性也增加了肺衰竭危重患者转移难度和死亡风险。

(2) ECMO 系统临床使用中存在出血、血栓、感染、远端肢体缺血等严重并发症,这些并发症严重制约了它在救治"新冠"等相关传染病引起肺功能严重衰竭中的应用,以致临床实践中往往只有在患者病情已发展到其他手段均被证明无效后才决定使用,但此时患者的整体状态已经很差,死亡风险很大。目前美国食品药品监督管理局(FDA)批准 ECMO 的临床使用时间只有几小时,对于 ECMO 系统的长期使用需要有新的技术和设计。

(3) 现有的 ECMO 系统装置智能化和实用性程度较低,很多重要生理指标无法自动测量,同时也无法根据患者病情变化自动调整装置的运行状态,以致临床实施中需要专门的看护医生随时进行监控,测量和调节。因此,目前 ECMO 系统需要非常专业的医疗团队,经过大量培训,累积足够经验才能使用,否则可能限制 ECMO 发挥应有效果,甚至出现事故。

10.2.2　体外膜肺氧合研究前沿

目前关于 ECMO 的前沿研究主要围绕解决以上临床问题,通过医工多学科交叉的方法,集中攻关 ECMO 血路、气路及水路优化迭代技术,精准气血传输、血液损伤多目标多参数建模分析技术,高通量气血交换膜制造技术,长效抗血栓涂层研制技术,精准实时监测多参数微传感检测技术等。

1. 基于微机电系统(MEMS)压力-光学-化学耦合血流/血气多参数实时微传感技术研究

以微传感芯片和光学器件为核心技术,结合光学、光化学方法,建立智能化、集成化和小型化的血流,血气多参数实时连续自动监测系统(见图 10 - 5),辅以定制化信号算法模型,研发微机电系统压力传感芯片和专用集成电路(ASIC),并实现微传感器的生物相容性集成封装。同时,通过监测氧合器前后血流动力学指标(压力)和血气指标(氧分压,氧饱和度)变化情况,构建实时的膜肺寿命动态评估模型。此外,研发非接触式、小型化且可集成的气泡探测器件,实现对体外循环系统中的微型气泡实时精准探测,并及时给予临床反馈,为医生治疗提供准确的临床指标反馈。

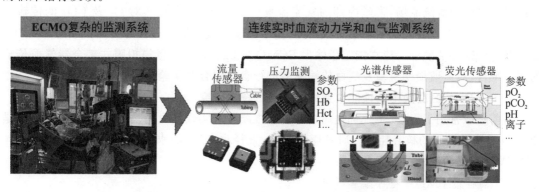

图 10 - 5　连续实时精准血流、血气指标监测系统示意图

2. 智能通气加氧多模式高可靠反馈控制技术研究

为提升 ECMO 系统智能性和易用性,结合 ECMO 血流、血气多指标实时监测技术,建立基于血流动力学及血气交换模型的控制策略,采用基于血液流量、压力数据的高速无刷直流电机精确转速控制技术,实现血泵多模式高精度智能化变频控制,实现全闭环控制模式,实现血流和生理多指标实时自动监测和反馈控制(见图 10 - 6)。智能 ECMO 系统可实时感知患者血流动力(流量、压力)、血气(氧饱和度、氧分压)和温度等指标状态。获得这些指标后,针对指标的不足,ECMO 主机系统可自动做出反馈调节。调节血泵转速控制流量和压力,调节氧气供应量控制氧饱和度、氧分压和二氧化碳分压等指标,调节变温水箱控制经过氧合器的血液温度等。

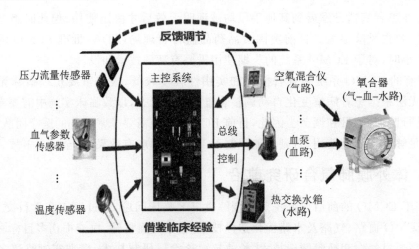

图 10 - 6　ECMO 系统智能通气加氧多模式高可靠反馈控制示意图

3. 精准 ECMO 血液损伤(血液细胞和蛋白)、气血交换多目标多参数模型构建,以及血流流路、气路和水路集成迭代优化技术研究

为研发气血传输效率更高、血液相容性更好以及集成度更高的 ECMO 系统,需要构建 ECMO 系统性能多目标多参数精准评估模型,通过建模仿真方法进行 ECMO 血流流路,氧气气路和热交换水路优化迭代设计,获得集成度更高、血流路径最优、生物相容性良好、气血交换及热交换效率更高的 ECMO 构型。血液相容性数学模型构建考虑 ECMO 血泵非生理高剪切力损伤,ECMO 系统与血液接触表面激活以及抗凝药对凝血相关血液细胞(血小板)和蛋白(纤维蛋白原,血管性血友病因子)的影响规律。气血交换模型构建结合膜式氧合器内部中空纤维膜丝附近的血流流场,膜丝内部的气流流场变化情况,考虑膜丝对 O_2 及 CO_2 的传输阻力,以及 O_2 及 CO_2 在血液中输运方式不同,基于传质对流扩散方程获得更加精准的 O_2、CO_2 分压及传输率评估模型。建立能定量输出 ECMO 剪切应力和定量模拟膜式氧合器气血传输的实验平台,对血液损伤模型及气血传输模型进行参数拟合及实验验证。

4. ECMO 气血交换用高性能中空纤维膜制备技术研究

目前临床常用 ECMO 系统都是通过中空纤维膜丝来实现气血交换功能,中空纤维膜丝是 ECMO 系统最关键的核心耗材。研发通气量高、直径小、能阻隔水分子通过的中空纤维膜丝是 ECMO 前沿研究的关键问题。

(1) 高性能 PMP 中空纤维膜研究

针对膜式氧合器对膜材料结构与性能的要求,采用 TIPS 法制备血氧交换用 PMP 中空纤维膜。选取不同稀释剂为制膜溶剂,分别通过 Hassen 溶解度参数、Flory - Huggins 理论计算,分析 PMP 与稀释剂的互溶性及相互作用关系,结合溶胶-凝胶转变点实验筛选合适的稀释剂。测定铸膜液体系结晶温度、浊点温度,绘制对应铸膜液体系的相图,从热力学、动力学角度分析聚合物/稀释剂体系的相分离行为,对 PMP 中空纤维膜微结构进行预测。然后,考察纺丝条件(聚合物-稀释剂配比、淬冷温度、拉伸速率等)对 PMP 中空纤维膜结构及性能的影响。采用 SEM、孔径分布仪、万能试验机和气体渗透仪等对制得的 PMP 中空纤维膜微结构、孔径分布、强度及气体通量等性能进行表征评估,总结制膜工艺参数对 PMP 中空纤维膜结构和性能的影响规律。优化制膜工艺条件,实现中试规模的 PMP 中空纤维膜连续化制备,为抗血栓涂层的研发提供结构、性质稳定的气血交换用基底膜。

(2) 长效 ECMO 气血交换中空纤维复合膜研究

为进一步提高气血交换膜的长期稳定性，利用界面复合技术，研发具有致密层的高通量中空纤维复合膜（见图 10-7）。通过等离子体技术等方法对中空纤维底膜进行改性，以增强与致密层材料的结合力，采用透气性高、稳定性高、血液相容性良好的氟橡胶等材料作为致密层，研究中空纤维底膜的膜材料、膜结构与致密层结合性能之间的构效关系，分析中空纤维底膜与致密层材料分子尺寸之间的匹配关系。优化涂层液组成（涂层材料、溶剂和固化剂的比例等）及涂覆工艺参数（涂层时间、干燥时间等），对致密层结构（厚度、粗糙度等）进行精准调控，采用纳米压痕技术分析致密层与底膜的结合力，并采用气体传输理论（努森扩散理论、溶解-扩散理论等）研究复合膜结构与气体传质阻力之间的关系。最后获得长效气血交换中空纤维复合膜，为未来更高性能的气血交换膜研发提供新的路径。

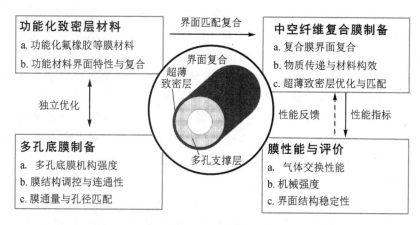

图 10-7　高性能 ECMO 中空纤维复合膜示意图

(3) 基于仿生机理构型的高通量气血交换膜研究

通过分析、捕捉人体肺生理气血交换特征，结合 ECMO 整体性能要求，以提高气血交换性能为目标，构建基于仿生机理构型的高通量气血交换膜。采用电纺技术进行纳米纤维气血交换膜的制备，研究电纺参数、溶液体系、喷丝头和收集器结构对电纺膜力学性能、孔径分布、孔隙率、膜厚等参数的影响规律，结合传质理论计算，优化制备工艺参数。采用界面聚合等方法对电纺纳米纤维膜进行表面功能化，进一步调控纳米纤维膜表面微结构，减少血液渗漏。通过对电纺膜的气体交换性、防液体渗透性以及理化性能等表征，完成对具有致密层的透气防渗漏电纺膜的构建；设计并开发创新性仿生系统并与电纺膜结合，通过动态气血交换实验对其性能进行测试评估，最终获得基于仿生机理构型的高通量气血交换膜，为高性能 ECMO 气血交换膜的研发提供一种创新性思路。

(4) ECMO 系统长效稳定抗血栓涂层技术研究

ECMO 系统在临床支持过程中，由于具有较大的非生物表面会与血液接触，因此研发长效稳定抗血栓涂层对于 ECMO 系统临床长期有效支持十分关键。目前在 ECMO 相关改善生物相容性能涂层研究方面，常用的有肝素和白蛋白、2-甲基丙烯酰氧基乙基磷酸胆碱（MPC）、聚甲基聚乙二醇丙烯酸酯（PMEA）或其他生物活性或生物惰性涂层。肝素涂和白蛋白涂层技术通过对生物医学材料表面预改性，模拟血管内皮细胞表面的抗凝机理，将能明显改善生物医学材料表面的生物相容性和抗凝活性。MPC 涂层通过镀膜处理生成模拟细胞膜外结构层,可抵抗血液细胞和蛋白吸附。PMEA 类抗凝血涂层是一类重要的生物相容性材料,因其结构中的 PEG 长链结构可以减少蛋白质变性及血小板黏附,最后可实现减缓血栓形成的目的。生物活性涂层通过表面物质与血液接触后发生一系列反应,达到抗凝、减少血液成分吸附、减轻血小板激活或炎性反应。生物惰性涂层通过聚合物血液接触表面形成交替排列的亲水或疏水微区域,改变表面对蛋白的吸附作用,达到最小化细胞和蛋白与表面相互作用的目的。对于新型涂层研发,需要结合分子动力学、气体交换与流体力学仿真模拟涂层在血液循环系统中的理论效果,完成体外大分子吸附-液体流场-气体交换耦合仿真模型构建,为 ECMO 长效稳定新型涂层研发提供设计框架与理论基础。

除了抗血栓涂层本身外,如何增强抗血栓涂层在中空纤维膜丝和管路等 ECMO 血液接触表面的长期稳定吸附是 ECMO 研发需要攻关的重要关键技术。以肝素和白蛋白混合涂层为例,为加强基于肝素的生物抗血栓涂层在中空纤维表面固定的均一性与稳定性,采用等离子体表面处理与化学气相沉积技术接枝功能性官能团,通过 X 射线光电子能谱等表征方法检验原子层特征与均匀度。同时,利用硅烷化处理与表面聚合技术,提供共价键合的氨基、叠氮基等功能键以桥接下游大分子,通过核磁共振与拉曼光谱等表征方法进行定量检验。在中空纤维膜表面共价修饰肝素与白蛋白大分子,考察肝素分子量、侧链基团、分布密度及其与白蛋白复合比例等主要涂层参数,通过纤维蛋白原吸附、血小板激活等生化检测方法系统性表征、分析涂层对血液相容性的影响规律,获得最优长效稳定血液相容性生物涂层技术方案。

(5)可植入式的膜式氧合器研究

与传统采用中空纤维膜丝来加工人工肺不同,目前有研究团队尝试通过采用聚二甲基硅氧烷(PDMS)结合微流控技术,研发小体积、大血氧接触面积、气血交换效率更高并具有较好生物相容性的可植入式 ECMO 膜肺系统。不过目前该研究尚处于实验探索阶段,离实际应用还有一定距离。

10.3 心脏瓣膜疾病及人工心脏瓣膜

如本书第 2 章所述,人体的心脏在循环系统中起到泵送血液的作用,将氧气和营养物质输送到人体各组织器官。心脏包含 4 个腔室和 4 个瓣膜(主动脉瓣、肺动脉瓣、二尖瓣、三尖瓣),它们具有单向阀的作用,控制血液沿单一方向循环流动。在人的正常生活中,每天有超过 7 000 L 的血液通过心脏输送到身体各部位,在人的整个生命中(按 70 岁计算),心脏大约需要跳动 30 亿次,每个瓣膜也同步开闭 30 亿次。但是,当心脏瓣膜发生病变,出现无法完全打开或关闭不全等情况时,就会影响整个心脏的泵血功能和效率,构成瓣膜性心脏病。瓣膜病变根据其对血流动力学的影响主要可以分为两大类,分别是狭窄和反流。

狭窄:在瓣膜打开阶段,由于瓣叶打开不充分,造成瓣口面积缩窄。瓣膜狭窄会造成瓣口血流阻力增大,形成较大的跨瓣压降,增大心脏泵血负担。

反流:在瓣膜关闭阶段,由于瓣叶关闭不完全,造成血液从未完全关闭的缝隙泄漏,部分血液反流,影响心脏泵血效率。

瓣膜病变的常规治疗方法主要分为药物治疗和手术治疗。药物治疗通常用于不可逆心脏病变出现之前的轻度狭窄和反流患者,对于严重病变患者收效甚微。手术治疗可以分为三种类别。第一种是球囊瓣膜成形术,主要针对狭窄的病变类型。其原理是通过经皮导管输送球囊,利用球囊扩张将病变瓣叶上钙化组织挤压破碎,使得瓣叶恢复较大的运动能力,同时将粘连在一起的瓣叶重新打开。目前普遍认为,单纯的球囊瓣膜成形术并不能从本质上治疗疾病,只能短期内改善病情,术后 1 年内再狭窄率高达 80%。第二种是外科修复手术,临床上主要应用于二尖瓣和三尖瓣病变,适用范围较窄,大多数瓣膜病变并不适合进行修复。第三种是人工心脏瓣膜置换手术,这也是目前临床上治疗瓣膜疾病最有效的手术方法。

人工心脏瓣膜是指用机械或者生物组织材料加工而成的可以用来替代病损心脏瓣膜功能的人工医疗器件。其与人体自身的心脏瓣膜的功能相同,都是保证血液单向流动。在结构方面,人工心脏瓣膜的形态并不一定与天然心脏瓣膜一致。第一例人工心脏瓣膜临床应用于 20 世纪 50 年代,经过 70 多年来的发展,人们对人工心瓣的设计和置换手术进行了广泛研究,并取得显著的成果。然而即使经过了这么多年的努力,人工心瓣假体仍存在不少问题,没有任何一种人工瓣膜是符合置换的理想产品。研发仍在继续。本节内容将从人工心脏瓣膜的分类、设计、评测及研究前沿几个方面进行综述。

10.3.1 人工心脏瓣膜分类

人工心脏瓣膜按其植入方式可以分为手术瓣膜(外科瓣膜)和介入式瓣膜(经导管瓣膜/经皮心脏瓣膜)。按其制作材料可以分为机械瓣膜、生物瓣膜和聚合物瓣膜。此外还有通过组织工程技术形成的具有完全生理功能的组织工程瓣膜。本小节将对不同人工心脏瓣膜的发展和特点进行介绍。

1. 机械瓣膜

(1) 机械瓣膜的发展历史

1952 年,Charles Hufnagel 为主动脉瓣反流的患者在降主动脉位置植入了第一款人工心脏瓣膜,迈出了人工心脏瓣膜持续发展 70 多年并且尚未完成的漫长旅途的第一步[4]。这款人工瓣膜由一个甲基丙烯酸酯腔室和一个甲基丙烯酸酯球构成,由球体在腔室中的运动形成单向阻尼阀的作用,如图 10-8(a)所示。虽然这款瓣膜结构设计和制作比较简单,但仍治疗了超过 200 例患者。1957 年,哥伦比亚大学的外科医生 Albert Starr 和即将退休的工程师 Lowell Edwards 相遇,在医工合作的努力下,创造了第一款成功的商业瓣膜产品——Starr - Edwards 笼球瓣,如图 10-8(b)所示。这款瓣膜于 1960 年首次植入人体[5],并在相当长的一段时间内成为患者换瓣的唯一选择,成功挽救了众多患者的生命。然而,球笼瓣由于球体开放时中心血流受阻,血液从球体周围通过,跨瓣压差很大,且在瓣后形成涡流和滞流区,血流动力学性能较差。同时,球笼瓣虽然具有较大的缝合环、较高的瓣膜高度,但有效开口面积受限,在二尖瓣位置植入时也容易造成流出道梗阻。

为了增大有效开口面积,降低瓣膜高度,20 世纪 60 年代末期,斜碟瓣的概念由 Jurowada 首次引入(1968)。Björk - Shiley 斜碟瓣是第一款广泛临床应用的斜碟式人工心脏瓣膜,中心有一个圆盘,被两个偏心的合金支架支撑,如图 10-8(c)所示。这种结构的瓣膜打开时产生一大一小两个孔口,血液流过孔口的阻力与圆盘设计及其开口角度有关,因此为了获得更好的血流动力学特征,圆盘逐渐被修改为凸凹形,并在其运动过程中可以滑动约 2 mm,从而增加有效开口面积。但这种设计也意外导致了流出端支架上的过度"杠杆负荷",使得支架有断裂风险,1986 年 FDA 撤回了对这款瓣膜的批准。

为了进一步优化血流动力学,Kalke 和 Lillehei 开发了双叶瓣的第一个原型,但据报道临床用途非常有限。1976 年,由心脏外科医生 Nicoloff 博士、工业工程师 Posis 博士和企业家 Manuel Villafana 组成的多学科团队共同开发了一款商业化双叶瓣——St. Jude 双叶瓣,如图 10-8(d)所示。双叶瓣的设计具有更均匀的中心流型、更好的血流动力学表现、更低的植入高度等优点,至今仍得到广泛应用。

  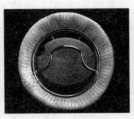 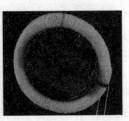

(a)Hufnage(1952)　　(b) Starr-Edwards笼球瓣(1961)　(c) Bjȫrk-Shiley笼碟瓣(1969)　(d) St.Jude双叶瓣(1976)

图 10-8　机械瓣膜的发展历史

(2) 典型机械瓣膜的特点

① 笼球瓣。这种机械瓣有三个组成部分,即圆球形阻塞球体、包被缝合环的环孔和限制阻塞体运动的笼架,如图 10-9 所示。笼球瓣的特点是构造简单,功能可靠。笼球瓣打开时中心血流受阻,血流从球体周围流过,属周围流型。周围流型跨瓣压差很大,瓣后有涡流和滞流区,湍流剪应力较高,容易导致溶血和血栓的发生。

② 笼碟瓣。为了降低笼球瓣的笼架高度,便于手术植入,笼碟瓣被设计出来,最初由 Barnard 等(1962 年)用于二尖瓣位的植入,如图 10-10 所示。相比起笼球瓣,笼碟瓣主要特点是球形阻塞体由碟形阻塞体替代,并减低了笼架高度,阻塞体的质量和移动距离都得到减小,不阻碍左室流出道。1972 年,Cooley-Cutter 设计了一种具有端部开放的笼架和双锥形阻塞体的笼碟瓣,使湍流和滞留有所降低。但总体来讲,笼碟瓣虽然有笼架高度低、阻塞体质量轻的优点,但由于采用碟片代替球体,绕平板的流动反而更加紊乱,导致其血流动力学特性更差,阻塞最严重,溶血和血栓现象比较严重,碟形阻塞体下游有较大的滞流区,跨瓣压差大,碟片和笼架易磨损,碟片出现倾斜时关闭不全的情况,因而没有得到广泛应用。

图 10-9　笼球瓣　　　　　　　　　　　　　　　　　**图 10-10　笼碟瓣**

③ 斜碟瓣。由于笼球瓣和笼碟瓣跨瓣压差较大,Jurowada 首次引入斜碟瓣的概念。最初的斜碟瓣是用一个碟片铰接于钛环内,开角为 75°~80°,血流动力学性能改进明显,但铰轴易损坏并与环分离,如图 10-11 所示。为了改进这个问题,Bjȫrk-Shiley 瓣膜摒弃了铰轴机

构,采用两个偏心的支架支撑一个可以自由浮动的碟片,最大开角为 60°。碟片在开闭过程中可以围绕自己的中心旋转,每开闭 180~200 次旋转一周,大大降低了同一部位的磨损。

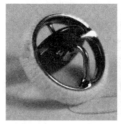

图 10-11　斜碟瓣

相比笼球瓣和笼碟瓣,斜碟瓣在血流动力学方面有巨大的进步,且具有支架低、有效开口面积大、跨瓣压差小、涡流相对较少等特点,同时该瓣型利用旋涡关闭机制,改善了瓣叶的关闭性能,减少了血液反流。但仍存在不足,主要问题是倾斜的碟片将瓣口分为不对等的两个孔口,两个孔口血流速度分布差别很大,具有较高的湍流切应力,且在小孔口下游有较宽的滞流区。

④ 双叶瓣。为了克服斜碟瓣的偏心流型缺点,20 世纪 70 年代后期,St. Jude 医生设计了世界上第一个双叶瓣,如图 10-12 所示。瓣叶为半月形平板,蝴蝶铰,瓣叶开角为 30°/80°,瓣叶将流动分为三流道。其血流动力学特性得到更大的改善,优于以前所有的机械瓣,流型更接近天然心瓣的中心流型。该瓣型的跨瓣压差、湍流剪应力都明显降低。20 世纪 80 年代初期,康振黄等采用空气动力学中的薄翼理论,将双叶瓣的瓣叶改进为微弯曲面形,进一步改善了双叶瓣的血流动力学特性,提升了瓣膜的关闭性能,降低了反流[6]。

图 10-12　双叶瓣

2. 生物瓣膜

(1) 生物瓣膜的发展历史

机械瓣由于复杂的铰链结构和暴露在流场中的金属组件,容易引发溶血和血栓,并且存在与抗凝有关的并发症等难以克服的缺陷,并不被认为是理想的心脏瓣膜。学者们认为天然心瓣是经过亿万年自然选择而形成的,具有十分优越的血流动力学性能、开闭性能和耐疲劳性能,因此采用天然心瓣的结构制作人工瓣膜具有血流动力学和生物学上的优势。生物瓣发展的第一阶段从 1956 年开始,这段时期以从尸体上获取的同种瓣膜进行移植为主。但由于同种移植尸体瓣膜难以收集和保存,生物瓣膜发展的第二阶段开始了——从动物身上采集材料制作人工瓣膜。第一代生物瓣膜基本上由猪瓣膜组成,猪瓣膜与人类瓣膜最相似。1968 年,Carpentier 等发明了用戊二醛溶液处理和保存猪主动脉瓣膜[7],使组织的抗原性较新鲜生物材料提高很多，且戊二醛可把胶原蛋白转化为不溶性交联结构，从而大大提高了耐久性。1971年，Ionescu开始采用牛心包材料制作人工瓣膜，旨在设计出一款完全人工设计的瓣膜，在解剖结构上进行优化，避免直接使用动物瓣膜的几何形状（动物瓣膜存在三个瓣叶不对称的情况）。设计出的Ionescu‑Shiley瓣膜采用戊二醛处理的牛心包材料制成三个瓣叶，安装在柔性支架上，以实现三个瓣叶的同步开闭。体外血流动力学研究显示，与猪主动脉瓣相比，开口更对称。为了提高生物瓣膜的耐用性，1980年后，生物瓣叶的处理引入了零压或低压固定处理的方式，用以在戊二醛固定过程中保持瓣叶更正常的形态。不同的抗钙化技术也被应用到瓣叶的处理上，这些技术的应用体现了生物瓣膜的不断进化。

生物瓣模拟人体天然瓣膜的力学特性，具有优越的血流动力学特性，属于中心流型，跨瓣压差小，湍流剪应力小。这种血流动力学特性能极大降低血栓形成的可能性，也不会破坏血液的有形成分。制作瓣膜一般采用动物源性材料，这种材料血液相容性好，不会产生凝血现象，植入体内后不需要长期进行抗凝治疗。相比起机械瓣，植入生物瓣膜的患者术后生活质量更高，因此生物瓣膜在临床心脏外科得到广泛应用。据统计，目前全球进行的人工心脏瓣膜置换手术中，有57%～60%采用生物瓣，在部分发达国家，生物瓣的采用率达到80%以上。目前，我国瓣膜外科临床人工心脏瓣膜应用仍以机械瓣为主，据不完全统计生物瓣整体应用的比例不足20%。生物瓣长期耐久性相对较差以及由此带来的二次手术风险是阻碍生物瓣发展的主要原因。

（2）典型生物瓣膜的特点

① 猪主动脉瓣。猪主动脉瓣是利用猪的主动脉瓣作为瓣叶组织材料，经过化学处理制作而成。目前最常用的是美敦力公司的Hancock系列瓣膜、爱德华公司的Carpentier‑Edwards猪瓣系列瓣膜以及圣犹达公司的St. Jude瓣膜，如图10‑13所示。

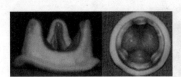  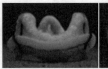

(a) Hancock Ⅱ　　　　　(b) Carpentier-Edwards　　　　　(c) St. Jude

图 10 - 13　最常用的猪主动脉瓣[8]

猪主动脉瓣采用的是猪的天然主动脉瓣构型，但是具有比较严重的窄缩效应，跨瓣压差较大，有效开口面积较小。主要原因是瓣叶经过交联后变硬，缝合瓣叶的缝线以及支撑瓣叶的支架限制了瓣叶运动。由于猪的主动脉瓣三个瓣叶并不对称，且右冠瓣附有肌肉组织支持，瓣膜安装在支架上会引起不对称的瓣孔和开闭运动，尤其在小口径的瓣膜上影响更大。为了克服这个问题，将一个猪主动脉瓣的右冠瓣叶切除，用另一个猪主动脉瓣的无冠瓣叶来替代，缝合固定在同一个支架上，构成一个相对对称的猪主动脉瓣。使用猪主动脉瓣的另一个限制是猪的大小决定了可制作的心瓣的大小。

② 牛心包瓣。牛心包瓣是采用牛的心包，通过裁剪、缝合制成的生物瓣膜，如图10‑14所示。相比起猪主动脉瓣，牛心包材料组织结构更加致密，具有更好的组织学和物理特性，且获取也相对容易。更重要的是牛心包组织可以根据生物力学设计进行裁剪，从工程学角度进一步降低了跨瓣压差，增加了有效开口面积，减少了瓣叶应力集中，更有利于提升长期耐久性。

可利用牦牛心包材料更优的生化性能、力学性能设计制作牦牛心包瓣膜。体外血流动力学实验、动物实验和临床应用表明研制的牦牛心包瓣具有更好的血流动力学性能和抗血栓性能。

图 10 - 14　牛心包瓣示意图

3. 介入瓣膜

（1）介入瓣膜的发展历史

由于高龄和并发高危疾病等原因,有超过 30％的老年钙化性主动脉瓣狭窄患者不适合进行开胸瓣膜置换手术。因此,使用微创手术方法来治疗老年和重症主动脉瓣病患者是一种可行的方案。随着介入材料和技术的迅速发展,介入式心脏瓣膜应运而生。介入瓣膜是将瓣叶缝制在可收缩的支架上,并通过导管,将装有瓣叶的支架输送到病变位置,通过球囊扩张或者自扩张的方法使得支架展开,用以替换原来的心瓣。这种人工瓣膜的置换手术不需要患者建立体外循环,也无须停跳心脏,相比开胸手术具有非常大的优势。2000 年,Bonhoeffer 首次将介入瓣置入人体的肺动脉瓣位置[9]。两年后,Cribier 将介入瓣首次植入主动脉瓣位置[10],而后介入瓣在世界范围内迅速发展,用以治疗那些手术风险高的主动脉狭窄的病人。

介入瓣的发展带动了生物瓣叶、瓣膜支架和输送系统的创新设计。为了实现瓣膜支架压缩到较小尺寸—输送到预定位置—释放扩张并锚定的过程,两种典型扩张方式的瓣膜支架被设计出来,分别是利用球囊从支架内部加压使之扩张的球囊扩张支架,以及利用记忆合金的形状记忆效应进行扩张的自扩张(自膨胀)支架。

第一款球囊扩张式介入瓣产品是 Cribier - Edwards 球囊扩张瓣膜(2002),由马的心包材料和不锈钢支架制成,如图 10 - 15(a)所示。为了防止瓣周漏,支架上缝合了聚对苯二甲酸乙二醇酯的裙边。基于此设计的改型产品为 Edwards SAPIEN 瓣膜(2006)[11],如图 10 - 15(b)所示,但由于支架的压缩尺寸较大,不少患者采用经心尖的途径进行植入。2009 年推出的 SAPIEN XT 瓣膜采用钴-铬合金支架并通过设计尽量减小支架的压缩尺寸,使瓣膜能更好地通过经股动脉途径进行输送并减少血管并发症,如图 10 - 15(c)所示。2013 年的 SAPIEN 3 瓣膜的设计进一步减小了支架的压缩尺寸,并且在支架外侧增加了裙边减少瓣周漏,如图 10 - 15(d)所示。国产球囊扩张式介入瓣有纽脉医疗的 Prizballoon 球扩主动脉瓣。

(a) Cribier-Edwards(2002)　　(b) SAPIEN(2006)　　(c) SAPIEN XT(2009)　　(d) SAPIEN 3(2013)

图 10 - 15　Edwards 系列介入瓣膜(Kheradvar 等,2015)

第一款自扩张式介入瓣产品是 Corevalve 瓣膜(2005),将心包材料的瓣叶缝合到镍钛合金支架制成。第一代的 CoreValve 瓣叶是采用牛心包材料,为减小压缩尺寸,瓣叶改为猪心包材料,支架的流出段更加外扩,见图 10-16。经过不断改进(Evolut R→Evolut PRO+→Evolut FX),减小了支架高度和压缩直径,改进了支架在释放过程中的可回收性能、重新锚定性能等。

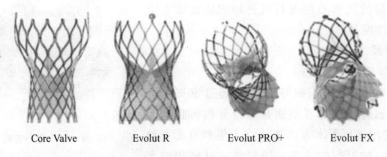

Core Valve　　　　Evolut R　　　　Evolut PRO+　　　　Evolut FX

图 10-16　美敦力系列介入瓣膜

虽然经过大量的研究,介入式心瓣已有了巨大的发展,但仍存在不少问题。因为病变的瓣膜没有切除,而是被支架所挤压,可能会造成冠状动脉口的阻塞、神经传导障碍、瓣周漏、血管并发症等临床问题。但介入瓣具有不需要开胸手术的巨大优势,治疗过程简单,创口小,病人恢复快,对于年龄较大或病情复杂不适合手术的患者,是一种可行有效的治疗手段,必然有着广阔的发展空间。

（2）介入式二尖瓣的挑战

尽管仍存在不少问题,但在主动脉瓣位的介入瓣置换术已经相对比较成熟。而二尖瓣位的介入瓣系统的设计仍是一个巨大的挑战。主要原因在于复杂的二尖瓣解剖结构和瓣下组织、二尖瓣-心室腔的相互作用关系、二尖瓣瓣环的周期性动态变化特征及二尖瓣复杂多样的病症等。经心尖途径到达自体二尖瓣需要采用经室间隔入路和具有高弯曲能力的输送导管,对工程学要求较高。二尖瓣独特的解剖结构也增加了经导管二尖瓣置换的难度,如:① 非规则的动态马鞍形瓣环结构。② 非规则的瓣叶结构和病变(前瓣后瓣形状不同)。③ 瓣环直径大。④ 瓣下结构复杂,相比主动脉瓣增加了腱索和乳头肌等结构。⑤ 临近组织结构复杂,前叶靠近主动脉瓣,容易造成左室流出道梗阻。此外,二尖瓣病变异质性较大,病因多种,严重程度各不相同,开发一种针对二尖瓣全部潜在解剖变异和患者风险的通用器械极具挑战。

同时,二尖瓣除了具有控制血液从心房到心室的单向流动的基本功能,还有一个重要作用是保持左心室结构和功能的完整性。二尖瓣与左心室共同构成了连续的运动结构,比如二尖瓣环会随着左心室的舒张收缩而发生扩大缩小的运动,但当在瓣环上植入人工心脏瓣膜之后,人工心脏瓣膜的支架会限制二尖瓣环的运动,从而限制左心室的收缩舒张幅度,影响心脏泵血功能。临床随访结果表明,接受二尖瓣置换的患者比接受二尖瓣修复(未植入人工心脏瓣膜)的患者远期疗效更差。

介入式二尖瓣不同的锚定方式必然会对二尖瓣-左心室的功能产生不同的力学作用,其对心室的改重建和心功能的影响还尚待研究。

10.3.2　人工心脏瓣膜设计、评测与研究前沿

理想的人工心脏瓣膜材料应具备优良的耐久性和血液相容性,具有一定的变形能力,可以通过微创手术方式植入。生物瓣膜需要改进材料的固定或抗钙化工艺,制作出更坚韧的瓣叶材料。而机械瓣则需要改进表面处理工艺或涂层技术,改善抗血栓的能力。此外,人工心脏瓣

膜的血流动力学设计也至关重要,低湍流切应力、低跨瓣压差、低流速区的血流动力学表现都可以有效减少红细胞和血小板的损伤,减少溶血和血栓。同时,瓣叶构形的剪应力设计也能够有效减少瓣叶的应力损伤,有效延长瓣膜的使用寿命。

1. 人工心脏瓣膜设计

瓣叶由内膜上皮层、弹性纤维层和中间的松质层构成。瓣叶通过伸长和回缩的变形来缓冲瓣膜开闭时较大的周期应力。其中,纤维层的大量纤维束沿周向分布,主要提供周向上的拉伸强度,而内膜上皮层的纤维沿径向生长。瓣叶的三层结构共同提供了具有平衡硬度、柔韧性和弹性的材料属性,以适应复杂的力学环境。

第一代 Hancock 猪瓣膜是在 80 mmHg 的压力下进行交联固定的,这样的方式可以使瓣叶呈较好的闭合形态。然而,这种高压力下的固定方式使得瓣叶中弯曲的胶原纤维全部伸直,无法伸长变形缓冲周期性应力,很快发生应力损伤。生产商随后采用低压力固定的方式(几毫米汞柱的压力)来保留主要周向纤维束的自然弯曲,这种方式处理的瓣叶材料具有更好的顺应性和耐久性。但是随后研究发现,低应力固定下的瓣叶组织的径向褶皱却没有保留下来,瓣叶失去了开闭时径向方向的弹性响应。只有当组织在没有跨瓣压差的环境下固定,周向和径向纤维层的自然褶皱才能保留下来,这种方式被称为"零压力固定"。

然而,对于猪主动脉瓣来说,零压力固定变得非常困难。由于支撑瓣叶的主动脉瓣根部是具有弹性的,在猪体内 80~120 mmHg 的压力环境中处于受力扩张的预应力状态。而当瓣膜从体内取出后根部预应力消失,瓣环收缩接近 30%,使得瓣叶被拉在一起重叠起来,严重影响瓣叶对合。为了保持瓣叶的天然形状,需要在固定时还原主动脉根部在体内压力下的解剖直径。因此,瓣膜需要固定在特殊的夹具上,在其内部施加大约 80 mmHg 的压力以使得根部组织撑开,而不向瓣叶施加跨瓣压差,保持瓣叶的"零压力"状态。

牛心包瓣膜并不存在零压力固定的问题,这是因为是将处理好的牛心包材料修剪并缝合在支架上,这也是体现瓣膜力学的设计过程。早期的 Ionescu‑Shiley 牛心包瓣膜就因为瓣角缝合节点处的应力集中导致早期损毁。现在的牛心包瓣已采用夹合的方式或者将瓣膜包裹在支架外面的方式改善瓣角缝合点的应力集中问题。

根据瓣叶组织材料的力学和物理特点,对瓣叶形状和瓣膜支架进行设计是关键。学者们经过长期研究总结出了瓣膜设计的三大准则为弹性的支架柱、精确控制的瓣叶对合中心间隙及瓣叶 120° 角的对称性。其中,对称性最容易满足,而支架柱的弹性程度及中心间隙的大小则需要根据不同瓣叶材料的力学性质进行确定。瓣叶材料在闭合时受力最大,对其受力情况进行最简化的演示分析,如图 10‑17 所示,可将悬索桥的主钢缆看作瓣膜材料的胶原纤维。瓣叶腹部受到的垂直载荷传导至瓣角缝合点位置,而瓣叶的角度越大,缝合点位置的力越小。虽然可通过增加瓣角下垂的角度来减小纤维受力,但是对于弹性相对较差的牛心包组织材料来说,增加角度会减少瓣叶对合面积,引起血液反流。实际上,对于瓣叶的受力分析远比上述的简单模型复杂得多,瓣叶闭合时自由边对合在一起,相互支撑的结构也会在一定程度上减小瓣叶沿自由边传导至缝合点的力。这也正是需要精确控制中心间隙的原因——如果中心间隙过大,瓣叶之间的对合支撑不明显,会增大自由边应力;如果中心间隙过小,会导致自由边褶皱、弯曲及瓣叶在对合中心扭转等情况。中心间隙的大小受三个因素的影响,即瓣叶形状、支架柱弹性和瓣叶材料的顺应性。只有这三个因素相互配合才能使瓣叶在闭合时精准对合。

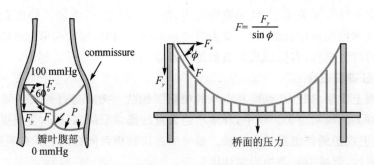

心脏收缩期的反向血液压力从瓣叶传递到瓣角缝合点位置,如同悬索桥的力传递

图 10 - 17　瓣叶受力分析的简单类比

同一个瓣膜上三个瓣叶的材料物理性能也需要保持一致。首先,瓣叶材料的厚度需要一致。薄的瓣叶材料上的应力水平更大,瓣叶拉伸变形也更大,影响三瓣叶对合的平衡。其次,瓣叶的材料属性也需要一致,保持相同的拉伸性能,保证三瓣叶的中心对合。牛心包材料的各向异性特性和天然心瓣不一样,但是可以通过在材料固定阶段施加预应力,改变其各向异性特性,使之与天然心瓣组织相似,在径向方向顺应性较大,周向方向顺应性较小。尽管如此,目前仍没有固定瓣叶材料的"最好"标准,设计瓣膜是一个不断迭代优化的过程。现在,通过采用理论分析、有限元模拟、流固耦合计算等多种分析方法,研究人员能够设计出合适的瓣叶形状,满足瓣叶对合、应力均匀、开闭对称、血流动力学参数优秀等多种力学特征,但加工出的瓣膜还需要通过体外实验(包括稳态流实验、脉动流实验、疲劳试验)、动物实验和临床试验进行功能性、安全性等方面的验证和测试。

2. 人工心脏瓣膜评测

评测是进行人工心脏瓣膜研发、生产、验证、注册上市等多个步骤中必不可少的重要环节。人工心脏瓣膜的评测方法以安全性和有效性的评测为基本原则,人工心脏瓣膜的评测可以分为以下几个方面。

① 设计阶段的评测。一般采用理论计算或数值仿真的方法对人工心脏瓣膜的设计模型进行风险预测,评估其结构在植入后的生理载荷下断裂、破坏的风险,或是评估器械植入后对宿主组织的不良影响,也可对器械造成的血流动力学影响进行评价。这一阶段的评测主要是对研发设计的产品进行风险预测分析,为产品优化设计及时提供预测参考。

② 验证阶段的评测。一般采用体外测试的方法进行。如对人工心脏瓣膜材料的物理化学性能、毒性、生物相容性等进行测评,通过力学试验机对人工心脏瓣膜的力学性能进行测试,或是采用疲劳试验机对人工心脏瓣膜的长期耐久性进行测试。除此之外,还需要对其血流动力学性能进行评测。这一阶段的评测主要是对已经试生产出来的产品整体性能进行系统性实验评价,测试产品在设计、生产和加工工艺等各环节的潜在缺陷,初步验证产品安全性和有效性。

③ 临床前的评测。一般采用动物实验的方式进行。将已经初步定型的产品植入相应的动物模型体内,进一步评测其安全性和有效性。

④ 临床评测。采用临床试验的方式进行。临床试验是对人工心脏瓣膜在正常使用条件下的安全性和有效性进行确认和验证的最终环节。在进行临床试验前,应完成医疗器械临床

前的所有评测,包括产品设计(结构组成、工作原理和作用机理、预期用途及适用范围、适用的技术要求)和质量检验、动物实验及风险分析等,且结果应当能够支持该项临床试验。

本节的内容主要涉及验证阶段的评测,即人工心脏瓣膜的体外评测。体外评测方法是对植入介入医疗器械安全性和有效性验证最直接、最高效的方法,体外评测环节也是器械进行动物实验、临床试验前最重要的评测环节。人工心脏瓣膜的体外测试主要包括血流动力学性能测试和疲劳测试两大类。

人工心脏瓣膜作为第三类医疗器械,具有较高风险程度,在评测过程中应符合医疗器械强制性国家标准。我国现行的人工瓣膜评测标准为《心血管植入物 人工心脏瓣膜》(GB 12279—2008),国际标准为《Cardiovascular Implants-Cardiac Valve Prostheses》(ISO 5840—2021)。

① 流体动力学性能测试。人工心脏瓣膜是心血管系统植入介入医疗器械中材料和组件种类最多、功能和结构最复杂、长期耐久性风险最高的医疗器械,因此对人工心脏瓣膜的评测技术难度也最高。人工瓣膜的流体动力学性能测试可以分为稳态流测试和脉动流测试两种。稳态流测试主要测量瓣膜的在稳态流动情况下的跨瓣压差和泄漏等性能表现。测试过程中,瓣膜处流场通过充分发展呈稳定的层流状态,排除了湍流和涡流的影响,结果具有良好的一致性和重复性。通过将人工心脏瓣膜安装在直径为 35 mm 的直管中(正向安装和反向安装),正向安装时给定不同程度的恒定流量,瓣膜为稳定开启状态,测量瓣膜打开性能(如正向流动阻力);反向安装时给定不同大小的反向压力,瓣膜为稳定地闭合状态,测量瓣膜的关闭性能(如泄漏流量)。

稳态流测试模拟血流特征与生理脉动流有较大区别,为了对近生理环境下的人工心脏瓣膜性能进行测试,则需要通过脉动流测试。脉动流测试要求评测系统可以模拟出心脏和动脉系统的血流动力学特征(包括左心室、心房、主动脉压力,血液流量,心脏搏动频率,血管顺应性等),为人工心脏瓣膜提供近似生理的压力流量波形。脉动流评测系统一般包含一个可编程的柱塞泵,该泵提供动力,模拟左心室收缩舒张从而调节心输出量,循环管路通常采用经典的风腔(windkessel)模型来模拟动脉的顺应性和血管阻力。评测系统中设置流量传感器和多个压力传感器,对实验过程中的瓣膜反流量、跨瓣压差、有效开口面积等参数进行测量或计算,评价人工心脏瓣膜的性能指标。图 10-18 为北京航空航天大学樊瑜波教授团队自主研发的人工心脏瓣膜近生理脉动流评测设备,该设备可模拟主动脉近生理和病理力学环境,评测机械瓣、生物瓣和介入瓣的功能。

② 疲劳性能测试。植入介入医疗器械一旦置入后会长期存在于人体中(可降解/可吸收植入介入医疗器械除外),并不容易取出或进行替换,所以其结构和功能的长期维持非常重要。长期耐久性(又称抗疲劳性能)评测是非常重要的一项指标。同样,长期耐久性的评测要求也根据植入介入医疗器械的使用环境而有所不同,但一般共性的要求是至少具有 10 年的有效寿命。如此长的使用周期是很难采用体外评测设备在相同的时间尺度上进行评测的,而且对于植入介入医疗器械的研发周期来说,如此长的评测时间也是难以接受的。因此,对评测时间进行合理的缩短是非常有必要的。加速疲劳评测技术是将植入介入医疗器械受到的周期性载荷进行时间频率上的加速,从而在较短的时间内完成医疗器械全寿命周期的载荷加载。人工心脏瓣膜和血管支架的加速疲劳评测技术可以提供高达 30 Hz 的加载速度,接近正常心脏跳动频率的 30 倍(正常心动频率约为 1 Hz),可以将疲劳加载时间从正常的 10 年缩短至几个月。然而,加速疲劳评测技术最大的问题是加速后的力学载荷是否和真实载荷对植入介入医疗器

图 10-18　人工心脏瓣膜近生理脉动流评测设备（北京航空航天大学自研）

械的作用一致,此外加载频率的改变对器械疲劳耐久性评测的影响有多大目前还尚无定论。另外一种折中的评测方法是对加载频率进行更为接近真实频率 2～3 倍的加速,这样的"准真实时间"加速评测方法也许可以预测到与动物实验类似的器械损毁模式。

10.4　航空航天中的血液循环系统

　　包括心脏和血管在内的人体心血管系统已经进化到在站立、坐着或躺着时都能适应地球表面的重力环境,使人类在工作或锻炼时的日常活动都能顺利进行。人类宇航员进入空间站之后就会达到微重力环境,此时宇航员体内的血液和其他体液就会从腿部和腹部"向上"流向心脏和头部,这种变化会导致整个心血管系统中的循环血量减少。

　　太空微重力环境下的生活经历会影响宇航员的心脏和循环系统,目前有很多研究从短期效果和长期影响两个角度研究了这些影响。这些研究旨在开发和测试微重力环境下心血管变化的对策。我们学到的知识在地面上也有重要的应用,部分原因是在太空中看到的许多心血管系统变化类似于地球上衰老引起的变化。宇航员在空间站长时间执行微重力任务期间经历的流体变化不仅会影响心血管系统,还会影响大脑、眼睛和其他神经功能。颅内液体的明显增加被认为会增加脑压,这可能导致听力损失、脑水肿和眼球变形,这些称为太空飞行相关神经综合征(SANS)。在微重力环境下,心脏的形状从椭圆形变为圆球形,空间微重力还会引起血管平滑肌萎缩,导致它们无法帮助控制血液流动。返回地球后,重力再次将血液和液体"拉"入腹部和腿部。血容量的减少,加上太空中可能发生的心脏和血管萎缩,降低了宇航员返回地球时应对血压下降的能力。一些宇航员曾经历直立不耐受——返回地球后出现头晕和/或昏厥而导致的直立困难或无法站立。在太空中进行身体锻炼是保持大多数类型心血管健康的有效方法。空间站中通常会提供使用抗阻力的运动装置(ARED)供宇航员进行阻抗运动锻炼,宇航员可使用跑步机或固定自行车进行有氧运动。此外,宇航员可以使用下肢低位负压装置,利用压差将血液"拉"回腹部和腿部。现今,研究人员正在空间站中进行重要的研究,以了解有关SANS 的更多信息,并开发和测试针对不同心血管变化的对策。这些空间站研究在地球上也有重要的应用,部分原因是在太空中看到的许多心血管变化类似于衰老或疾病引起的变化、炎症引起的心血管功能障碍。科学家们不仅通过宇航员,而且还通过使用动物模型、细胞培养物、芯片上的器官和干细胞,研究这些心血管系统变化背后的潜在细胞机制。

10.4.1　微重力环境下血液循环系统的改变

航天飞行时人体处于微重力环境,相比地面环境时,由重力引起的流体静压不复存在,导致体液和循环系统内的血液向上半身,尤其是向头部转移。而当宇航员从太空返回地面时,短时间内无法适应地面重力环境,这将造成心血管功能失调,尤其以立位耐力下降最为明显。微重力环境下心血管功能失调的机制主要有以下几种。① 心脏泵血功能下降,飞行员心输出量较地面仰卧位时降低 10%～20%。② 反射性多尿,致使整个循环系统内的血容量降低。③ 脑血流降低。公开的失重或模拟失重实验表明,宇航员体内血容量减少引起的心血管生理学变化与地面状态下的失血过程有相似之处。

相较于健康成年人的心血管功能,太空飞行有可能显著改变人类的心血管结构和功能。地面上的人类处于直立姿势时会存在静压梯度,这一梯度会降低心脏上方的器官血压,同时增加位于心脏下方的器官血压,从而诱导局部特异性动脉适应。人体动脉还会通过局部特定的血管适应对身体活动水平做出反应。太空飞行也会大大减少日常身体活动需求,这也会导致血管变化。头低位倾斜实验经常被用于模拟太空飞行对人体循环系统的生理影响,相关的结果表明这种实验会减小股浅动脉直径,增加颈动脉和股浅动脉壁厚。太空飞行期间身体活动的缺乏也会增加动脉硬度,同时影响心脏代谢过程的生物标志物,包括胰岛素,这在头低位倾斜实验中已经获得了确认,但来自太空飞行的数据还不够给出确定性的结论。总体来说,我们对人体动脉在太空飞行时的结构适应性变化还知之甚少。对一些宇航员来说,在完成 5～18 天的太空飞行之后,他们的动脉总顺应性(每搏量除以动脉脉动压)出现降低。但是这样计算得到的动脉总顺应性包含了大动脉和外周动脉的硬度,可能反映了神经调控性外周血管收缩的影响,而不是大动脉的变化。还有数据表明,宇航员的心电图 R 波到达指尖的脉搏波传输时间在飞行中和飞行后 5 天时显著减少。但与上述这些研究相反,最近来自长期太空飞行的一份报告发现,宇航员全身血管阻力降低,每搏输出量增加,动脉压没有变化,这些观察结果意味着动脉顺应性更高。动物模型也可为血管适应太空飞行的潜在机制提供一些洞见,大鼠的倾斜尾悬实验会诱发脑动脉平滑肌肥大和后肢动脉壁萎缩,其中大鼠脑动脉肥大可能是由血管紧张素转换酶的活化引起的;大鼠的倾斜尾悬实验还发现,酶细胞外基质交联会增加动脉硬度。近年的研究还提出动脉对太空飞行的响应还可能与性别和物种差异有关。与地面实验中的控制组相比,雌性小鼠在经历 13 天的太空飞行后,脑动脉的可扩张能力增加了,而雄性小鼠在经历 30 天太空飞行后,脑动脉的可扩张能力较低。物种差异也会带来不同的影响,在地面倾斜尾吊实验中雄性大鼠的血管扩张能力或血管中膜厚度没有出现明显变化,而同样实验条件下的雌性小鼠的血管扩张或内侧壁厚则出现了变化。

在太空飞行过程中,重力环境的消失与全身卸载的综合作用可能通过多种机制来改变动脉特性,其中一些机制可能类似于人体心血管系统在地面重力环境下的动脉硬化。一项在国际空间站上开展的 5～6 个月的太空飞行实验研究中,研究人员测量了宇航员的颈动脉硬度和脉搏波传播时间在飞行实验开始前和结束后的变化。研究发现,6 个月的太空飞行会导致动脉僵硬度增加,这种变化可能是由动脉静水压梯度的改变,以及胰岛素抵抗和其他生物标志物的变化导致的,性别差异在其中也扮演了一定的角色。

人类太空飞行极大地改变了日常工作任务的心血管需求,消除了与地面姿势变化相关的心血管系统正常调节的需要。如果没有适当的对策,就会出现明显的心率和心率变异性等心血管功能的失调。40多年的研究表明，与太空飞行前相比，宇航员在太空飞行中的心率可能会降低，也可能会升高，或保持不变。鉴于这些研究中的数据收集条件不确定，解释这些现象变得异常困难。近期对国际空间站宇航员的研究数据表明，在太空飞行中受控条件下测试到的宇航员心律没有出现明显变化。心律变异性的测量同样因千变万化的收集条件而变得复杂。一项来自俄罗斯"和平号"空间站宇航员的24 h心律变异性观察实验发现，心律低频频谱第3~第7天时出现降低，但在后续飞行时间（最多到179天）内没有变化。来自"和平号"空间站飞行员的另一项研究表明，短时有节奏呼吸的心律变异性与飞行前仰卧位值相比会出现减少。但这些结果与近期国际空间站宇航员的调查数据存在一些冲突，国际空间站宇航员的调查数据表明，除了在0.1 Hz控制呼吸期间有明确的趋势，心律变异性与飞行前半卧位值没有变化，但在近期研究调查的宇航员中发现高频心律变异性降低的情况。

为了避免太空飞行中日常活动模式改变和身体姿势影响的一些并发症，在人类宇航员睡眠过程中有可能监测到一些关于心血管功能的重要信息。一些研究发现，与飞行前的值相比，太空飞行期间宇航员睡眠时的心律相比太空飞行前没有变化，其中一项研究报道宇航员心律和心律变异性的长期分形尺度指标与健康对照组相比没有变化。然而，另一项研究报告宇航员太空飞行期间心电信号中的RR间歇延长了约100 ms，同时高频没有变化。

宇航员在开始太空飞行时还可能会出现减压反射增强的现象，但在随后的太空飞行中和返回地球后这种响应的强度会减少。压力反射调节的这种变化可能是导致太空飞行后心血管直立不耐受症的诱发因素之一。总体而言，人类的心血管系统会迅速适应微重力环境。在短期太空飞行期间，有关宇航员动脉血压的报告较少。有一项研究报告，在太空飞行的第1天宇航员动脉收缩压短暂增加，随后在坐姿时收缩压相对太空飞行前坐姿时收缩压出现降低的情况。其他研究表明，短期太空飞行宇航员的平均动脉压没有变化，舒张压有一定的降低，而动脉收缩压没有变化。每搏量和心输出量在宇航员短期太空飞行中会出现增加的情况，这也表明宇航员的全身血管阻力会降低以维持平均动脉压。

关于长时间太空飞行中宇航员心血管响应过程的数据很少，尤其是在国际空间站时代。来自俄罗斯"和平号"空间站的早期数据表明，宇航员的心血管系统可以很好地适应微重力环境，心律和平均动脉压的变化很小。然而，有限的观察表明，动脉压力反射反应在长期太空飞行中出现降低。Baevsky等人观察到国际空间站宇航员从飞行前到第5个月的动脉收缩压和舒张压显著降低，但静息状态的心律则与太空飞行前没有不同。Verheyden等人报道了长期太空飞行中宇航员的血压或心率没有变化。这些研究人员还检查了压力反射反应，并观察到，与短时间太空飞行的几项调查相比，在长期太空飞行（6个月期间）压力反射响应没有变化。目前除了"和平号"空间站上宇航员在飞行9个月后压力反射响应明显降低外，没有其他关于长期太空飞行后返回地面时宇航员动脉压力反射响应能力的报告。

如前所述，长时间失重期间头部液体转移导致面部浮肿、腿部体积减小、每搏输出量增加和血浆容量减少。这种液体转移也可能影响脑静脉流出，有研究显示在4.0~5.5个月的太空飞行暴露期间，宇航员的颈内静脉体积出现显著增加。

10.4.2　微重力环境下心血管功能失调的对抗措施

直立不耐受症一直是从太空返回地面的宇航员所面临的典型医学挑战之一，而心血管功能的失调（低血容量和心脏萎缩）已被确定为宇航员直立不耐受症的重要潜在机制。太空飞行实验和地面卧床模拟实验研究表明,运动训练结合血容量扩张技术可有效预防或延缓微重力暴露后直立不耐受症的发作。因此,宇航员需要经常在太空中进行对抗性运动训练,并在返回地面的着陆当天进行血容量复苏,以保持对直立压力的耐受性。宇航员在太空飞行前后的直立耐受性通常通过安静站立或被动直立倾斜 5~10 min 来测量。但是这种方法具有局限性,例如,倾斜台所在实验室的人造环境,直立应力持续时间短,心理影响以及缺乏腿部肌肉泵以促进静脉回流等。这些实验还有一个需要注意的地方是,在宇航员直立不耐受症最严重时,应该在日常生活中同步进行动态逐搏血压监测以更准确地评估直立耐受性。然而目前只有少数研究对宇航员短途或长时间太空飞行期间间歇性地监测了 24 h 动态血压,没有一项研究关注飞行后行走期间的直立耐受性。

10.5　本章总结和学习要点

本章阐述了血液循环系统医学与工程相关的三个问题,包括心力衰竭和心肺功能衰竭及其治疗相关的医疗器械、心脏瓣膜疾病及人工心脏瓣膜、航空航天中的血液循环系统。

学习要点如下。

(1) 心力衰竭是心血管疾病的重要死亡原因,在心脏移植手术缺乏时,心脏辅助装置通过往体内泵送血液来辅助衰竭的心脏,可以使患者在等待移植期间继续存活。左心辅助装置是最重要的心脏辅助装置之一,为衰竭的心脏,尤其是左心室,提供短期到长期支持。经过几十年的发展,已形成了三代左心辅助装置。现代左心辅助装置主要由流入插管、流出插管、血泵和驱动装置等组成,其未来可能的一些发展方向包括:高度保真的快速流场预测方法、多指标精准血液损伤预测模型、脉动式左心辅助装置、无线充电技术等。体外膜肺氧合主要用来替代人体心脏和肺脏的功能,给心肺衰竭危重症患者提供连续的血液循环和体外呼吸支持,以维持患者生命。其关键性核心部件包括血液驱动泵、膜式氧合器等,关键核心耗材包括气血交换的中空纤维膜丝,血路(血液接触部分)抗凝涂层等。

(2) 根据其对血流动力学的影响瓣膜病变主要分为狭窄和反流两大类。人工心脏瓣膜可以用来替代病损心脏瓣膜功能,按其植入方式可以分为手术瓣膜(外科瓣膜)和介入式瓣膜(经导管瓣膜/经皮心脏瓣膜)。按其制作材料可以分为机械瓣膜、生物瓣膜和聚合物瓣膜。此外还有通过组织工程技术形成的具有完全生理功能的组织工程瓣膜。理想的人工心脏瓣膜材料应具备优良的耐久性和血液相容性,具有一定的变形能力,可以通过微创手术方式植入。

(3) 在微重力环境,宇航员体内的血液和其他体液会从腿部和腹部"向上"流向心脏和头部,导致整个心血管系统中的循环血量减少。当宇航员从太空返回地面时,短时间内无法适应地面重力环境,将造成心血管功能失调,尤其以立位耐力下降最为明显,而心血管功能的失调(低血容量和心脏萎缩)已被确定为宇航员直立不耐受症的重要潜在机制。读者学习三个典型案例时,需要了解运用医学与工程相关思路、技术和方法解决生理和临床问题。

习　题

1. 比较左室辅助装置实现的泵血与正常左心泵血功能,并阐述其异同。
2. 通过列表比较三代左心室辅助装置的原理和组成,分析其差异和性能进展? 通过查阅文献了解最新的左心室辅助装置的发展情况。

3. 体外膜肺氧合的主要原理是什么？包括哪些主要组件？

4. 典型机械瓣膜和典型生物瓣膜的特点是什么？

5. 理想的人工心脏瓣膜材料具备哪些特点？

6. 人工心脏瓣膜评测包括哪些方面？

7. 微重力环境下血液循环系统的改变有哪些？

参考文献

[1] LI Y, WANG H, XI Y, et al. Multi-indicator Analysis of Mechanical Blood Damage with Five Clinical Ventricular Assist Devices[J]. Computers in Biology and Medicine, 2022, 151: 106271.

[2] LI Y, XI Y, WANG H, et al. The Impact of Rotor Configurations on Hemodynamic Features, Hemocompatibility and Dynamic Balance of the Centrifugal Blood Pump: A Numerical Study[J]. International Journal for Numerical Methods in Biomedical Engineering, 2023, 39: e3671.

[3] CHEN Z, MONDAL N K, ZHENG S, et al. High Shear Induces Platelet Dysfunction Leading to Enhanced Thrombotic Propensity and Diminished Hemostatic Capacity[J]. Platelets, 2019, 30: 112-119.

[4] HUFNAGEL C A. Aortic Plastic Valvular Prosthesis[J]. Bull Georgetown Univ Med Cent, 1951, 4: 128-130.

[5] STARR A, EDWARDS M L. Mitral Replacement: Clinical Experience with a Ball-valve Prosthesis[J]. Annals of surgery, 1961, 154: 726-740.

[6] 康振黄. 关于人工心脏瓣膜动力学的近期研究[J]. 大自然探索, 1983, 11-17.

[7] CARPENTIER A, LEMAIGRE G, ROBERT L, et al. Biological Factors Affecting Long-term Results of Valvular Heterografts[J]. The Journal of Thoracic and Cardiovascular Surgery, 1969, 58: 467-483.

[8] BAPAT V, MYDIN I, CHADALAVADA S, et al. A Guide to Fluoroscopic Identification and Design of Bioprosthetic Valves: A Reference for Valve-in-valve Procedure[J]. Catheter Cardiovasc Interv, 2013, 81: 853-861.

[9] BONHOEFFER P, BOUDJEMLINE Y, SALIBA Z, et al. Percutaneous Replacement of Pulmonary Valve in a Right-ventricle to Pulmonary-artery Prosthetic Conduit with Valve Dysfunction[J]. Lancet, 2000, 356: 1403-1405.

[10] CRIBIER A, ELTCHANINOFF H, BASH A, et al. Percutaneous Transcatheter Implantation of an Aortic Valve Prosthesis for Calcific Aortic Stenosis: First Human Case Description[J]. Circulation, 2002, 106: 3006-3008.

[11] ABDEL-WAHAB M, JOSE J, RICHARDT G. Transfemoral TAVI Devices: Design Overview and Clinical Outcomes[J]. EuroIntervention, 2015, 11: W114-118.